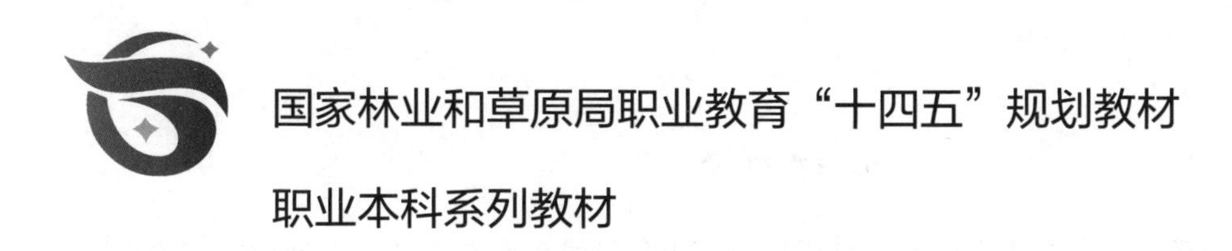

国家林业和草原局职业教育“十四五”规划教材

职业本科系列教材

园林计算机辅助设计

马金萍　主编

中国林業出版社
China Forestry Publishing House

内容简介

本教材分为3个部分12个项目，其中第一部分为AutoCAD绘制园林图；第二部分为Photoshop绘制园林平面效果图和园林效果图后期处理；第三部分为SketchUp建模。每一部分从基础知识、基本操作到案例绘制，由浅入深、循序渐进地引导学习者快速入门。案例选择公园、居住区、广场3个不同类型，从绘制线稿、建模到后期的详细介绍，让学生了解AutoCAD、Photoshop、SketchUp 3个软件在园林计算机绘图中的绘制流程、绘制手法和应用技巧。本教材配套案例素材、教学课件、部分教学视频，使学习者入门或是自学更为便利。

本教材可以作为园林技术、园林工程技术、风景园林设计、环境艺术设计、园艺技术等相关专业的教材，也可以用作各类培训班的培训教材和图形图像制作爱好者的自学用书。

图书在版编目(CIP)数据

园林计算机辅助设计 / 马金萍主编. -- 北京 : 中国林业出版社, 2024.6

国家林业和草原局职业教育"十四五"规划教材. 职业本科系列教材

ISBN 978-7-5219-2606-4

Ⅰ. ①园… Ⅱ. ①马… Ⅲ. ①园林设计-计算机辅助设计-职业教育-教材 Ⅳ. ①TU986.2-39

中国国家版本馆CIP数据核字(2024)第026735号

策划编辑：田　苗
责任编辑：田　娟　田　苗
责任校对：梁翔云
封面设计：北京时代澄宇科技有限公司

出版发行：中国林业出版社
　　　　　(100009，北京市西城区刘海胡同7号，电话83143634)
电子邮箱：jiaocaipublic@163.com
网　　址：www.cfph.net
印　　刷：北京盛通印刷股份有限公司
版　　次：2024年6月第1版
印　　次：2024年6月第1次印刷
开　　本：787mm×1092mm　1/16
印　　张：17.75
字　　数：439千字
定　　价：68.00元

数字资源

《园林计算机辅助设计》编写人员

主　　编　马金萍

副 主 编　房　黎　陈　佳　魏　莉

编写人员　（按姓氏拼音排序）

陈　佳（杨凌职业技术学院）

陈　颖（甘肃林业职业技术大学）

房　黎（河南林业职业学院）

马金萍（甘肃林业职业技术大学）

魏　莉（甘肃林业职业技术大学）

钱　庆（上海济光职业技术学院）

杨保江（无锡市天合景观工程有限公司）

翟天源（甘肃林业职业技术大学）

赵怿茗（杨凌职业技术学院）

前　言

“园林计算机辅助设计”是园林技术、园林工程技术、风景园林设计专业的专业基础课程。增强课程的岗位针对性，提高学生使用计算机绘制园林效果图的技能，是人才培养必不可少的。具备熟练的计算机绘图技能已成为设计人员从业的基本条件。

本教材根据《中共中央关于认真学习宣传贯彻党的二十大精神的决定》《教育部办公厅关于公布“十四五”职业教育国家规划教材书目的通知》文件精神组织编写而成，已列入“国家林业和草原局职业教育‘十四五’规划教材”。为了贯彻落实党的二十大精神，及时反映行业发展需求以及课程思政“立德树人”要求，教材编写时体现了新知识、新技术、新方法，丰富数字化资源，符合高等职业教育的特点和对园林类专业技术技能型人才的培养要求。

本教材分为 3 个部分 12 个项目，其中第一部分为 AutoCAD 绘制园林图；第二部分为 Photoshop 绘制园林平面效果图和园林效果图后期处理；第三部分为 SketchUp 建模。每一部分从基础知识、基本操作到案例绘制，由浅入深、循序渐进地引导学习者快速入门。案例选择公园、居住区、广场 3 个不同类型，从绘制线稿、建模到后期的详细介绍，让学生了解 AutoCAD、Photoshop、SketchUp 软件在园林计算机绘图中的绘制流程、绘制手法和应用技巧。本教材配套案例素材、教学课件、部分教学视频，使学习者入门或是自学更为便利。

本教材由马金萍担任主编，房黎、陈佳、魏莉担任副主编。具体编写分工如下：翟天源编写概述；魏莉编写项目 1 至项目 3；钱庆编写项目 4；马金萍编写项目 5、项目 6；马金萍和杨保江编写项目 8 任务 8-1；房黎编写项目 7、项目 8 任务 8-2、8-3、8-4；陈颖编写项目 9、项目 10 任务 10-1；陈佳编写项目 10 任务 10-2、10-3，项目 11；赵怿茗编写项目 12。全书由马金萍统稿。

本教材可以作为职业本科园林工程、园林景观工程，以及高职专科园林技术、园林工程技术、风景园林设计、环境艺术设计、园艺技术等相关专业的教材，也可以用作各类培训班的培训教材和图形图像制作爱好者的自学用书。

本教材在编写过程中引用了一些图片，谨向有关作者及同行们表示感谢！

由于编者水平所限，书中不足之处在所难免，恳请广大读者和同仁批评指正。

编　者

2024 年 5 月

目　录

概　述

园林计算机辅助设计是以计算机制图为基础，通过一定的处理手段，将园林设计形象直观且富有艺术性地表现出来的一种设计语言。计算机绘制的园林效果图不但可以辅助表达设计理念，还可以对已经做好的方案进行进一步完善和修改。

1. 园林景观效果图绘制软件

目前，有很多能够辅助园林制图的软件，园林设计师在选择软件时有很大的可选范围。在众多软件当中，最常用的软件是 AutoCAD、Photoshop 和 SketchUp。如果只是绘制施工图，可只使用 AutoCAD，但是在后期绘制园林效果图时就需要使用 SketchUp 来创建模型，赋予材料，布置灯光和渲染出图，并使用 Photoshop 进行后期配景等工作。

(1) AutoCAD

AutoCAD 是 Autodesk 公司于 20 世纪 80 年代初开发的绘图程序软件。经过不断地更新和改进，AutoCAD 目前已经成为国际上广为流行的辅助绘图工具。它广泛应用于土木建筑、装饰装潢、城市规划、园林设计、电子电路、机械设计、服装鞋帽、航空航天、轻工化工等诸多领域。

AutoCAD 可以绘制二维图形，也可以创建三维立体模型。与传统的手工制图相比，使用 AutoCAD 绘制的园林图纸更加清晰、精确，在熟练掌握软件和一些制图技巧以后，还可以提高工作效率。它具有简洁的工作界面，即使是非计算机专业人员也能很快地学会如何使用。在 AutoCAD 中，通过使用菜单或者在命令行中输入快捷命令可以进行各种操作。通过命令行进行人机交流，是 AutoCAD 的一大特点。它可以同时打开多个文档，但是每次只能在一个文档上进行操作。除了工作界面简洁、操作简单以外，它还具有广泛的适应性，可以在安装有各种操作系统的计算机上运行。它支持 40 多种分辨率由 320×200 至 2048×1024 的各种图形显示设备，30 多种数字仪和鼠标器，以及 10 种绘图仪和打印机数。

(2) Photoshop

Photoshop 由 Adobe 公司开发设计。它的应用范围十分广泛，如图像处理、图形、出版等方面。Photoshop 已经成为几乎所有的广告、出版软件公司首选的平面图像处理工具。图像处理与图形创作是有区别的。图像处理是指对现有的位图图像进行编辑加工处理，或为其增添一些特殊效果；而图形创作则是按照设计师的构思创意，从无到有地设计矢量图形。随着 Photoshop 软件版本的迭代，功能也越来越强大，使用更为简单方便。Photoshop 的主要功能是图像编辑、图像合成、校色调色以及特效制作。其中，图像编辑是最基本的功能，可以对图像做出各种变换操作，也可以对图像进行修补和修饰。图像合成则是将几幅图像拼合成为一幅新的图像，这种拼合需要通过图层操作和工具应用来完成。校色调色是对图像进行明暗处理，准确还原色彩，或者为了表达某种艺术效果而进行特效制作，在 Photoshop 中主要靠滤镜、通道等工具综合应用来完成。对于园林效果图来说，以上几种功能都有可能使用到。

(3) SketchUp

SketchUp 又名草图大师，由 Trimble 公司出品，是一款用于创建、共享和展示 3D 模型的软件。不同于 3ds Max，SketchUp 是平面建模，工作界面也非常简单，通过一个使用简单、内容详尽的颜色、线条和文本提示指导系统，让人们不必键入坐标，就能帮助其跟踪位置和完成相关建模操作。作为设计辅助软件，它可以非常快速和方便地将创意转换为三维模型，并对模型进行创建、观察和修改。与 3ds Max 相比，SketchUp 更便于在设计初期进行反复推敲和修改。目前 SketchUp 不再只是大致地观看草图效果，推出了一系列的渲染工具，可以独立地渲染效果，从最初的设计构思发展到独立完成设计作品。与此同时，SketchUp 有着良好的数据兼容性，使得它所创建的模型可以适用于其他软件，如 AutoCAD 和 Lightscape 等。也就是说可以在 SketchUp 中创建模型，再利用其他软件完成其他工作，如赋予材质、布置灯光、渲染输出等。现在的 SketchUp 软件在不断升级的同时，还开发了大量的组件，这对于初学者来说更容易上手，对于用户来说也更加方便。

2. 园林景观效果图的绘制流程

(1) AutoCAD 制图

AutoCAD 编辑和图形绘制功能较为强大，能够准确迅速地绘制出需要的图形，而且能够按比例缩放、旋转、移动、增删图中的实体，能够快速校正绘图误差，最后获得准确和精细的图纸。在园林效果图的制作中，AutoCAD 主要绘制园林设计的平面图和立面图。如图 0-1 所示。

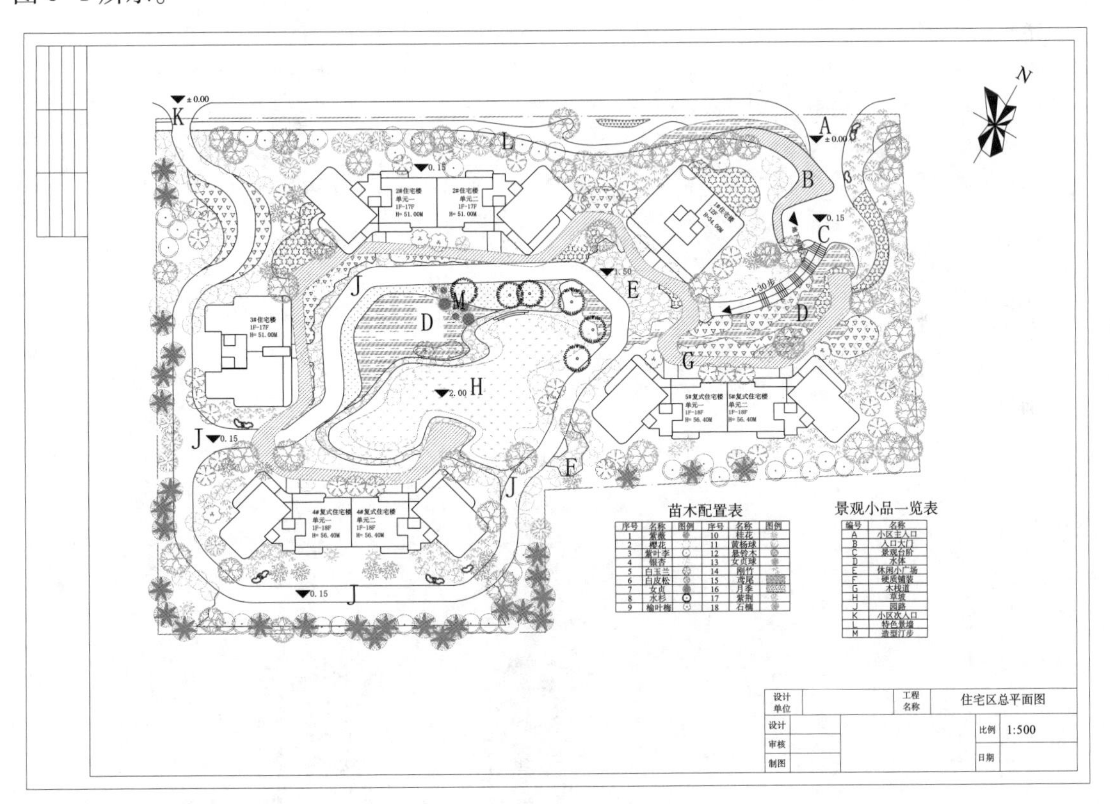

图 0-1 居住区附属绿地平面图

(2) SketchUp 建模

将 AutoCAD 绘制的图像导入 SketchUp 中构思、设计方案。利用 SketchUp 中的“推拉”等工具，建立三维模型，调入相关的园林配景组件，贴上适宜材质，利用漫游动画工具，在虚拟场景中浏览方案、分析方案，最后确定方案，输出各类视图。如图 0-2 所示。

（3）Photoshop 后期处理

①在使用 AutoCAD 设计好平面后，将线稿导入 Photoshop 进行处理，使用添加颜色、图层样式、滤镜效果等得到彩色平面图和分析图。如图0-3、图0-4 所示。

②将经过 SkefchUp 建模、渲染的图像导入 Photoshop，对图像进行编辑、修改、调整、合成、补充和添加效果等润色工作，创造出逼真的图像效果。如图 0-5 所示。

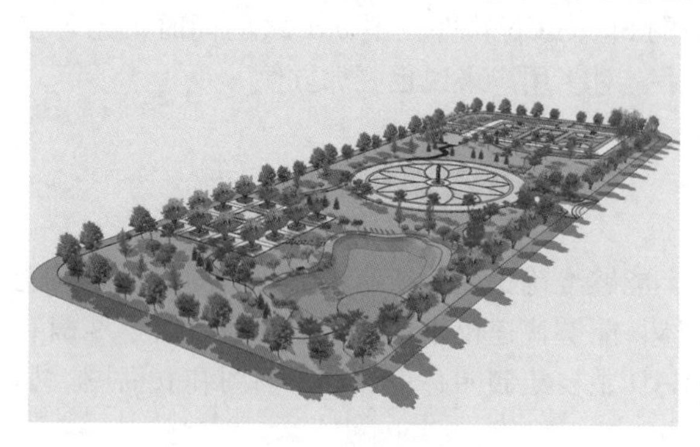

图 0-2　广场模型图

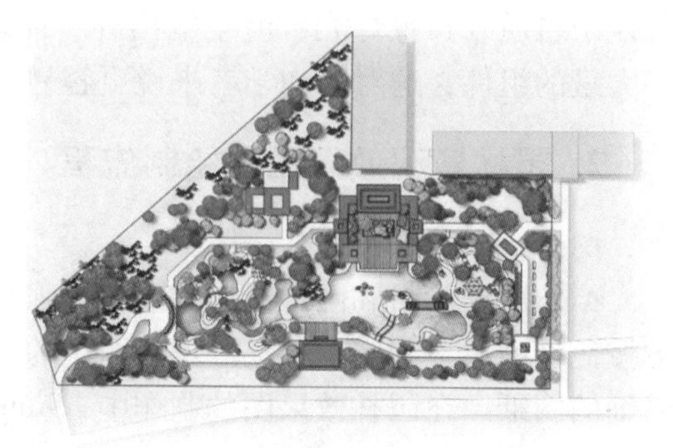

图 0-3　公园平面图

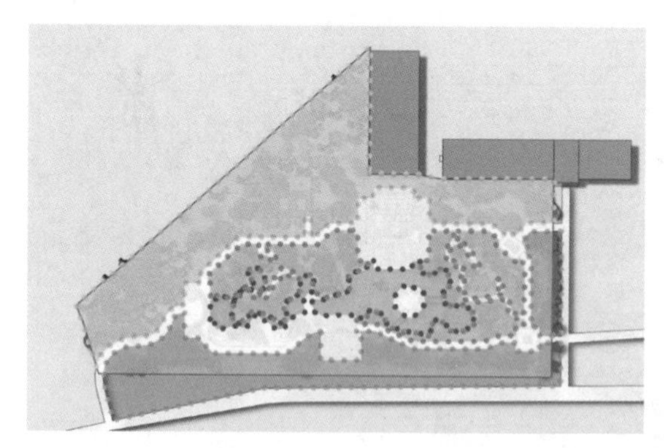

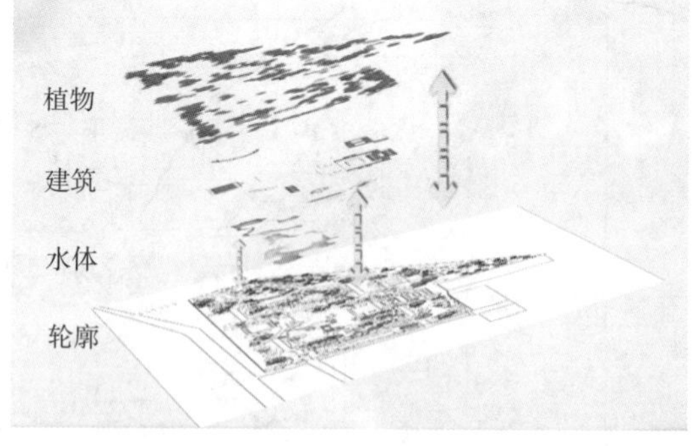

图 0-4　公园分析图

图 0-5　居住区附属绿地立面图

项目 1

AutoCAD 绘图环境设置

【知识目标】

(1)熟悉 AutoCAD 的操作界面及文件的基本操作。

(2)掌握视图显示控制功能相关知识。

(3)掌握系统环境设置方法。

(4)掌握绘图环境设置方法。

(5)掌握图层的设置与应用方法。

【技能目标】

(1)能按照制图标准在 AutoCAD 中创建绘图环境。

(2)熟悉 AutoCAD 的工作界面。

(3)能掌握 AutoCAD 的基本操作。

【素质目标】

(1)养成良好的作图习惯。

(2)培养认真严谨的工作作风。

任务1-1　认识AutoCAD操作界面及文件的基本操作

【任务描述】

本任务是认识AutoCAD 2021的工作界面，使用户掌握菜单栏、工具栏、绘图区域、命令窗口和状态栏的具体位置和功能。

【任务实施】

1. 认识用户操作界面

启动AutoCAD 2021中文版后，进入图1-1所示的默认操作界面，即AuoCAD提供的绘图环境。操作界面由标题栏、工具选项面板、绘图区、十字光标、坐标系、命令行及文本窗口、状态栏等部分组成。

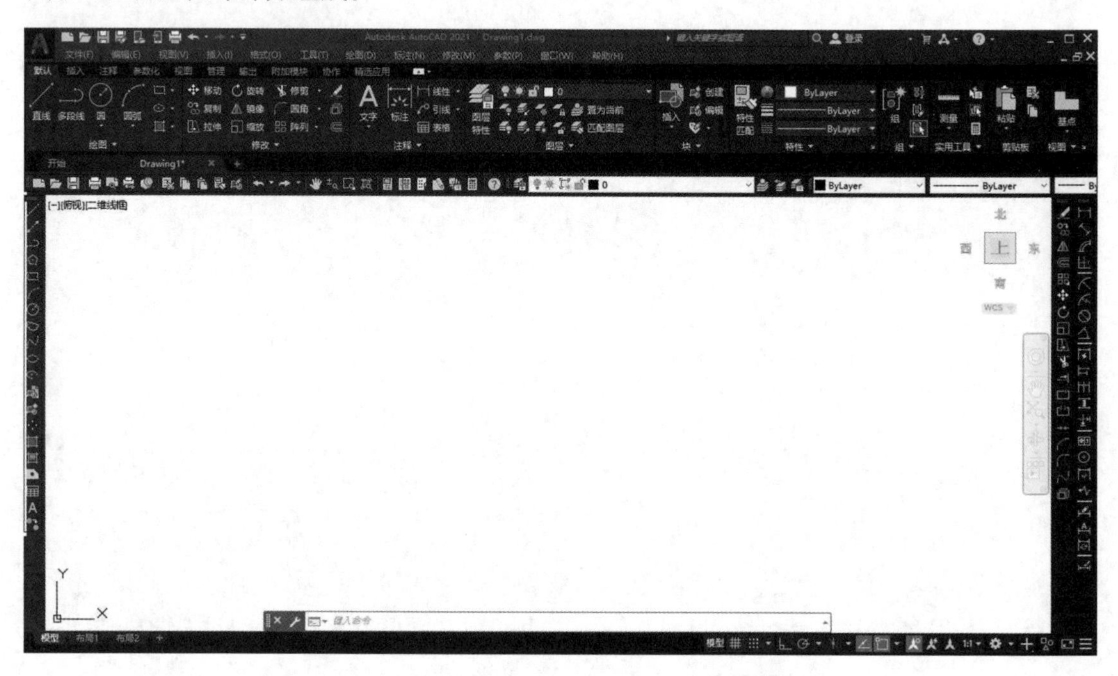

图1-1　AutoCAD 2021中文版默认操作界面

(1)工作空间切换

在AutoCAD 2021中提供了“草图与注释”“三维基础”“三维建模”“自定义”多种工作空间模式，用户可以根据需要选择不同的工作空间模式。通过以下两种执行方式可以方便地切换工作空间。

执行方式：

菜单：“工具”→“工作空间”。

状态栏：按钮。

①草图与注释工作空间　默认状态下，启动的工作空间即为草图与注释工作空间。该

工作空间的功能区提供了大量的绘图、修改、图层、注释以及块等工具，二维绘图多用该空间。

②三维基础工作空间　在三维基础工作空间中可以方便地绘制基础三维图形，并且可以通过其中的“修改”面板对图形进行快速修改。

③三维建模工作空间　三维建模工作空间的功能区提供了大量的三维建模和编辑工具，可以方便地绘制出更多的复杂三维图形，也可以对三维图形进行修改、编辑等操作。

(2)认识 AutoCAD 经典工作空间操作界面

自 AutoCAD 2015 及以后的版本中再无 AutoCAD 经典工作空间选项，需要用户自行设置，如图 1-2 所示。

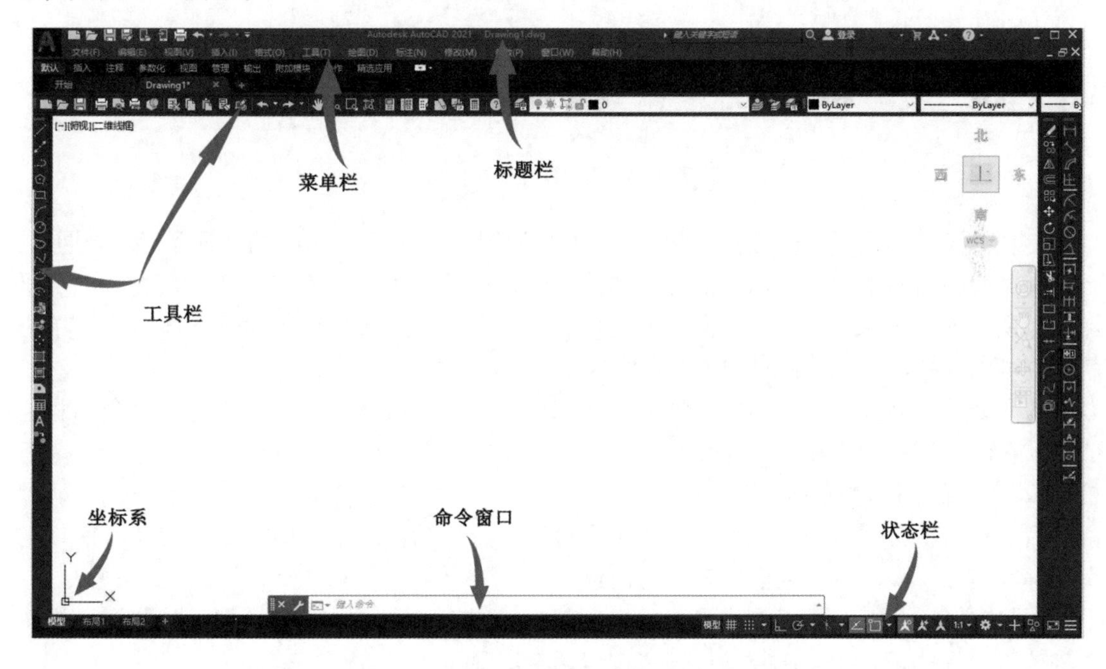

图 1-2　AutoCAD 经典工作空间操作界面

①标题栏　AutoCAD 的标题栏位于操作界面的顶部，主要包括“快速访问”工具栏、软件版本、图形文件名称、菜单浏览器、网络功能和窗口控制按钮等。在标题栏中可以看到文件的扩展名为“.dwg”，这是 AutoCAD 默认的文件格式。

②菜单栏　菜单栏位于标题栏下，用户单击任一菜单，会看到它的下拉菜单，这些菜单几乎包含了 AutoCAD 所有的功能和命令。例如，想要执行绘图命令，可以在 AutoCAD 2021 的“绘图”菜单中调用相应的绘图工具。

注意：AutoCAD 2021 默认操作界面下菜单栏显示缺失，可点击左上角标题栏的按钮，或执行“视图”菜单→“自定义快速访问工具栏”或“显示菜单栏”命令恢复显示。

③工具栏　工具栏提供了更为便捷的工具按钮。在 AutoCAD 2021 软件中，系统自带多个已命名的工具栏，点击“工具”菜单→“工具栏”→“AutoCAD”命令，打开图 1-3 所示的“工具栏”子菜单，可以打开或关闭工具栏；或者在操作界面已有的工具栏上，单击鼠标右键，也可以看到这个“工具栏”子菜单。AutoCAD 的工具栏开启后一般浮动在功能区内，可用鼠标将工具栏放置在操作界面的任何位置。

图 1-3 “工具栏”子菜单

④绘图窗口 绘图窗口类似于手工绘图时的图纸，是用户用绘图并显示所绘图形的区域，在绘图窗口中除了显示当前的绘图结果外，还显示了当前使用的坐标系类型以及坐标原点及 X 轴、Y 轴、Z 轴的方向等。绘图窗口的下方有“模型”和“布局”选项卡，单击其标签可以在模型空间或图纸空间之间进行切换。

⑤命令行 命令行位于绘图区域下方，用于输入命令以及显示正在执行的命令和相关信息。在命令行中输入相应操作命令，按 Enter 键或空格键后系统将执行该命令。命令行是 AutoCAD 显示用户从键盘键入的命令和显示 AutoCAD 提示信息的地方。命令行默认保留最后 3 行所执行的命令或提示信息。用户可以通过拖动窗口边框的方式改变命令窗口的大小，使其显示多于 3 行或少于 3 行的信息。

⑥状态栏 状态栏位于操作界面的最底部。如图 1-4 所示，包括辅助工具按钮、视图工具按钮、注释工具、工作空间、锁定按钮、全屏显示等。

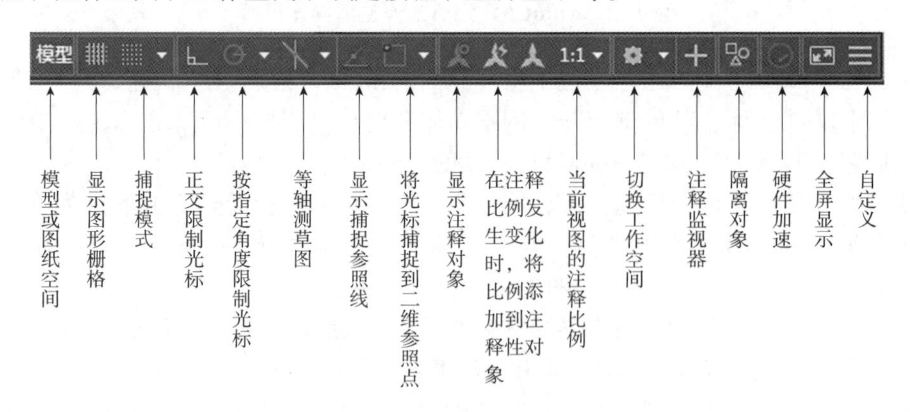

图 1-4 状态栏

状态栏中经常使用的捕捉、栅格、正交等精确绘图辅助工具按钮，均属于开/关型按钮，单击该按钮一次启用该功能，再单击一次则关闭该功能。

2. 认识 AutoCAD 文件的基本操作

在 AutoCAD 中，文件基本操作是指新建文件、打开文件、保存文件和关闭文件等。

(1)新建文件

在 AutoCAD 2021 中，在“开始”选项卡右方单击“新图形”按钮，可以快速创建一个名为“drawing1. dwg”的图形文件。在新建图形文件的过程中，默认图形名称会随着打开新图形的数目而变化。

执行方式：

菜单：“文件”→“新建”。

工具栏： 按钮。

命令行：NEW↙。

快捷键：Ctrl+N。

打开如图 1-5 所示的“选择样板”对话框。“Template”为样板文件夹，窗口列表中是程序自带和预先设定的样板文件，一般使用默认的样板文件“acadiso. dwt”新建图形；或者单击“打开”按钮旁的倒三角按钮，选择“无样板打开”。其中有英制和公制 2 种单位，我国采用的是公制单位，所以可选择“无样板打开-公制”建立新的绘图文件。

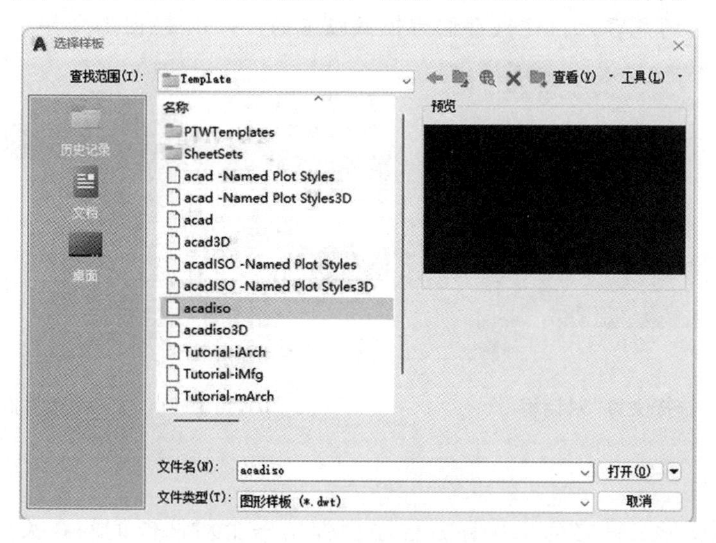

图 1-5 “选择样板”对话框

(2)打开文件

打开已有的图形文件，如图 1-6 所示，弹出“选择文件”对话框，指定打开的图形文件即可。在 AutoCAD 中，可以以“打开”“以只读方式打开”“局部打开”和“以只读方式局部打开”4 种方式打开图形文件。

执行方式：

菜单：“文件”→“打开”。

工具栏： 按钮。

命令行：OPEN↙。

快捷键：Ctrl+O。

①打开　直接打开所选的图形文件。

②以只读方式打开　打开后的文件不能编辑，只能观察。

③局部打开　如果 AutoCAD 图形中包含不同的内容，并分别属于不同的图层，可以选择其中某些图层打开文件，采用该方式打开较复杂的文件可以提高工作效率。

④以只读方式局部打开　打开后的文件不能编辑，只能观察。

(3)保存文件

在绘图过程中应该养成每隔一段时间就保存文件的习惯，以防止图纸数据丢失。如果是第一次保存文件，可以直接使用“保存”命令，选择保存文件的目录，输入文件名。如果不是第一次保存文件，根据需要选择“保存”或“另存为”命令。

执行方式：

菜单：“文件”→“保存”/“另存为”。

工具栏：按钮。

命令行：SAVE/QSAVE↙。

快捷键：Ctrl+S。

注意：AutoCAD 2021 中保存的文件类型默认为 AutoCAD 2021(＊. dwg)图形文件，为保持在不同版本中的兼容性，建议存储为较低版本的(＊. dwg)图形文件。如图 1-7 所示。

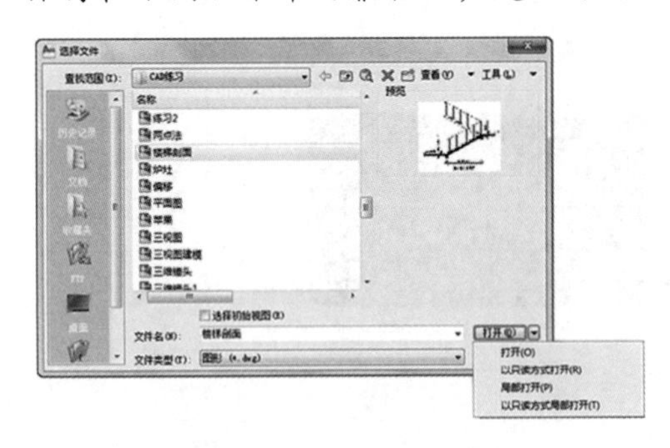

图 1-6　“选择文件”对话框

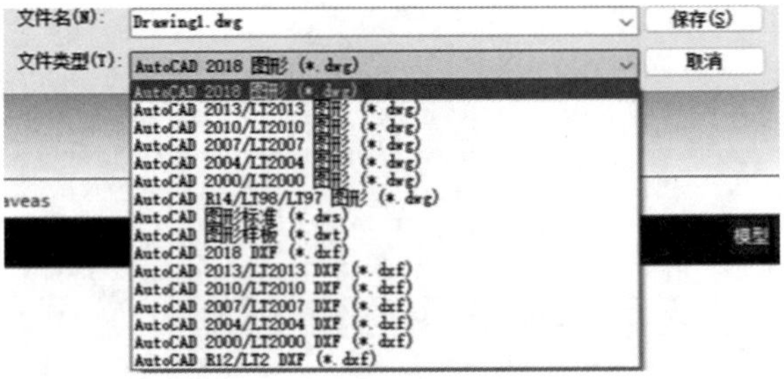

图 1-7　“文件类型”选项

(4)关闭文件

如果在关闭图形文件之前未保存，程序会弹出一个对话框询问在关闭前是否保存文件，此时应仔细检查一下是否需要保存图形文件。

执行方式：

菜单：“文件”→“关闭”。

命令行：CLOSE↙。

鼠标点击：单击绘图文件窗口右上角的关闭按钮。

3. AutoCAD 命令执行

(1)命令调用

在 AutoCAD 中，有多种执行命令的方式，主要包括通过菜单栏、工具栏和在命令行中输入命令等。

执行方式：

菜单栏：选择下拉菜单输入选项输入命令，如“绘图”菜单→“多段线”命令。

工具栏：单击工具栏按钮输入命令。

命令行：在命令行中输入英文命令或缩写后的简化命令，然后按Enter键执行命令。例如，执行“多段线”命令，只需在命令行中输入PL，按Enter键即可。

快捷菜单：在AutoCAD的不同区域单击鼠标右键，会弹出相应的快捷菜单，从菜单中选择执行命令。

快捷键：是指在AutoCAD软件操作中，为方便使用者，利用快捷键代替鼠标。可以利用键盘快捷键发出命令，完成绘图、修改、保存等操作。

(2)命令结束

在AutoCAD中，有部分命令不会自动终止，需要用户人为结束。

执行方式：

Enter键或空格键：最常用的结束命令方式，一般直接按Enter键或空格键即可结束命令。在命令执行中，可以随时按Esc键，终止任何命令。

快捷菜单：单击鼠标右键后，在弹出的快捷菜单中选择“确认”或“取消”结束命令。

(3)命令重复

在完成一个命令的操作后，如果要重复执行命令，可以通过以下几种途径实现。

执行方式：

Enter键或空格键：当一个命令结束后，直接按Enter键或空格键可重复刚刚结束的命令。

快捷菜单：在绘图区单击右键，在弹出的右键快捷菜单中选择“重复＊＊＊”；或在命令行单击右键，在弹出的右键快捷菜单中选择“最近的输入”，选择最近使用的命令。

命令行：要多次重复执行同一个命令时，可以在命令行中输入“MULTIPLE”，按空格键，按照提示输入命令名，重复指令直到按Esc键结束。

任务1-2　视图显示控制

【任务描述】

在AutoCAD中，用户可以使用多种方法来观察绘图窗口中的图形效果，如使用“视图”菜单中的子命令、“视图”工具栏中的工具按钮，以及平移工具等。

本任务主要学习“视图”菜单相关操作，利用缩放、平移功能控制图形显示，以及使用重画、重生成功能更新图形显示效果。

【任务实施】

1. 重画与重生成图形

在绘图和编辑过程中，屏幕上常常留下对象的拾取标记，这些临时标记并不是图形中的对象，有时会使当前图形画面显得混乱，这时就可以使用AutoCAD的重画与重生成图形功能清除这些临时标记。

(1)重画

在 AutoCAD 中，使用“重画”命令，系统将在显示内存中更新屏幕，消除临时标记。使用“重画”命令(REDRAW)，可以更新用户使用的当前视区。

执行方式：

菜单栏：“视图”→“重画”。

命令行：REDRAW↙。

(2)重生成

在 AutoCAD 中，“重生成”命令也可以更新屏幕显示，此时系统从磁盘中调用当前图形的数据，但与“重画”命令相比，执行速度更慢，更新屏幕花费时间较长。

“重生成”命令可以更新当前视区；而“全部重生成”命令则可以同时更新多重视口。

执行方式：

菜单：“视图”→“重生成”/“全部重生成”。

命令行：REGEN/REGENALL↙。

注意：在 AutoCAD 中，某些操作只有在使用“重生成”命令后才生效，如改变点的格式。

2. 缩放图形

在 AutoCAD 中，可以通过缩放视图来观察图形对象。缩放视图可以增大或减小图形对象的屏幕显示尺寸，但对象的真实尺寸保持不变。改变显示区域和图形对象的大小，可以更准确、更详细地绘图。

执行方式：

菜单：“视图”→“缩放”。

工具栏：按钮。

命令行：ZOOM/Z↙。

鼠标：滑轮。

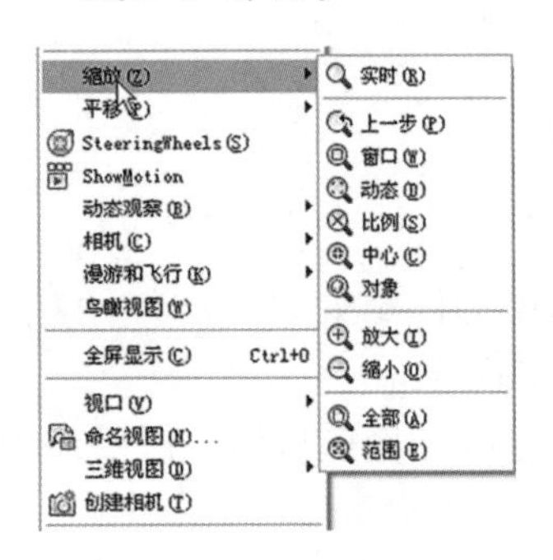

图 1-8 “缩放”子菜单

“缩放”命令有若干个选项，具体如下：ZOOM↙指定窗口的角点，输入比例因子(nX 或 nXP)，或者[全部(A)/中心(C)/动态(D)/范围(E)/上一个(P)/比例(S)/窗口(W)/对象(O)]<实时>，如图 1-8 所示。常用选项的含义如下：

实时缩放：默认情况下，使用实时缩放命令。使用实时缩放命令后光标会变成一个带有“+”和“-”的放大镜，这时按住鼠标左键从上往下拖动光标，视图显示的图形被缩小，从下往上拖动则放大图形。

注意：按 Esc 键可以退出实时缩放模式；在绘图的过程中，鼠标滑轮向前或向后也可以对视图执行实时缩放。

全部(A)：对整个屏幕显示图形界限内的图形进行缩放显示。如果绘制的图形超出图形界限，则图形显示在整个窗口。也可以双击鼠标滑轮达到此效果。

3. 平移图形

在 AutoCAD 中，使用“平移”命令可以重新定位图形，以便看清图形的其他部分。此时不会改变图形中对象的位置或比例，只改变视图。

执行方式：

菜单："视图"→"平移"。

工具栏：按钮。

命令行：PAN↙。

从菜单栏打开"平移"命令，会有"实时""定点""左""右""上""下"子菜单选项。如图1-9所示。

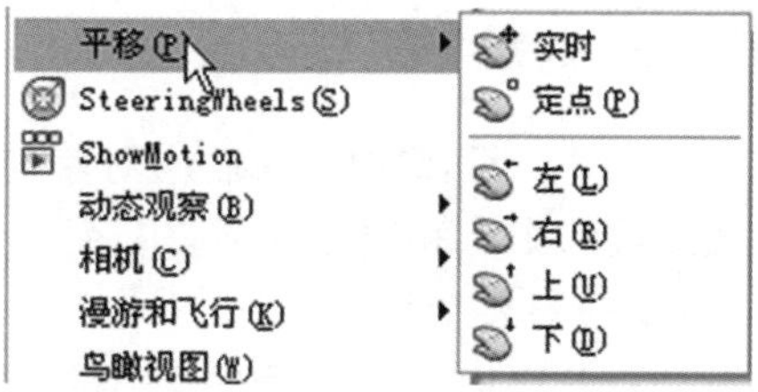

图1-9 "平移"子菜单

执行"平移"命令时，光标变为小手，按住鼠标左键移动，可改变窗口所显示的位置范围。按 Esc 或 Enter 键可以退出命令。

任务1-3 认识精确辅助绘图工具

【任务描述】

在 AutoCAD 中进行工程图纸绘制时，由于对尺寸要求比较严格，必须按给定的尺寸绘图。这时使用系统提供的捕捉、对象捕捉、对象追踪等功能，能够快速、精确地绘制图形。

本任务是认识状态栏的辅助绘图工具，使用户能够对栅格、对象捕捉和极轴追踪进行参数设置，以及使用对象捕捉和自动追踪功能精准绘制图形。

【任务实施】

1. 认识栅格和捕捉

栅格与捕捉具有辅助光标定位的功能。栅格是标定位置的小点，可提供直观的位置和距离参考；捕捉用于设置光标移动的间距。

执行方式：

状态栏：单击状态栏"捕捉模式"按钮和"栅格显示"按钮。

键盘：按 F9 键打开或关闭捕捉模式；按 F7 键打开或关闭栅格模式。

菜单："草图设置"对话框中选中或取消"启用捕捉"和"启用栅格"复选框。

捕捉是约束鼠标移动的工具。打开捕捉功能，光标移动时出现跳动，暂停在栅格点上，同时状态栏显示的坐标值也会有规律地变化。

注意：一般情况下，用户设置捕捉和栅格的参数最好一致，或成倍数关系，以便于捕捉和栅格配合使用。

2. 认识正交模式

AuotCAD 提供的正交模式将定点设备的输入限制为水平或垂直。利用正交功能，用户可以方便地绘制与当前坐标系统的 X 轴或 Y 轴平行的线段。

执行方式：

状态栏：单击状态栏"正交"按钮。

键盘：按 F8 键打开或关闭正交模式。

命令行：ORTHO。

3. 对象捕捉与追踪

在 AuotCAD 中需要启用对象捕捉或对象捕捉追踪功能，获取已绘制图形上的特征点，如线段的中点和端点、圆心、交点或某些其他特殊的点。

(1)对象捕捉

对象捕捉分为临时对象捕捉和自动对象捕捉。

启动自动对象捕捉功能，使对象捕捉命令一直处于打开状态，就可以在绘图过程中根据需要随时捕捉特征点。

执行方式：

键盘：按 F3 键，可以切换打开或关闭对象捕捉功能。

状态栏：按“对象捕捉”按钮。

AutoCAD 2021 共有 14 种对象捕捉类型。绘图时，应根据捕捉的特征点类型，在使用对象捕捉前设置捕捉类型。光标移动到状态栏“对象捕捉”按钮上单击右键，在弹出菜单中选择“设置”选项，弹出如图 1-10 所示的“对象捕捉”选项卡，其中列出可供捕捉的对象特征点类型，在需要捕捉的类型前的小方框内打勾，单击“确定”以完成设置。

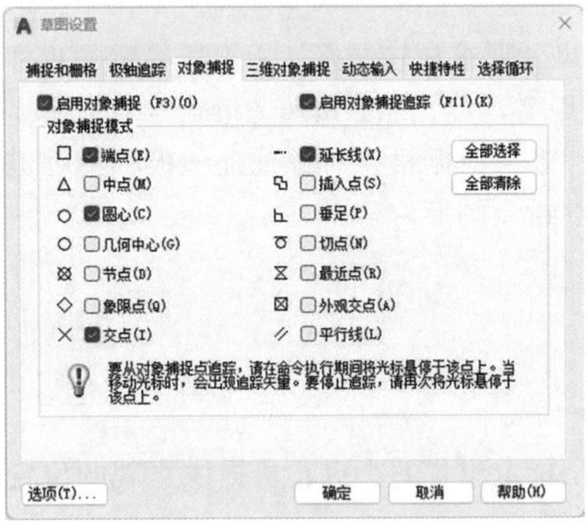

图 1-10 “对象捕捉”选项卡

(2)对象捕捉追踪

对象捕捉追踪是按与对象的某种特定关系进行追踪，这种特定的关系确定了一个未知角度。如果事先不知道具体的追踪方向和角度，但知道其与其他对象的特征点的某种关系(如相交)，可以使用对象捕捉追踪。

执行方式：

键盘：按 F11 键，可以切换打开或关闭对象捕捉追踪功能。

状态栏：“对象捕捉追踪”按钮。

(3)极轴追踪

在 AutoCAD 中，极轴追踪是按事先给定的角度增量来追踪特征点。它以极轴坐标为基础，由指定的极轴角度所定义的对齐路径，按指定距离进行捕捉。

当 AutoCAD 提示用户指定点的位置时，拖动光标，使光标接近预先设定的方向，AutoCAD会自动将橡皮筋线吸附到该方向，同时沿该方向显示出极轴追踪矢量，并浮现出一个小标签，说明当前光标位置相对于前一点的极坐标，如图 1-11 所示。

执行方式：

键盘：按 F10 键，可以切换打开或关闭极轴追踪功能。

状态栏：“极轴追踪”按钮。

极轴追踪的指定角度可以任意设置。在“草图设置”对话框中选择“极轴追踪”选项卡，在“增量角”的选项组中输入角度，进行角度设置，如图 1-12 所示。

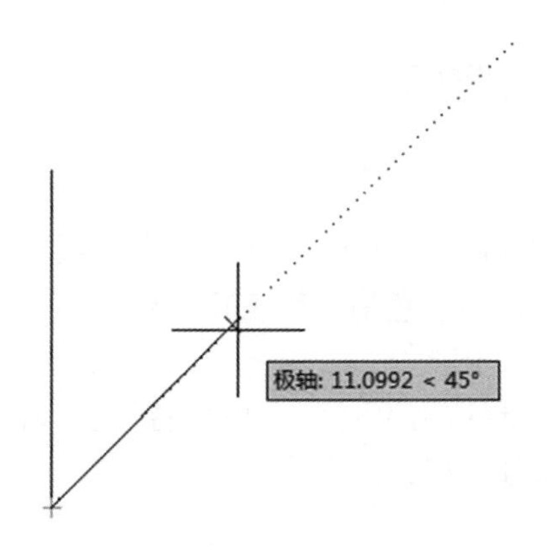

图 1-11　启用“极轴追踪”

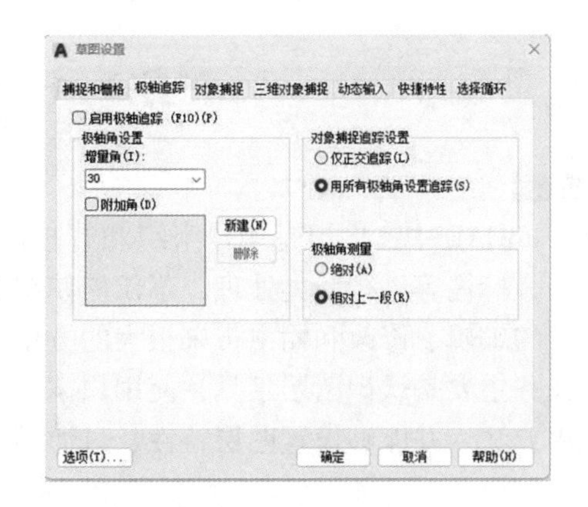

图 1-12　“极轴追踪”选项卡

【例题 1-1】用极轴追踪绘制图 1-13 所示的五角星，边长为 100。

①单击状态栏“极轴追踪”按钮，按钮显示光亮，启动极轴追踪功能。

②设置极轴追踪的角度增量为 90°，新建附加角 144°或 216°。

③将极轴角测量方式改为“相对上一段”，如图 1-14 所示。

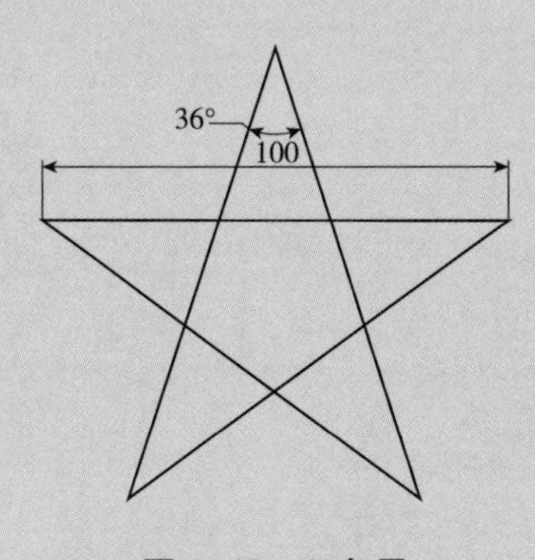

图 1-13　五角星

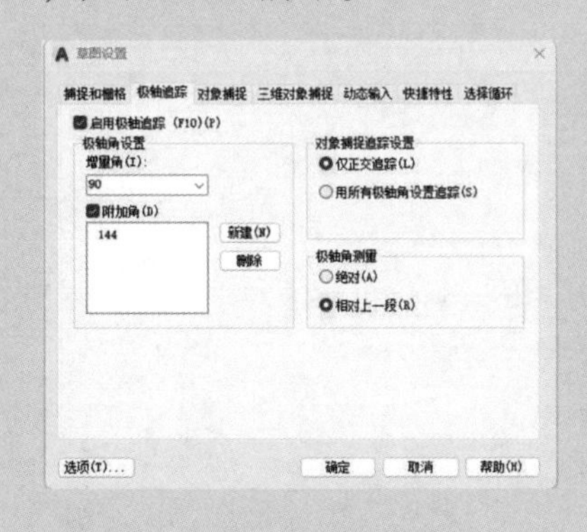

图 1-14　“极轴追踪”参数设置

④输入命令后，命令行显示：

指定第一点：（在屏幕任意位置单击左键拾取第一点）

指定下一点或[放弃(U)]：100↙（输入 100 的直线长度，绘制水平线）

指定下一点或[放弃(U)]：100↙（光标移动至 144°，出现橡皮筋线，即极轴追踪线，如图 1-15 所示）

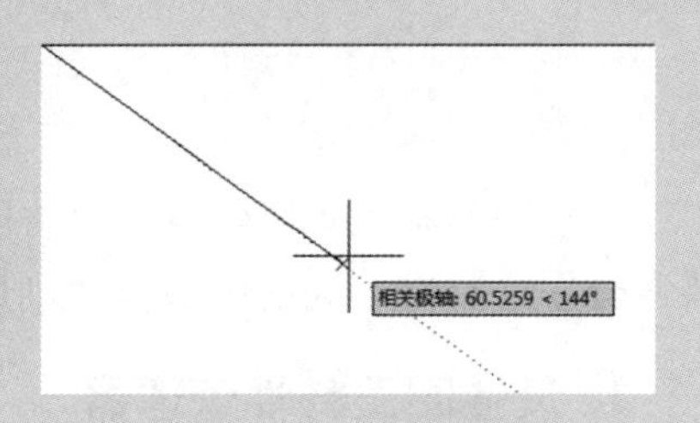

图 1-15　极轴追踪

用同样方式绘制出其他几条直线，至第五条线在命令行按提示输入“C”，闭合图形。

注意：极轴追踪和正交模式不能同时打开，打开正交模式将关闭极轴追踪功能。

任务 1-4　认识图层

【任务描述】

在 AutoCAD 中，图层是用户组织和管理图形的强有力工具。使用图层对图形几何对象、文字、标注等进行归类处理，不仅能使图形的各种信息清晰、有序，便于观察，而且会给图形的编辑、修改和输出带来很大的方便。

本任务主要是认识图层工具，使用户掌握新图层的创建方法、“图层特性管理器”对话框的使用方法，并能够设置图层特性、过滤图层和分图层绘制图形。

【任务实施】

图层的概念类似投影，将不同属性的对象分别画在一张张透明的硫酸纸(图层)上，最后把不同的图层堆叠在一起，即可形成一张完整的视图，如图 1-16 所示。在用图层功能绘图之前，要对图层的各项特性进行设置，包括建立和命名图层、设置当前图层、设置图层的颜色和线型、图层是否关闭、是否冻结、是否锁定以及图层删除等。

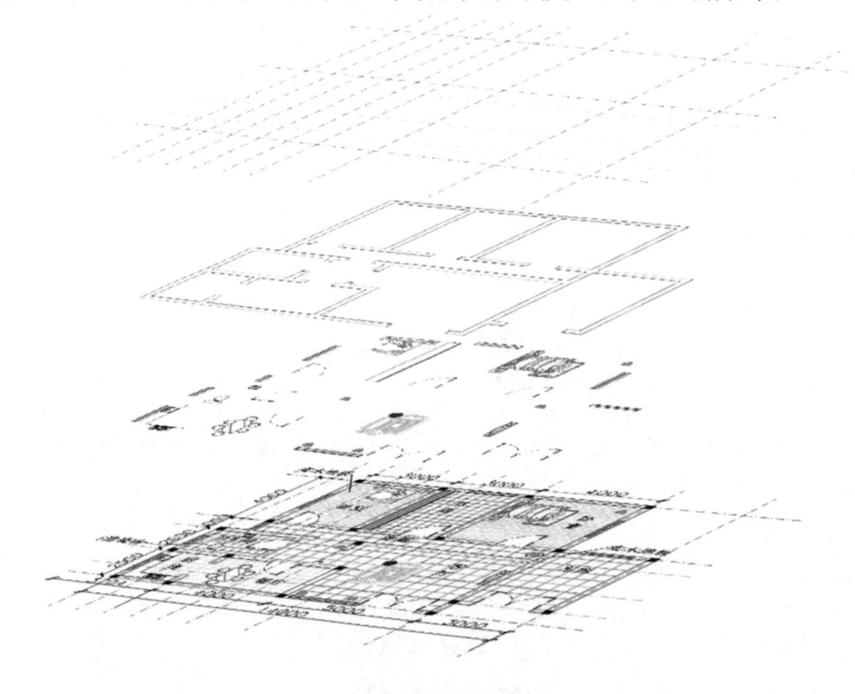

图 1-16　图层效果

在绘制园林工程图纸时，可将园林建筑、道路、铺装、植物、小品、水体等不同造园要素分别绘制在不同的图层里，利用图层规划与管理图形文件。

1. 设置图层特性管理器

AutoCAD 图层的基本操作都在图层特性管理器中进行，包括新建图层、设置图层状态、图层特性等。

执行方式：

菜单："格式"→"图层"。

工具栏："图层"工具栏中的 按钮。

命令行：LAYER 或 LA↙。

用上述方法输入命令后，会弹出"图层特性管理器"对话框，对话框左侧为图层过滤器区域，右侧为图层列表区域。AutoCAD 每个图形文件均包含一个名为"0"的缺省图层，该图层使用白色，线型为实线，线宽为默认值。不能删除和重命名该图层。

(1)图层过滤器

图层过滤器区域用于设置图层组，显示图形中图层与过滤器的层次结构列表，当图纸中图层较多时，利用图层过滤器设置过滤条件，可以缩短查找和修改图层的时间。

(2)新建图层

单击"图层特性管理器"对话框中 按钮或 Alt+N 组合键，可以在图层列表中建立新图层，图层的属性与上一个图层相同，系统默认新建图层名称为"图层 1"。

图层的名称可以更改，名称既可以是中文也可以是英文，但图层名修改时应能直观体现图层的内容，建议使用"建筑""园林小品""乔木""文字""尺寸标注""轴线""地形"等名称，方便后期的应用管理，如图 1-17 所示。

注意：图层名不能包含<>/\“:;? *| =“等字符。

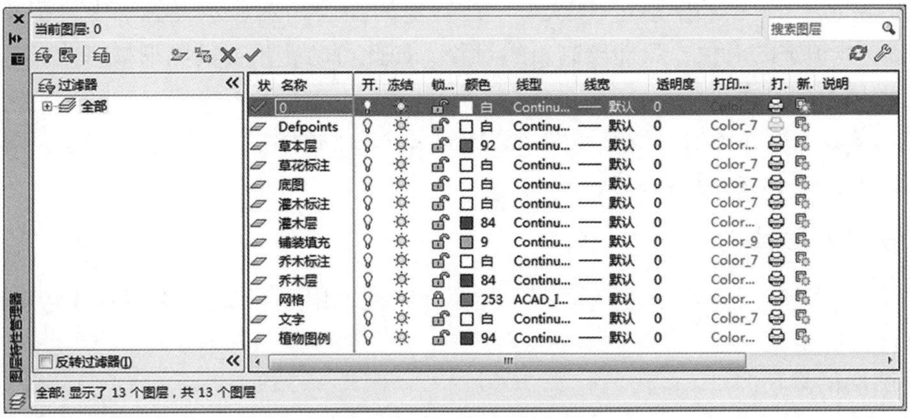

图 1-17　某平面图图层设置

(3)"在所有视口中都被冻结的新图层视口" 按钮：

可以创建新图层，然后该图层在所有布局视口中将其冻结。

(4)删除图层

图层中如果没有任何图形对象，而且未被关闭、未被冻结和锁定，则该图层可以被删除。删除图层时，选中要删除的图层，然后单击"图层特性管理器"中的 按钮或按键盘 Alt+D 组合键。

注意：如果图层不符合删除的条件，会弹出一个警告窗口，提示不能将其删除的原因。在任何情况下都无法删除系统默认生成的"0"图层及"Defpoints"图层。

(5)"置为当前" ✔ 按钮：

将选定的图层设置为当前层，用户绘制的图形将放置在当前图层。

2. 设置图层的状态

图层的状态有打开/关闭、冻结/解冻、锁定/解锁、打印开关等。用户可以通过“图层特性管理器”对话框和图层工具栏(图 1-18)更改图层的状态。

图 1-18 “图层”工具栏

(1)打开和关闭图层

将图层处于打开或关闭状态。在打开状态下，图层上的图形可以在屏幕上显示，也可以在输出设备上输出；在关闭状态下，既不能显示图形，也不能将其打印输出。绘制复杂的视图时，可先将不编辑的图层暂时关闭，以降低图形的复杂性。

(2)冻结和解冻图层

将图层设定为解冻或冻结状态。被冻结的图层不能在屏幕上显示，也不能被打印输出。当图层处于冻结状态时，该图层上的对象也不会显示在屏幕或由打印机输出，而且无法执行重生、缩放、平移等命令的操作，因而可加快执行绘图编辑的速度。

注意：当前图层不能被冻结，也不能将冻结图层改为当前图层。

(3)锁定和解锁图层

将图层设定为解锁/锁定状态。被锁定的图层仍然显示在画面上，但不能以编辑命令修改被锁定的对象，只能绘制新的对象，如此可防止重要的图形被修改。

(4)图层打印开关

图标表示所在图层可以打印输出，图标表示该图层上的图形不能打印输出。图层打印开关的设置不影响图层的状态。

3. 设置图层特性

每个图层都包含名称、颜色、线型、线宽等特性，用户可以在“图层特性管理器”对话框中进行设置。

(1)图层的颜色

图层的颜色是指在该图层上所绘对象的颜色。不同的图层可以设置相同的颜色，也可以设置不同的颜色。用户可以为每个图层设置一种颜色，绘图时随图层将颜色指定给对象(即“随层”)，也可以单独为图形指定颜色。

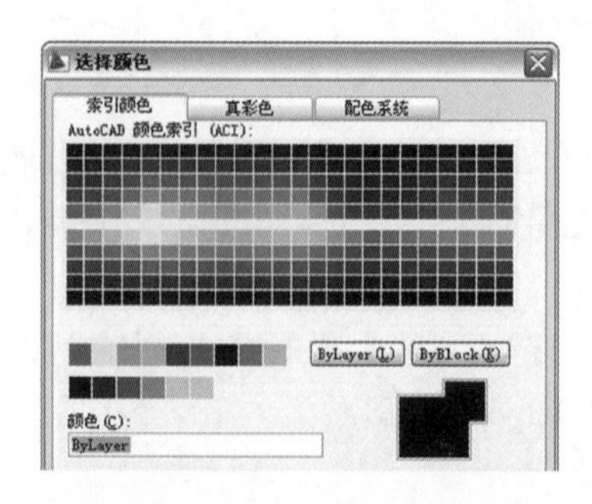

图 1-19 “选择颜色”对话框

设置图层颜色的方法是在“图层特性管理器”对话框中，单击图层列表区域的颜色色块，弹出“选择颜色”对话框，如图 1-19 所示。用户可以在“索引颜色”“真彩色”“配色系统”3 个选项卡中任选一种颜色，然后单击“确定”，即可设定图层的颜色。

一般情况下，园林工程图纸中图纸颜色设置尽量“随层”，不建议对单一图形对象单独定义颜色。“随层”可以使图形对象遵从该对象所在图层中设定的特性，便于图形元素的编辑和管理。

(2)图层的线型

线型是指图形基本元素中线条的组成和显示方式，如虚线和实线等。线型由实线、点、短横线等按一定规律重复构成，复杂线型还可能包含符号或字符。工程制图对线型有固定的要求，应按相关制图标准选择线型。

默认情况下，图层的线型为 Continuous。要改变线型，可在“图层特性管理器”对话框中单击“线型”中的 Continuous，弹出“选择线型”对话框，如图 1-20 所示。对话框中列出默认线型“Continuous”，单击“加载”按钮，弹出如图 1-21所示的“加载或重载线型”对话框，在对话框中有系统自带的线型，这些线型可满足绘制园林工程图对线型的要求。在“已加载的线型”列表框中选择一种线型，然后单击“确定”按钮。在列表区中选择加载线型，再次单击“确定”按钮，线型设置完成。

图 1-20 “选择线型”对话框

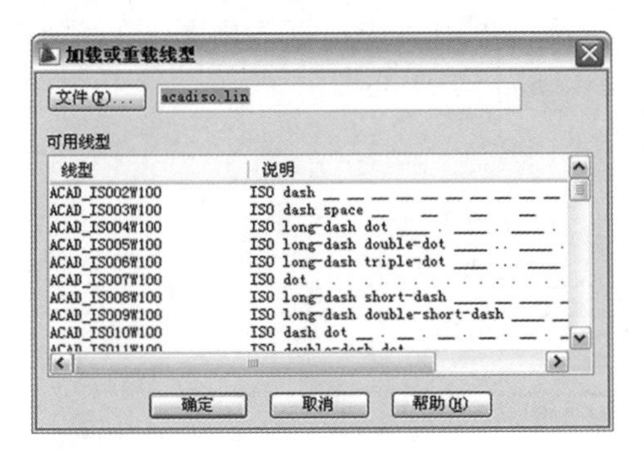

图 1-21 “加载或重载线型”对话框 图 1-22 “线型管理器”对话框

注意：图层的线型设置为点划线或虚线后，绘制出的线条却像是实线。这是因为全局线型比例默认为1，显示不出虚线线型的效果。可以选择“格式”→“线型”命令，打开“线性管理器”对话框，在“全局比例因子”文本框中输入新值，重新设置图形中的线型比例，从而改变非连续线型的外观。如图 1-22 所示。

(3)图层的线宽

线宽是指给定图形对象以及某些类型文字的宽度值。《风景园林制图标准》(CJJ/T 67—2015)中，对线宽有详细的规定，应按规范要求选择线宽。通常情况下，园林制图中创建的图层线宽宜使用“默认”线宽 0.25mm。

如果想重新设置线宽，可在“图层特性管理器”对话框中单击对应图层中“线宽”或“默认”，弹出如图 1-23 所示的“线宽”对话框。从列表框中选择合适的值，然后单击“确定”按钮，完成设置。

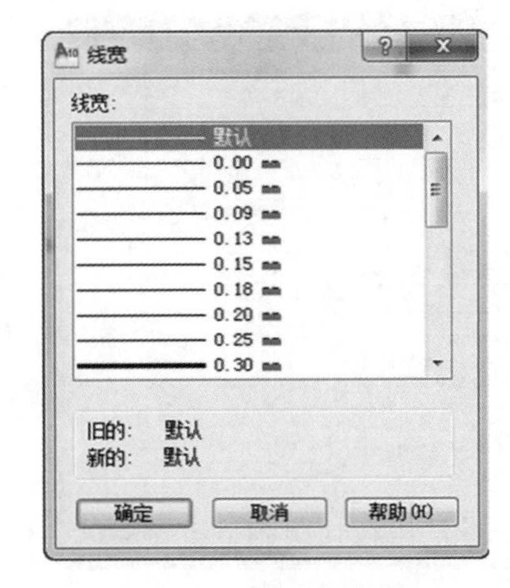

图 1-23 “线宽”对话框

注意：在设置图层的线宽后，需要将状态栏的线宽显示按钮打开，方能在屏幕显示线宽。

任务 1-5　设置系统环境

【任务描述】

AutoCAD 是一个开放式的绘图平台，用户可以根据自身的需要对其进行设置。

本任务主要认识绘图环境的设置方法，使用户能够设置图形单位、图形界限以及绘图界面中的各窗口元素。

【任务实施】

1. 设置图形界限

图形界限的作用就是标明绘图工作区域的边界。在 AutoCAD 中，图形界限是一个矩形绘图区域，通过指定图纸左下角点和右上角点的坐标来确定。在 AutoCAD 中绘图时往往是按 1∶1，即图形的真实大小进行绘制，所以设置图形界限时应根据输出图纸的大小确定。例如，采用 A3 图纸，则图形界限的矩形大小为 420mm×297mm。

执行方式：

菜单："格式"→"图形界限"。

命令行：LIMITS↙。

调用命令后，AutoCAD 会有如图 1-24 所示提示：

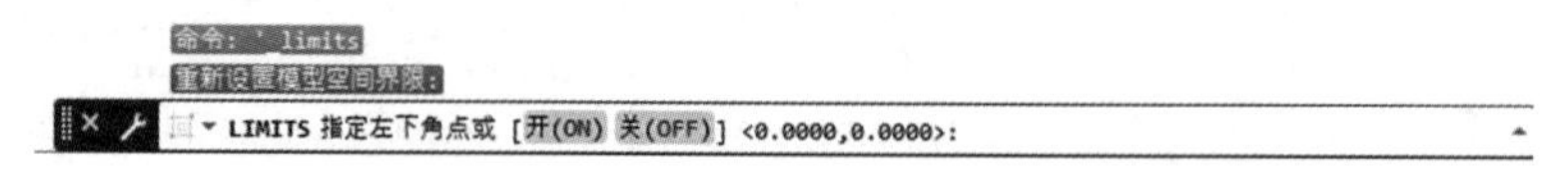

图 1-24　"图形界限"设置

设置模型空间界限：指定左下角点或[开(ON)/关(OFF)]<0.0000，0.0000>：↙[输入矩形绘图区域的左下角点，一般采用默认值(0，0)，直接按 Enter 键即可]

指定右上角点<420，297>：↙(输入矩形绘图区域的右上角点坐标)

注意： 在提示行中有两个选项"开(ON)"和"关(OFF)"。如果选择"开(ON)"，即打开了绘图界限检查功能，这时若绘制的图形超出了图形界限，AutoCAD 不予绘制。系统的默认设置为关闭绘图界限。

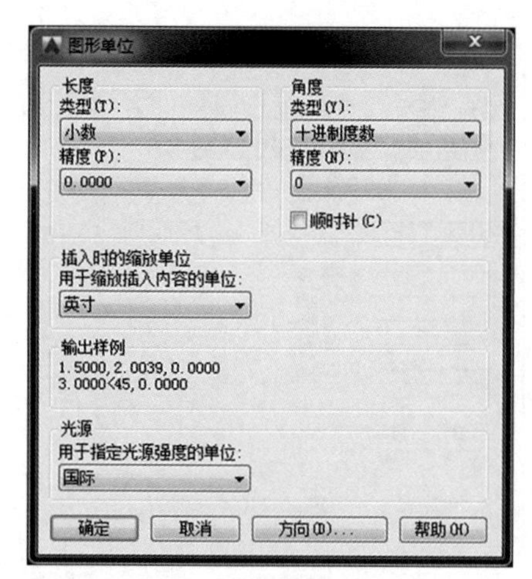

图 1-25　"图形单位"对话框

2. 设置绘图单位

在绘制图形之前，用户可以根据具体工作需要设置单位类型和数据精度。绘图单位设置包括长度单位、角度类型、角度方向、光源设置 4 个方面。

执行方式：

菜单："格式"→"单位"。

命令行：UNITS/UN↙。

调用命令后，系统将打开"图形单位"对话框，如图 1-25 所示。

(1)“长度”选项组

在长度设置区设置长度类型和精度。

①“类型”　根据我国相关标准，长度单位的类型应该选择“小数”。

②“精度”　根据所绘图形的要求确定精度，一般情况下绘图长度单位是毫米，精度选择0即可。

注意： 园林制图中的建筑标高一般精确到小数点后3位。

(2)“角度”选项组

设置角度类型、精度和方向。

①“类型”　选择角度的单位，一般选择“十进制度数”。

②“精度”　可选择角度精度。

③“顺时针”复选框　选中复选框，表示角度的正方向为顺时针方向。系统默认角度的正方向为逆时针方向。

(3)“插入比例”选项组

在下拉列表中选择“毫米”或者“米”选项。

3. 设置系统选项

通常情况下，安装好AutoCAD后就可以在其默认状态下绘制图形，但有时为了使用特殊的定点设备、打印机，或提高绘图效率，用户需要在绘制图形前对系统参数进行必要的设置。

执行方式：

菜单：“工具”→“选项”。

命令行：OPTIONS/OP↙。

执行上述操作后，将弹出“选项”对话框，该对话框中包含“文件”“显示”“打开和保存”“打印和发布”“系统”“用户系统配置”“绘图”“三维建模”“选择集”“配置”和“联机”11个选项卡，如图1-26所示。

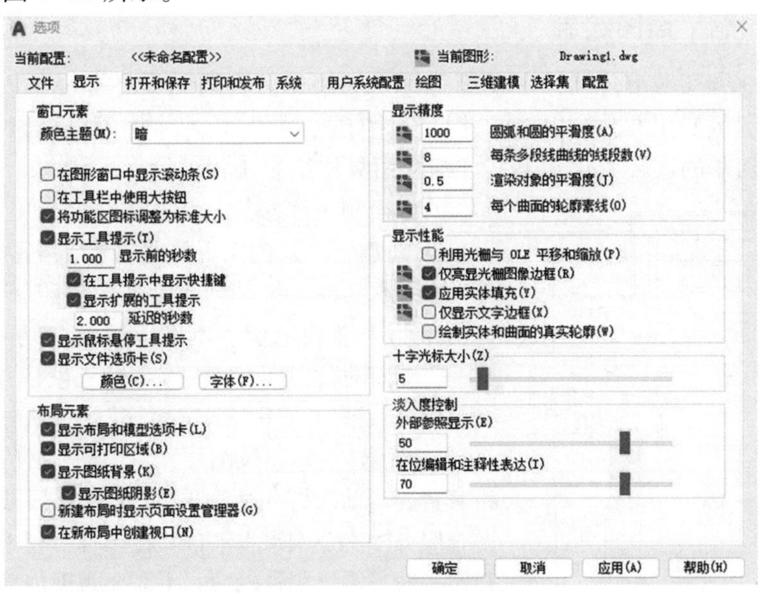

图1-26　“选项”对话框

设置自动保存文件的间隔时间与位置

为了防止 AutoCAD 在绘图的过程中意外死机，或者是非正常退出程序而导致文件丢失，默认设置每隔 10min 自动保存一次，用户也可根据自身情况设置自动保存文件时间间隔。

设置自动保存的时间间隔非常简单，关键是如何找回自动保存的文件。AutoCAD 系统默认的自动保存路径较为复杂，用户可以更改为相对简单的路径。具体操作步骤如下：

①在命令行中输入"OP"命令后按 Enter 键，打开"选项"对话框。

②单击"打开和保存"选项卡，在"文件安全措施"选项组中，更改"自动保存"的保存间隔分钟数。

③单击"文件"选项卡，单击"搜素路径、文件名和文件位置"树状图中展开的"自动保存文件位置"分支。

④选择自动保存文件的路径，单击"浏览"按钮，打开"浏览文件"对话框。

⑤选择一个文件夹，单击"确定"按钮，关闭对话框。

注意：后缀为 .sv $ 的自动保存文件是一个临时文件，只有在 AutoCAD 非正常退出时才会存在，将其后缀改为 .dwg 即可直接打开使用。

任务 1-6　公园总体平面图绘制与输出

【任务描述】

本任务通过介绍某公园绿地平面图绘制案例，使用户掌握园林景观平面图的绘制流程与方式。使用 AutoCAD 绘制图形后，按照需要可输出为图纸或其他格式的文件，输出可以在模型空间进行，也可以在图纸空间进行。通常情况下，在模型空间中绘制图形文件，而在图纸布局空间进行布局和输出，这样能够提高工作效率，有利于图纸的规范化。

【任务实施】

1. 某公园总平面图绘制

本案例为北方某城市公园，占地面积约 15 000m^2。公园的中心有一条人工水系穿过，内部依照地形起伏变化堆叠假山石，并且设计有亭、桥、楼、水榭等各类园林建筑。植物配置力求展现四季的流转变化。下文详细介绍具体绘制步骤。

(1)绘制主体建筑

①创建一个新的图形文件。插入名为"公园方案底图"的图形文件，将其创建为外部参照。

②为了准确定位，本图需要绘制方格定位网，新建一个"轴网"图层，颜色为 8 号灰色，并置为当前。

③在底图上使用"图案填充"命令，绘制轴网。

④新建"主体建筑图层"，图层的颜色为 40 号橙色。将其置为当前，打开对象捕捉，使用多段线在轴网上绘制游客服务中心及亲水木平台。在园林工程平面图中，主体建筑一般只需绘制外轮廓，不需要表现内部结构。主体建筑完成效果如图 1-27 所示。

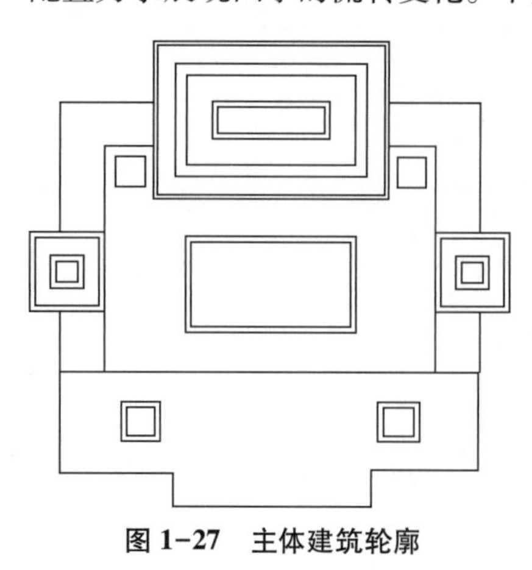

图 1-27　主体建筑轮廓

(2)绘制园路

本案例中公园主干道笔直宽敞，但围绕水系与假山的园径略带弯曲。

①新建“园路”图层，图层的颜色为灰色 253，并将其置为当前图层。

②依照外部参照，使用多段线描绘原有道路与主干道。

③修剪并偏移多段线。

④使用样条曲线绘制园路并进行偏移与修剪。

(3)绘制地形

①新建“地形”图层，颜色白色，并置为当前。根据道路的形状设置地形，要考虑障景和透景的使用。

②打开“底图”文件，使用“多段线”，打开节点捕捉，捕捉测量等高线的控制点，连接等高线。

③执行“修改”中的“多段线编辑”命令，将多段线修改为拟合曲线。效果如图 1-28 所示。

④打断等高线，并标记高程。

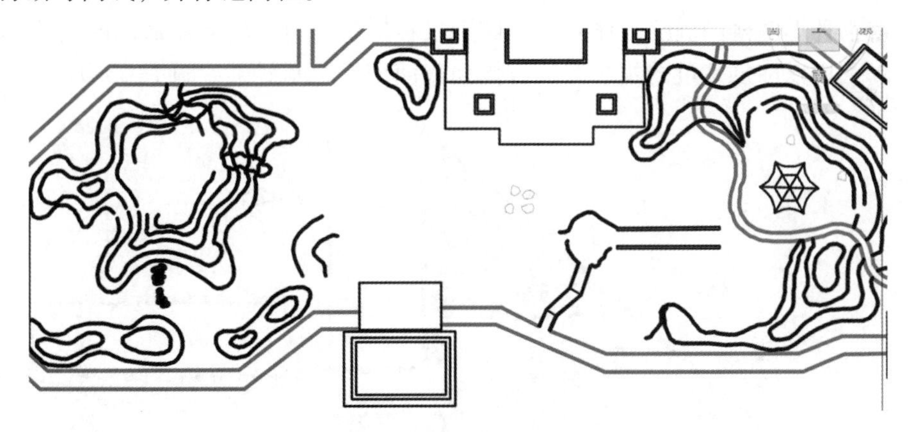

图 1-28　地形绘制效果

(4)绘制园林建筑小品

①绘制园亭　新建“园林建筑小品”图层，图层颜色为白色，线宽 0. 5mm，并置为当前。使用圆、正多边形、多段线及圆弧命令绘制园亭。结果如图 1-29 所示。

②绘制园桥　本案例中有拱桥一座、曲桥一座。首先，使用直线、多段线命令绘制东西方向的桥(图 1-30)，绘制完成后旋转至轴线方向，然后将其移至合适位置。如图 1-31 所示。

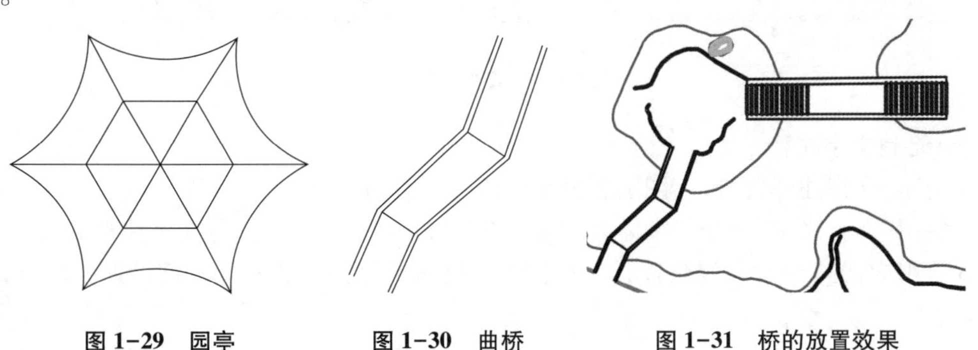

图 1-29　园亭　　图 1-30　曲桥　　图 1-31　桥的放置效果

③绘制花架　本案例中花架为半圆形，设置在西侧小广场处。首先绘制花架横梁：使用“圆弧”工具绘制花架的骨架，绘制半径3840，包含角度为90°的圆弧；使用“偏移”工具，将其偏移2500，并对其进行封口处理。使用“直线”命令，在距梁的上端200处绘制一条长为3500的直线，对其进行偏移，偏移距离为50，将两条直线端口封闭，选中绘制好的花架条，使用“环形阵列”，项目数为30，填充角度为90，进行阵列复制。使用“镜像”，绘制如图1-32所示的花架。

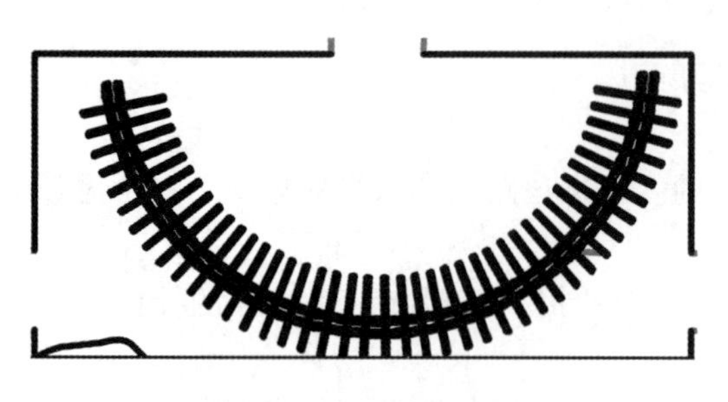

图1-32　花架绘制效果

(5)绘制植物

①绘制乔木

②绘制灌木

③绘制草本植物

乔灌草的具体绘制方法详见任务3-4。其实不同植物种类图例的画法大体一致，区别只在于每种植物的平面形态的变化。绘制植物时，可以利用以前创建过的植物图块直接插入使用。绘制效果如图1-33所示。

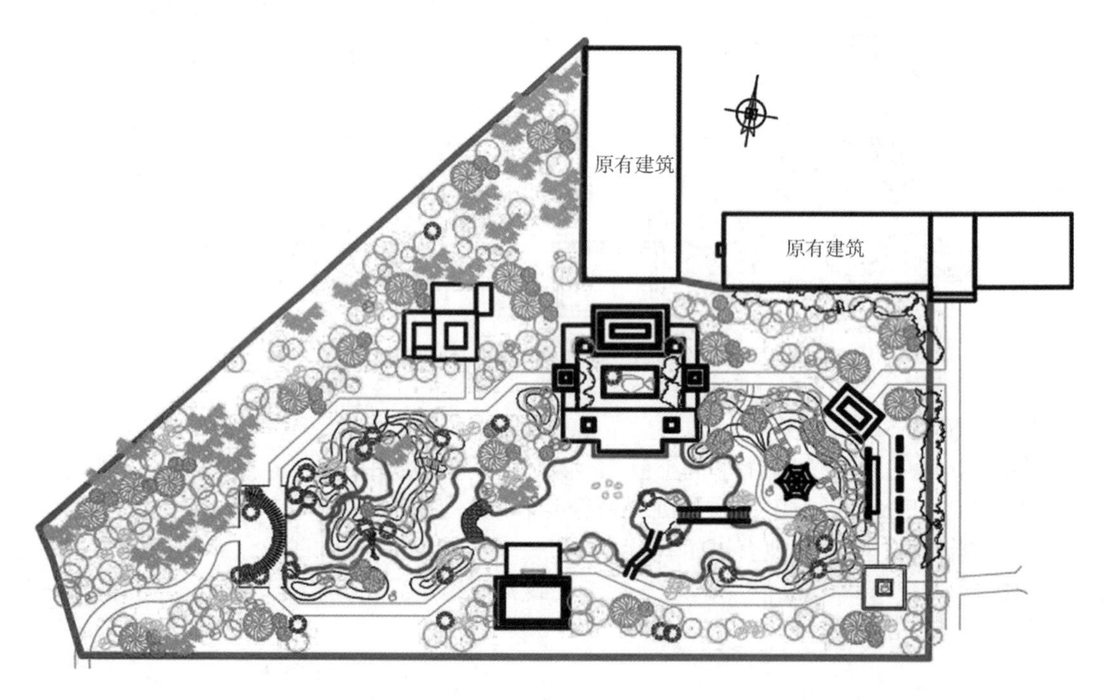

图1-33　植物绘制效果

(6)绘制文字注释

①新建“文字注释”图层，图层颜色为白色，并置为当前。

②使用“多行文字”命令，字体高度为750，仿宋体，对图形进行文字注释。

③使用“标注”中的“多重引线”，对各景点进行文字注释，完成最终绘制，如图1-34所示。

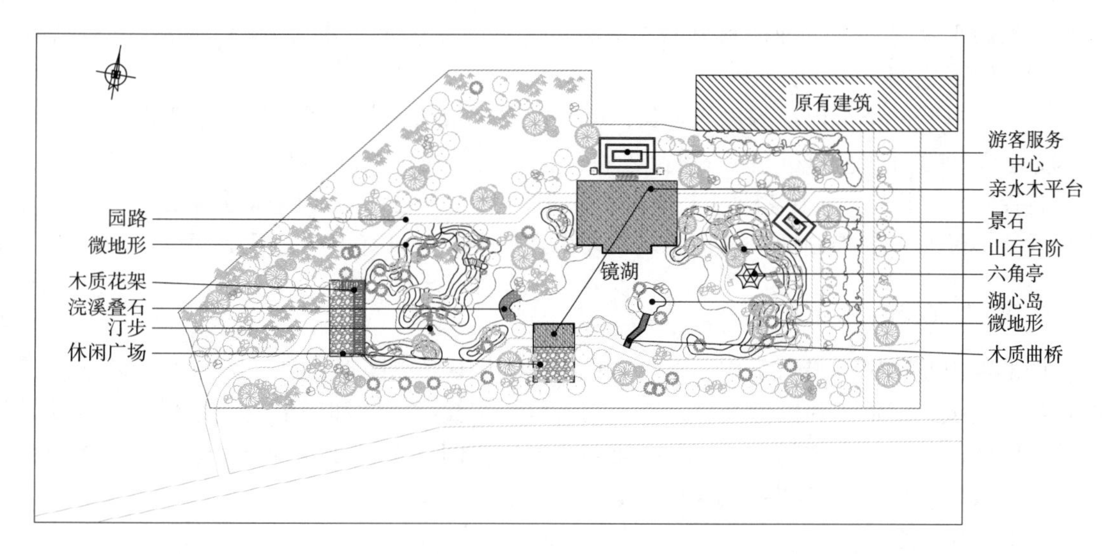

图 1-34　公园绿地平面图绘制效果

2. 图形布局

(1)图形布局

AutoCAD 2021 的工作环境分为模型空间和图形空间两种，通常情况下，在模型空间中一般按照 1∶1 的比例绘制图形，而在图形空间可以设置若干视口，而且可以为每个视口指定不同的比例，这对于同一张图纸内要布置几个不同比例图形的情况而言特别重要。

在图纸空间里设置输出图纸时，可以建立多个视图窗口(视口)，把不同比例的图形放置在不同的视口，每个视口的比例设置为输出图形所要求的比例。

(2)图形空间

布局是用于创建图纸的二维工作环境。通过单击位于绘图区域左下角处的选项卡到“布局”选项卡右侧，访问一个或多个布局。布局内的区域称为图形空间可以在其中添加标题栏，显示布局视口内模型空间的放视图，并为图形创建表格、明细表、说明和标注。也可以使用多个布局选项卡，按多个例和不同的图纸大小显示各种模型组件的详细信息。

切换模型空间和图纸空间布局，只需按下相应的选项即可。按下“布局 1”或“布局 2”切换到图纸空间后，显示界面为系统默认页面设置。通常情况下图纸空间的系统默认设置不符合要求，需要重新进行设置。

(3)创建布局视口

布局视口的数目和排列及其相关设置称为视口配置。

执行方式：

菜单：“视图”→“视口”→一个视口(1)/多边形视口

工具栏：“视口”工具栏

单击“视口”工具栏上的矩形视口图标或者多边形视口，删除原有视口，复制粘贴 A3 图框，在 A3 图框范围内拉出一个新的视口，里面显示整个图形。鼠标移动到视口内双击左键，进入视口模空间，单击“视口”工具栏图标，在比例设置框中的下拉列表中选择合适比例，然后平移工具将平面图移到视口合适位置，设置好后，将鼠标移到视口外双击确定，回到图形空间。

视口本身是一个可以被编辑的对象，可以调整视口的大小以适应整个平面图，也可以用“移动(Move)”命令把视口移动到合适的位置。点选视口边框，把光标置于视口角点上的蓝色控制点(矩形方块控制柄)上单击，控制柄变成红色，拖动鼠标可以改变视口的大小。重复拖动视口的控制柄，调整视口的大小到使平面图较好地完整显示。

3. 图形输出

图形输出是绘图的最后工作。在 AutoCAD 2021 中完成图形绘制任务后，可以按照需要输出为图纸，或输出为图像文件。输出图形可以在模型空间和图纸空间进行。通常情况下输出图像文件在模型空间进行，而打印图纸最好在图纸空间进行布局和输出，这样能够提高工作效率，也容易使图纸更符合规范。

(1)输出设备

常见的打印输出设备种类很多，AutoCAD 根据驱动程序的种类将其分为 3 类。

①系统打印机　系统打印机是由 Windows 系统或设备制造商提供的驱动程序支持，AutoCAD 的打印任务由 Windows 系统控制完成。常见的打印机有喷墨打印机和激光打印机两种；绘图仪最常见是惠普(HP)系列。绘图仪都支持 A0 幅面以上的图纸，可以打印所有幅面的图纸或喷画。通常情况下，CAD 图形都是打印在描图纸(一种透明的纸，也称为硫酸纸)上，然后再用专门的晒图机复制成蓝图。

②非系统打印机　非系统打印机是由 HDI 非系统打印机驱动程序支持，任务由 AutoCAD 直接控制完成。非系统打印机可以自定义图纸尺寸。

③文件打印机　文件打印机是由文件格式驱动程序支持，AutoCAD 将图形输出为 PostScript、光栅或 Web 设计格式(DWF)文件。

(2)输出图纸

使用不同的打印机或绘图仪时，其具体操作步骤与情况稍有不同，但差异都不大。

执行方式：

菜单：“文件”→“打印”

命令：PLOT

组合键：Ctrl+P

输入打印命令，由于进行布局时采用的是虚拟打印机，系统会打开“打印”设置窗口。单击打印机“名称”后面列选窗右侧的小黑三角按钮，在弹出的菜单中选择“DWG To PDF. pc3”，选择图纸尺寸为 A3，在“打印范围”列选窗上单击，在弹出的菜单中选择“窗口”，系统会暂时关闭“打印”窗口，要求用户在屏幕上选择打印范围。打开对象捕捉(F3)，用捕捉端点的方式准确选择 A3 图框的左上角点，然后再选择图框的右下角点。指定打印范围后，自动返回“打印”对话框。

在“打印样式列表”下拉框右端单击，在弹出的菜单中选择“acad. c-tb”，如果重新创建打印样式，选择“新建”选项。

在弹出的对话框中“文件名”下的输入框中输入“布局黑白打印”，然后单击“下一步”按钮；点击“打印样式表编辑器”，在弹出的对话框中可以设置颜色相关的笔号、线宽、线型等参数。

单击“预览”按钮，可以预览打印的效果。

如果确认图形预览没有问题，就选择“打印”按钮开始打印。也可以回到“打印”窗口（ESC 键），单击“确定”按钮开始打印。

(3)输出电子文件

AutoCAD 绘制的是矢量图形，处理图像文件时不够专业，经常需要结合其他专业软件。例如，在方案设计阶段制作彩色图形时，可以结合 AutoCAD 和 Photoshop 的长处，将 AutoCAD 绘制的矢量图输出成图像，再用 Photoshop 进行后期处理。

①保存屏幕图像　继续使用上例文件，切换到模型空间，使要生成图像的区域尽量充满屏幕，单击“工具”→“显示图像”→“保存”，弹出“渲染输出文件”对话框，在对话框下拉列表中选择 JPEG 格式，单击“保存”按钮，弹出“JPEG 图像选项”对话框，选择保存文件的位置，最后单击“确定”。

②虚拟打印　与打印操作相同，但选择虚拟打印机进行 PDF 格式文档输出。

项目 2

AutoCAD 基本图形绘制

【知识目标】

(1)掌握 AutoCAD 绘图命令的基本操作。

(2)掌握 AutoCAD 编辑命令的基本操作。

(3)掌握 AutoCAD 创建文字与表格的方法。

(4)掌握尺寸标注的方法。

(5)掌握图块与外部参照的相关知识。

【技能目标】

(1)能够在 AutoCAD 中熟练运用各种工具绘制二维图形。

(2)能够按照相关制图标准标注和文字注释。

【素质目标】

(1)养成良好的作图习惯。

(2)培养认真严谨的工作作风。

任务 2-1　认识 AutoCAD 基本绘图命令

【任务描述】

任何一幅设计图纸都由点、直线、圆与圆弧等基本图形元素组合而成，因此，熟练掌握二维基本图形的绘制方法非常重要。

本任务主要是认识 AutoCAD 制图的基本知识和绘制二维基本图形的方法，使用户能够进行二维绘图工具的操作。

【任务实施】

1. 认识 AutoCAD 坐标定位

（1）坐标系统

绘图时，常用坐标来精确定位点。AutoCAD 2021 中的坐标系包括世界坐标系和用户坐标系两种。

①世界坐标系　简称 WCS，由 X 轴、Y 轴、Z 轴组成，这是 AutoCAD 默认的坐标系统，也称绝对坐标系。默认情况下，采用数学上笛卡尔坐标系的习惯，即沿 X 轴正方向向右为水平距离增加的方向，沿 Y 轴正方向向上为竖直距离增加的方向，垂直于 XY 平面，沿 Z 轴正方向从所视方向向外为 Z 轴距离增加的方向。原点坐标为(0，0，0)，在绘图区的左下角。

②用户坐标系　简称 UCS，制图过程中有时需要修改坐标系原点位置和坐标轴的正方向，为了方便绘图，AutoCAD 提供了可变的用户坐标系。用户坐标系在制图中有很大的灵活性。

（2）AutoCAD 的坐标输入法

在 AutoCAD 中，点的坐标可以使用直角坐标和极坐标。

①直角坐标　直角坐标系有 3 个坐标轴：X 轴、Y 轴和 Z 轴。坐标值的输入方式是(X，Y，Z)。在二维绘图时，Z 值默认为 0，通常输入方式为(X，Y)。X 值和 Y 值前可以加正负号表示方向。

直角坐标又可分为绝对直角坐标和相对直角坐标。绝对直角坐标是以坐标原点为基点来定位点的位置，表示方法为(X，Y)；而相对直角坐标是以上一点位置为基点来定位点的位置，表示方法为@(X，Y)。

②极坐标　使用距离和角度定位点，通常用于二维图形。极坐标输入时距离均为正值，角度前可以加正负号的表示方向。默认情况下，角度逆时针方向为正，顺时针方向为负。

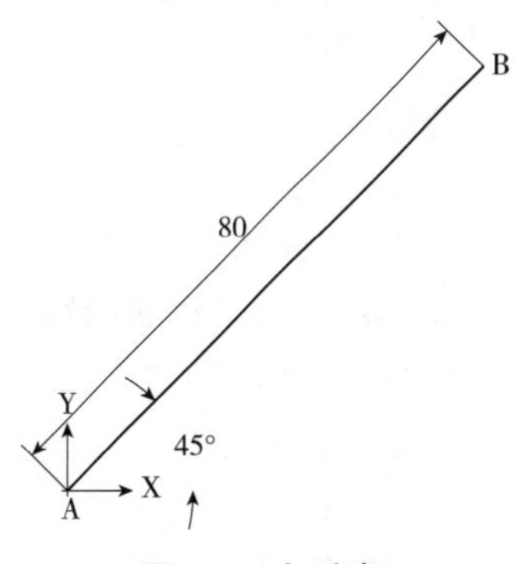

图 2-1　极坐标

极坐标的输入方法为，距离和角度中间用“<”号隔开即，($L<a$)。绝对极坐标以原点为极点，距离是点与原点的连线，角度是两点的连线与 X 轴的夹角，逆时针为正，顺时针为负。如图 2-1 所示，B 点的绝对极坐标值为 80<45。相对极坐标的输入格式是@($L<a$)，是以上一点位置

为基点来定位点的位置。

提示：在坐标输入时要关闭中文输入法，使用英文字符。

2. 认识 AutoCAD 二维绘图命令

AutoCAD 提供了一系列图形绘制命令，可以通过“绘图”菜单调用这些绘制命令，也可以在“绘图”工具栏中调用这些绘制命令，如图 2-2 所示。

(1)点

点是构成图形的基础，任何复杂曲线都是由无数个点构成的。点可以分为单个点和多个点，在绘制点之前需要设置点的样式。

①设置“点样式”　在系统默认状态下，点对象仅显示为一个小圆点，可以利用系统变量 PDMODE 和 PDSIZE 来更改点的显示类型和尺寸。

执行方式：

菜单：“格式”→“点样式”。

“点样式”对话框如图 2-3 所示。

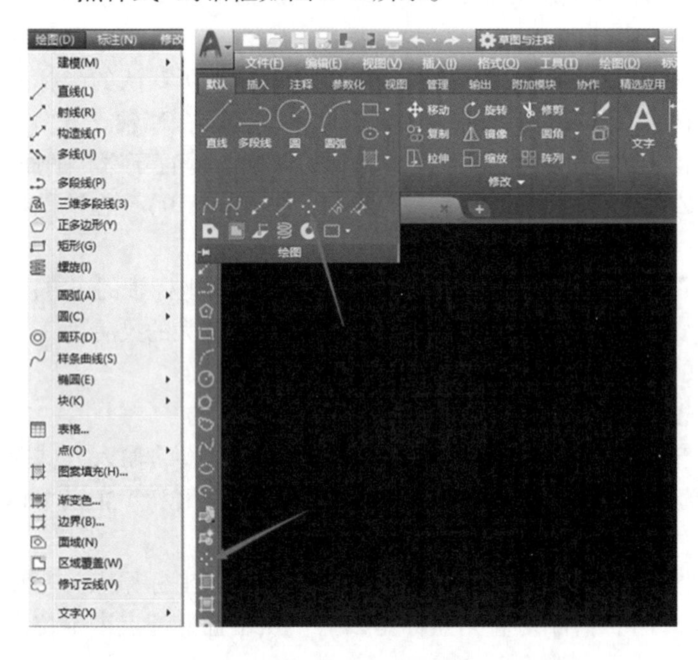

图 2-2 “绘图”菜单和“绘图”工具栏图

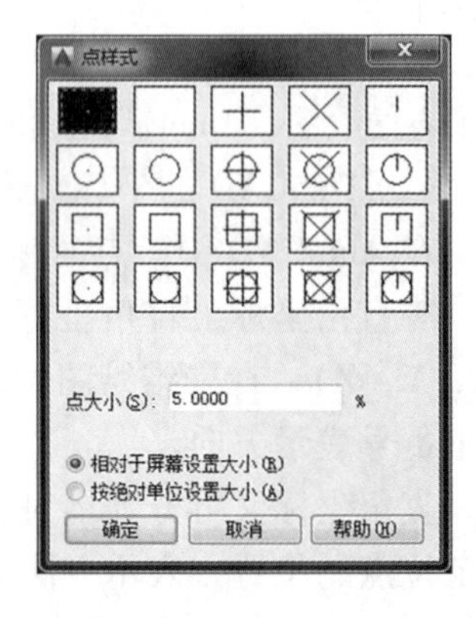

图 2-3 “点样式”对话框

②绘制点

执行方式：

菜单：“绘图”→“点”→“单点”/“多点”。

工具栏：工具按钮(执行“多点”绘制)。

命令行：POINT/PO↙。

单点：通过在绘图区中单击鼠标左键或输入点的坐标值指定点，即可绘制单点。

多点：在绘图区中可连续绘制多个点。

③定数等分　使用“定距等分”命令，可以将所选对象按指定的线段数目进行等分。

执行方式：

菜单："绘图"→"点"→"定数等分"。

选项面板："默认"选项卡→"绘图"面板中的"定数等分"按钮(图 2-4)。

命令行：DIVIDE↙。

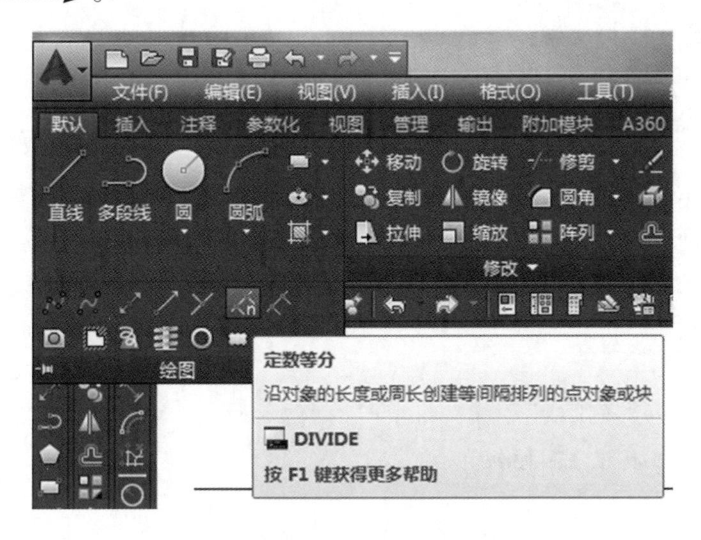

图 2-4 "定数等分"选项按钮

④定距等分 使用"定距等分"命令，可以从选定对象的某一个端点开始，按照指定的长度等分。

执行方式：

菜单："绘图"→"点"→"定距等分"。

选项面板："默认"选项卡→"绘图"面板中的"定距等分"按钮。

命令行：MEASURE↙。

注意：利用绘制"点"命令进行图形对象等分时，一次只能等分一个图形对象。

(2)直线

"直线"是图形中最常见、最简单的直线绘制命令。利用"直线"命令可以绘制一条或连续多条直线。

执行方式：

菜单："绘图"→"直线"。

工具栏：绘图工具栏 ╱ 按钮。

命令行：LINE/L↙。

注意："直线"命令绘制成的图形，各个线段之间是相互独立的，无法整体编辑。

(3)射线

射线是指以一个点为起始的中心，向某一个方向无限延伸的直线。在 AutoCAD 中，射线常作为绘图辅助线来使用。

执行方式：

菜单："绘图"→"射线"。

命令行：RAY↙。

(4)构造线

构造线是无限延伸的线，常用作创建其他直线的参照。“构造线”命令可以创建水平、垂直或具有一定角度的构造线。构造线也可起到辅助制图的作用。

执行方式：

菜单：“绘图”→“构造线”。

工具栏：绘图工具栏 按钮。

命令行：XL↙。

(5)多段线

多段线是指由若干直线和圆弧连接而成的不同宽度的曲线或折线，且该多段线中含有的所有直线或圆弧都是一个实体。用户可以利用多段线编辑命令，根据需要将其他图形转换成多段线或将多段线转换成其他图形。

①绘制多段线

执行方式：

菜单：“绘图”→“多段线”。

工具栏：绘图工具栏 按钮。

命令行：PL↙。

【例题 2-1】使用“多段线”命令绘制弧形箭头，如图 2-5 所示。

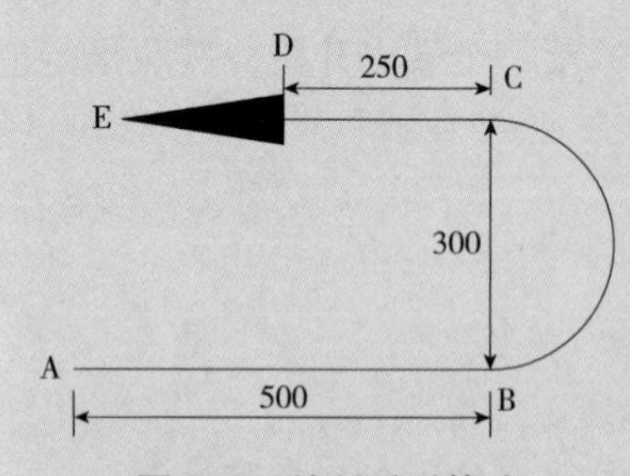

图 2-5　绘制弧形箭头

PL↙(调用多段线命令)

PLINE

指定起点：(鼠标在屏幕拾取 *A* 点)

当前线宽为 0.0000

指定下一个点或[圆弧(A)/半宽(H)/长度(L)/放弃(U)/宽度(W)]：<正交开>500↙(打开正交功能，输入距离，绘制 AB 段)

指定下一个点或[圆弧(A)/半宽(H)/长度(L)/放弃(U)/宽度(W)]：A↙(将绘制直线切换为绘制圆弧)

指定圆弧的端点或[角度(A)/圆心(CE)/闭合(CL)/方向(D)/半宽(H)/直线(L)/半径(R)/第二个点(S)/放弃(U)/宽度(W)]：300↙(指定圆弧端点 *C* 的位置)

指定圆弧的端点或[角度(A)/圆心(CE)/闭合(CL)/方向(D)/半宽(H)/直线(L)/半径(R)/第二个点(S)/放弃(U)/宽度(W)]：L↙(将圆弧方式切换到直线)

指定下一个点或[圆弧(A)/半宽(H)/长度(L)/放弃(U)/宽度(W)]：<正交开>250↙(打开正交功能，输入距离，绘制 *CD* 段)

指定下一个点或[圆弧(A)/半宽(H)/长度(L)/放弃(U)/宽度(W)]：H↙(设置线段半宽)

指定起点半宽<0.0000>：60↙

指定端点半宽<0.0000>：0↙(输入终点宽度)

指定下一个点或[圆弧(A)/半宽(H)/长度(L)/放弃(U)/宽度(W)]：(将光标移动到 E 点)

指定下一个点或[圆弧(A)/半宽(H)/长度(L)/放弃(U)/宽度(W)]：↙(按 Enter 键结束多段线绘制)

②编辑多段线

执行方式：

菜单："修改"→"对象"→"多段线"。

命令行：PEDIT/PE↙。

快捷菜单：选择要编辑的多段线，在绘图区域单击鼠标右键，在快捷菜单中选择"多段线编辑"。

鼠标双击多段线，进入编辑模式。编辑效果如图 2-6 所示。

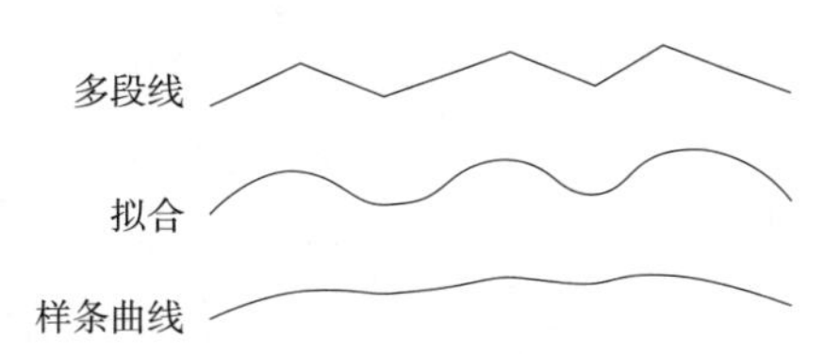

图 2-6 多段线编辑效果

调用命令后，AutoCAD 命令行显示如下提示：

输入选项[闭合(C)/合并(J)/宽度(W)/编辑顶点(E)/拟合(F)样条曲线(S)/非曲线化(D)/线型生成(L)/反转(R)放弃(U)](图 2-8)。

(6)正多边形

正多边形由 3~1024 条等边封闭的多段线组成。由于正多边形的边长相等，可以通过设置边的数量来决定所绘制图形的形状。在 AutoCAD 中绘制正多边形有两种方式，一是直接确定正多边形的中心，通过绘制内接圆或外切圆来确定多边形；另一种是用边的属性确定多边形。

执行方式：

菜单："绘图"→"正多边形"。

工具栏：绘图工具栏 ⬠ 按钮。

命令行：POLYGON/POL↙。

(7)矩形

"矩形"命令，只要指定矩形两个对角点就可以绘制矩形，还可以设置倒角、标高、圆角、厚度和线宽，其中标高和厚度用于三维绘图，如图 2-7 所示。

执行方式：

菜单："绘图"→"矩形"。

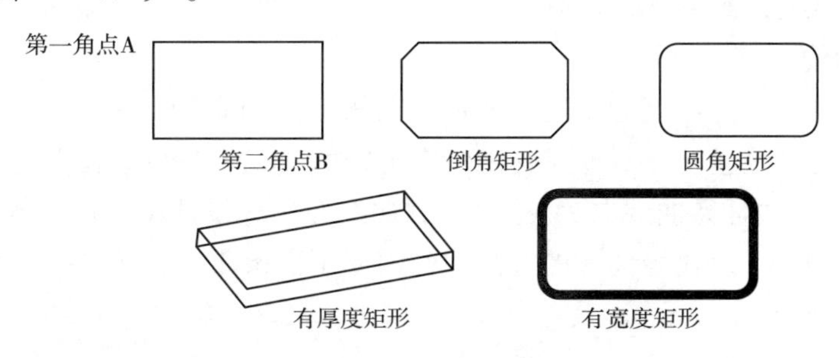

图 2-7 各种类型的矩形

工具栏：绘图工具栏 [icon] 按钮。

命令行：RECTANG/REC↙。

(8)圆

AutoCAD 提供了 6 种绘制圆的方法，如图 2-8 所示。

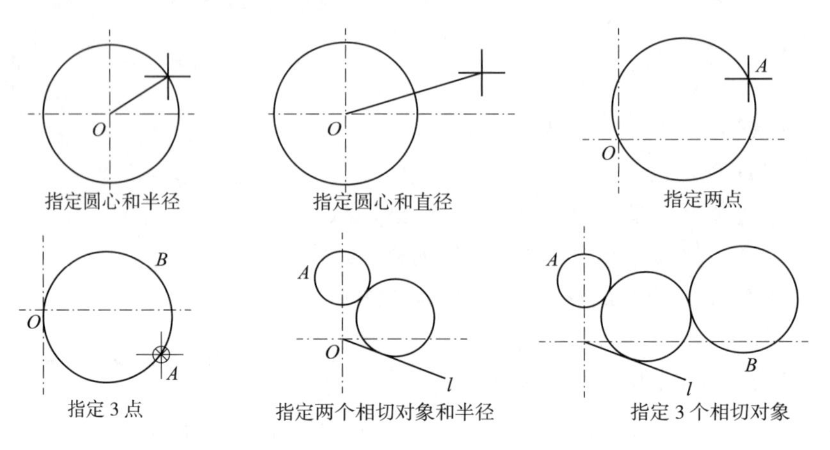

图 2-8　各种类型的圆

执行方式：

菜单："绘图"→"圆"。

工具栏：绘图工具栏 [icon] 按钮。

命令行：CIRCLE/C↙。

注意：除"相切、相切、相切"选项必须在菜单栏中指定外，其余选项均可在命令行里单击或输入指定字符来指定。

(9)圆弧

在 AutoCAD 2021 中，"圆弧"命令的子菜单中提供了 11 种绘制圆弧的方式。

执行方式：

菜单："绘图"→"圆弧"。

工具栏：绘图工具栏 [icon] 按钮。

命令行：ARC/A↙。

注意：AutoCAD"圆弧"命令默认"三点"绘制选项，除默认的"三点"绘制外，其他方式绘制圆弧都是从起点到终点逆时针方向绘制。

(10)样条曲线

样条曲线是一种通过或接近指定点的拟合曲线。在 AutoCAD 中，其类型是非均匀有理 B 样条曲线，适用于表达具有不规则变化曲率半径的曲线。它可以由起点、终点、控制点及偏差来控制曲线。"样条曲线"命令绘制光滑曲线在园林设计中使用很频繁，如蜿蜒曲折的园路、花木的种植线及代表地形的等高线都需要用样条曲线来绘制。

①绘制样条曲线

执行方式：

菜单："绘图"→"样条曲线"。

工具栏：绘图工具栏按钮。

命令行：SPLINE/SPL↙。

执行“样条曲线”命令后，根据命令行提示，依次指定起点、中间点和终点，即可绘制出样条曲线，如图 2-9 所示。

②编辑样条曲线　样条曲线绘制完毕后，可以对其进行修改。

执行方式：

菜单：“修改”→“对象”→“样条曲线”。

选项面板：“默认”选项卡→“修改”→“编辑样条曲线”按钮，如图 2-10 所示。

命令行：SPLINEDIT↙。

鼠标双击样条曲线，进入编辑模式。

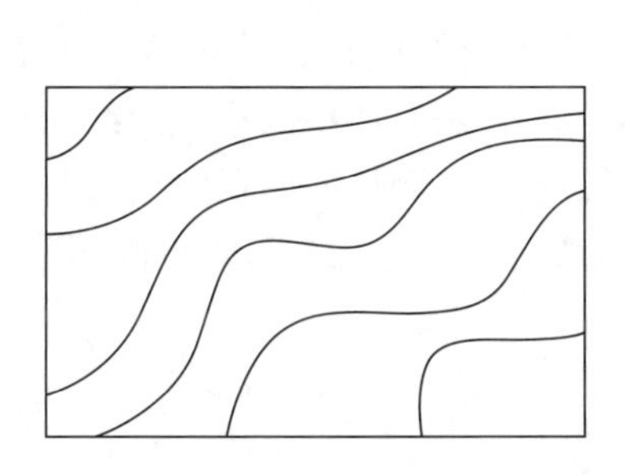

图 2-9　绘制样条曲线

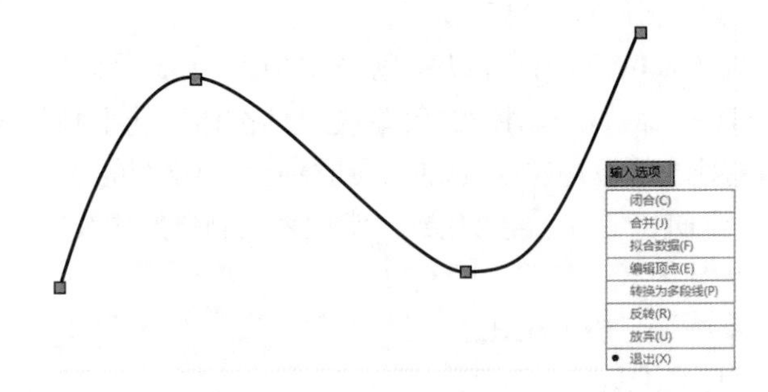

图 2-10　“编辑样条曲线”工具

调用命令后，命令行显示如下提示：

输入选项[闭合(C)/合并(J)/拟合数据(F)/编辑顶点(E)/转换为多段线(P)反转(R)/放弃(U)/退出(X)]：

(11)椭圆与椭圆弧

执行方式：

菜单：“绘图”→“椭圆”/“椭圆弧”。

工具栏：绘图工具栏按钮。

命令行：ELLIPSSE/ELL↙。

AutoCAD 绘制椭圆的方法，一种是通过指定椭圆的长轴和短轴的半轴长度来绘制椭圆；另一种是利用椭圆的中心点、某一轴上的一个端点的位置及另一轴的半长绘制椭圆。椭圆弧是在椭圆的基础上绘制而成的。

(12)修订云线

修订云线是由连续圆弧组成的多段线，检查或用红线圈阅图形时可以使用修订云线功能标记，以提高工作效率。在绘制园林设计图时，一般用修订云线来绘制成片栽植的灌木或乔木，如图 2-11 所示。

执行方式：

菜单：“绘图”→“修订云线”。

工具栏：绘图工具栏按钮。

命令行：REVCLOUD↙。

图 2-11　修订云线

启动“修订云线”后命令行提示如下：

指定第一个角点或[弧长(A)/对象(O)/矩形(R)/多边形(P)/徒手画(F)/样式(S)/修改(M)]<对象>：

注意：默认的最小弧长为 0.5，最大弧长为 0.5，可以重新定义。建议将这两个数值设置成相同大小，如果不相同，那么画出的云线由大小两种弧线组成，不够统一整齐。

(13)圆环

“圆环”命令可以绘制有面积的实心圆点或圆环。该命令没有工具条按钮。

执行方式：

菜单：“绘图”→“圆环”。

命令行：DONUT/DO↙。

(14)SKETCH(徒手画)

在 AutoCAD 中，可以使用“SKETCH”(徒手画)命令徒手绘制图形、轮廓线及签名等。“SKETCH”命令没有对应的菜单或工具按钮。徒手画的线实际上是一连串的小线段组成的线，而且这些小线段是各自独立的，选择徒手画绘制的线时必须同时选择所有小线段。在园林制图中，“SKETCH”命令经常用到，常用来绘制自然式驳岸的水线、成片栽植的灌木和绿篱等。

执行方式：

命令行：SKETCH↙。

(15)多线

多线是一种由多条平行线组成的组合对象，常用于绘制公路、墙体等。在 AutoCAD 中，多线由 1~16 条平行线组成，这些平行线的数目、颜色、线型及间距可以自由调整，它们是一个整体。

①绘制多线

执行方式：

菜单：“绘图”→“多线”。

命令行：MLINE/ML↙。

调用“多线”命令后，命令行将显示如下提示信息：

当前设置：对正=上，比例=20.00，样式=STANDARD

指定起点或[对正(J)/比例(S)/样式(ST)]：

多线的默认样式为 STANDARD，双线，间距为 1。根据命令提示首先设置多线的对正类型、比例和样式。多线的对正类型有上(T)、无(Z)、下(B)3 种。

②创建多线样式

执行方式：

菜单：“格式”→“多线样式”。

命令行：MLSTYLE↙。

执行命令后，打开“多线样式”对话框，如图 2-12、图 2-13 所示，可以通过该对话框创建或修改多线样式，设置其线条数目和线的拐角方式。

③编辑多线

执行方式：

菜单：“修改”→“对象”→“多线”。

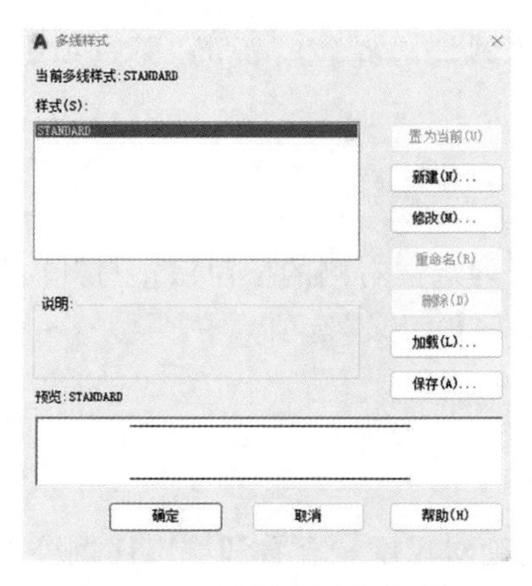

图 2-12 “多线样式”对话框

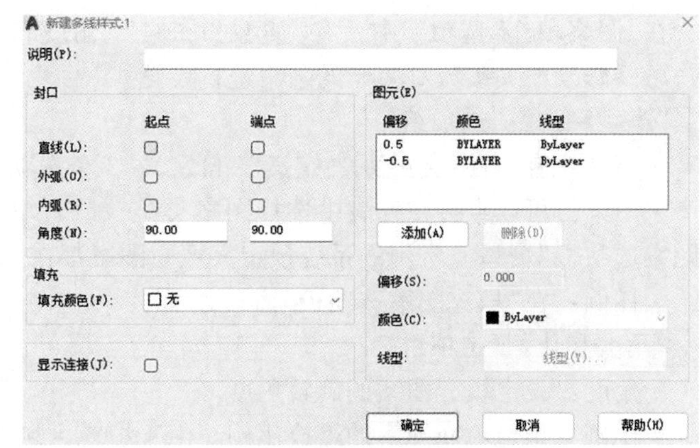

图 2-13 “新建多线样式”对话框

命令行：MLEDIT↙。

执行命令后，打开“多线编辑工具”对话框，可以使用其中的 12 种编辑工具编辑多线。

注意：多线对象也可以在分解后再利用修改工具对其进行编辑。

(16)图案填充

要重复绘制某些图案以填充图形中的一个区域，从而表达该区域的特征，这种填充操作称为图案填充。图案填充的应用非常广泛，例如，可以用图案填充表达一个剖切的区域，也可以使用不同的图案填充来表达不同的材质。

①创建图案填充

执行方式：

菜单：“绘图”→“图案填充”。

工具栏：绘图工具栏 按钮。

命令行：BHATCH/H↙。

输入命令后，在命令提示行中输入“T”并按 Enter 键确定，弹出“图案填充和渐变色”对话框，如图 2-14 所示。对话框包括“图案填充”和“渐变色”选项卡。

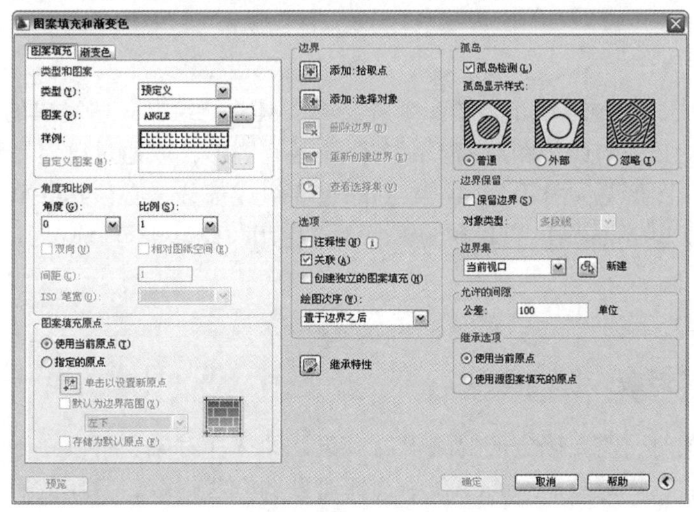

图 2-14 “图案填充和渐变色”对话框

在“图案填充”选项卡中，有“类型和图案”“角度和比例”“边界”和“孤岛”等选项组，用户可以修改相关参数对填充的图案进行设置。

“类型和图案”选项组：

· 类型：有“预定义”“用户定义”“自定义”3 个选项。

· 图案：可以直接在列表中选择图案类型，或者单击列选框右侧的按钮口，打开“填充图案选项板”窗口。常用的系统预定义填充图案都在“其他预定义”选项卡中。

· 样例：在“填充图案选项板”窗口显示。

“角度和比例”选项组：

· 角度：设定填充图案的旋转角度。

· 比例：指定填充图案的缩放比例。由于填充区域的绝对尺度、查看和输出比例等差异，填充时经常需要调整图案的比例。

“边界”选项组：

·“添加：拾取点”：选择封闭的边界作为填充区域。

·“添加：选择对象”：选择图形对象作为填充区域的边界。

“孤岛”选项组：

孤岛是指填充区域内的封闭区，如填充区域内部含有其他封闭区域或文字。

在 AutoCAD 中孤岛显示样式默认有 3 种选项，即“普通”“外部”和“忽略”。

②编辑图案填充

执行方式：

菜单：“修改”→“对象”→“图案填充”。

命令行：HATCHEDIT↙。

双击已创建的图案填充。

选取关联填充对象后，系统弹出“图案填充编辑”对话框，用户修改相关参数编辑填充。

任务 2-2　认识 AutoCAD 基本编辑命令

【任务描述】

在 AutoCAD 中，单纯地使用绘图命令或绘图工具只能绘制一些简单的图形对象，在实际绘图的过程中，必须借助于图形编辑命令修改已有图形，或通过已有图形构造新的复杂图形。因此，编辑图形是园林设计图纸绘制的重要组成部分，必须熟练掌握。

本任务主要认识 AutoCAD 的基本编辑命令，使用户能够进行修改工具的操作。

【任务实施】

1. 选择图形对象

编辑图形对象时，需要确定所要编辑的对象，即选择对象。可以在输入编辑操作之前或者编辑操作之后选择对象。AutoCAD 中选择对象的方法很多，常用的有直接选择、窗口选择、快速选择、全选。

(1)直接选择

当启动 AutoCAD 的编辑命令或其他命令后，命令行通常会提示“选择对象”，即要求用户选择要进行操作的对象，同时，十字光标变为拾取框，此时用户可以把光标移动到对象上直接单击选择。默认情况下可以连续选择多个对象，被选中的图形对象外轮廓呈虚线，并显示蓝色夹点，如图 2-15 所示。

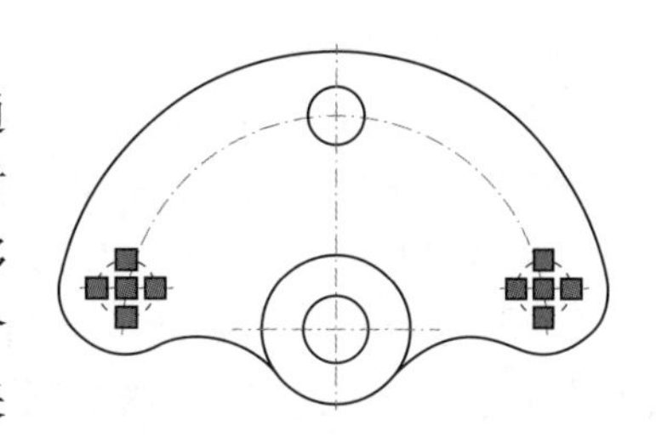

图 2-15　图形对象选中后效果

按 Esc 键即可取消选择。

(2)窗口选择

窗口选择是以 2 个对角顶点确定的矩形窗口选取位于其范围内的所有图形，在 AutoCAD 中可分为矩形窗口和交叉窗口两种方式。

①矩形窗口选择　指定对角顶点时按照从左向右的顺序，绘图窗口中会出现一个蓝色的选择窗口，与边界相交的对象不会被选中。

②交叉窗口选择　指定对角顶点时按照从右向左的顺序，绘图窗口中会出现一个绿色的选择窗口，不仅会选中矩形窗口内部的对象，也会选中与矩形窗口边界相交的对象。

(3)快速选择

快速选择用于创建一个符合用户所指定的对象类型和对象特性的选择集，即具有特定属性的对象被添加到选择集或从选择集中排除。园林制图中常用此命令来进行苗木数量的统计。

执行方式：

菜单：“工具”→“快速选择”。

命令行：OSELECT↙。

快捷菜单：绘图区内单击鼠标右键，选择“快速选择”。

输入命令后，弹出“快速选择”对话框，如图 2-16 所示。

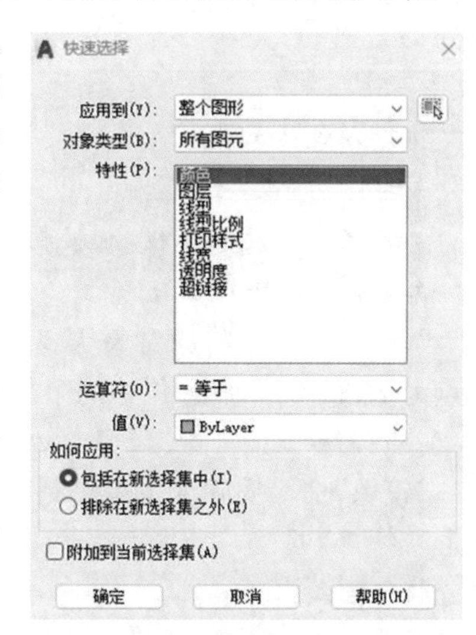

图 2-16　“快速选择”对话框

(4)全选

在“选择对象:”提示下在命令行键入 ALL↙，将绘图区域内的所有对象均选中。

2. 认识 AutoCAD 二维修改命令

在 AutoCAD 中，图形对象的编辑工具主要包括删除、复制、镜像、偏移、阵列、移动、旋转、缩放、拉伸、修剪、延伸、打断、倒角、圆角、合并、分解等。用户可以通过“修改”菜单找到这些命令，也可以调用“修改”工具栏上的工具按钮来发出指令。

(1)删除

在 AutoCAD 2021 中，可以用“删除”命令删除选中的对象。

执行方式：

菜单：“修改”→“删除”。

工具栏：修改工具栏按钮。

命令行：ERASE/E↙。

键盘：按“Delete”键可以执行删除操作。

(2)复制

绘图时经常会遇到同一个图形元素多次出现的情况，例如，会在一张图纸上多次重复使用植物图例，这时使用“复制”命令可以大量节约操作时间，如图 2-17 所示。

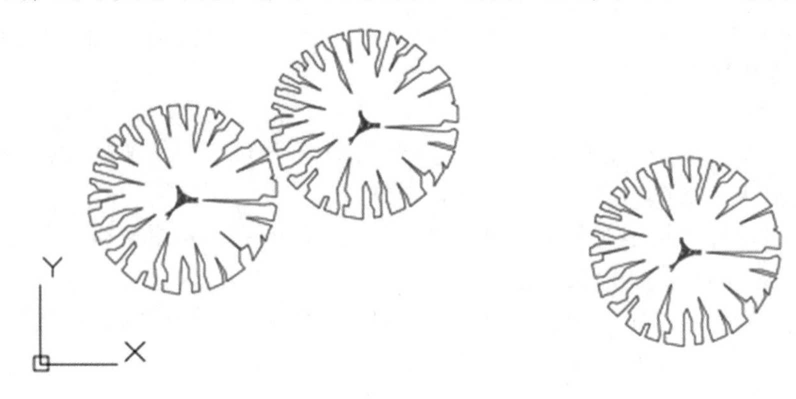

图 2-17　乔木图例复制

执行方式：

菜单：“修改”→“复制”。

工具栏：修改工具栏按钮。

命令行：COPY/CO↙。

“复制”命令是将原对象从一点复制到另一点，这两点之间的距离称为位移，位移的第一点为基点，另一点为位移的第二点，复制生成的对象副本的位置就是由这两个点控制。

(3)镜像

“镜像”命令实际上也是复制对象，但是要将图形对象绕指定轴翻转复制以创建轴对称图形。

执行方式：

菜单：“修改”→“镜像”。

工具栏：修改工具栏按钮。

命令行：MIRROR/MI↙。

执行该命令时，需要选择要镜像的对象，然后依次指定镜像线上的两个端点，最后确认是否删除源对象，即完成操作。

注意：文字对象也可以用“镜像”命令复制，AutoCAD 默认只镜像文字的位置。但是若将系统变量 Mirrtext 的值由默认的 0 修改为 1，则文字镜像后不具备可读性，如图 2-18 所示。

悬铃木　　悬铃木

悬铃木　　悬铃木

图 2-18　系统变量 Mirrtext 的值为 0 和 1 的不同效果

(4) 偏移

在 AutoCAD 中，可以使用“偏移”命令对指定的图形对象作偏移复制。可以偏移的对象包括直线、构造线、多段线、射线、样条曲线、圆、圆弧、椭圆、椭圆弧等。在实际应用中，常利用“偏移”命令的特性创建同心圆、平行线或等距曲线。

执行方式：

菜单：“修改”→“偏移”。

工具栏：修改工具栏 按钮。

命令行：OFFSET/O↙。

默认情况下，需要先指定偏移距离，然后选择要偏移复制的对象，再指定偏移方向，以复制出对象。

注意：偏移命令一次只能指定一个偏移对象；二维多段线和样条曲线在偏移距离大于可调整的距离时将自动进行修剪，如图 2-19 所示，梯形偏移后产生了三角形。

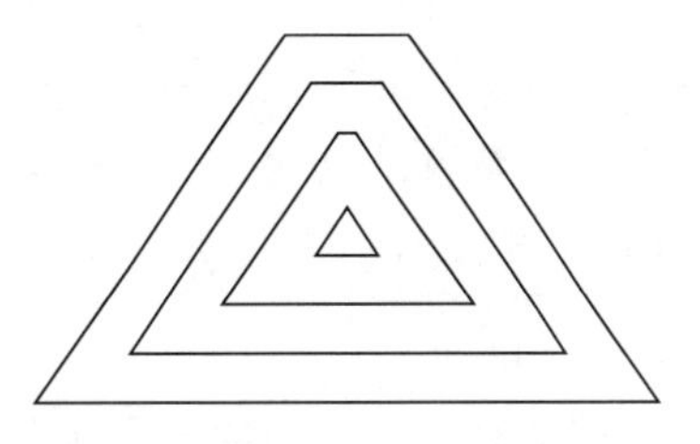

图 2-19 偏移过程中自动修剪图形

(5) 阵列

“阵列”命令用于复制规则分布的对象。在 AutoCAD 2021 中，“阵列”命令可以将图形对象通过矩形阵列、环形阵列和路径阵列 3 种方式进行多重复制。用户可以按住“修改”工具栏上的阵列工具图标进行不同阵列方式的切换，或在“阵列”功能区选项面板中进行各项参数的设置。阵列效果如图 2-20、图 2-21 所示。

执行方式：

菜单：“修改”→“阵列”。

工具栏：修改工具栏 按钮。

命令行：ARRAY/AR↙。

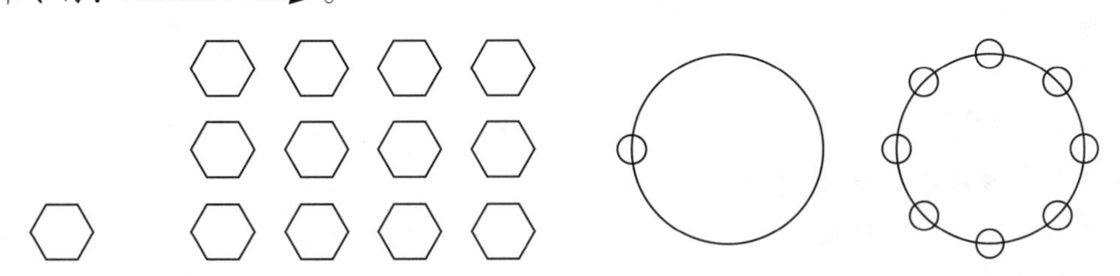

图 2-20 矩形阵列效果　　**图 2-21 环形阵列效果**

【例题 2-2】使用“路径阵列”命令，绘制如图 2-22 右侧图形。

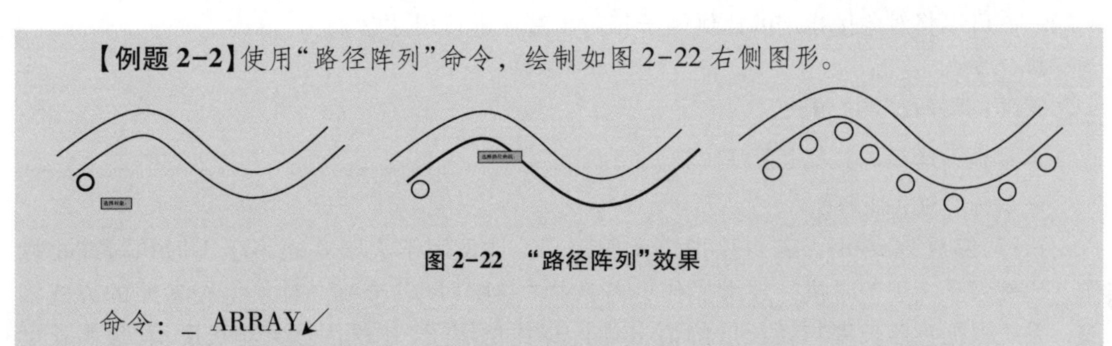

图 2-22 “路径阵列”效果

命令：_ ARRAY↙

选择对象：找到 1 个(点击图 2-22 左图所示的小圆，选取对象)

选择对象：输入阵列类型[矩形(R)/路径(PA)/极轴(PO)]<极轴>：PA↙

类型=路径　关联=是

选择路径曲线：(选取其中一条样条曲线，如图2-22中图所示)

选择夹点以编辑阵列或[关联(AS)/方法(M)/基点(B)/切向(T)/项目(I)1行(R)/层(L)/对齐项目(A)z方向(Z)/退出(X)]<退出>：I↙

指定沿路径的项目之间的距离或[表达式(E)]<299.997>：400↙

最大项目数=9

指定项目数或[填写完整路径(F)/表达式(E)]<6>：8↙

选择夹点以编辑阵列或关联(AS)/方法(M)/基点(B)/切向(T)/项目(I)/行(R)/层(L)/对齐项目(A)/z方向(Z)/退出(X)]<退出>：↙(操作完成)

(6)移动

移动对象是指对象的重定位。绘图时如果有些图形对象位置不当，可使用移动命令。移动后对象的位置发生了改变，但方向和大小不变。

执行方式：

菜单："修改"→"移动"。

工具栏：修改工具栏 按钮。

命令行：MOVE/M↙。

执行"移动"命令时，首先选择要移动的对象，然后指定位移的基点和位移矢量。

(7)旋转

"旋转"命令可以将选中对象绕基点旋转指定的角度。旋转对象有两种方法，如果已知旋转角度，可以直接输入旋转角度；如果没有指定旋转角度，可以设置参照角度。角度为正时，逆时针旋转；角度为负时，顺时针旋转。

执行方式：

菜单："修改"→"旋转"。

工具栏：修改工具栏 按钮。

命令行：ROTATE/RO↙。

(8)缩放

"缩放"命令是指将对象按统一比例放大或缩小。缩放对象时，系统要求指定基点和比例因子，可以将对象按指定的比例因子相对于基点进行尺寸缩放。

执行方式：

菜单："修改"→"缩放"。

工具栏：修改工具栏 按钮。

命令行：SCALE/SC↙。

执行"缩放"命令时，若直接指定比例因子，比例因子大于0而小于1时执行缩小操作，比例因子大于1时执行放大操作；若选择"参照(R)"选项，对象将按参照的方式缩放，系统根据参照长度与新长度的值自动计算比例因子(比例因子=新长度值/参照长度值)，然后进行缩放，如图2-23所示。

(9)拉伸

“拉伸”命令是指拉伸边线以延长图形某边，如图 2-24 所示。缩放对象时，要求指定基点和比例因子。根据当前图形单位，还可以指定用作比例因子的某个长度。

执行方式：

菜单：“修改”→“拉伸”。

工具栏：修改工具栏按钮。

命令行：STRETCH/S↙。

注意：执行该命令时，只有使用“交叉窗口”方式或者“交叉多边形”方式选择对象，才能执行拉伸操作，否则执行的是移动操作。

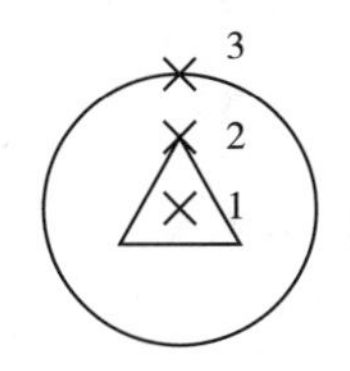

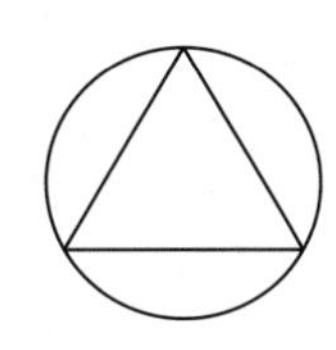

图 2-23　参照缩放对象

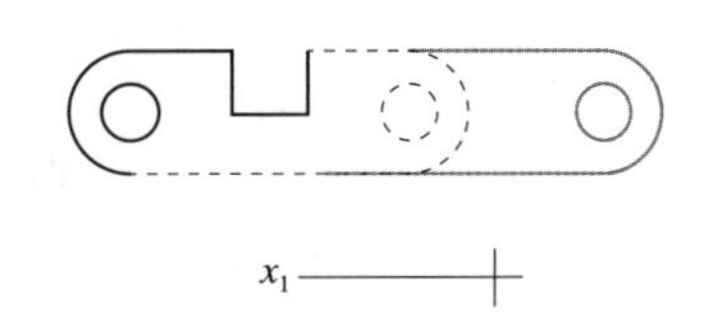

图 2-24　拉伸图形

(10)修剪

“修剪”命令是指将图形对象作为剪切边，修剪直线、圆、圆弧、多段线、样条曲线、射线、构造线等图形对象。使用“修剪”命令前要确定修剪边界和被修剪边的对象。如果按下 Shift 键，修剪工具变为延伸工具。

执行方式：

菜单：“修改”→“修剪”。

工具栏：修改工具栏按钮。

命令行：TRIM/TR↙。

(11)延伸

“延伸”命令可以延伸直线、弧、多段线、射线等对象，并使其延伸到与其定义的对象边界。执行“延伸”命令的过程中，按住 Shift 键可以对图形进行修剪操作。

执行方式：

菜单：“修改”→“延伸”。

工具栏：修改工具栏按钮。

命令行：EXTEND/EX↙。

注意：只有不封闭的多段线才能使用“延伸”命令，而封闭的多段线则不能使用。

(12)打断与打断于点

“打断”命令可将对象在 2 个指定点之间的部分删除或将对象在一个点上断开，直线、圆弧、圆、多段线、椭圆、样条曲线、圆环等都可以拆分为 2 个对象或将其中的一段删除，如图 2-25 所示。

执行方式：

菜单：“修改”→“打断/打断于点”。

工具栏：修改工具栏 / 按钮。

命令行：BREAK/BR↙。

“打断于点”命令可以将对象在一点处断开，它是从“打断”命令中派生出来的。执行该命令时，需要选择要被打断的对象，然后指定打断点，即可从该点打断对象。图形从打断点断为两个部分，但外观完整，如图 2-26 所示。

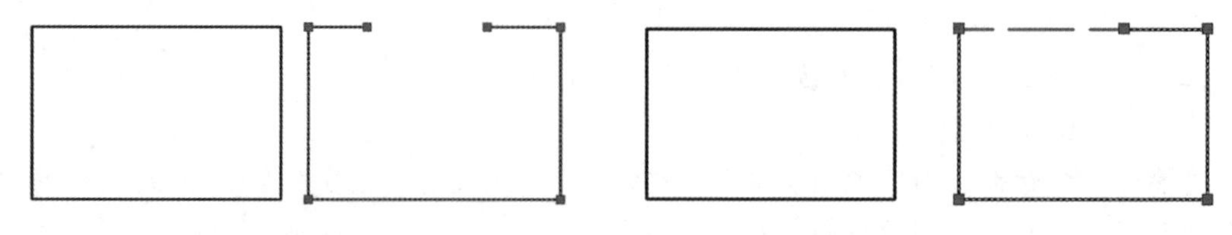

图 2-25　打断图形　　　　图 2-26　打断于点

(13)倒角

“倒角”命令是指在两个非平行对象间加一个倒角。此对象可以是直线、多段线、构造线和射线。

执行方式：

菜单：“修改”→“倒角”。

工具栏：修改工具栏 按钮。

命令行：CHAMFER/CHA↙。

(14)圆角

“圆角”命令是指用光滑的弧把两个对象连接起来。对象可以是直线、圆、弧、样条曲线、多段线、构造线和射线。

执行方式：

菜单：“修改”→“圆角”。

工具栏：修改工具栏 按钮。

命令行：FILLET/F↙。

修圆角的方法与修倒角的方法相似，在命令行提示中选择“半径(R)”选项，即可设置圆角的半径大小。

(15)合并

“合并”命令是指将几个图形对象合并以形成一个完整的对象。图形对象合并有一定的条件限制，例如，要合并的对象必须位于相同的平面上，每一类对象均有附加的约束。

执行方式：

菜单：“修改”→“合并”。

工具栏：修改工具栏 按钮。

命令行：JOIN/J↙。

(16)分解

“分解”命令可将组合对象(如多段线、图块、用户设定的组等)分解为单独的图形对象。

执行方式：

菜单：“修改”→“分解”。

工具栏：修改工具栏 按钮。

命令行：EXPLODE/X↙。

(17)光顺曲线

“光顺曲线”命令可在两条选定直线或曲线的间隙中创建样条曲线，如图 2-27 所示。

执行方式：

菜单：“修改”→“光顺曲线”。

工具栏：修改工具栏 按钮。

命令行：BLEND/BLE↙。

图 2-27　光顺曲线效果

输入命令后，AutoCAD 命令行显示如下提示：

连续性=相切

选择第一个对象或[连续性(CON)]：

选择第二个点：

提示行中各常用选项的含义和操作如下：

连续性：在相切和平滑两种过渡类型中选择一种。相切是指创建一条 3 阶样条曲线，在选定对象的端点处具有相切连续性；平滑是指创建一条 5 阶样条曲线，在选定对象的端点处具有曲率连续性。

选择第一个对象：选择样条曲线起点附近的直线或开放曲线。

选择第二个点：选择样条曲线端点附近的另一条直线或开放的曲线。

有效对象包括直线、圆弧、椭圆弧、螺旋线、开放的多段线和开放的样条曲线。

3. 认识夹点编辑模式

在 AutoCAD 2021 中，夹点是指图形对象上的一些特征点，如端点、顶点、中点、圆心点等，图形的位置和形状通常是由夹点的位置决定的。在没有输入任何命令时，单击图形对象，对象上会出现夹点，如图 2-28 所示。鼠标左键再次点击，可以激活这些夹点，对对象进行快速拉伸、移动、旋转、缩放或镜像。

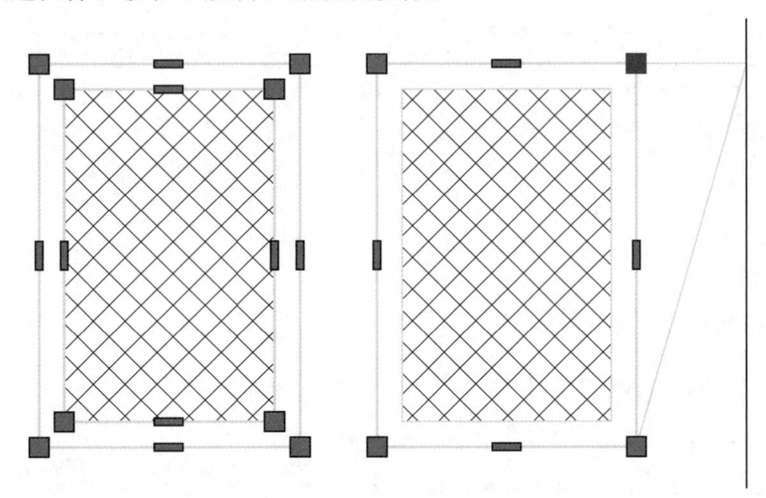

图 2-28　夹点编辑拉伸效果

激活某一夹点后，命令行出现如下提示：

＊＊拉伸＊＊

制定拉伸点或[基点(B)/复制(C)/放弃(U)/退出(X)]：

夹点的编辑模式，包括拉伸、移动、旋转、缩放和镜像5种，按Enter键或空格键可在各个修改命令间切换。

任务2-3 创建文字与表格

【任务描述】

在AutoCAD中，无论是绘制设计方案图还是工程图纸，文字都是不可缺少的一部分，图样和文字标注组成完整的图纸。

本任务是在AutoCAD中创建文字与表格。

【任务实施】

1. 创建文字

(1)文字样式

文字样式包含文字的字体、字高、角度和字宽等特征。园林制图的汉字、数字、字母及符号必须按照《风景园林制图标准》(CJJ/T 67—2015)的要求进行书写。文字的高度为20mm、14mm、10mm、7mm、5mm、3.5mm和2.5mm，宽度约为文字高度的2/3，字体为长仿宋体。

执行方式：

菜单："格式"→"文字样式"。

命令行：STYLE/ST↙。

输入命令后，弹出如图2-29所示的"文字样式"对话框，对话框中显示的"Standard"是AutoCAD默认文字样式。

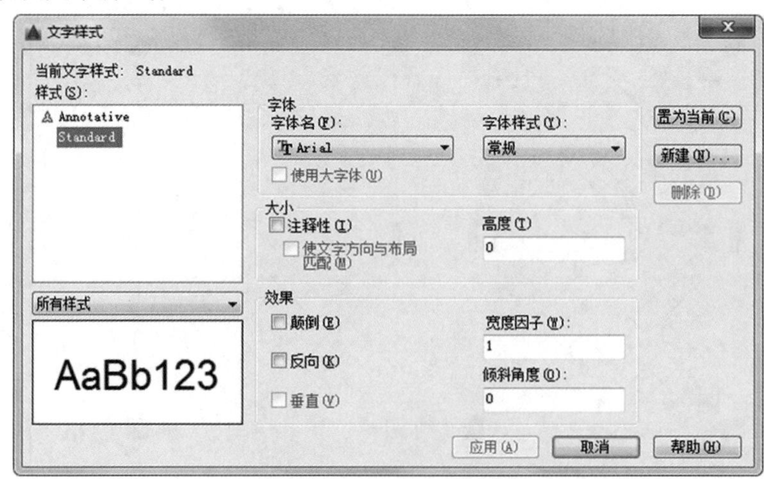

图2-29 "文字样式"对话框

“文字样式”对话框中各区域含义如下：

①“字体”选项组　主要用于定义文字样式的字体。

注意：只有选择后缀为“. shx”的矢量字体后，下面“使用大字体”的选项才可选。

②“大小”选项组　“注释性”是指定文字为注释性文字；“高度”选项用于设置文字的大小。

(2)单行文字

①创建单行文字　单行文字是指将每一行作为一个文字对象，一次性地在图纸中的任意位置添加所需的文本内容，并且可单独对每个文字对象进行修改。

执行方式：

菜单：“绘图”→“单行文字”。

命令行：TEXT/DT↙。

注意：单行文字不能生成文本段落，在输入单行文字的过程中按 Enter 键只能起到另起一行的作用，另起的行和上一行是互相独立的。

②文字控制符　在绘图中经常需要输入一些特殊字符，而这些字符不能从键盘上直接输入，如“°”“±”“ϕ”等。

AutoCAD 提供了控制符来解决这个问题。特殊字符及代码如图 2-30 所示。

AutoCAD 中常用的控制符

控制符	字　符
%%C	直径符号（ϕ）
%%P	公差符号（±）
%%D	角度符号（°）
%%U	文字的下划线
%%O	文字的上划线

图 2-30　文字控制符

(3)多行文字

多行文本包含一个或多个文字段落，可作为单一的对象处理。在输入文字标注之前需要指定文字边框的对角点，文字边框用于定义多行文字对象中段落的宽度。

执行方式：

菜单：“绘图”→“多行文字”。

工具栏：绘图工具栏按钮。

命令行：MTEXT/MT↙。

启用该命令后，在绘图窗口中指定一个用来放置多行文字的矩形区域，将打开“文字格式”工具栏和文字输入窗口。利用它们可以设置多行文字的样式、字体及大小等属性，如图 2-31 所示。

图 2-31　“文字格式”工具栏

(4)编辑文字

对文字的编辑有两种情形，一种是改变文字的内容；另一种是改变文本的格式，如修改文字的插入点、样式、对齐方式、字符大小和方位等。

执行方式：

菜单："修改"→"对象"→"文字"→"编辑"。

命令行：DDEDIT/ED↙。

在绘图区域双击文本目标对象，即可进入编辑模式。

2. 创建表格

表格使用行和列以一种简洁清晰的形式提供信息，常用于一些组件的图形中。表格样式控制一个表格的外观，用于保证标准的字体、颜色、文本、高度和行距。用户既可以使用默认的表格样式，也可以根据需要自定义表格样式。

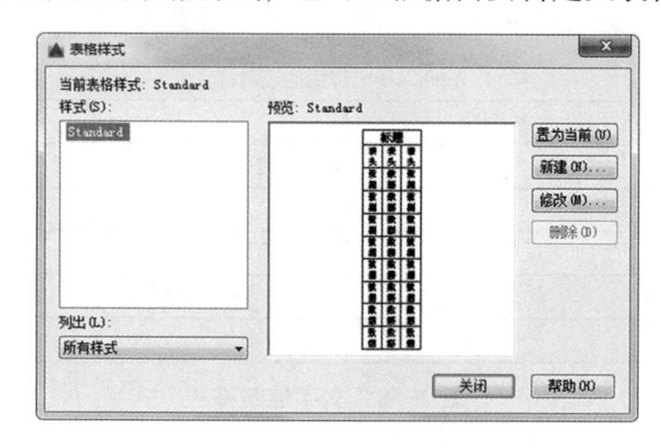

图 2-32 "表格样式"对话框

(1)表格样式

执行方式：

菜单："格式"→"表格样式"。

命令行：TABLESTYLE↙。

启用该命令后，弹出如图 2-32 所示的"表格样式"对话框。

(2)插入表格

执行方式：

菜单："绘图"→"插入表格"。

工具栏：绘图工具栏 按钮。

命令行：TABLE↙。

在表格单元中不仅可以输入文字还可以插入块。

(3)编辑表格

编辑表格可以采用两种方式：夹点修改、"特性"面板修改。

夹点修改：选择需要调整的表格或表格单元，再单击"激活夹点"进行相应的修改，如图 2-33 所示。

"特性"面板修改：单击"工具"→"特性"，打开相对应的特性面板进行修改。

快捷菜单：在输入目标文字的单元格内双击左键。

执行方式：

菜单："绘图"→"插入表格"。

命令行：TABLEDIT↙。

单击选择表格任何一个单元格，即可进入表格编辑状态，系统会自动打开编辑工具栏，如图 2-33 所示。表格编辑窗口上方的文字编辑工具栏和多行文字编辑器类似。如图 2-34所示。

(4)表格输出

在命令行输入"TABLEEXPORT"或选中要输出的表格，单击右键，在弹出的快捷菜单中选择"输出"，打开"输出数据"对话框，输出表格中的数据。

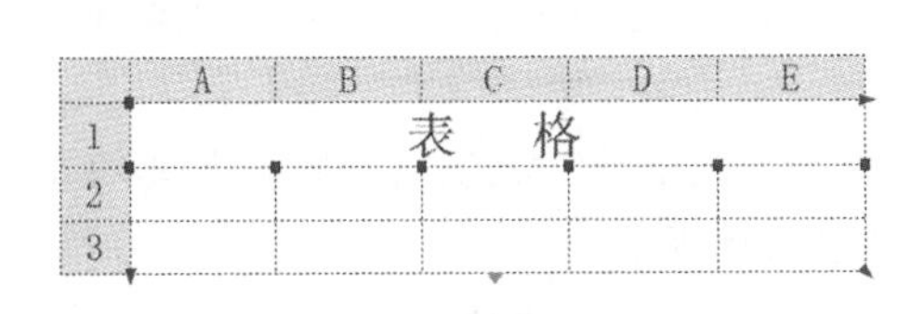

图 2-33　夹点编辑表格

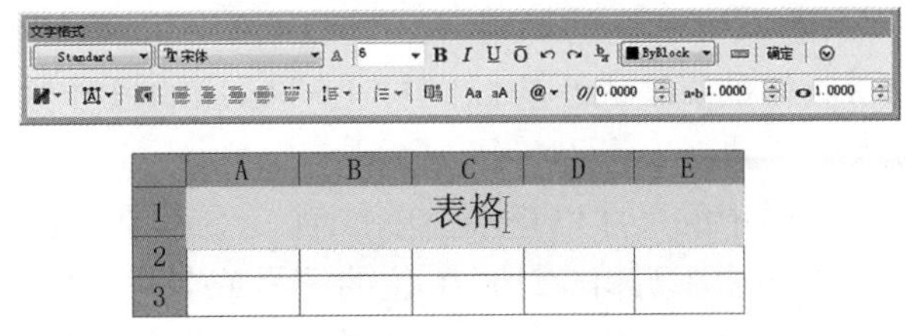

图 2-34　编辑表格

注意：表格数据以逗号分隔(.csv)文件格式输出。所有数据保留，表格样式和文字格式将丢失。

任务 2-4　尺寸标注

【任务描述】

尺寸标注是绘图的一项重要内容，因为绘制工程图纸的根本目的是指导施工，尺寸标注描述了图形对象的真实大小、形状和位置，是实际生产和施工中的重要依据。图纸上尺寸数字的单位，除标高和总平面图以米为单位外，其他以毫米为单位。AutoCAD 中包含一套完整的尺寸标注命令，可以帮助用户完成图纸中要求的各种尺寸标注。AutoCAD中包含一套完整的尺寸标注命令，可以帮助用户完成图纸中要求的各种尺寸标注。进行尺寸标注之前，一般先创建符合园林制图标准的标注样式，然后为尺寸标注创建一个独立的图层，再使用尺寸标注命令进行标注。

本任务是学习尺寸标注的方法。

【任务实施】

1. 认识标注样式

(1)尺寸标注的组成(图 2-35)

尺寸标注是工程绘图设计中的一项重要内容，一个完整的尺寸标注由尺寸界线、尺寸线、箭头(尺寸线起止符号)和尺寸数字 4 个要素组成。

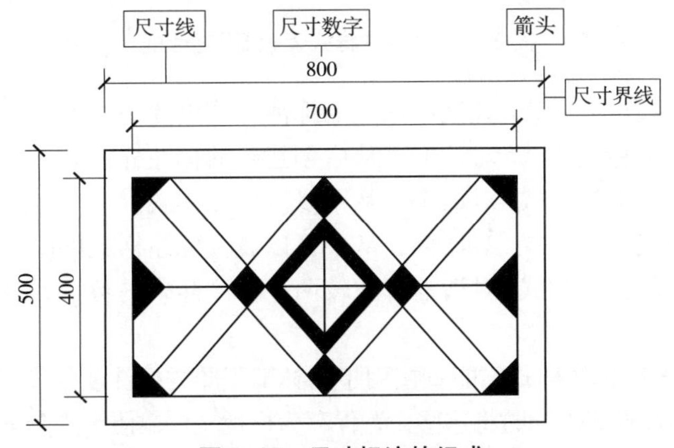

图 2-35　尺寸标注的组成

(2)尺寸标注的规则

物体的真实大小应以图样上所标注的尺寸数值为依据，与图形大小及绘图的准确度无关。

图样中的尺寸以毫米为单位时，不需要标注计量单位的符号或名称。如采用其他单位，则必须注明相应计量单位的符号或名称，如度、厘米及米等。

图样中所标注的尺寸为该图样所表示的物体的最后完工尺寸，否则应另加说明。

一般物体的每一尺寸只标注一次，并应标注在最后能最清晰地反映该结构的图形上。

2. 创建标注样式

标注样式可以控制尺寸标注的格式和外观，建立和强制执行图形的绘图标准，便于对标注格式和用途进行修改。

执行方式：

菜单："格式"→"标注样式"。

工具栏：标注工具栏按钮。

命令行：DIMSTYLE/D↙。

调用命令后，弹出如图 2-36 所示的"标注样式管理器"对话框。该对话框右侧有 5 个功能按钮，其含义分别如下：

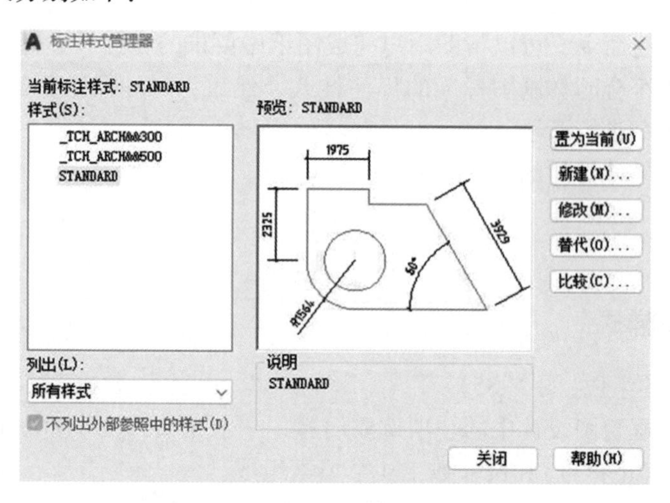

图 2-36 "标注样式管理器"对话框

置为当前：把左边"样式"选择框中选定的标注样式设置为当前样式。

新建：打开"新建标注样式"对话框，从中创建新的标注样式。

修改：打开"修改标注样式"对话框，从中修改标注样式。

替代：打开"替代标注样式"对话框，从中可以设置标注样式的临时替代。

比较：打开"比较标注样式"对话框，比较两个标注样式的特性或列出每种样式的所有特性。

系统默认的 ISO-25 标注样式不能直接用于园林工程图的标注。绘图前可以为园林工程图建立一个专用尺寸标注样式，同时将这些设置保存为样板文件，便于绘制其他图形时调用。

单击“新建”按钮，如图 2-37 所示，弹出“创建新标注样式”窗口。设置好窗口内容后，按下“继续”按钮，弹出“新建标注样式”对话框，如图 2-38 所示，该对话框共有 7 个选项卡。

(1)“线”选项卡

在该选项卡中完成尺寸线、尺寸界线样式的设定。随着设置内容的确定，右边预览框内会显示相应的样式参考图，如图 2-38 所示。

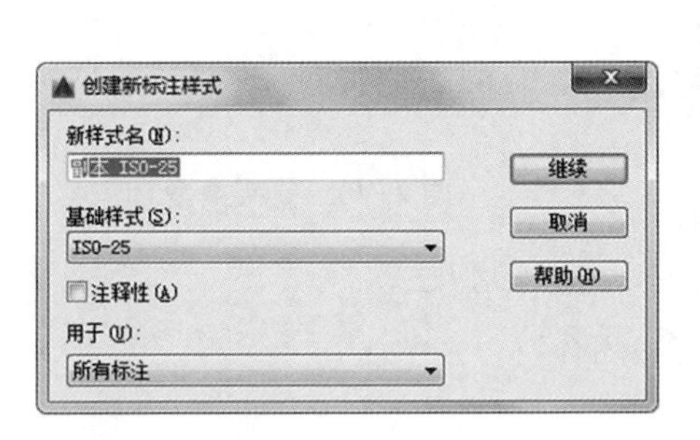

图 2-37 “创建新标注样式”对话框

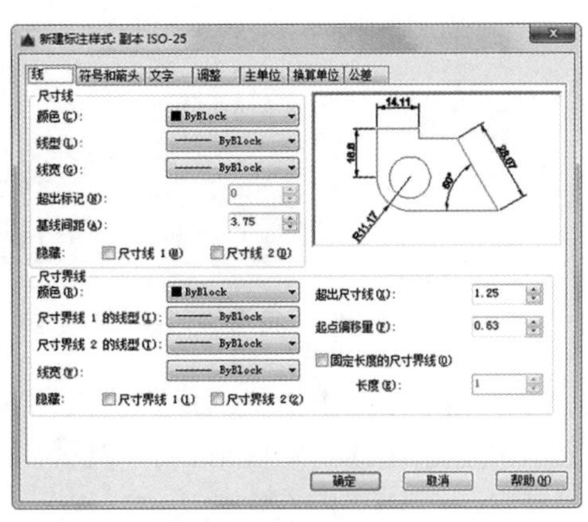

图 2-38 “线”选项卡

①“尺寸线”选项组

颜色：一般选择“ByLayer”(随层)设置。

线型：用于指定线型，一般标注应采用实线(Continuous)，线型也可以采用如图 2-38 所示的随块 ByBlock 或是随层 Bylayer 模式。

线宽：用于指定尺寸线的宽度，一般采用默认的 ByBlock 选项。

超出标记：设定尺寸线超出尺寸界线的长度，按照《房屋建筑制图统一标准》(GB 50001—2017)，采用默认值 0。

基线间距：用于指定当采用基线标注时基线之间的距离。

②“尺寸界线”选项组

超出尺寸线：用于指定尺寸界线从尺寸线超出的长度，按照我国相关标准，尺寸界线应从尺寸线超出 2~3mm。

起点偏移量：用于指定尺寸界线从所标注的点偏移的距离。我国相关标准要求尺寸界线和标注点应距离图形线 2mm 以上。

(2)“符号和箭头”选项卡

在该选项卡中设置尺寸标注的箭头、圆心标记、弧长符号、线性折弯标注等，如图 2-39所示。

①“箭头”选项组

第一个：指定第一个箭头的形式。单击下面的长条选择窗口会弹出一个选单，如图 2-40所示，其中有多种箭头形式供选择。按照我国相关标准，工程制图的一般尺寸标注箭头选择“建筑标记”。

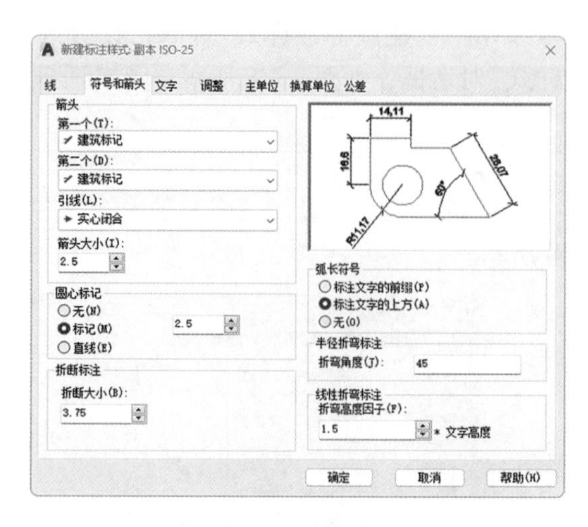

图 2-39 “符号和箭头”选项卡

图 2-40 箭头类型

第二个：指定第二个箭头的形式，系统默认与“第一个”一致。

引线：指定引出线的箭头形式，应选择“实心闭合”。

箭头大小：一般采用系统默认值 2.5。

②“圆心标记”选项组 一般选用“标记”，使用系统默认值 2.5。

③“弧长符号”选项组 一般选择“标注文字的上方”。

④“折断标注”选项组 采用默认值 3.75。

⑤“半径折弯标注”选项组 设为 45°。

⑥“线性折弯标注”选项组 “折弯高度因子”可采用默认 1.5 倍文字高度。

(3)“文字”选项卡

在该选项卡设置标注文字的参数，如图 2-41所示。

①“文字外观”选项组

文字样式：系统默认为“Standard”样式，可以从列表中直接选用之前设定的文字样式。

文字颜色：指定标注文字的颜色。一般设置为 Bylayer(随层)。

填充颜色：采用默认选项“无”。

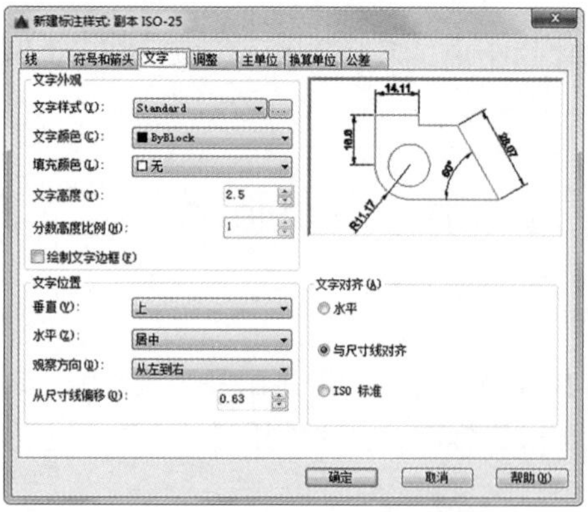

图 2-41 “文字”选项卡

文字高度：一般指定文字的高度为 2.5，文字的高度与出图比例有关。

分数高度比例：采用默认值。

绘制文字边框：一般不勾选。

②“文字位置”选项组

垂直：设置尺寸文字和尺寸线的关系，通常选择“上”。

水平：设置尺寸文字在尺寸界线之间的位置，通常选择“居中”。

观察方向：文字的阅读方向，选择“从左到右”。

从尺寸线偏移：设置文字和尺寸线之间的间隙，一般设为 0.5。

③“文字对齐”选项组　通常选择“与尺寸线对齐”，即尺寸文字和尺寸线平行。

(4)“调整”选项卡

该选项卡用于调整特殊情况下的尺寸标注特征，如图 2-42 所示。

(5)“主单位”选项卡

该选项卡设置尺寸标注的单位格式、精度、测量单位比例等，如图 2-43 所示。

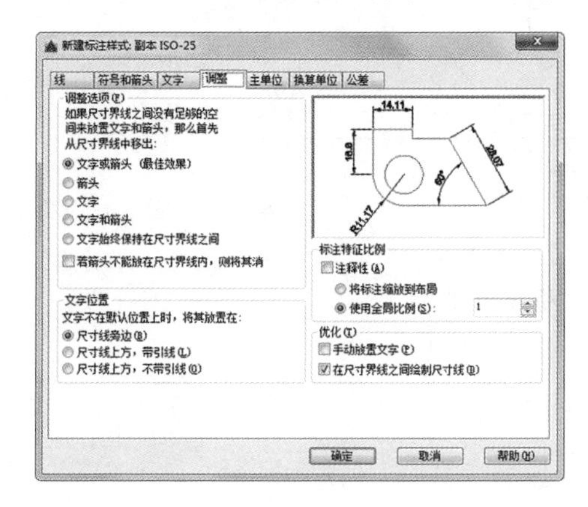

图 2-42　“调整”选项卡

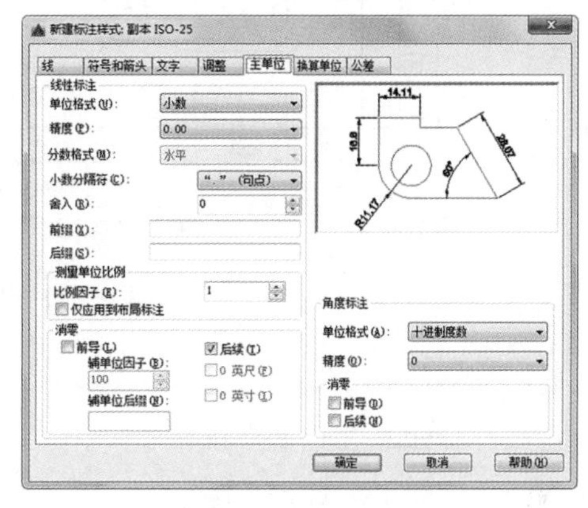

图 2-43　“主单位”选项卡

①“线性标注”选项组　设置线性标注的格式和精度。

单位格式：选择“小数”。

精度：一般的园林工程图纸以毫米为单位绘制，故精度选择“0”；总平面图一般以米为单位绘制，故精度选择“0. 000”。

②“测量单位比例”选项组

比例因子：设置线性标注测量值的比例因子，一般设为 1。

仅应用到布局标注：仅对在布局中创建的标注线性比例值起效果，一般不选中该项。

③“角度标注”选项组　设置当前角度标注的格式。

单位格式：选择“十进制度数”。

精度：选择“0”。

(6)“换算单位”选项卡和“公差”选项卡

一般不需设置。

3. 标注尺寸

AutoCAD 提供了各种类型尺寸标注的方法，其中包括线性标注、对齐标注、直径标注、半径标准、弧长标注、角度标注等(图 2-44)。

(1)线性标注

线性标注是指标注图形对象在水平方向、垂直方向或指定方向的尺寸，又分为水平标注、垂直标注和旋转标注 3 种类型。水平标注用于标注对象在水平方向的尺寸，即尺寸线沿水平方向放置；垂直标注用于标注对象在垂直方向的尺寸，即尺寸线沿垂直方向放置；旋转标注则用于标注对象沿指定方向的尺寸。

执行方式：

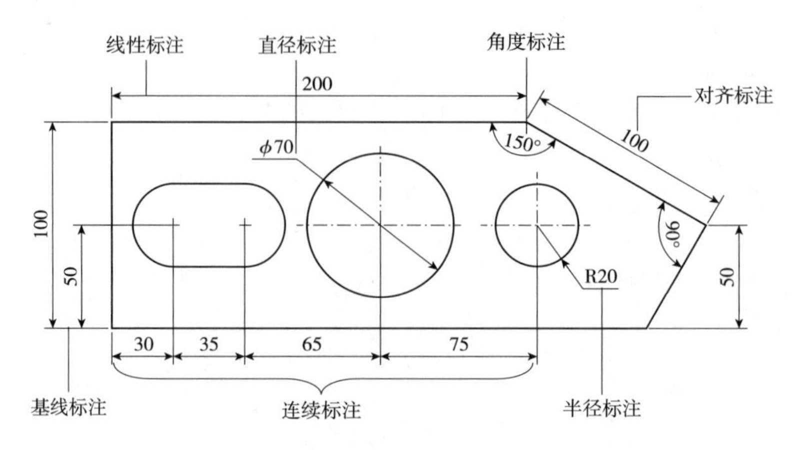

图 2-44　尺寸标注类型

菜单："标注"→"线性"。

工具栏：标注工具栏 按钮。

命令行：DIMLINEAR/DLI↙。

(2)对齐标注

对齐标注是指所标注尺寸的尺寸线与两条尺寸界线起始点间的连线平行，主要用于标注斜面或斜线的尺寸。

执行方式：

菜单："标注"→"对齐"。

工具栏：标注工具栏 按钮。

命令行：DIMALIGNED↙。

(3)角度标注

角度标注用于测量两条直线或三个点之间的角度，也允许采用基线标注和连续标注。

执行方式：

菜单："标注"→"角度"。

工具栏：标注工具栏 按钮。

命令行：DIMANGULAR↙。

(4)直径标注

直径标注是指为圆或圆弧标注直径尺寸，标注时系统自动在尺寸数字前加上"ϕ"。

执行方式：

菜单："标注"→"线性"。

工具栏：标注工具栏 按钮。

命令行：DIMDIAMETER↙。

(5)半径标注

半径标注是指为圆或圆弧标注半径尺寸，系统自动在尺寸数字前加"R"。

执行方式：

菜单："标注"→"半径"。

工具栏：标注工具栏 按钮。

命令行：DIMRADIUS↙。

(6)弧长标注

弧长标注是指为圆弧标注长度尺寸。

执行方式：

菜单："标注"→"弧长"。

工具栏：标注工具栏 按钮。

命令行：DIMARC↙。

(7)基线标注

基线标注是指基于上一个或选择的标注进行的标注(图 2-45)。它是将指定的尺寸界线或前一个尺寸标注的第一尺寸界线作为自己的第一条尺寸界线，并且尺寸线与上一个尺寸标注的尺寸线平行，两条尺寸线之间的距离则是在设定尺寸标注样式时指定的。执行基线标注操作的前提是绘图文件中之前已经存在尺寸标注。

执行方式：

菜单："标注"→"基线"。

工具栏：标注工具栏 按钮。

命令行：DIMBASELINE↙。

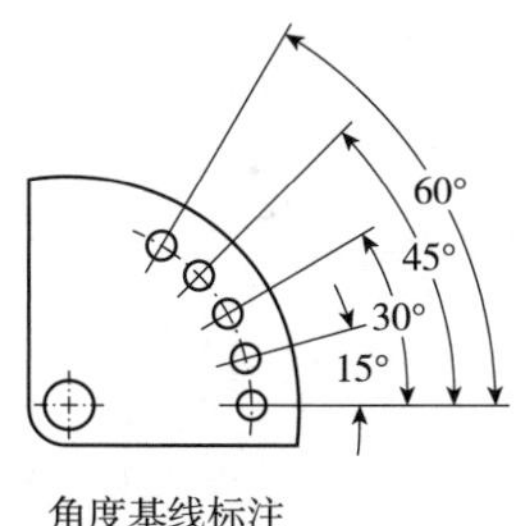

角度基线标注

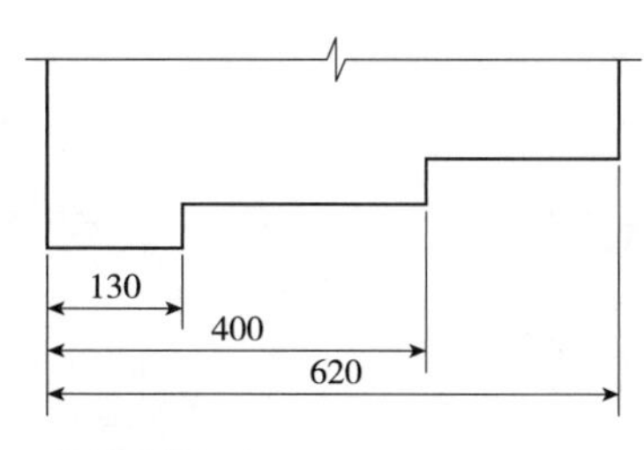

线性基线标注

图 2-45　基线标注

(8)连续标注

连续标注是指基于上一个或选择的标注进行连续的标注，它是将指定的尺寸界线或前一个尺寸标注的第二尺寸界线作为自己的第一条尺寸界线，并且尺寸线与上一个尺寸标注的尺寸线在同一个位置(图 2-46)。执行该命令的前提同基线标注，必须是图形文件中之前已经存在尺寸标注。

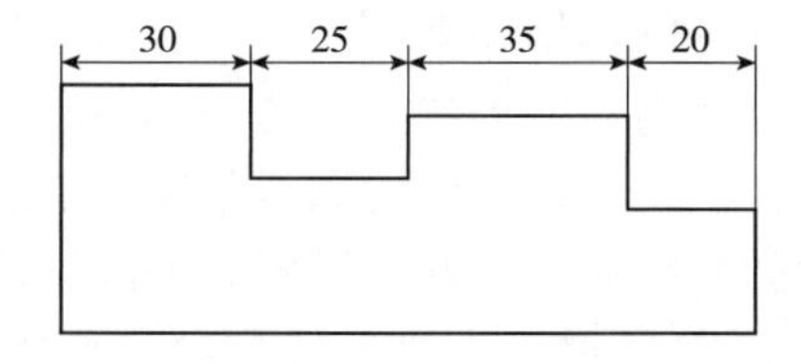

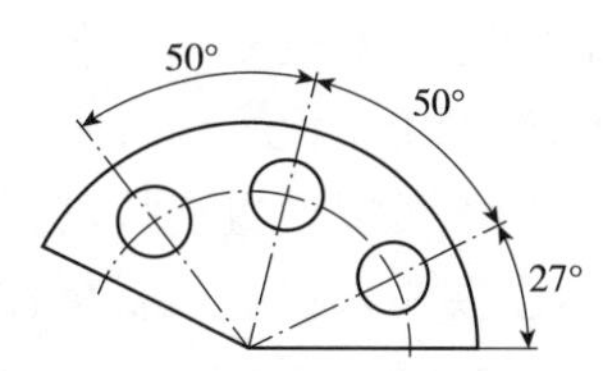

图 2-46　连续标注

执行方式：

菜单："标注"→"连续"。

工具栏：标注工具栏 按钮。

命令行：DIMCONTINUE↙。

(9)多重引线

①多重引线标注　图形中一些文字注释、译图符号和索引符号，需要使用引线来进行标注。

多重引线标注通常包含箭头、引线和文字三部分。制图标准要求的引线注释，引线不带箭头，引出线应以细实线绘制，宜采用水平方向的直线，与水平方向成 30°、45°、60°、90°的直线应经上述角度再折为水平线。文字说明宜注写在水平线的上方或注写在水平线的端部。

执行方式：

菜单：“标注”→“多重引线”。

命令行：MLEADER↙。

执行“多重引线”命令后，命令行提示：

指定引线箭头的位置或[引线基线优先(L)/内容优先(C)/选项(O)]<选项>：

②创建多重引线标注样式　用户可以设置多重引线的样式。输入命令，打开“多重引线样式管理器”对话框，如图 2-47 所示。对话框中有“引线格式”“引线结构”和“内容”3 个选项卡，如图 2-48 所示。

执行方式：

菜单：“格式”→“多重引线样式”。

命令行：MLEADERSTYLE↙。

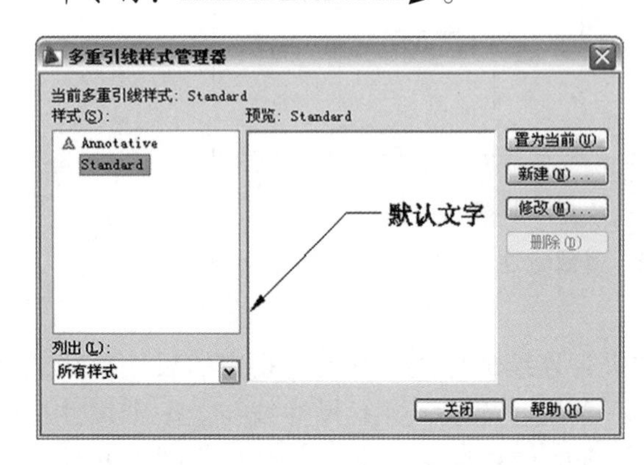

图 2-47　“多重引线样式管理器”对话框

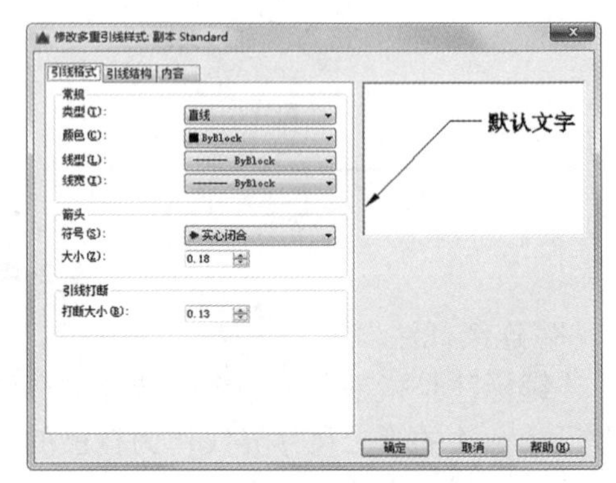

图 2-48　“引线样式”选项卡

“修改多重引线样式”对话框中，各选项卡的作用如下：

“引线格式”选项卡用于设置引线的类型及箭头的形状，如图 2-48 所示。

“引线结构”选项卡可以设置引线的段数、引线每一段的倾斜角度及引线的显示属性。

“内容”选项卡主要用来设置引线标注的文字属性。在引线中既可以标注多行文字，也可以在其中插入块，这两个类型的内容主要通过“多重引线类型”下拉列表来切换。

(10)快速标注

快速标注用于快速创建或编辑一系列标注，常用于创建系列基线或连续标注。该命令的优点是让用户直接点选标注对象就能快速生成尺寸标注，而无须逐个选取标注点。

执行方式：

菜单："标注"→"快速"。

工具栏：标注工具栏 按钮。

命令行：QDIM↙。

4. 编辑尺寸标注

(1)编辑标注

标注编辑命令可以更改尺寸文本或强制尺寸界线旋转一定的角度。

执行方式：

菜单："标注"→"对齐文字"命令下的子命令。

工具栏："编辑标注" 按钮。

命令行：DIMEDIT/DED↙。

执行命令后，命令行提示：

输入标注编辑类型[默认(H)/新建(N)/旋转(R)/倾斜(O)]<默认>：

选择"新建"将弹出多行文字编辑器，修改标注文字内容。需要注意的是，用该项修改过的标注文字不能被"默认"选项还原。

(2)编辑标注文字

编辑标注文字的作用是旋转和重新定位标注文字。

执行方式：

菜单："标注"→对齐文字"命令下的子命令。

工具栏：标注工具栏按钮。"编辑标注文字" 按钮。

命令行：DIMTEDIT↙。

任务 2-5　图块与外部参照

【任务描述】

图块在 AutoCAD 中有很强的功能，在绘制园林图纸时，经常要重复绘制一些图形，如植物的平面图例、铺装图案等。图块是将若干个图形对象组成为一个整体，设置特定的名称，赋予其属性，可以将图块以任意比例、任意角度插入到图形中。外部参照的意义在于把其他图形显示于当前绘图文件中而无须真正插入，为协同工作提供便利。

本任务通过制作带有属性的图块和插入不同格式的外部参照，帮助用户更加高效地进行图纸绘制。

【任务实施】

1. 创建图块

图块也叫块，它是由一组图形对象组成的集合，一组对象一旦被定义为图块，它们将成为一个整体，拾取图块中任意一个图形对象即可选中构成图块的所有对象。在 AutoCAD 中，图块分为内部块和外部块。

（1）创建内部块

创建的内部块仅可以在当前文件中使用。

执行方式：

菜单："绘图"→"块"→"创建"。

工具栏：绘图工具栏 按钮。

命令行：BLOCK/B↙。

输入命令后将打开"块定义"对话框，如图 2-49 所示。

图 2-49 "块定义"对话框

"块定义"对话框中各个选项的含义和作用如下：

①"基点"选项组　该选项组的功能是指定"块"在插入绘图文件时的插入点。单击"拾取点"按钮可直接从屏幕上拾取。

②"对象"选项组　选择要定义为图块的对象。在对象设置区中有保留、转换为块和删除 3 个选项。

保留：定义为块的原始图形仍保留为原状。

转换为块：定义为块的原始图形转化为块（默认选项）。

③"方式"选项组　按统一比例缩放：插入图块的时候，缩放图块将锁定高宽比。

允许分解：勾选该项，生成的块将来可以用"分解"命令将其打散成原始的图形；若不勾选此项，则块在任何情况下都不能分解。一般勾选该项。

删除：定义为块的原始图形被删除。

④"设置"选项组　指定插入块的尺寸单位。一般选择毫米。

⑤"在块编辑器中打开"选项　若勾选此项，下一步单击"确定"按钮时将自动打开块编辑器。一般不选择该项。

（2）创建外部块

将块以单独的文件保存，让其他绘图文件都可以使用，称为外部块。

执行方式：

命令行：WBLOCK/W↙。

输入命令后将打开“写块”对话框，如图 2-50所示。对话框中的设置及其含义如下：

①“源”选项组　用来设置创建图块的图形来源。有以下 3 个选项：

块：将当前文件中的块创建为外部块。

整个图形：将当前整个绘图文件创建为外部块。

对象：从当前绘图文件中选择对象来创建外部块。

②“基点”与“对象”选项组　使用方法与内部块相同。

③“目标”选项组　确定块的保存名称、保存位置。用 WBLOCK 命令创建块后，该块以 .DWG 格式保存，即以 AutoCAD 图形文件格式保存。

图 2-50　“写块”对话框

2. 使用图块

在使用 AutoCAD 绘图的过程当中，可根据需要随时把已经定义好的图块或图形文件插入当前图形的任意位置，在插入的同时还可以改变图块的大小、旋转一定角度或将图块炸开等。

执行方式：

菜单：“插入”→“块”。

工具栏：绘图工具栏 按钮。

命令行：INSENT/I↙。

输入命令后将打开“插入”对话框，如图 2-51 所示。

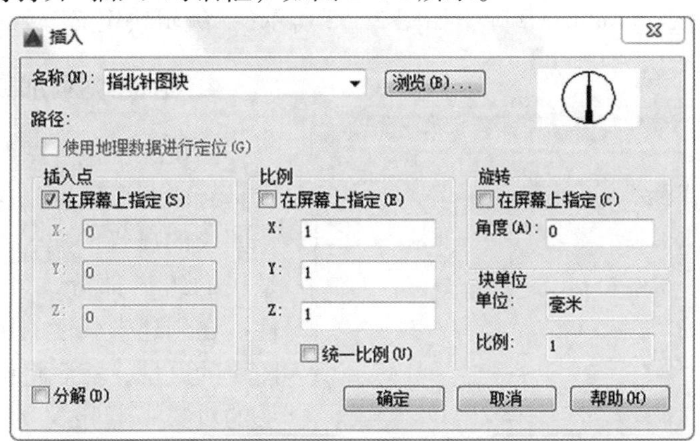

图 2-51　“插入”对话框

对话框各个选项的含义和作用如下：

(1)“名称”选项组

如果是内部块或者曾经插入过的块，则在选窗中会有列表，可直接选择；如果为 AutoCAD 预先指定搜寻路径，也可以直接输入块的名称；还可以点击“浏览”按钮找到块，然后选择。

(2)“插入点”选项组

选择插入块的位置，输入坐标或在屏幕上指定。

(3)“比例”选项组

定义块的缩放比例，输入比例因子或在屏幕上指定。

(4)“旋转”选项组

定义块的旋转角度，输入角度或在屏幕上指定。

(5)“块单位”选项组

显示块在被定义时的绘图单位和比例，不能修改。如果“块”的单位与当前绘图文件的单位不一致，可以设置适当的缩放比例。

(6)“分解”选项

选择该复选框，图块就会在插入时自动分解成独立的图形对象。除非有特殊需要，一般不选择此项。

3. 编辑图块

如果用户觉得当前绘图文件中的块图形需要修改，可以采用更新块定义的方法或是利用块编辑器进行修改，操作方法如下：

①用“分解”命令将图块分解，使之成为各自独立的图形对象。根据用户要求编辑修改图形。用创建图块的方法重新定义图块。

②在块编辑器中打开块定义，以对其进行修改。

执行方式：

菜单：“工具”→“块编辑器”。

命令行：BEDIT↙。

执行 BEDIT 命令，AutoCAD 弹出如图 2-52 所示的“编辑块定义”对话框。

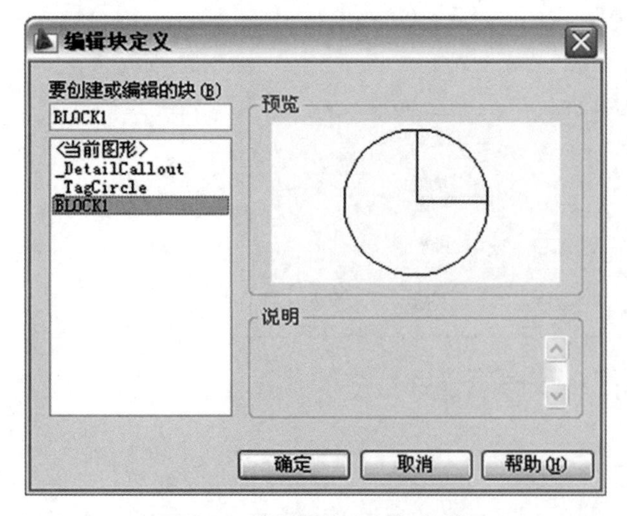

图 2-52 “编辑块定义”对话框

4. 给图块添加属性

图块除了包含图形对象以外，还可以具有非图形信息，这些非图形信息叫作图块的属性。属性是块的文本信息，是块的组成部分，可以控制块的可见性。在创建带属性的块时，首先要定义图块的属性，然后将属性和要定义为图块的对象一起定义为“图块”，使属性成为图块的一部分。

(1)创建属性

在创建块的属性前，需要创建描述属性特征的定义，包括标记、提示值的信息、文字格式、位置和可选模式。

执行方式：

菜单：“绘图”→“块”→“定义属性”。

命令行：ATTDEF↙。

输入命令后将打开“属性定义”对话框，如图 2-53 所示。对话框各个选项的含义和作用如下：

①“模式”选项组　一般采用默认设置。

②“属性”选项组

标记：用于输入属性的标识，相当于属性的标题，在插入图块时不显示。

提示：用于输入提示信息。

默认：用于输入属性的主体内容，这是属性最重要的部分。

③“插入点”选项组　勾选“在屏幕上指定”，则需在屏幕上指定插入属性的位置；不勾选则可以直接在坐标输入框中输入点的坐标值。

④“文字设置”选项组　指定多行文字。属性文字也可以使用“注释性”。

⑤“在上一个属性定义下对齐”选项　定义第一个属性时，该项不可选。定义图块的第二个及之后的属性时，勾选此项，各个属性文字会自动对齐。

在定义图块时，把所有属性一起添加进去成为图块的一部分。如果是已经存在的图块则必须生成一个新的图块。定义外部块时应注意把属性文字一起添加进去。

在绘图文件中插入带属性图块的方法和前面插入一般图块的方法完全相同，插入带有变量属性的图块时系统会在插入过程中提示输入属性的值。

(2)编辑属性

带属性的图块插入到绘图文件后，还可以修改图块的属性值，也能控制属性的显示。

执行方式：

菜单：“修改”→“对象”→“属性”→“块属性管理器”。

命令行：ATTEDIT↙。

启用命令后弹出“块属性管理器”对话框，选择要编辑的图块属性后，单击“编辑”按钮，将打开如图 2-54 所示的“编辑属性”对话框。

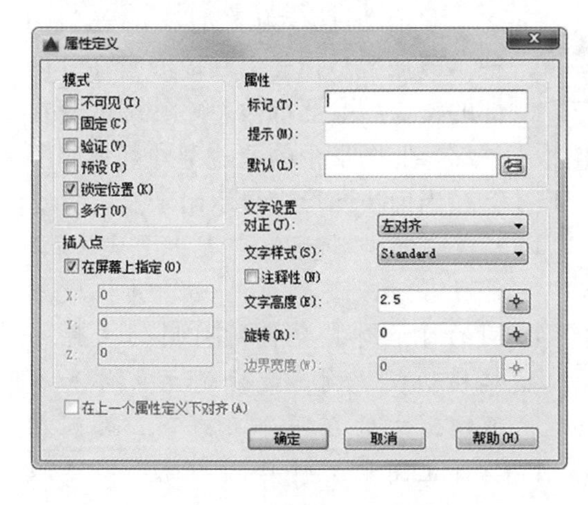

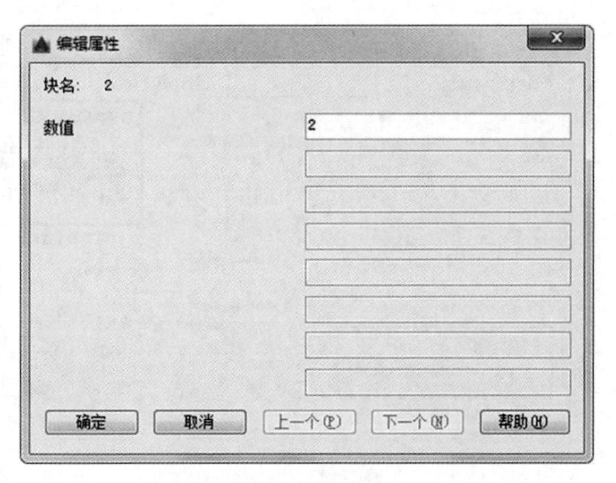

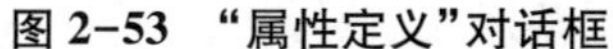
图 2-53 “属性定义”对话框

图 2-54 “编辑属性”对话框

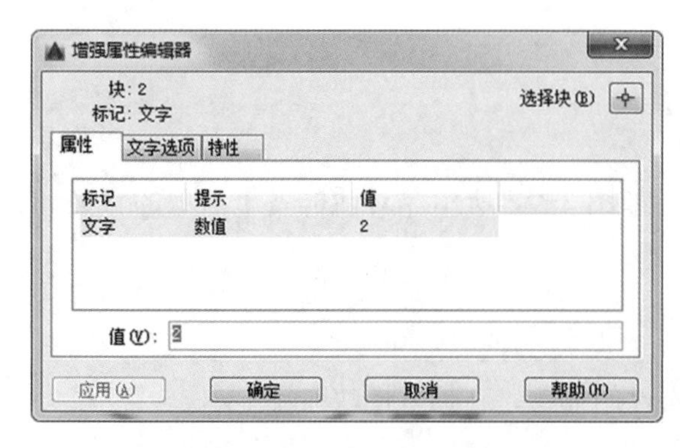

图 2-55 “增强属性编辑器”对话框

当用户通过菜单或工具栏执行上述命令时，系统打开“增强属性编辑器”对话框，如图 2-55所示。该对话框不仅可以编辑属性值，还可以编辑属性的文字选项和图层、线型、颜色等特性值。

通过双击图块的属性值，或在命令行输入 DDEDIT，又或执行“修改”→“对象”→“文字”→“编辑”操作，也可进行属性的编辑。

5. 创建外部参照

外部参照功能是把其他绘图文件的图形链接到当前的绘图文件中。外部参照与插入图块的不同之处是，图块插入当前文件后，图块和相关联的所有图形均被存储在当前绘图文件的数据中，图块可以被分解编辑，而外部参照的文件本身没有被保存到当前绘图文件中，只是作为一个引用的文件显示在当前文件里，不能在当前文件里被分解和编辑，也不会增加当前绘图文件的文件量。

(1)插入外部参照

插入外部参照的目的是用其他图形补充当前绘图文件中的图形。把其他图形作为外部参照插入，外部参照的图形可进行复制、旋转、缩放等操作。

执行方式：

菜单：“插入”→“DWG 参照”。

命令行：XATTACH/XA↙。

执行命令后将弹出“选择参照文件”对话框，选取要插入的文件后，会打开“附着外部参照”对话框，如图 2-56 所示。可以指定插入的比例、旋转的角度等；设置完成，在屏幕上拾取插入点，将图形以外部参照的方式插入当前绘图文件。

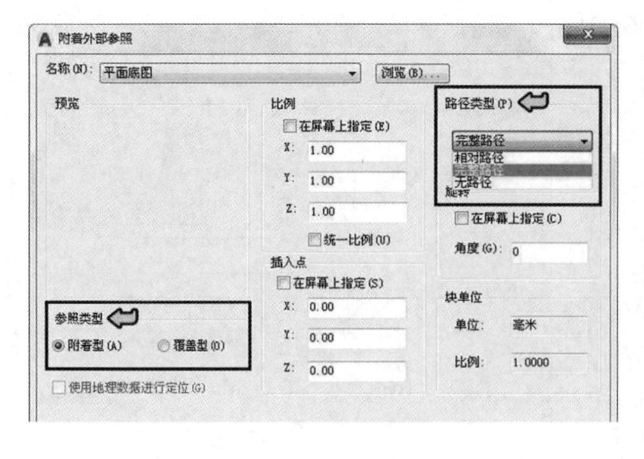

图 2-56 “附着外部参照”

参照类型有附着型和覆盖型两种。覆盖型是指任何其他嵌套在其内部的覆盖型参照都被忽略，即嵌套在外部参照图形中的覆盖型外部参照不会在当前主图形中显示出来。

注意：带有外部参照图形的文件被移动或复制到其他计算机或不同的目录时，要将所引用的文件一起移动或复制，最好是主文件和参照图形文件在同一目录下，否则在打开主图形文件后，系统会提示找不到参照文件。

(2)插入光栅图像

①插入“光栅参照”

执行方式：

菜单：“插入”→“光栅图像参照”。

命令行：IM↙。

输入命令后将弹出“选择参照文件”窗口。选择目标图像文件后，弹出“附着图像”窗口，如图 2-57 所示。在屏幕上拾取目标点并输入缩放比例，就可把图像插入当前绘图文件中。

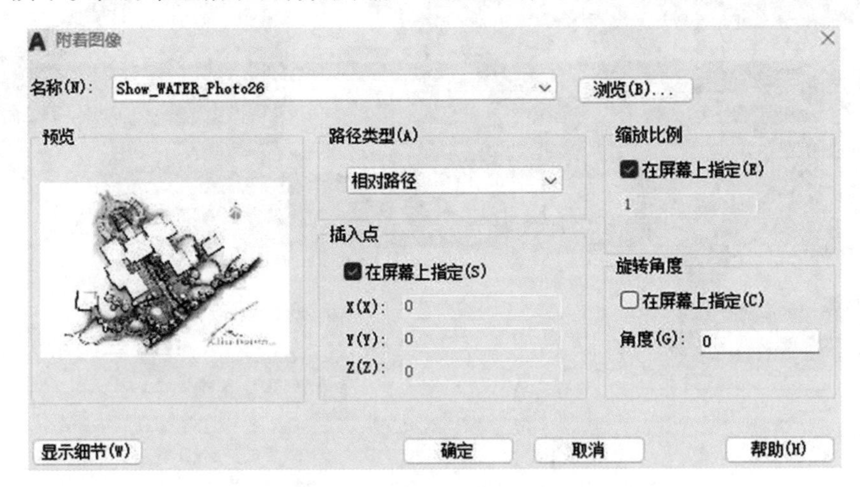

图 2-57 “附加图像”对话框

插入图形文件中的光栅图像可以进行移动、缩放、旋转等操作，也可以控制图线和图像的显示次序、图像覆盖图线，还可以使图线显示在图像上面。

②控制光栅图像的显示顺序 通常情况下，光栅图像覆盖于 AutoCAD 图形对象上，有时需要在图像上将图线显示或打印出来，如地形图片或手稿图等。

执行方式：

菜单：“工具”→“绘图次序”。

命令行：DR↙。

启用命令后将显示 6 个选项内容，各选项含义如下：

前置：将所选对象(图像或图形)置于最上层显示。

后置：将所选的对象置于最底层显示。

置于对象之上：将所选对象置于另外一个对象之上。

置于对象之下：将所选对象置于另外一个对象之下。

注释前置：有“仅文字对象”“仅标注对象”和“文字和标注对象”3 个选项。

将图案填充项后置：执行此选项时无须选择对象，系统会自动将所有填充图案全部后置。

③调整光栅图像的亮度、对比度和灰度

执行方式：

菜单：“修改”→“对象”→“图像”→“调整”。

命令行：IAD↙。

鼠标点击：点击目标图像，系统直接切换到“图像”功能区面板。

启动命令选择对象后，弹出如图 2-58 所示的“图像调整”对话框。在该对话框中，“亮度”用于调整图像亮度；“对比度”用于调整图像对比度；“淡入度”用于调整图像灰度。拖动滑块就可以进行调整。

图 2-58 “图像调整”对话框

项目 3
AutoCAD 园林构成要素绘制

【知识目标】

(1)掌握园林建筑、园林小品的绘制方法。

(2)掌握园路、地形、山石的绘制方法。

(3)掌握园林水体的绘制方法。

(4)掌握园林植物的绘制方法。

【技能目标】

(1)能绘制各类型造园要素。

(2)能按照相关制图标准进行工程图绘制。

【素质目标】

(1)具备从事园林设计的良好职业素养。

(2)培养认真严谨的工作作风。

(3)培养爱国主义情怀。

(4)提高生态建设的意识。

任务 3-1　绘制园林建筑与小品

【任务描述】

园林建筑与小品，同植物、水体、地形、共同构成园林景观，其不仅是观景的场所，同时也是被观赏的对象。因此，除了实用功能，园林建筑与小品同时还应具有优美的外观，将功能、结构、艺术统一于一体。

本任务通过绘制园亭和休闲桌椅，使用户能够绘制不同类型的园林建筑。

【任务实施】

园林建筑，是指园林中供游人游览、观赏、休憩并构成景观的建筑物或构筑的统称。

园林建筑功能多样，种类繁多，在园林中，建筑既要具备实用功能，又要与周围的环境相辅相成，组成景观；既要满足游人在游览中赏景的需要，又要对室外空间进行合理的组织和利用，使室内外空间和谐统一。园林建筑的具体功能有点景(图 3-1)、观景、围合空间(图 3-2)等。

图 3-1　西湖雷峰塔

图 3-2　山西王家大院

1. 绘制园亭

“亭者，停也，人所集也。”亭是我国传统的园林建筑，主要供游人休憩观景，兼作景点。在园林中，亭常起着画龙点睛的作用。亭的体量不大，但形式丰富多样，十分灵活。

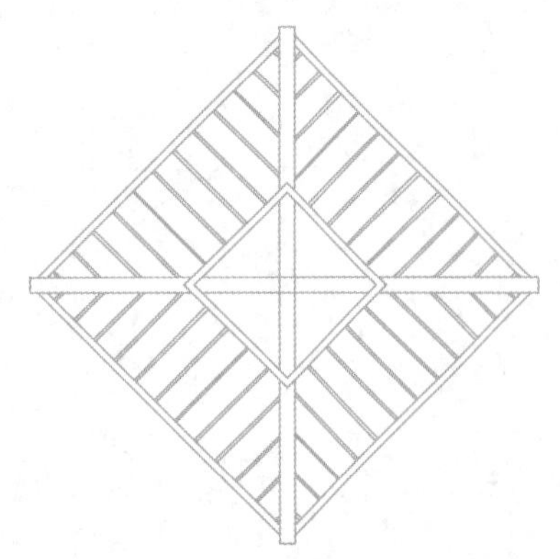

图 3-3　园亭

本任务绘制如图 3-3 所示的木制结构四方亭。

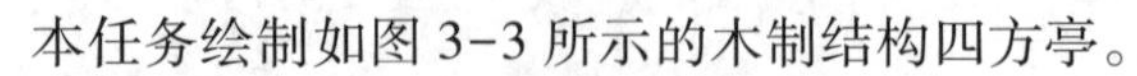

①新建图形文件，创建“园亭”图层。

②在绘图区空白处绘制一个 2500×2500 的矩形。将矩形向内偏移 3 次，偏移的距离分别为 50、700 和 50。如图 3-4 所示。

③打开对象追踪功能。以矩形中心为基点旋转 45°。执行“修改”→“旋转”命令。选中绘制完成的矩形，按下 Enter 键。将光标移至内矩形并利用对象追踪找到矩形正中心，将其指定为矩形旋转的基点，如图 3-5 所示。命令

行提示“输入旋转角度”时，输入“45”，按下 Enter 键。矩形旋转结果如图 3-6 所示。

④用“多线”命令绘制园亭的横梁。执行菜单“格式”→“多线样式”命令，打开“多线样式”对话框。单击“新建”按钮，在“新样式名”文本框中输入“双线”，单击“继续”按钮，打开“新建多线样式”→“双线”对话框。在“封口”选项组中的“直线”复选框中勾选“起点”和“端点”选项，让绘制出的双线起点和端点都封口。单击“确定”按钮，关闭对话框。

⑤开始绘制多线。执行“绘图”→“多线”命令。在命令提示下，输入“J”，选择对正方式。输入“Z”，选择“无对正”对正类型，输入“S”，输入新的比例为“100”，按下 Enter 键表示确认。

⑥移动光标至最外层矩形的左端点，单击指定多线的起点。移动光标至右端点，单击指定多线的端点，先绘制出园亭的一条横梁，再以同样的方法绘制出园亭的另一条横梁，如图 3-7 所示。

⑦执行菜单“修改”→“分解”命令，分解多线。

⑧修剪多线。执行“修改”→“修剪”命令，如图 3-8 所示。

⑨填充图案。在“图案填充”对话框中，选择“JIS_LC_8A”图案类型。角度为“0”，比例为“25”。在“边界”选项组中，单击“添加：拾取点”按钮。在园亭的两个屋面上单击空白处进行填充，如图 3-9 所示。

⑩以相同的方法填充另外两个屋面，将填充角度改为“90”。

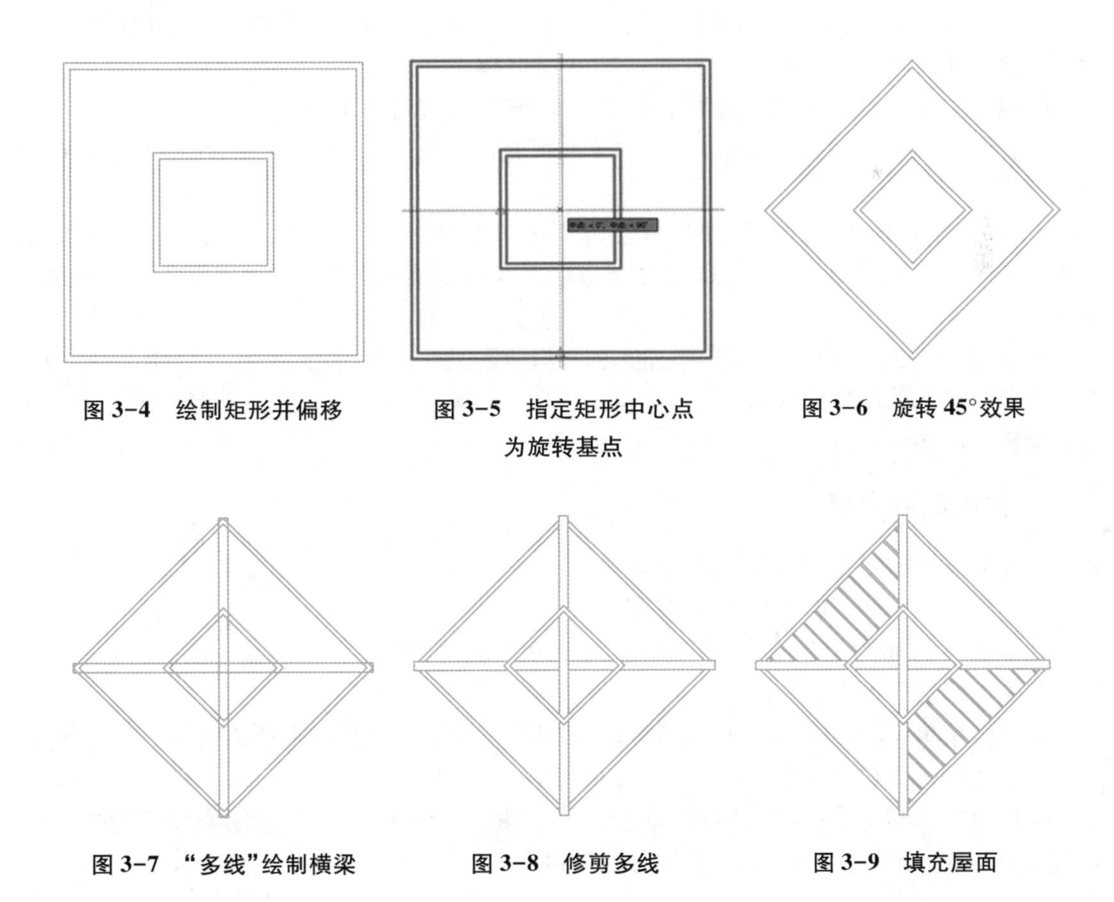

图 3-4　绘制矩形并偏移　**图 3-5　指定矩形中心点为旋转基点**　**图 3-6　旋转 45°效果**

图 3-7　“多线”绘制横梁　**图 3-8　修剪多线**　**图 3-9　填充屋面**

2. 绘制园桥

园林中的桥梁可以联系水陆交通，组织浏览线路，点缀、增加水面层次，兼有交通和艺术欣赏的双重作用。应精心设计，使其尺度、风格与园景相称。

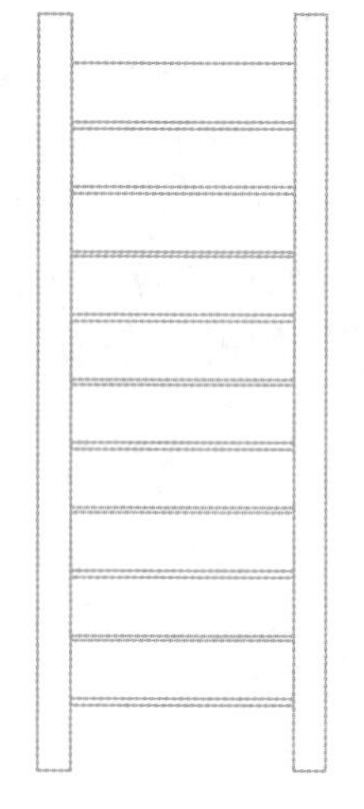

图 3-10　园桥

本任务绘制如图 3-10 所示的防腐木桥。

①新建图形文件，创建“木桥”图层。

②执行菜单“绘图”→“矩形”命令，单击绘图区域，指定第一个角点。输入相对坐标(@700，2000)，绘制一个 700×2000 的矩形。以相同的方法绘制一个 100×2300 的矩形。

③打开“草图设置”对话框。在“对象捕捉模式”复选框中勾选“中点”选项。

④将绘制完成的两个矩形拼合到一起。执行菜单“修改”→“移动”命令，选择 100×2300 的矩形，移动光标至 100×2300 矩形的右边中点，再移动光标至 700×2000 矩形的左边中点，完成移动。

⑤将左侧的矩形镜像复制到 700×2000 矩形右侧。执行“修改”→“镜像”命令，选择左侧 100×2300 的矩形，按下 Enter 键。移动光标至 700×2000 矩形的上边中点并单击，将其指定为镜像线的第一点。移动光标，单击此矩形的下边中点，单击空白处将其指定为镜像线的第二点，不删除源对象。

⑥执行菜单“绘图”→“图案填充”命令，打开“图案填充”对话框。

⑦在“类型和图案”选项组中，打开“图案填充选项板”对话框。选择“JIS_ LC_ 8A”图案类型。

⑧在“角度和比例”选项组中的“角度”文本框中输入“315”，让原本倾斜填充的图案逆时针旋转 315°，成为水平的横线。在“比例”文本框中输入“25”，将图案放大到合适的比例。

⑨在“边界”选项组中，单击“添加：选择对象”按钮。在绘图区中选择 700×2000 的矩形，以此为填充的边界。返回“图案填充”对话框，单击“预览”按钮，查看填充效果，单击右键确认图案填充。

3. 休闲绘制桌椅

本任务绘制如图 3-11 所示的休闲桌椅。

①新建图形文件，创建“休闲桌椅”图层。

②绘制一个 305×450 的矩形作为休闲椅。执行菜单“修改”→“分解”命令，将矩形分解并删除矩形的一条边。

③执行菜单“修改”→“圆角”命令，输入“R”，表示设置圆角半径，输入“27”。对矩形的两条边进行倒圆角操作，结果如图 3-12 所示。

④使用“直线”命令，在水平和垂直方向分别输入“50”和“278”，绘制休闲椅的扶手，并将绘制的扶手镜像复制到桌椅的另一边，如图 3-13 所示。

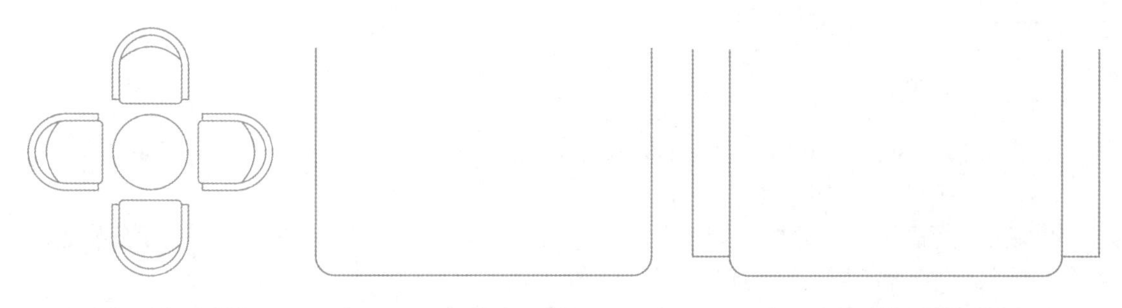

图 3-11　休闲桌椅　　图 3-12　倒圆角效果　　图 3-13　扶手绘制效果

⑤执行菜单“绘图”→“圆弧”→“起点、端点、半径”命令，指定圆弧起点，指定端点，输入半径为“300”，绘制一个半径为 300 的圆弧；再以相同的方法绘制一个半径为 230 的圆弧，如图 3-14 所示。

⑥将半径为 230 的圆弧向外偏移 50，使用“延伸”和“修剪”命令，快速连接圆弧和直线，完成单个座椅绘制，效果如图 3-15 所示。

图 3-14　圆弧绘制并偏移效果　　图 3-15　单个座椅绘制效果

⑦绘制桌子。执行“绘图”→“圆”→“圆心、半径”命令，在绘图区空白处单击，指定圆心，输入“270”作为半径，绘制一个圆桌。

⑧使用“移动”工具，将椅子移动到圆桌的象限点上；配合“对象捕捉追踪”将椅子垂直向上移动 80。

⑨执行菜单“修改”→“阵列”命令→“环形阵列”，以圆桌的圆心为基点，选中座椅进行环形阵列，输入“I”，将项目更改为 4，填充角度“360”，完成绘制。

任务 3-2　地形及园路绘制

【任务描述】

地形、园路、山石都是园林的重要组成部分，有时也是整个设计的精华所在，巧妙的处理手法可以营造出富有层次感的景观设计，使人过目不忘。

本任务是绘制地形、园路与山石。

【任务实施】

1. 绘制地形

本任务根据图 3-16 中的已知条件绘制等高线。

①打开“等高线”文件，如图 3-16 所示。

②新建“等高线”图层并置为当前。打开“节点”捕捉，执行“多段线”命令，分别连接红色、洋红和绿色的十字点，如图 3-17 所示。

③执行多段线编辑命令，“修改”→“对象”→“多段线”，选择刚才绘制的多段线，选择“拟合”，如图 3-18 所示。

④标记高程。使用“单行文字”命令，在等高线上分别输入 100、200、300，文字高度为 250。

⑤执行“修改”→“打断”命令，选择等高线作为打断的对象。如图 3-19 所示。完成绘制。

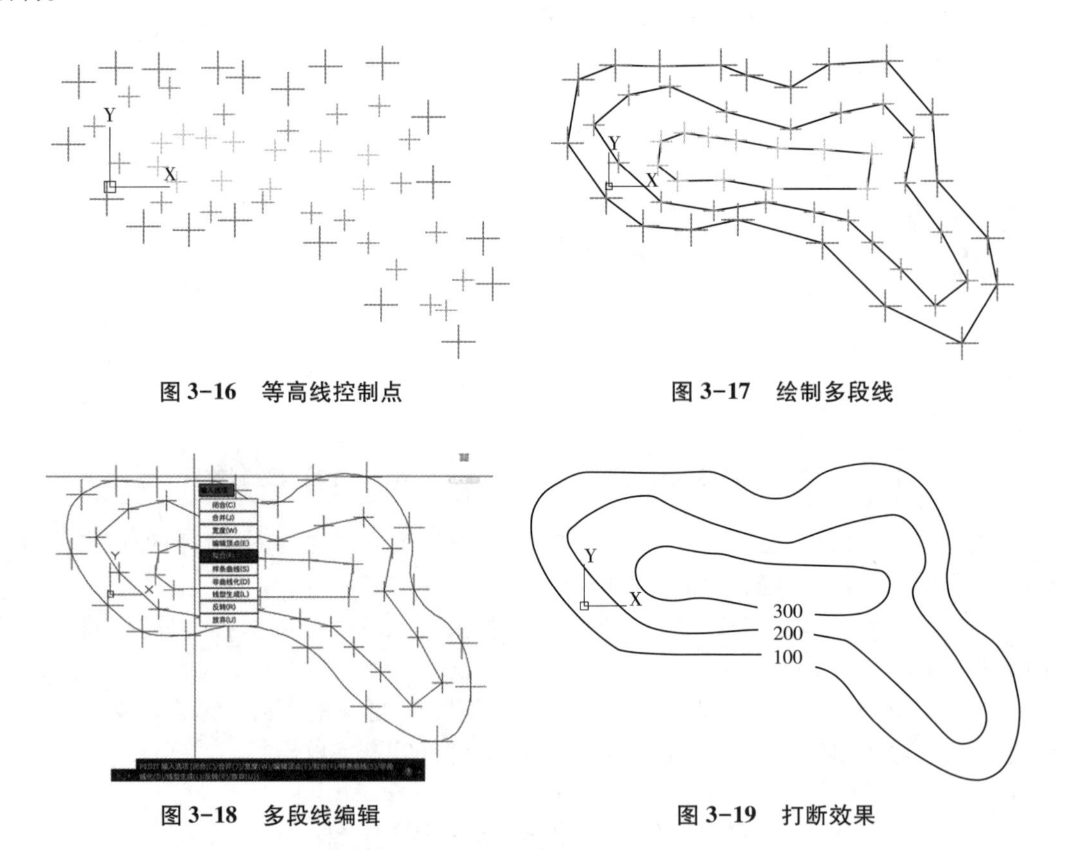

图 3-16 等高线控制点

图 3-17 绘制多段线

图 3-18 多段线编辑

图 3-19 打断效果

2. 园路绘制

(1)园路设计概述

园路是指公园、庭院中的道路。不同于公路，园路是为联系景点而存在的。因此，许多园路都是曲直相间的。园路不仅将园林绿地划分成不同形状大小、不同功能的空间，而且起到了引导游人、构成园景、组织交通的作用。

(2)园路的线性设计与绘制

①园路的线性设计　园路的线性设计包括平面线性设计和纵断面设计两大类。

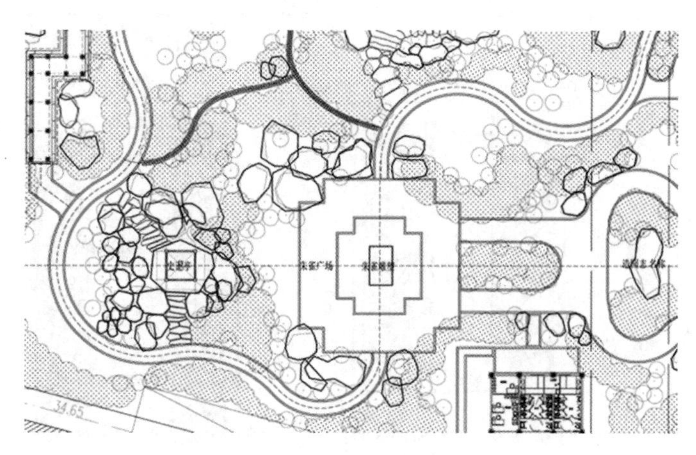

图 3-20　曲线道路

从平面线性来说，园路分为直线和曲线两种形式，形成不同的园林风格。直线形园路，可以表现出中规中矩、庄严的气氛。在规则式布局的西方园林中，园路呈几何形，并沿轴线对称展开，如法国凡尔赛宫后花园。曲线形园路可分为规则式和自然式两种。规则式曲线形园路一般由多个圆弧组成；自然式曲线形园路多呈“S”形，园路随着自然起伏的地形变化，使园景显得自然活泼。

在很多情况下并不一定直接绘制园路，而是通过绘制出入口、水路、台阶、山石等来界定道路的范围和走向。另外，在园路设计中，往往会使用各种材料对地面进行铺砌装饰，如运用天然或人工制作的硬质铺地材料来装饰路面，提升景观效果。园路铺装可以通过纹样形式、材料质地、色彩、尺度的变化获取不一样的空间效果，作为园林景观的一个有机组成部分，园路铺装主要通过对园路、空地、广场等区域进行不同形式的印象组合，贯穿游人游览过程的始终，在营造空间的整体形象上具有极为重要的影响。

②园路绘制　曲线形园路平面的绘制较为复杂，可以使用“样条曲线”或“圆弧”进行绘制，也可以使用“多段线”绘制，再使用“多段线编辑”将其调整为样条曲线或拟合曲线，如图 3-20 所示。施工之前，曲线形园路往往需要在平面图上绘制方格网，以便在施工现场定点放线。

直线形园路平面的绘制比较简单，可以先确立道路中线，然后根据设计路宽确定道路边线，最后确定转角处的转弯半径或其他衔接方式，路面材料可酌情表示。如图 3-21 所示。

道路施工设计的平面图通常还需要大样图，以表示一些细节上的设计内容，如路面的铺装纹样和材质，如图 3-22 所示。

如图 3-23 所示的某公园绿地平面图中的园路，形状自由灵活，亦曲亦直，时宽时窄，绘制时，应首先确定入口和出口的位置；其次再确定园路的宽度。绘制时，直线形园路极容易绘制，曲线形园路画法和直线道路基本相同，但路形应圆滑流畅。

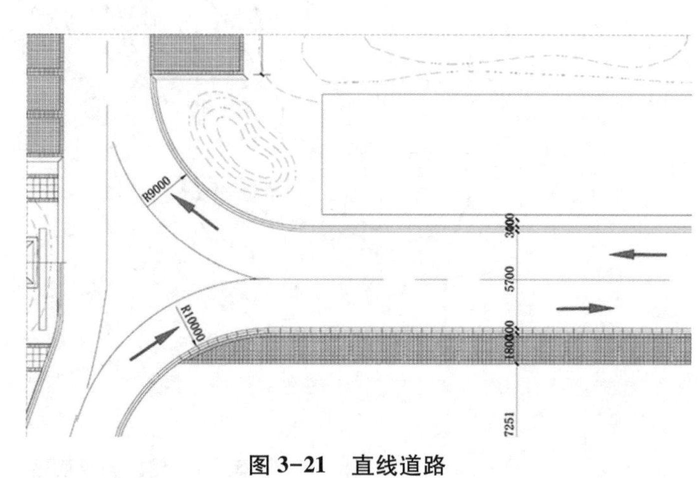

图 3-21　直线道路

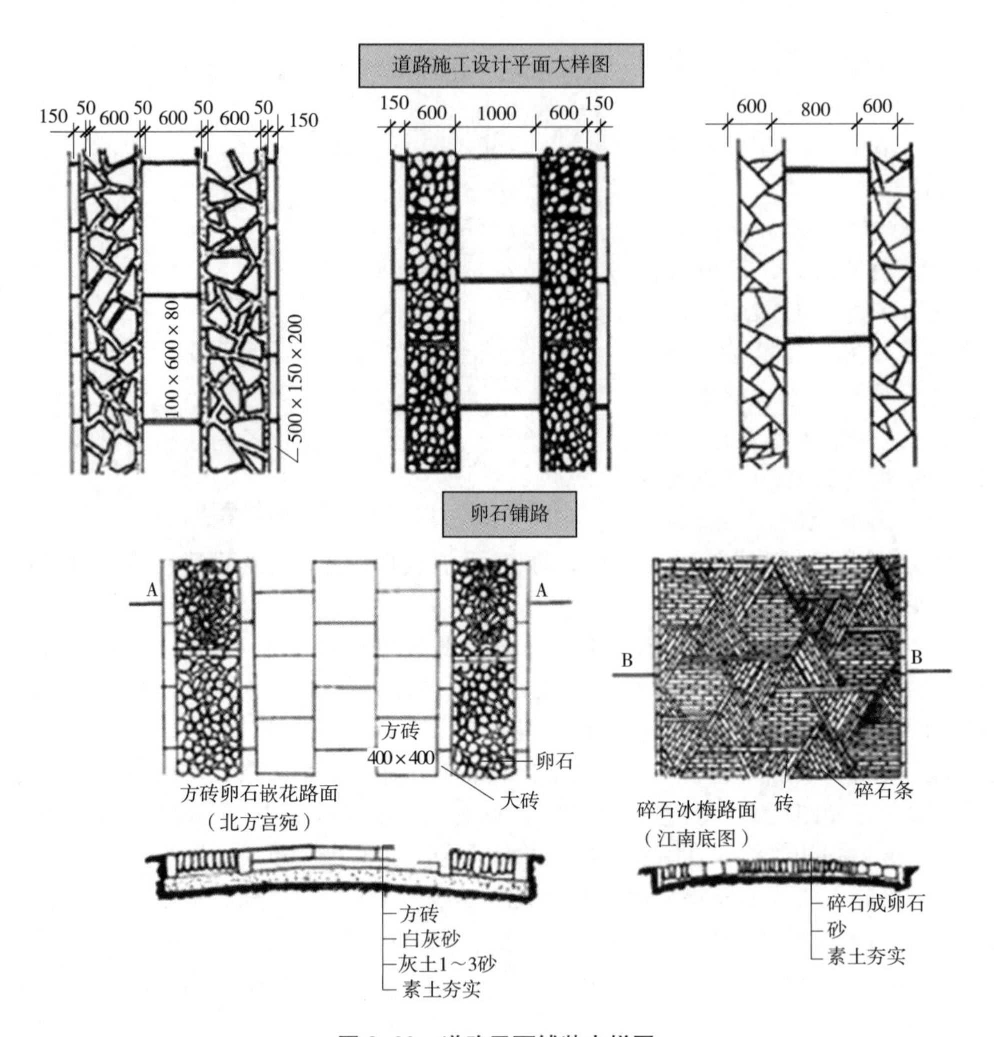

图 3-22　道路平面铺装大样图

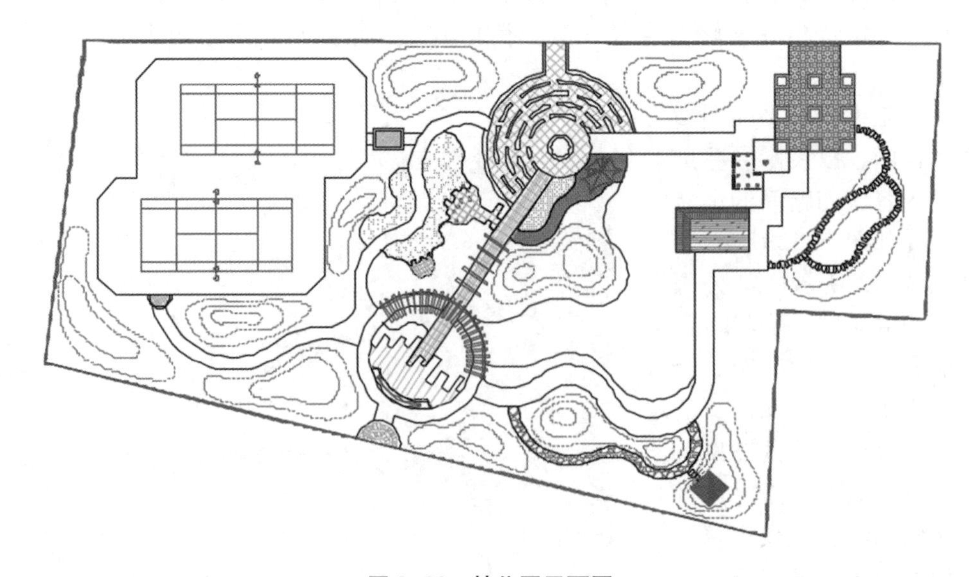

图 3-23　某公园平面图

【例题3-1】绘制一个如图3-24所示的地花图案。

①打开“圆心”捕捉，绘制5个半径分别为900、1100、2200、2700和2900的同心圆，如图3-25所示。

②执行“格式”→“点样式”命令，打开“点样式”对话框。选择一个明显的点样式。将半径为2700的圆形均等地分为8份。执行“绘图”→“点”→“定数等分”命令，将圆形等分为8份。以同样的方法将半径为1100的圆形等分为16份，如图3-26所示。

③打开“节点”捕捉，使用“多段线”命令，连接节点，将多段线镜像复制。执行“修改”→“镜像”命令，如图3-27所示。

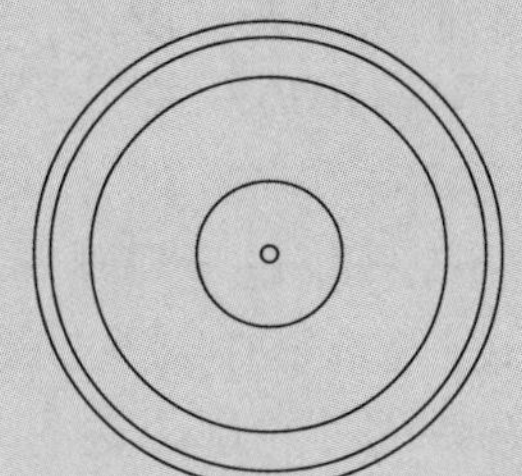
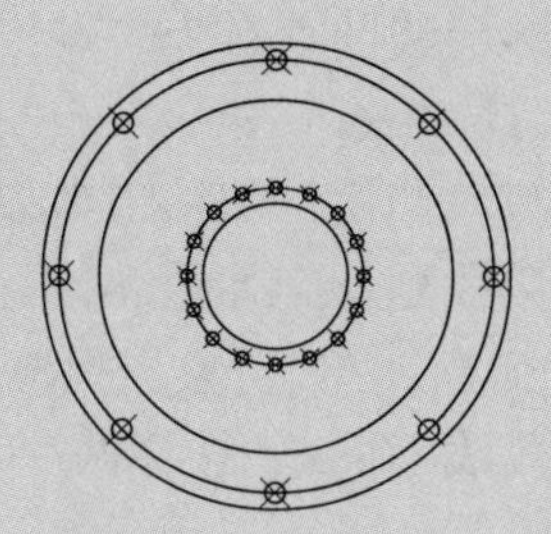

图3-24 填充地花图案　图3-25 绘制同心圆　图3-26 定数等份　图3-27 连接多段线并镜像

④将点样式改回默认样式，修剪半径为2200的圆形。

⑤打开“中点”捕捉，使用多段线连接相应中点，如图3-28所示。执行“修改”→“阵列”命令，类型选择“环形阵列”。在绘图区单击同心圆的圆心作为环形阵列的中心点，在命令行输入“I”，更改项目数为“8”，环形阵列结果如图3-29所示。

⑥使用直线连接，如图3-30所示，并以此线段的中点为圆心，绘制半径为50的圆作为旱喷的喷嘴，填充“SOLID”的图案，如图3-31所示。

⑦填充地花的纹理。使用“STARS”的图案，角度为“0”，比例为“20”，在绘图区拾取点以创建填充的范围，地花图案绘制完毕。图案填充结果见图3-24所示。

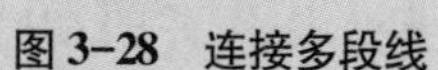
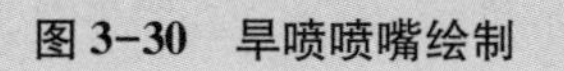

图3-28 连接多段线　图3-29 环形阵列　图3-30 旱喷喷嘴绘制　图3-31 旱喷喷嘴填充

3. 绘制山石

本任务绘制如图3-32所示的景石。

①新建文件，绘制石块的外轮廓。使用宽度为0的多段线，在绘图区空白处单击确定多段线的起点，依次输入以下相对坐标值：(@320，185)、(@320，240)、(@155，-57)、(@153，0)、(@7，-183)、(@-82，-132)、(@-638，-220)、(@-158，51)。输入“C”闭合图形。

②绘制石块纹理。在图形中指定多段线起点，输入相对坐标值(@320，185)，按下空格键。移动光标外轮廓的一个端点，单击结束命令。

③以相同的起点，绘制第2条纹理。输入以下相对坐标值：(@408，150)、(@155，-24)、(@31，-192)。

④绘制第3条纹理。在外轮廓上指定多段线的起点，输入相对坐标值(@215，178)，按下空格键。在第2条纹理上指定多段线的端点。如图3-33所示。

⑤绘制另一个石块的外轮廓。使用多段线，在绘图区空白处单击确定多段线的起点，依次输入以下相对坐标值：(@-5，139)、(@324，210)、(@186，-266)，按下空格键结束多段线。以上一条多段线的端点为起点，绘制第2条多段线，依次输入以下相对坐标值：(@-65，-125)、(@-256，-65)、(@-184，107)。按下空格键结束多段线。将绘制的第二条多段线向内偏移两次，偏移距离都为35。

⑥将偏移的两条多段线延伸到外轮廓，为避免石块过于规则，对多段线的夹点进行编辑。打开“草图设置”对话框，在“对象捕捉模式”复选框中勾选“最近点”选项。执行菜单“修改”→“对象”→“多段线”命令，选择两个石块的外轮廓，输入“W”，修改多段线的宽度，输入宽度为5。

⑦复制第2个石块并缩放。执行菜单“修改”→“缩放”命令，选择第2个石块，单击石块的一个端点作为缩放的基点，输入缩放比例为“0.7”，结束命令。

⑧将石块移动到合适的位置，形成石块组合，完成后如图3-34所示。以相同的方法绘制其他石块，并保存为图块。

绘制石块时还可以使用样条曲线或其他工具。

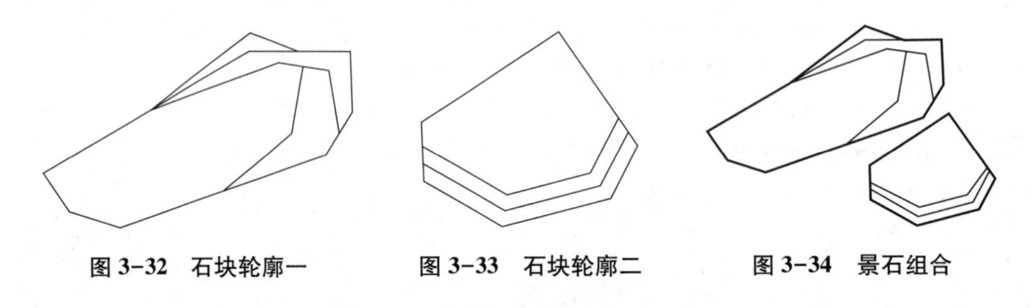

图3-32 石块轮廓一　　**图3-33 石块轮廓二**　　**图3-34 景石组合**

任务3-3 园林水体绘制

【任务描述】

水是环境空间艺术创作的一个重要的因素。水景有着其他造园要素无法代替的动感、光韵和声响，艺术地再现自然景观，同时还有调节小气候的作用。

本任务通过介绍园林水体不同的表现手法，使用户掌握水体的平面绘制方法。

【任务实施】

1. 水景的形式特点

水景在园林景观中发挥着特殊的作用，能够给人带来美好的享受。园林水体设计主要有3大要点：水景优美、保证水质、易于亲近。

水景的形式：水的形态不同，则构成的景观也不同。按水流的状态可分为静水（图 3-35）、动水（图 3-36）；动水又可分为流水、落水、喷水等。

图 3-35　静水景观效果

图 3-36　动水景观效果

2. 水景的平面表示方法

（1）线条法

用排列的平行线条表示水面的方法称线条法。作图时，既可以将整个水面全部用线条均匀地布满，也可以局部留有空白，或者只局部画些线条。线条可采用波纹线、水纹线、直线或曲线。如图 3-37 所示。

（2）等深线法

在靠近岸线的水面中，依岸线的曲折作二三根曲线，这种类似等高线的闭合曲线称为等深线。形状不规则的水面通常用等深线表示。如图 3-38 所示。

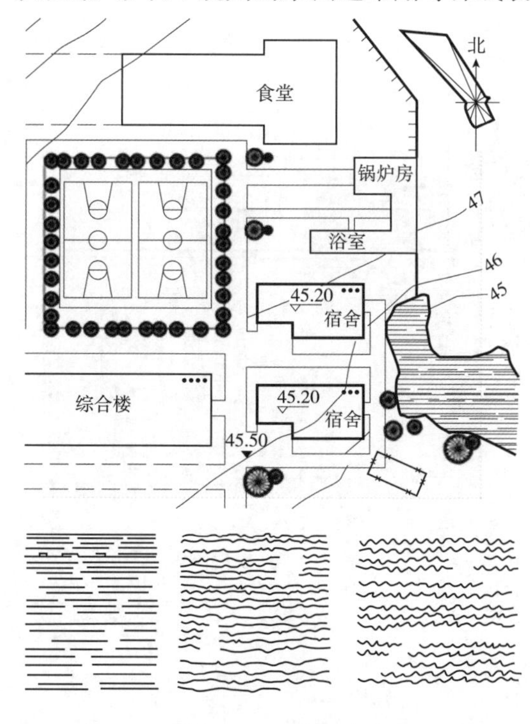

图 3-37　线条法

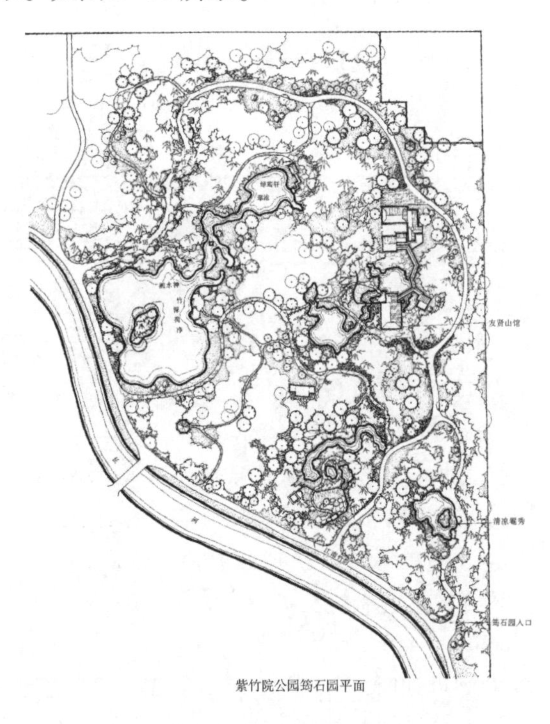

图 3-38　等深线法

(3)平涂法

用实色填充表示水面的方法称为平涂法。用平涂表现时，可将水面渲染成类似等深线的效果。可以不考虑深浅，均匀涂黑，如图 3-39 所示。

(4)添景物法

利用与水面有关的一些内容表示水面的一种方法。与水面有关的内容包括一些水生植物(如荷花、睡莲)、水上活动工具(船只、游艇等)、码头和驳岸、露出水面的石块及周围的水纹线、石块落入湖中产生的涟漪等，如图 3-40 所示。

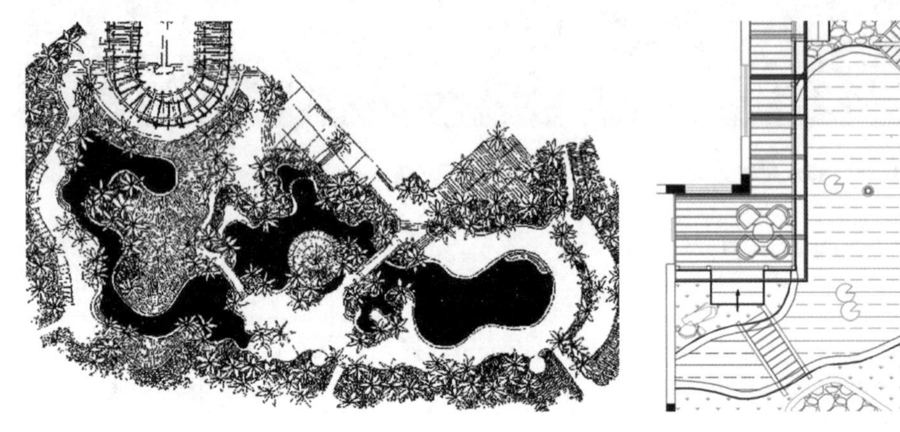

图 3-39　平涂法　　图 3-40　添景物法

3. 水景的绘制方法

绘制叠水墙立面图。

【例题 3-2】绘制如图 3-41 所示的叠水墙立面。

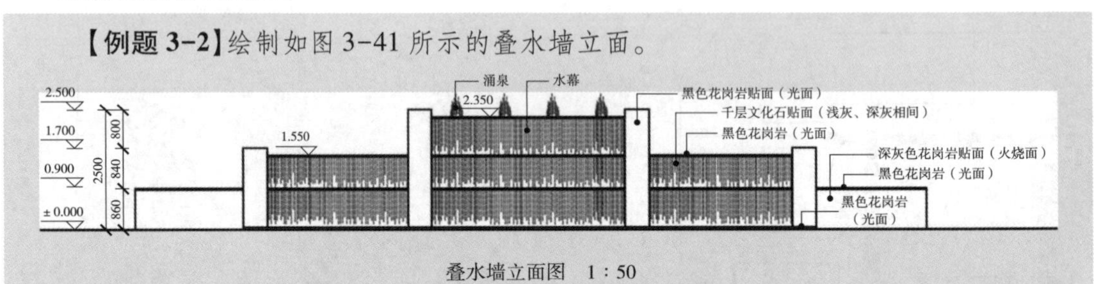

图 3-41　叠水墙立面图

①将“辅助线”图层设置为当前图层，使用多段线按照尺寸要求，绘制如图 3-42 所示的辅助线，并标注。

②切换图层，按照尺寸绘制叠水墙的外轮廓，并向内偏移水池最顶端的直线，偏移距离为 50，如图 3-43 所示。并对水池闭合范围进行图案填充。

③执行“格式”→“点样式”命令，在“点样式”对话框中修改点的外观；执行“绘图”→“点”→“定数等分”命令，点击中间水池的顶端直线，利用点将其等分为 5 段。如图 3-44 所示。

④利用长短不齐的直线，在 4 个节点处绘制涌泉。如图 3-45 所示。

⑤利用“标注”→“快速引线”命令进行文字注释，并进行标高。

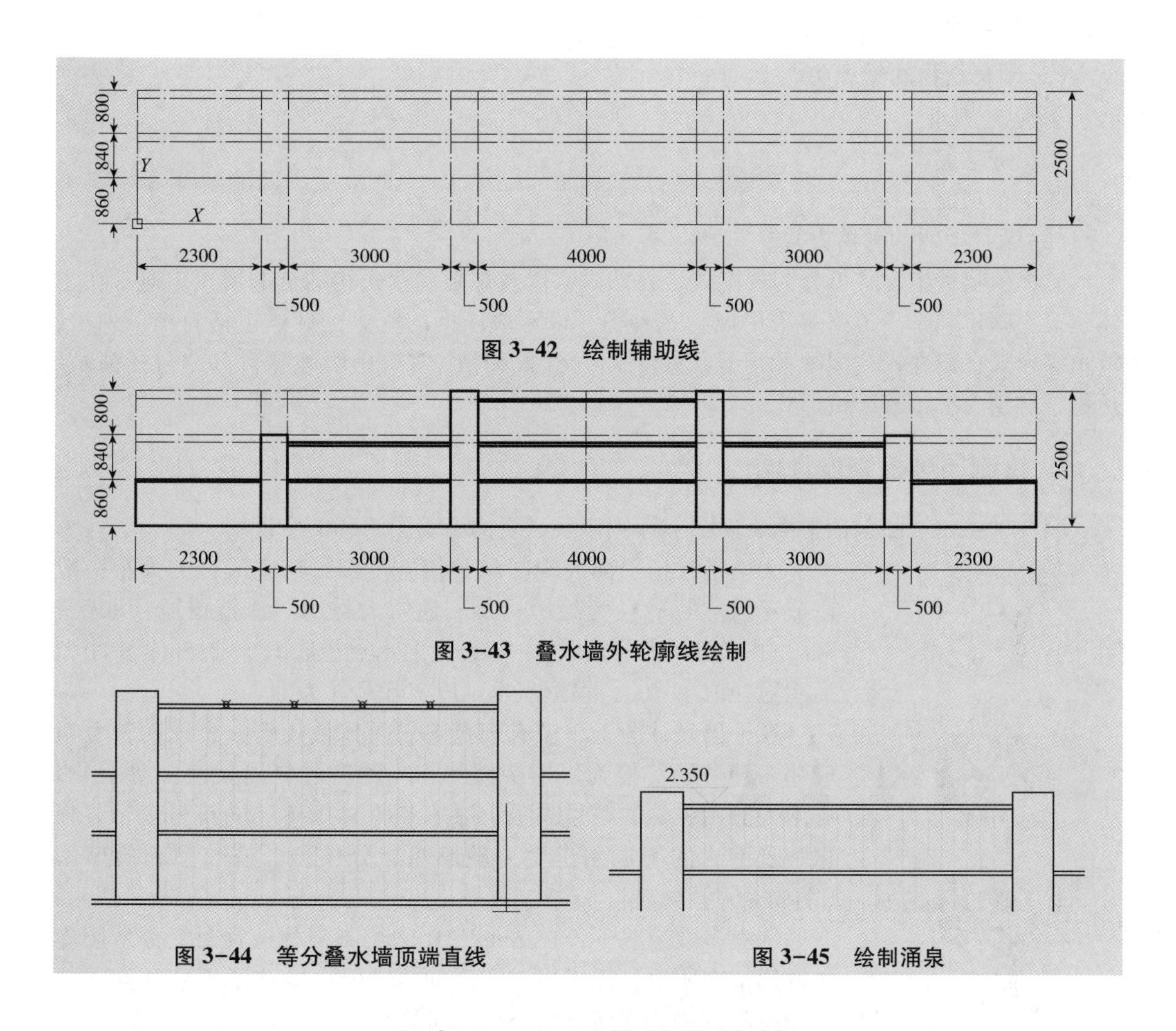

图 3-42　绘制辅助线

图 3-43　叠水墙外轮廓线绘制

图 3-44　等分叠水墙顶端直线

图 3-45　绘制涌泉

任务 3-4　园林植物绘制

【任务描述】

园林植物的景观设计必须兼顾科学性与艺术性两个方面。既要使植物与周围环境相协调，满足植物与环境在生态适应性上的统一；又要使植物具有艺术魅力，体现出植物个体及群体的形态美，以及人们在欣赏时所感受到的意境美。只有把园林植物合理搭配起来，才能组成一个相对稳定的人工栽培群落，创作出赏心悦目的园林景观。

本任务通过介绍不同类型植物的绘制实例，使用户掌握园林植物的平面绘制方法。

【任务实施】

1. 园林种植设计概述

(1) 园林种植设计原则

园林种植的设计原则需要兼顾许多方面。归纳来说，主要有以下几点：协调统一、品种多样、色彩鲜明和层次丰富。

(2)园林植物的景观功能

①构成空间

②观赏功能

③生态功能

(3)园林植物的种植方式

园林植物种植方式可分为规则式、自然式，以及规则自然式相结合的形式。通常在主体建筑物附近和主干道路旁采用规则式种植，以形成庄严的气势，具体包括对植、列植、篱植等形式；而在古典园林和风景区中采用自然式种植. 富有山野趣味，具体包括孤植、丛植、群植、林植等种植形式。

2. 绘制园林植物设计图

园林种植设计图包括平面表现图、详图以及必要的施工图解和文字说明。

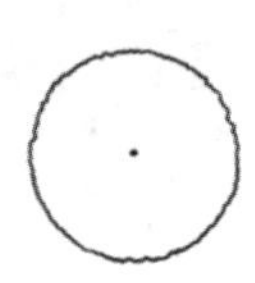

图 3-46 植物表现手法

无论是种植平面表现图和种植施工图，树木冠径的大小一般以成年树木的冠径为绘图标准。通常大乔木、孤植树冠径取 5~7m，中小型乔木冠径取 3~5m；大灌木冠径取 1.5~2.5m，中小型灌木冠径取 1~2m；整形灌木则以实际尺寸为准。

在种植设计图上，没有规范要求具体使用哪一个图例符号对应哪一种植物，但为了避免误解，一种符号只能代表一种植物。乔木一般用单株的符号表示，灌木和竹林用树丛的符号表示。根据表现手法的不同可分为：轮廓型、分枝型、枝叶型和质感型(图 3-46)。

绝大多数情况下，在 AutoCAD 中绘制园林植物时只需从图库中调用植物图块，插入当前图形即可，但也应该掌握几种简单的植物绘制方法。下面分别介绍不同类型植物平面图绘制方法。

(1)绘制乔木平面图例

乔木图形与灌木图形没有明显的区别，可将乔木图块绘制得大一些，使其在尺寸上可以区分开来，但主要还是以苗木表中的图示为准。

【例题 3-3】绘制某乔木平面图例。

①绘制一个半径为 500 的圆，分别向内偏移 20 和 450。如图 3-47 所示。

②执行“绘图”→“正多边形”命令，指定正多边形的边数为“4”。输入“E”，在第二层圆的 90°象限点上单击，指定为边的第一个端点，指定边的第二个端点。

③对正多边形进行夹点编辑，使其成为一个不规则的四边形。

④将多边形进行环形阵列。以圆心为中心点，旋转角度为 360°，项目总数为 35。如图 3-48 所示。

⑤删除第二层的圆形。将环形阵列后的多边形随意移动、旋转。

⑥选择部分多边形，在“颜色控制”下拉列表中选择“洋红”选项。

⑦将绘制好的平面图定义为图块，名称为“紫薇”，将图块插入点定义为小圆的圆心。

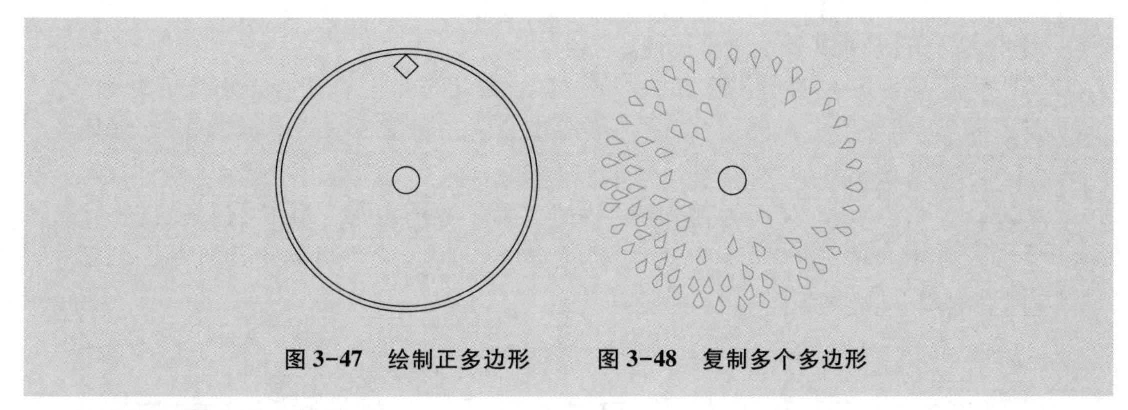

图 3-47　绘制正多边形　　　图 3-48　复制多个多边形

(2)绘制灌木平面图例

整形植物在很多花园植物造景中都能见到，在花园中整形植物造景主要用作花园屏障，比如常见的各种花园绿篱和树篱，都是采用的这种方式。时候花园中需要分隔空间，如果用实体砖墙有点生硬，那么用整形绿篱来分隔就比较好。还有一些时候我们感觉花园的植物边界有点杂乱，很影响行走和观感，那么我们可以在这些植物的边界种上一圈矮绿篱，就会瞬间变得干净整洁很多。用作造景的整形植物主要是一些耐修剪的低矮灌木。灌木的平面表示方法与树木类似，通常修剪规则的灌木可用轮廓、分枝或枝叶型表示，如图 3-49所示。而不规则形状的灌木平面宜用轮廓型和质感型表示，表示时以栽植范围为准，可以用“云线”工具绘制轮廓，再对其进行图案填充，如图 3-50 所示。

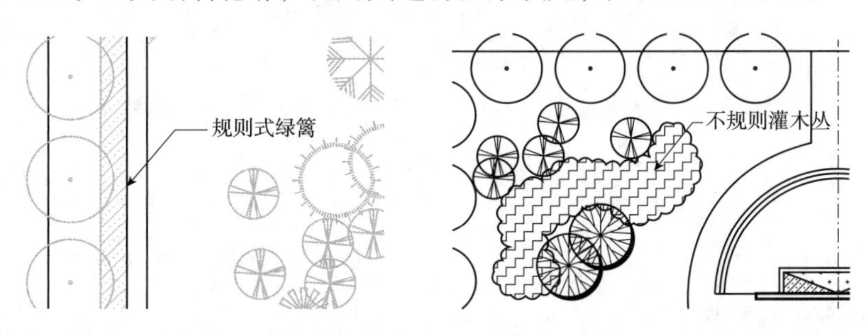

图 3-49　规则式绿篱表示方法　　　图 3-50　不规则的灌木丛表示方法

地被植物宜采用轮廓勾勒和质感表现的形式，作图时应以地被栽植的范围线为依据，用“云线”工具或“样条曲线”勾勒出地被的范围轮廓，再使用图案填充进行质感表现，如图 3-51 所示。

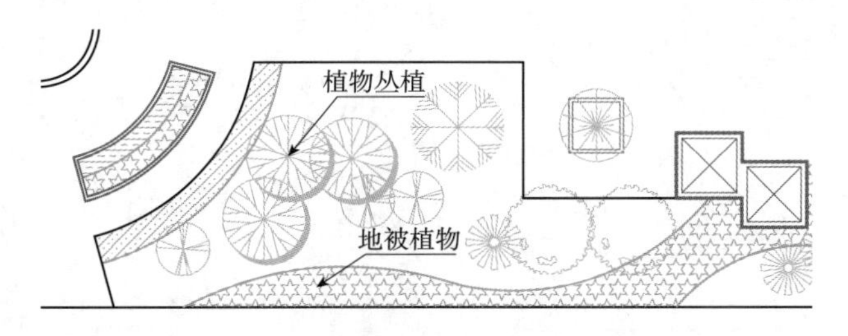

图 3-51　地被植物平面表示方法

【例题 3-4】绘制某灌木平面图例。

①执行“绘图”→“椭圆”(ELL)命令，在绘图区单击空白处指定椭圆的轴端点。打开“正交”，沿水平方向输入“680”为长轴直径，沿垂直正方向输入“60”为短轴半径，如图 3-52 所示。

②打开“最近点”捕捉。执行“修改”→“打断”命令(BR)，选择椭圆为打断对象(图 3-53)。输入“F”指定第一个打断点，分别指定第一个、第二个打断点，打断后的椭圆弧如图 3-54 所示。

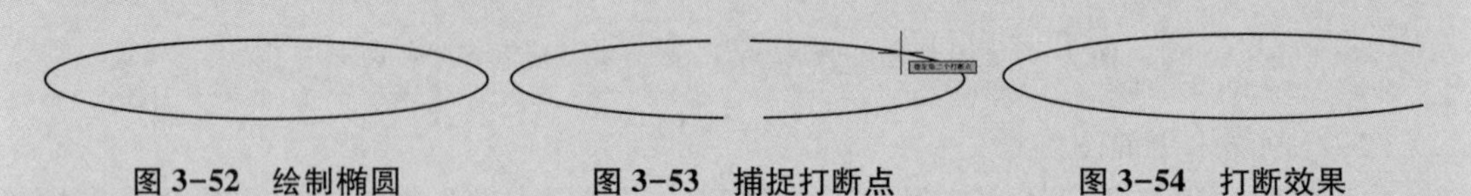

图 3-52　绘制椭圆　　图 3-53　捕捉打断点　　图 3-54　打断效果

③使用夹点编辑修改两段椭圆弧的象限点，执行“绘图”→“圆弧”→“起点，端点，方向”命令，捕捉两段椭圆弧的右端点，用光标指定圆弧的方向，一片叶子就绘制完成了，如图 3-55 所示。

④以刚才绘制圆弧的圆心为基点，执行“修改”→“旋转”(RO)，将叶子旋转-7°，如图 3-56 所示。

图 3-55　完整叶片　　图 3-56　旋转叶片

⑤执行“修改”→“旋转”(RO)，输入“C”，执行复制操作，将叶子旋转复制，旋转角度为“54°”，如图 3-57 所示。

⑥将复制的叶子缩小，缩放比例为“0.8”，并以相同的方法旋转复出 3 片叶子，旋转角度自定义，如图 3-58 所示。

⑦将这组叶子旋转复制，并以 0.8 的比例缩小，以同样的方法，以组为单位旋转复制叶子 2~3 次，并进行适当的移动，调整叶子位置及大小。结果如图 3-59 所示。

⑧将绘制好的棕竹平面图定义为图块，名称为“棕竹”，并进行保存。

图 3-57　旋转复制叶片　　图 3-58　缩放叶片比例　　图 3-59　“棕竹”

(3) 草坪的绘制

草坪与草地在园林设计平面图中，可用打点法、小短线法、线段排列法等方式绘制，在 AutoCAD 中，往往用图案填充的方法来进行绘制。

(4) 花境的绘制

花境是在带状的种植床上，通过不同花卉自然式的斑块混交，表现植物的自然美以及不同种类植株组合形成的群落美，是一种半自然式的花卉种植形式。花境设计首先是确定平面，要讲究构图完整，沿着长轴方向组合成连续的综合景观序列。在公园、休闲广场、居住小区等绿地配置不同类型的花境，能极大地丰富视觉效果，在满足景观多样性的同时也保证了物种多样性。

花境一般利用露地宿根花卉，球根花卉及一、二年生花卉，栽植在树丛、绿篱、栏杆、绿地边缘、道路两旁及建筑物前，以带状自然式栽种。花境主要表现的是自然风景中花卉的生长的规律，因此，花境不但要表现植物个体生长的自然美，更重要的是还要展现出植物自然组合的群体美，如图 3-60 所示。

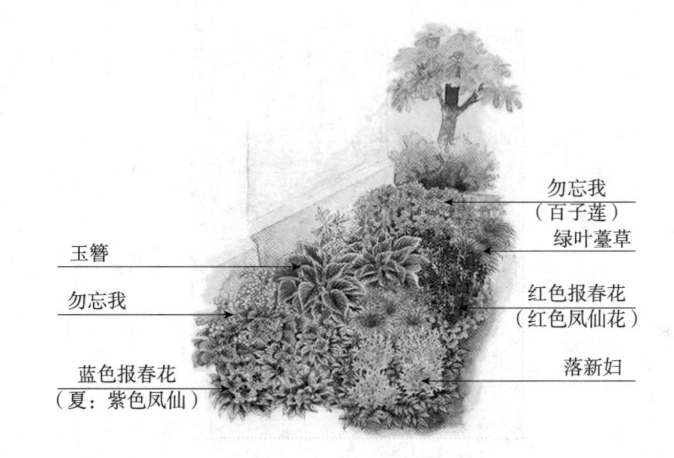

图 3-60　花境种植设计

花境平面图画法，通常在图纸上先画出花镜的轮廓线。如果是规则式的，那么边缘就较好处理；如果边缘为自然曲线，那么应注意曲线要圆滑，自然，尽量接近植物种植后的状态。然后在轮廓线内部画出各种植物的分布区域，在每个区域上标出相应的植物的名称；如果地方不够可以用编号表示，如图 3-61 所示。

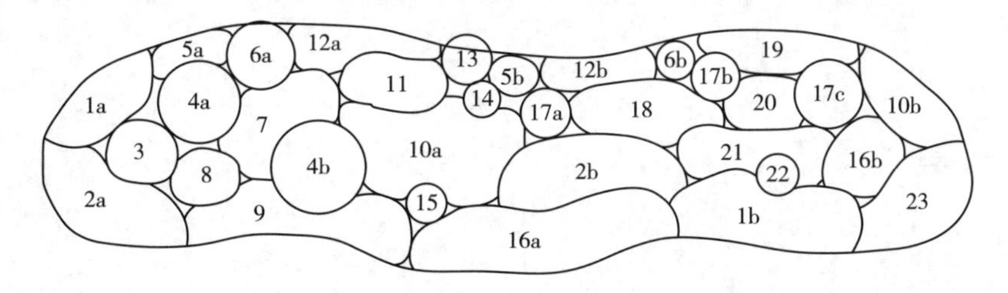

图 3-61　花境平面表示方法

项目 4
AutoCAD 实训案例

【知识目标】

(1)掌握平面图的绘制步骤。

(2)掌握平面图的绘图方法与技巧。

【技能目标】

(1)能完成平面图的绘制。

(2)能按照制图标准要求在 AutoCAD 中绘制平面图。

【素质目标】

(1)养成良好的作图习惯。

(2)培养认真严谨的工作作风。

任务 4-1　居住区附属绿地总平面图绘制

【任务描述】

在进行某居住区附属绿地景观设计时，设计师已经完成了设计方案草图，接下来需要按照制图标准完成平面图的绘制。

要求能熟练掌握和使用所学的 AutoCAD 基本命令，厘清平面图中的各景观要素，逐步绘制完成某居住区附属绿地总平面图。

【任务实施】

1. 设置绘图环境

绘制居住区绿地总平面图之前，新建一个名为“某居住区附属绿地总平面图”的图形文件，然后对 AutoCAD 系统和绘图环境进行各种设置，以满足个人的需求和习惯。

(1)设置绘图单位

一般园林图纸的单位为毫米。执行“格式”→“单位”命令，弹出图形单位对话框，设置图形单位为毫米，精度为 0.00，如图 4-1 所示。

(2)设置图层

在建立图层时，应考虑按居住区附属绿地项目所包含的园林要素来建立图层。

执行“格式”→“图层”命令，打开“图层特性管理器”对话框，根据居住区附属绿地平面图的构成要素，建立图框、网格、建筑、建筑红线、道路、景观小品、铺装填充、绿化、文字与注释等图层，并设置图层特性。线型默认为 Continuous，其中，道路和建筑轮廓可适当加粗，有些图层可随用随建。线宽、线型等特性也可在打印出图前调整，如图 4-2所示。

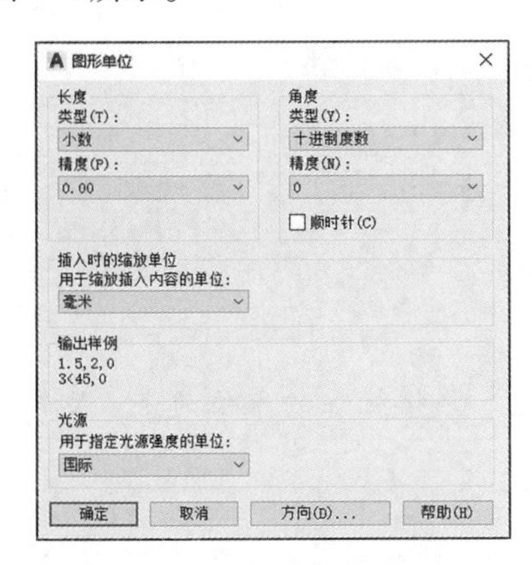

图 4-1　图形单位设置

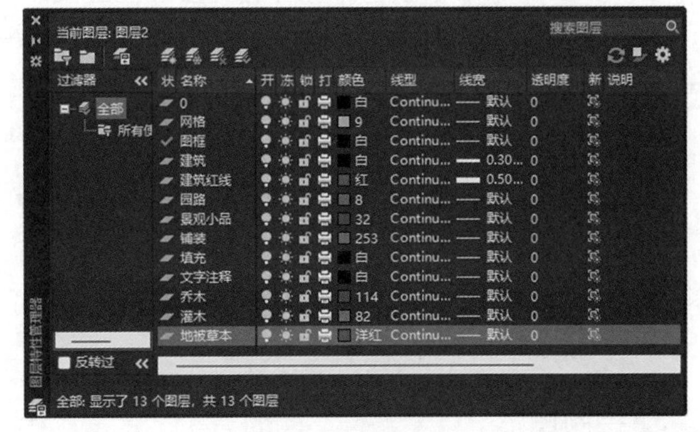

图 4-2　图层设置

注意：从外文件拷贝图形对象时，会同时拷贝这个对象的各种属性，当然也包括图层。若想减少图层，可以在源文件中将对象设置在与目标文件同名的图层上，再拷贝到目标文件。需要特别注意，如果调入的物体是块，其图层属性已经打包在块中，无法改变，除非将块炸开，重新设置对象图层属性，再定义块物体。

(3)设置文字样式

执行"格式"→"文字样式"命令，根据相关制图标准，创建文字样式。

2. 绘制网格线

为保证绘图的准确性，需根据居住区附属绿地平面图提供的尺寸进行网格放线，然后绘制各要素。

①将"网格"图层置为当前图层。

②设置网格的密度，绘制网格。根据居住区附属绿地的大小设置网格单位为5m×5m。用直线命令绘制长为220m的水平线和长为150m的垂直线，两条直线相交在左下位置；然后用复制命令或偏移命令按5000mm间距复制直线，完成网格线的绘制。

③网格线文字标注。确定文字样式的设置，使其满足工程制图文字的要求，用单行文字命令完成网格线文字标注，如图4-3所示。

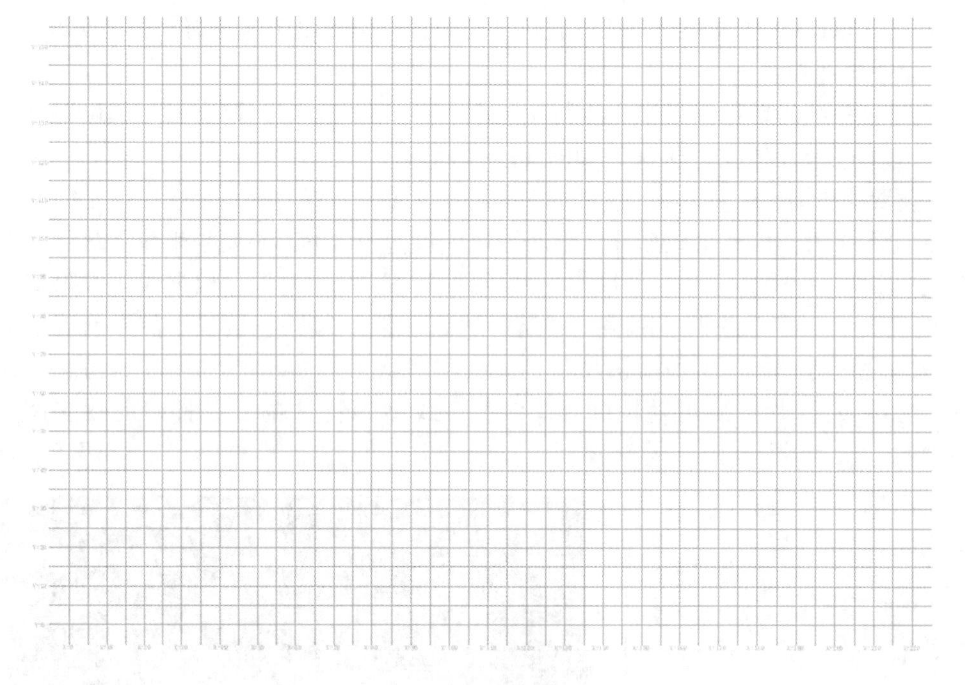

图4-3 绘制网格

注意：一般情况下，网格间距根据场地面积大小而定。网格标注的单位为米。X轴从左向右顺序编写，Y轴从下向上顺序编写。

3. 绘制图形

居住区附属绿地总平面图中包括建筑、小区道路、景观台阶、木栈道、水体、造型汀步、铺装、植物景石等，可将这些图形分别逐层绘制。

(1)绘制居住区内建筑

①将"建筑"图层置为当前图层。

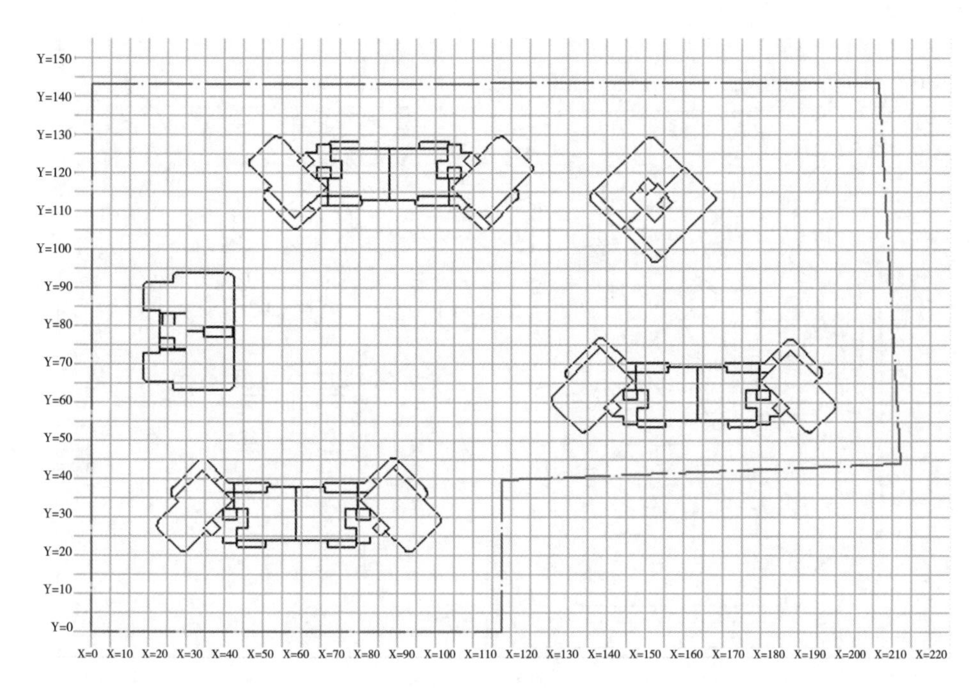

图 4-4 绘制建筑

②参照网格定位，绘制居住区内建筑，如图 4-4 中较粗的建筑线条。

(2)绘制小区道路、景观台阶、木栈道

①将“道路”图层置为当前图层。

②参照网格定位，从小区出入口开始，用“多段线”命令绘制小区道路，则各绿化区块也呈现出来。然后选择绘制好的多段线，调用“多段线编辑”命令，激活 F“拟合”选项，单击 Esc 键退出；此时，绘制好的多段线已经转换成样条曲线，通过“夹点编辑”命令，调整样条曲线。

如果绘制直线形的园路、景观台阶，可以通过“直线”“偏移”等命令绘制；如果绘制弯曲的道路，除了上述方法，一般使用“样条曲线”“圆弧”命令进行绘制，如图 4-5 所示。

③将“木栈道”图层置为当前，参照园路绘制方法绘制木栈道轮廓线。

(3)绘制园林水体

①将“水体”图层置为当前图层。

②参照网格定位，用“多段线”命令或“样条曲线”命令绘制小区水体轮廓线。

③调用“直线”命令，在水体轮廓线内绘制长短不一的水平直线或用图案填充水体，如图 4-6 所示。

(4)绘制造型汀步

①将“造型汀步”图层置为当前图层。

②可在空白处绘制造型汀步，完成后移到合适位置。造型汀步由直线和圆弧组成。首先用“圆”命令绘制半径为 1950mm 的圆，再将此圆向内偏移 225mm。从圆心到圆边画一条半径直线，输入“阵列”命令，选择极轴模式，以圆心为中心点，将圆均分为 8 等份，再输入“填充”命令填充图案。绘制完成后将此图案创建为块以备用。

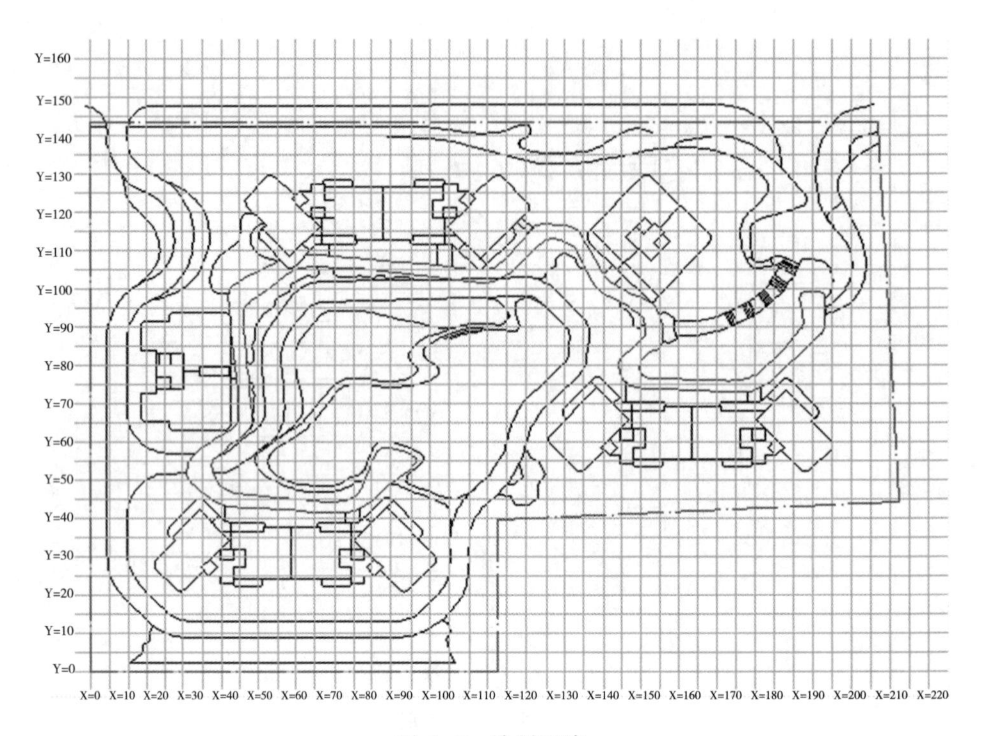

图 4-5 绘制园路

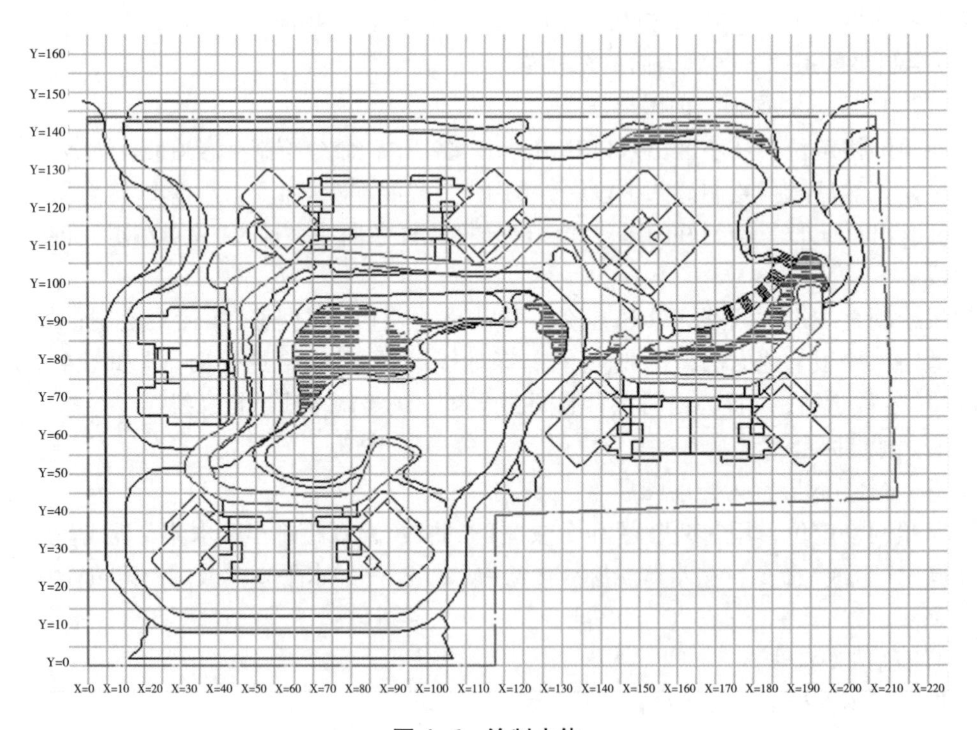

图 4-6 绘制水体

③放置造型汀步前可先用多段线绘制辅助线，然后在辅助线周围分布汀步，汀步大小可用“缩放”命令调整，如图 4-7 所示。

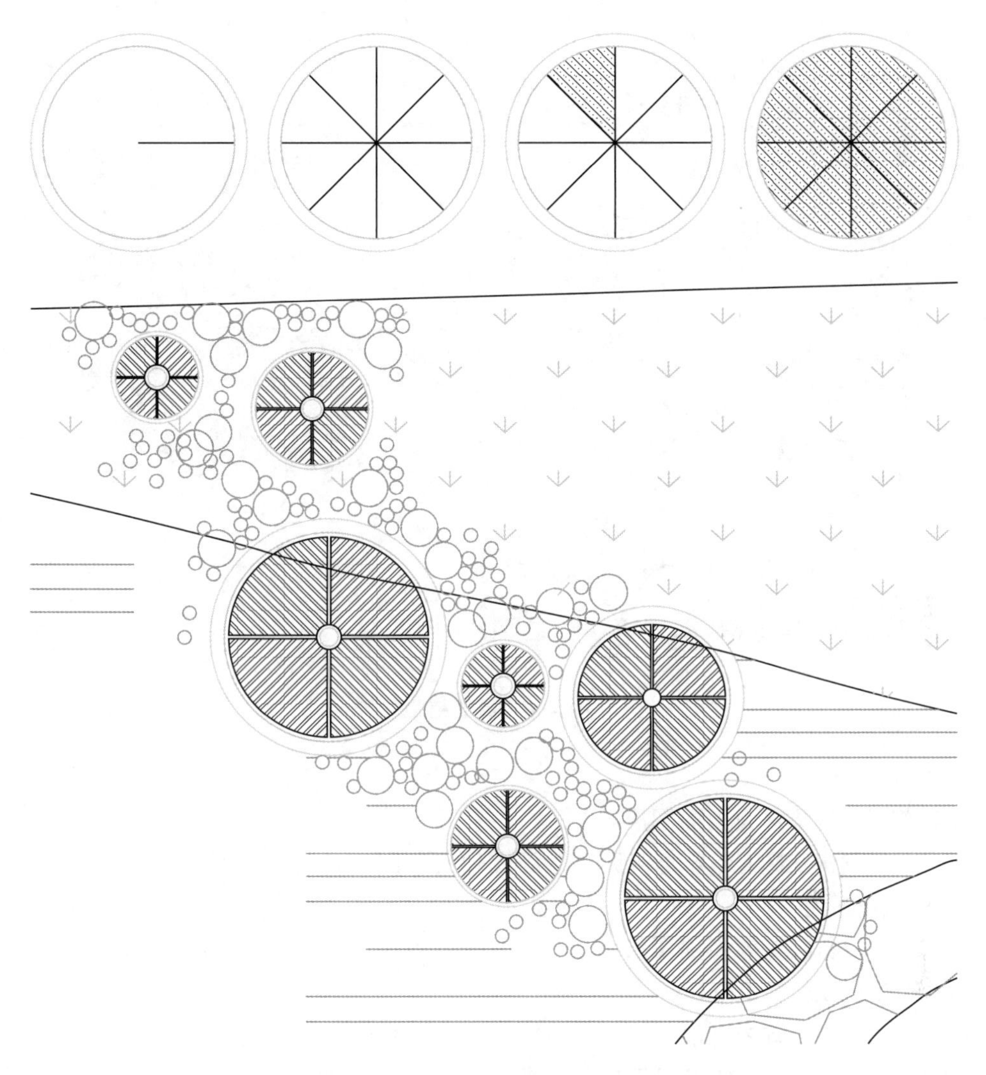

图 4-7　造型汀步绘制过程

（5）铺装填充

园路、休闲小广场、木栈道都需要填充铺装图案。

①将“铺装填充”图层置为当前图层。

②选择需填充的边界，如果有未闭合的，使用“多段线”命令绘制需填充的边界，使其闭合。点击“图案填充”命令，根据不同的铺装材料选择合适的填充图案和比例，分别填充道路、休闲小广场、木栈道的铺装图案。

（6）绘制植物

居住区附属绿地植物种植包含乔木、灌木、草花、草坪等。对于乔木、灌木的绘制，首先绘制好单株乔、灌木的图例，也可以调用现成的植物图例，然后将植物图例移动到合适的种植位置。可以将乔、灌木同置于绿化图层，也可以将乔、灌木分设图层。对于草花、草坪的绘制，首先将“草花”图层置为当前，用“多段线”命令绘制绿化的区域，然后对闭合区域进行图案填充，如图 4-8 所示。

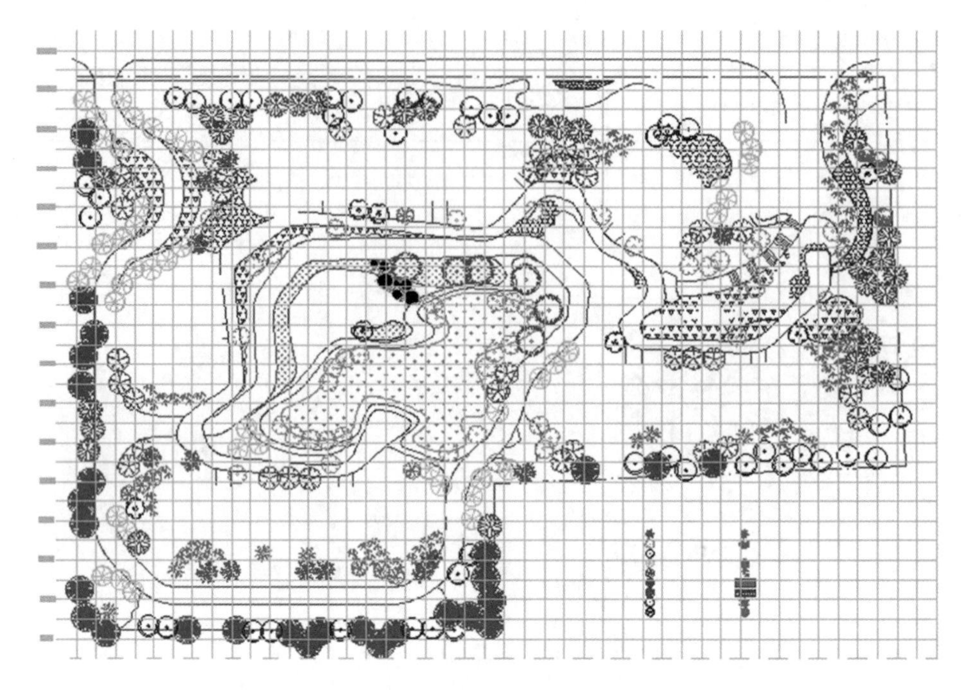

图 4-8 绘制植物

(7)绘制景石

①将“景石”图层置为当前图层。

②绘制景石图块或从外界直接调用景石图块置于图中合适的位置。

(8)文字和标注

①将“文字”图层置为当前图层。

②标出图中的文字和注释。

③将“标注”图层置为当前图层。

④标出图中出现的标高等标注。

(9)绘制苗木配置表和景观小品一览表

①将“文字”图层置为当前图层。

②用直线命令绘制表框，苗木配置表内包含序号、名称、图例；景观小品一览表包含编号、名称。

(10)绘制图框、标题栏

将图框和标题栏绘制成一个外部块，以便在图形文件中随意调用，这种方法经常用到。

①绘制图框和标题栏　首先按标准绘制图框和标题栏，再用“文字”命令输入标题栏中的固定文字。若本图要求打印在 A2 的图纸上，打印出图文字高度要求为 3mm。在输入文字前，先绘制一个 594mm×420mm 的 A2 图框，按 3mm 字高标出文字和图纸需要的各种文字、符号。将图框和框内的文字、符号全部选中，缩放到合适的大小，框住图形，得到的文字即是所需大小。

②存储块　执行“外部块”命令，点击“基点”选项里的“拾取点”按钮，选择图框左下角点，点击“选择对象”按钮，将图框和标题栏全部选择结合成块，并保存到相应的位置以备使用。

③插入和编辑图框　要使用图框和标题栏时，执行“插入”→“块”命令，确定适当的比例和旋转角度，即可为当前图纸插入图框和标题栏。

(11) 打印设置

①插入图框，按比例缩放到合适的大小，框住图形。如图 4-9 所示。

②完成打印设置。

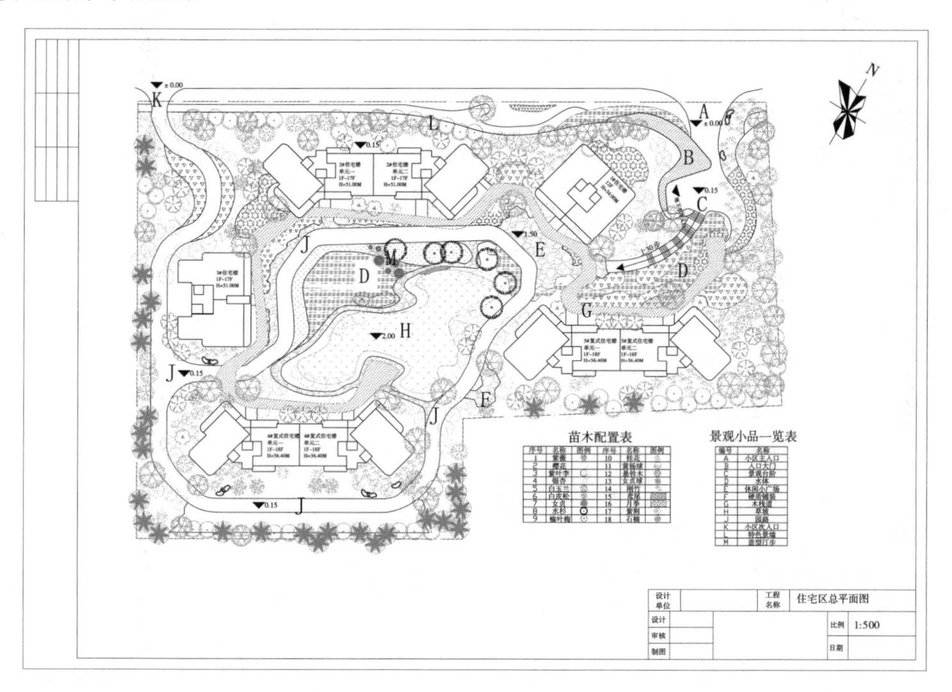

图 4-9　某居住区绿地总平面图

任务 4-2　广场总平面图绘制

【任务描述】

在进行某广场景观设计时，设计师已经完成了设计方案草图，接下来需要按照制图标准完成总平面图的绘制。

要求能熟练掌握和使用所学的 AutoCAD 基本命令，厘清某广场总平面图中的各景观要素，逐步绘制完成某广场总平面图。

【任务实施】

1. 设置绘图环境

绘制广场总平面图之前，新建一个名为“某广场总平面图”的图形文件，然后进行单位、图层、文字样式等的设置。步骤与方法同本教材任务 4-1。

本广场包括中心广场、运动广场、休闲小广场、树阵广场、人工湖、亲水平台、道路、建筑小品、铺装等。根据广场总平面图的设计内容，可建立网格、中心广场、休闲小广场、树阵广场、道路、建筑小品、铺装填充、植物、文字等图层，并设置图层特性。有些图层也可随用随建。

2. 绘制图形

根据广场的大小设置网格单位为 5m×5m。将“网格”置为当前图层，绘制长为 250m 的水平线和长为 100m 的垂直线，形成网格。然后参照网格位置，依据广场设计主要内容，逐层绘制所需图形。

（1）绘制中心广场

入口中心广场位于入口的景观视线上，是较大面积的铺装广场，是人们的主要集散地，有纪念性雕塑和特色拼花铺装，是广场内的核心景观。

①将“中心广场”图层设置为当前。

②确定中心广场圆心的位置（圆心距离广场主入口和广场西边界分别为 48 955mm 和 118 790mm），绘制半径为 30 000mm 的圆形广场。再用“偏移”命令，将圆连续向内偏移 7 次，偏移数值分别为 1000mm、4900mm、1000mm、18 800mm、500mm、1600mm、500mm。

③用“多段线”命令绘制中心广场内部分割线，然后以圆心为中心点环形阵列 6 个，再利用“修剪”命令修剪细部线条。

④选中一个内部分割线，用“旋转”命令，复制旋转 30°，然后修剪多余线条，再将此部分分割线选中，以圆心为中心点环形阵列 6 个，广场铺装分割线绘制完成。如图 4-10 所示为拼花铺装分割线绘制过程，图 4-11 所示为中心广场效果。

图 4-10　中心广场地面拼花铺装分割线绘制过程

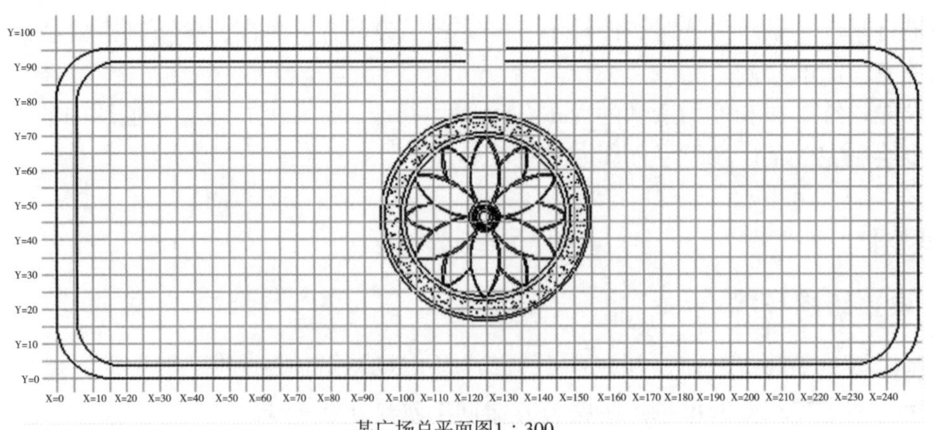

图 4-11　绘制中心广场

（2）绘制运动广场

①将“运动广场”图层置为当前图层。

②参照网格定位，确定运动广场的位置（距离广场西入口和广场南入口分别为 9775mm 和 16 790mm）。用“多段线”命令绘制运动广场的轮廓线，然后向内偏移 3880mm。

③用“圆”“多段线”“直线”命令绘制一个标准的篮球场，创建为外部块待用。用“直线”命令绘制一个标准的羽毛球场，同样创建为块待用。将篮球场和羽毛球场块置于运动广场合适的位置，或者直接从外界调取标准的篮球场和羽毛球场置于运动广场内。如图 4-12所示。

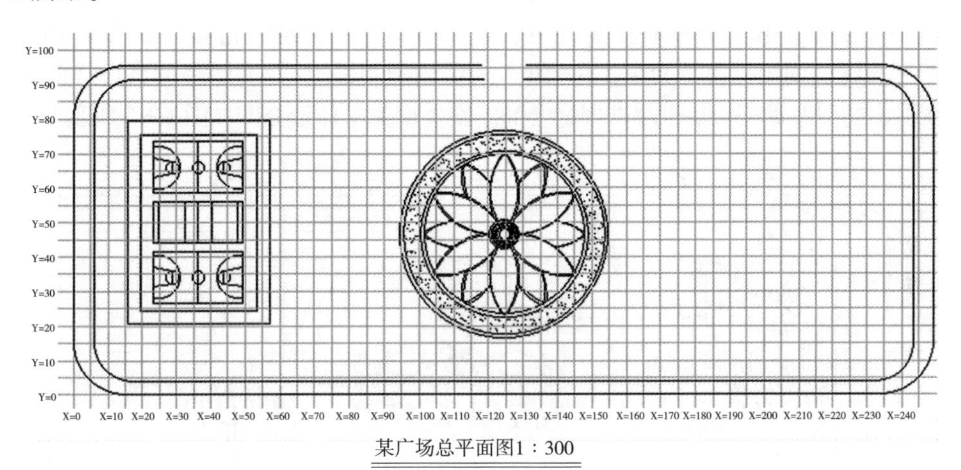

图 4-12　绘制运动广场

（3）绘制休闲小广场

①将“休闲小广场”图层置为当前图层。

②参照网格定位，用“多段线”命令在运动广场旁绘制休闲小广场轮廓线，如图 4-13 所示。

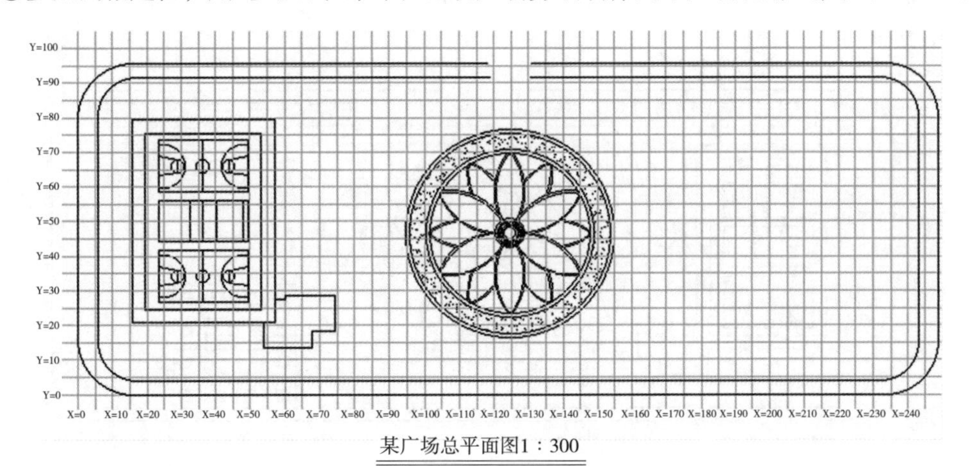

图 4-13　绘制休闲小广场

（4）绘制树阵广场

①将“树阵广场”图层置为当前图层。

②参照网格定位，用“多段线”或“直线”命令绘制树阵广场的铺装轮廓线。

③用“多段线”命令绘制树池座椅，并创建为树池座椅块。

④将树池座椅块复制到树阵广场各位置，如图 4-14 所示。

(5)绘制木平台和人工湖

①将“木平台”图层置为当前图层。

②调用“圆”“直线”“偏移”“修剪”命令，绘制木平台。

③将“水体”图层置为当前图层。

④参照网格定位，用“多段线”命令，指定多段线的起点，根据人工湖的走势定点以创建多段线。调用“多段线编辑”命令，根据命令行的提示选择人工湖轮廓线，激活 F“拟合”选项，按下空格键，将多段线转换为光滑的圆弧，得到人工湖的轮廓，如图 4-15 所示。

⑤绘制直线。调用“直线”命令，在水体轮廓线内绘制长短不一的水平直线，或调用“填充”命令，在弹出的图案填充对话框里选择适合的图案类型为水体填充，如图 4-15 所示。

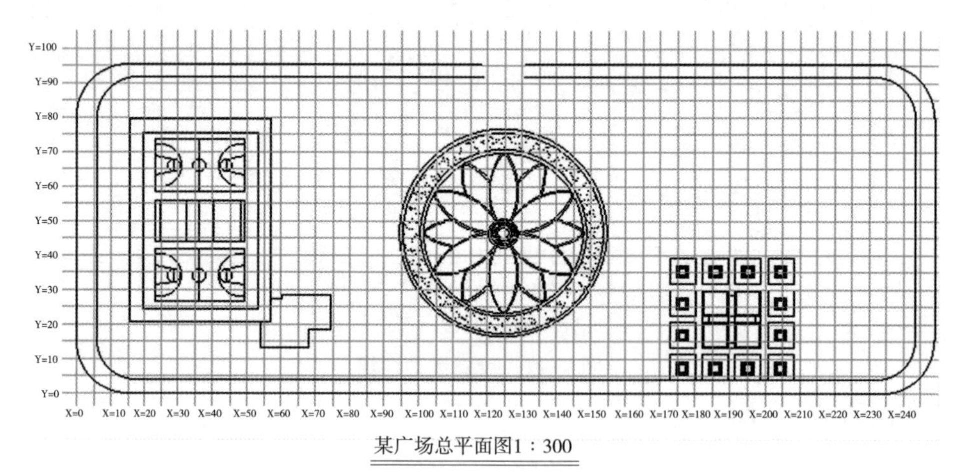

图 4-14　绘制树阵广场

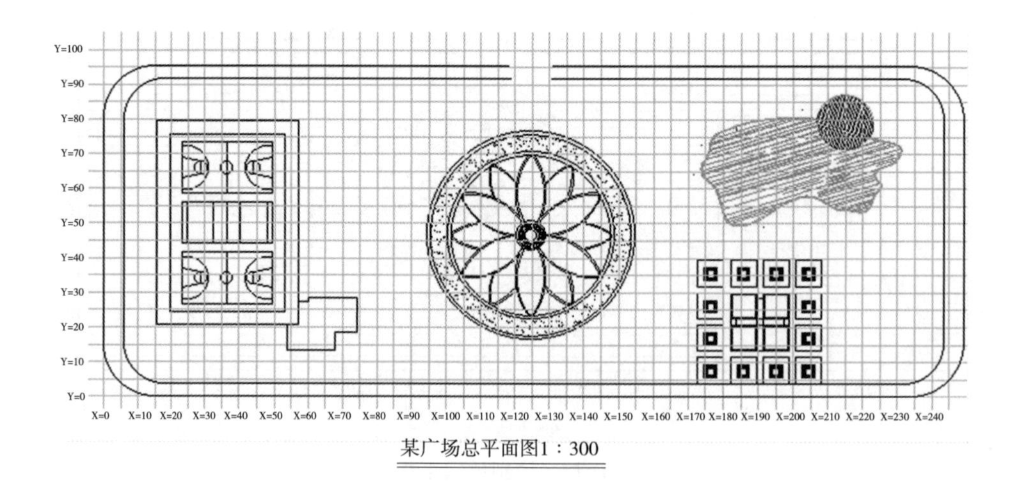

图 4-15　绘制木平台和人工湖

(6)绘制广场出入口

本广场有 3 个出入口，分别是北面主出入口、西出入口及南出入口，其中，主出入口有台阶和花坛，西出入口与南出入口均为硬质铺装。

①将“出入口景观”图层置为当前图层。

②调用“直线”或“多段线”命令，绘制出入口景观台阶与铺装分割线，如图 4-16 所示。

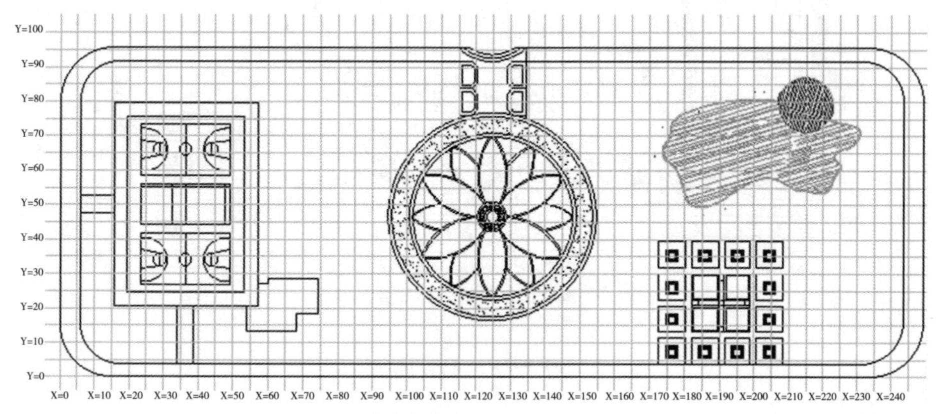

图 4-16　绘制出入口景观

(7)绘制道路

①将“道路”图层置为当前图层。

②依据网格确定道路曲线的控制点，点击“样条曲线”命令绘制道路的一条边，使用“偏移”命令得到道路的另一条边，其中偏移距离根据道路的宽度确定。绘制汀步的步石，首先，用“矩形”命令或者“多段线”命令绘制一个矩形步石，然后沿路线复制而成，如图 4-17所示。

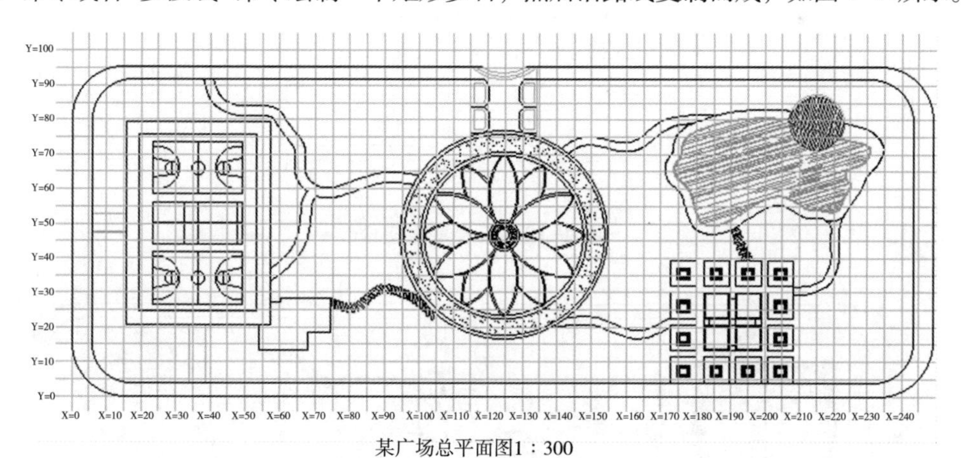

图 4-17　绘制道路

(8)铺装填充

广场平面图中道路和广场都需要填充铺装图案。

①将“铺装填充”图层置为当前图层。

②选择道路的边界线，如果边界未闭合，使用“多段线”重新绘制，使其闭合。用“图案填充”命令，根据不同的铺装材料选择合适的填充图案和比例，分别填充广场和道路的铺装图案，如图 4-18 所示。

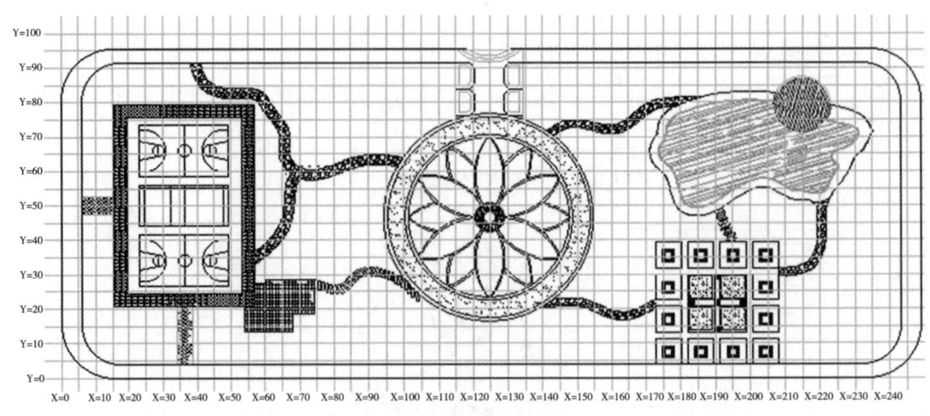

图 4-18　铺装填充

(9)绘制小品

①将“座椅”图层置为当前图层。

②用“直线”命令绘制景观座椅，并创建块，命名为“座椅”，如图 4-19 所示。

③将座椅块放置到广场中合适的位置，如图 4-20 所示。

(10)绘制植物

①将“植物”图层置为当前图层。

②植物图例的绘制方法参见本教材任务 3-4。

③将绘制好或者调用的植物图例移到合适的位置。

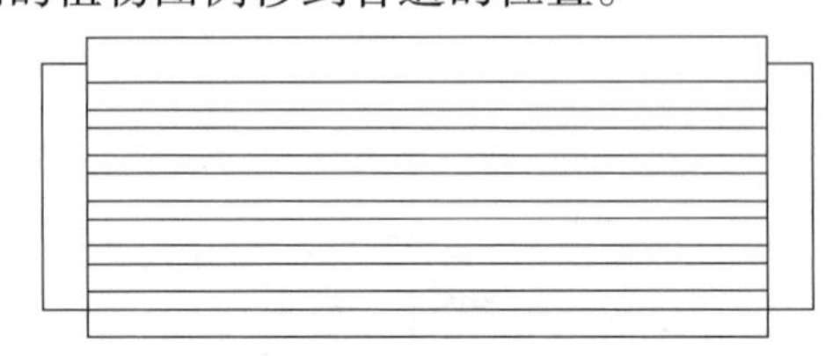

图 4-19　绘制景观座椅

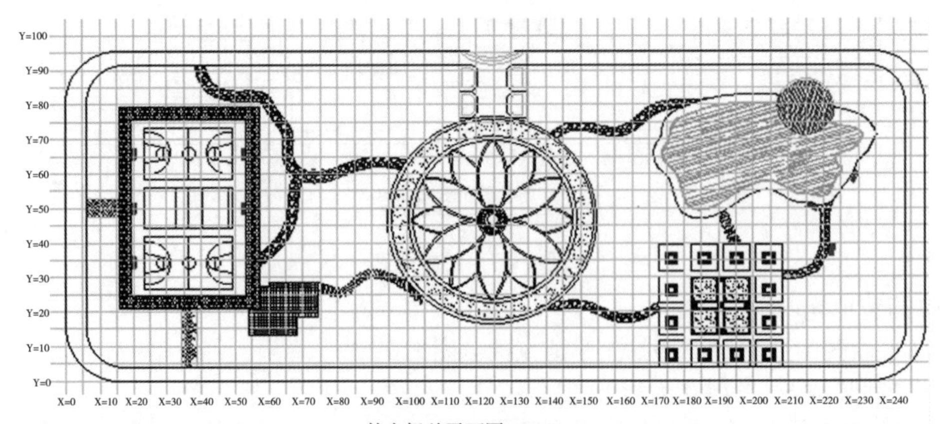

图 4-20　绘制小品

④对于自然式种植的灌木，用修订云线命令灵活绘制，如图 4-21 所示。

注意：外面调用来的图例名称应改为项目所用的植物名称。

广场总平面图1：300

图 4-21　绘制植物

(11)文字和注释

①将“文字”图层置为当前图层。

②标出图中的文字和注释。

(12)绘制苗木配置表和景观小品一览表

①将“文字”图层置为当前图层。

②用直线命令绘制表框，苗木配置表内包含序号、名称、图例；景观小品一览表包含编号、名称。

(13)绘制图框、标题栏、出图与打印

方法和步骤参见任务 4-1。完成效果如图 4-22 所示。

注意：本项目所选出图的图幅为 A1，绘图比例为 1：300。

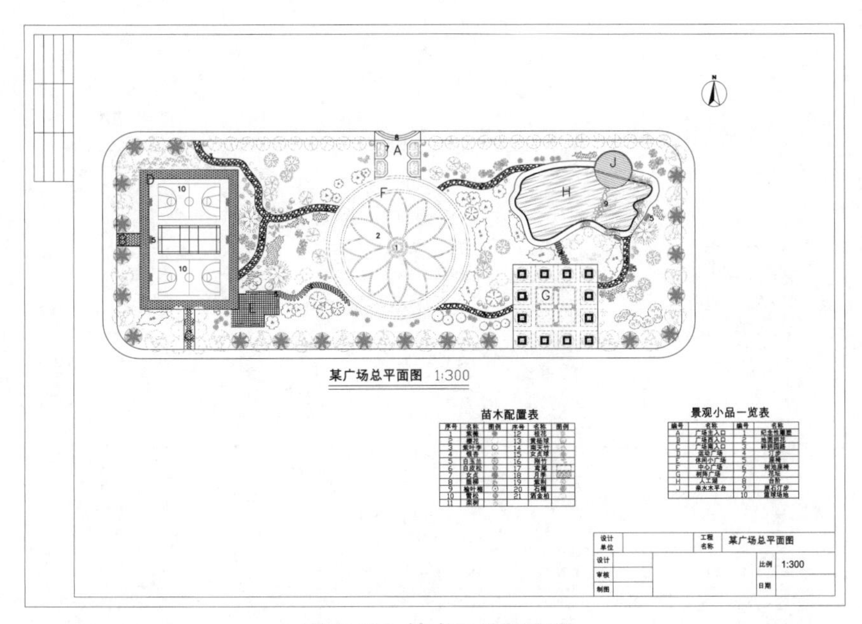

图 4-22　某广场总平面图

项目 5

认识 Photoshop 基础知识和基本操作

【知识目标】

(1)了解图像类型和 Photoshop 相关概念。

(2)认识 Photoshop 工作环境。

(3)了解 Photoshop 文件格式的区别。

(4)了解 Photoshop 基本工具的功能。

【技能目标】

(1)能较熟练地进行 Photoshop 文件的基本操作。

(2)能运用 Photoshop 菜单命令完成图像模式转换。

(3)能熟练设置图像和画布大小等。

(4)能熟练应用 Photoshop 辅助工具。

(5)能熟练浏览 Photoshop 图像文件。

【素质目标】

(1)培养学生认真、严谨的学习态度。

(2)培养学生的创新精神与动手操作能力。

(3)树立以人为本的职业道德与职业规范。

任务 5-1 了解 Photoshop 相关概念

【任务描述】

学习运用 Photoshop 之前，首先要对图像的基本概念和色彩模式有基本的了解。本任务主要了解颜色、图像类型、像素和分辨率、色彩模式、文件格式等相关概念。

【任务实施】

1. 了解颜色

颜色是人眼对物体反射光或透射光的感觉。在计算机应用中，定义颜色的基本方法基于三原色原理，即物体的颜色分为红、绿、蓝三个分量。颜色还可以用色彩三要素来描述，即色相、饱和度和亮度。人眼看到的任一彩色光都是这三要素的综合效果。

(1) 色相

色相又称色调，是指颜色的外观，即通常所说的颜色，用来区别颜色的名称或颜色的种类。

(2) 饱和度

饱和度，简而言之就是一种颜色的纯度，可以用来区别颜色深浅的程度。同一色相，即使饱和度发生了细微的变化，也会带来色彩的变化。

(3) 亮度

亮度是指色彩所引起的人眼对明暗程度的感觉。亮度在三要素中具有较强的独立性，它可以不带任何色相的特征而通过黑、白、灰的关系单独呈现出来。

2. 了解图像类型

Photoshop 是目前常用的平面图形的图像处理软件之一，在学习软件操作技能之前，首先应该对图像的基本概念有一定的认识和了解。

计算机所能识别的图像称为数字图像。数字图像是以数字方式记录、处理和保存的，数字图像分为位图和矢量图两种类型。位图是由多个像素点组合生成的图像，不同的像素点以不同的颜色构成了完整的图像。矢量图是由一系列线条所构成的图形，而这些线条的颜色、粗细、位置、曲率等属性都是通过许多复杂的数学公式来表达的。理解它们的概念和区别有助于更好地学习和使用 Photoshop。

(1) 位图

位图可以表达出色彩丰富、过渡自然的图像效果，一般由 Photoshop、Paint 和 Cool 3D 等位图软件绘制生成。除此之外，使用数码相机拍摄的照片和使用扫描仪扫描的图像也都以位图形式保存。位图可以记录每一点的数据信息，因而可以精确地制作出色彩和色调变化丰富的图像，可以逼真地表现自然界的图像，达到照片般的品质。但是，由于它所包含的图像像素数目是一定的，将图像放大到一定程度后，图像就会失真，边缘会出现锯齿，如图 5-1 所示。

图 5-1 位图的原效果与放大后的效果

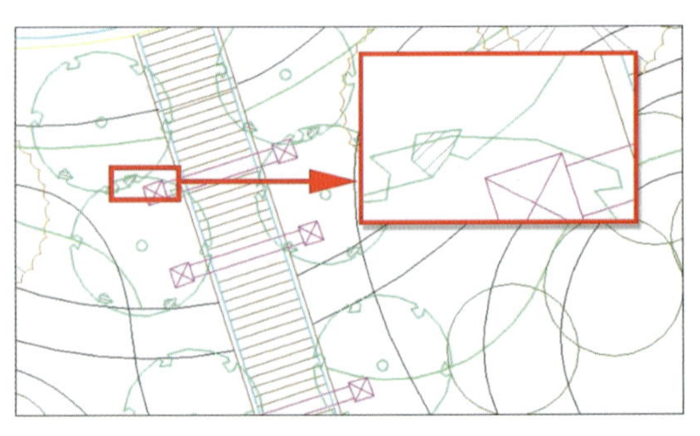

图 5-2 矢量图的原效果与放大后的效果

(2)矢量图

矢量图也称为向量式图形，是用数学的矢量方式来记录图像内容，以线条和色块为主，这类对象的线条非常光滑、流畅，可以无限地进行放大、缩小或旋转等，并且不会失真，如图 5-2 所示。矢量图不易制作色调丰富或色彩变化太多的图形，而且绘制出来的图形无法像位图那样精确地描绘各种绚丽的景象。

3. 了解像素和分辨率

Photoshop 的图像是基于位图格式的，而位图图像的基本单位是像素，因此，在创建位图图像时需要为其设置分辨率。图像的像素与分辨率均能体现图像的清晰度，下面将分别介绍像素和分辨率的概念。

图 5-3 像素

(1)像素

像素是构成图像的最小单位，它的形态是一个小方点。很多个像素组合在一起就构成了一幅图像，组合成图像的每一个像素只显示一种颜色。由于图像能记录下每一个像素的数据信息，可以精确地记录丰富的图像，如图 5-3 所示。

(2)分辨率

分辨率是图像处理中的一个非常重要的概念，图像的分辨率是指位图图像在每英寸* 上所包含的像素数量，单位是 dpi(display pixels inch)。图像分辨率的高低直接影响图像的质量，分辨率越高，文件越大，图像就越清晰，处理速度也就越慢；反之，分辨率越低，文件就越小，图像就越模糊。

在电脑图像设计中，分辨率又可以分为图像分辨率、显示器分辨率和打印分辨率，各种分辨率的含义如下。

①图像分辨率　用于确定图像的像素数目，其单位有“像素/英寸”和“像素/厘米”例如，一幅图像的分辨率为 300 像素/英寸，表示该图像中每英寸包含 300 个像素。

②显示器分辨率　是指显示器上每单位长度显示的像素或点的数目，单位为“点/英寸”。

* 1 英寸 = 2. 54cm。

如 80 点/英寸表示显示器上每英寸包含 80 个点。普通显示器的典型分辨率为96 点/英寸，苹果机显示器的典型分辨率为 72 点/英寸。

③打印分辨率　又叫输出分辨率，指绘图仪、激光打印机等输出设备在输出图像时每英寸所产生的油墨点数。如果使用与打印机输出分辨率成正比的图像分辨率，就能产生较好的输出效果。

4. 了解色彩模式

色彩模式决定了图像的显示颜色数量，也影响图像的通道数和图像文件的大小。Photoshop 能以多种色彩模式显示图像，最常用的模式是 RGB、CMYK、Lab、灰度和位图等。

(1)RGB 模式

RGB 模式是 Photoshop 默认的颜色模式，是计算机图形图像设计中最常用的色彩模式。它代表了可视光线的 3 种基本色元素，即红(R)、绿(G)、蓝(B)，称为光学三原色。每一种颜色存在着 256 个等级的强度变化。当三原色重叠时，由不同的混色比例和强度会产生其他的中间色，三原色相加会产生白色。RGB 模式在屏幕表现下色彩丰富，所有滤镜都可以使用，各软件之间的文件兼容性高，但在印刷输出时，偏色情况较严重。

(2)CMYK 模式

CMYK 模式是由青色(C)、洋红(M)、黄色(Y)和黑色(K)组成的颜色模式。这是印刷上使用的颜色模式，由这 4 种油墨可生成千变万化的颜色，因此被称为四色印刷。由青色、洋红、黄色叠加即生成红色、绿色、蓝色及黑色；黑色用来增加对比度，补偿青色、洋红、黄色产生黑度不足之用。由于印刷使用的油墨都包含一些杂质，单纯由青色、洋红、黄色 3 种油墨混合不能产生真正的黑色，因此需要加一种黑色。CMYK 模式是一种减色模式，每一种颜色所占的百分比为 0~100%，百分比越高，颜色越深。

(3)Lab 模式

Lab 模式是国际照明委员会发布的一种色彩模式，由 RGB 三基色转换而来。其中 L 表示图像的亮度，取值为 0~100；a 表示由绿色到红色的光谱变化，取值为-120~120；b 表示由蓝色到黄色的光谱变化，取值范围和 a 分量相同。

(4)灰度模式

灰度模式可以将图片转变成黑白相片的效果，它是图像处理中广泛运用的模式，采用 256 级不同浓度的灰度来描述图像，每一个像素都有 0~255 的亮度值。将彩色图像转换为灰度模式时，将删除所有的颜色信息。虽然 Photoshop 允许将灰度模式的图像再转换为彩色模式，但是原来已丢失的颜色信息不能再返回。

(5)位图模式

位图模式也称为黑白模式，使用黑、白双色来描述图像中的像素。黑白之间没有灰度过渡色，该类图像占用的内存空间非常少。当一幅彩色图像要转换成黑白模式时，不能直接转换，必须先将图像转换成灰度模式。

5. 了解文件格式

图像文件格式是指文件在计算机中表示和存储图像信息的格式。Photoshop 软件支持 20 多种文件格式，根据图像的不同应用，选取不同的文件格式非常重要。下文介绍几种常用图像文件格式的特点及其用途。

(1)PSD格式(*.psd)

PSD格式是Photoshop软件的默认格式，也是唯一支持所有图像模式的文件格式，可以分别保存图像中的图层、通道、辅助线和路径等信息。

PSD格式最大的特点就是支持宽度和高度最大为30万像素的文件，但是存储的图像文件特别大，占用磁盘空间较多。

(2)BMP格式(*.bmp)

BMP格式是DOS和Windows兼容的标准Windows图像格式。BMP格式支持1~24位颜色深度，使用的颜色模式有RGB、索引颜色、灰度和位图等，但不能保存Alpha通道。BMP格式的特点是包含的图像信息较丰富，几乎不对图像进行压缩，但占用磁盘空间大。

(3)TIFF格式(*.tif)

TIFF格式是一种通用的位图文件格式，几乎所有的绘画、图像编辑和页面版式应用程序均支持该文件格式。TIFF格式能够保存通道、图层、路径。

(4)JPEG格式(*.jpg)

JPEG格式是一种高压缩比、有损压缩真彩色的图像文件格式，其最大的特点是文件比较小，可以进行高倍率的压缩，因而在注重文件大小的领域应用广泛，如网络上绝大部分要求高颜色深度的图像都使用JPEG格式。JPEG格式支持RGB、CMYK和灰度颜色模式，但不支持Alpha通道。它主要用于图像预览和制作HTML网页。

(5)GIF格式(*.gif)

GIF格式也是一种非常通用的图像格式，由于最多只能保存256种颜色，且使用LZW压缩方式压缩文件，因此，GIF格式保存的文件非常小，不会占用太多的磁盘空间，适合Internet上的图片传输，GIF格式还可以保存动画。

(6)EPS格式(*.eps)

EPS格式可以说是一种通用的行业标准格式，可同时包含像素信息和矢量信息。除了多通道模式的图像外，其他模式都可以存储为EPS格式，但是它不支持Alpha通道。EPS格式可以支持剪贴路径，在排版软件中可以产生镂空或蒙版效果。

(7)PDF格式(*.pdf)

PDF格式是Adobe公司开发的用于Windows、macOS、UNIX和DOS系统的一种电子出版软件的文档格式，适用于不同平台。PDF文件可以包含矢量和位图图形，还可以包含导航和电子文档查找功能。

任务5-2 认识PhotoshopCC的工作界面

【任务描述】

本任务主要认识Photoshop CC的工作界面，包括菜单栏、工具选项栏、工具箱、浮动控制面板、图像窗口。

【任务实施】

启动Photoshop CC，进入Photoshop CC的工作界面，如图5-4所示。从图中可以看

图 5-4 Photoshop CC 工作界面

出，Photoshop CC 的工作界面主要由菜单栏、工具选项栏、工具箱、浮动控制面板和图像窗口组成。

1. 认识菜单栏

菜单栏位于工作界面最上方，包含 Photoshop CC 中的所有命令，由“文件”“编辑”“图像”“图层”“文字”“选择”“滤镜”“3D”“视图”“窗口”和“帮助”11 个菜单组成，菜单栏右侧有最小化、最大化和关闭工作窗口按钮，如图 5-5 所示。单击任意一个菜单项都会弹出其包含的命令。如果命令右侧有一个三角符号，则表示此命令包含有子命令，只要将鼠标指针移动到该命令上，即可打开其子命令菜单；如果在命令右侧有省略号“…”，则执行此命令时会弹出相关的对话框。Photoshop CC 中的绝大部分功能都可以利用菜单栏中的命令来实现，使用快捷键可以更快捷地执行 Photoshop 常用命令。

图 5-5 菜单栏

2. 认识工具选项栏

工具选项栏位于菜单栏的下方，在此可以完成 Photoshop 大部分工具的属性设置。在工具箱中选择不同工具后，工具选项栏会随着当前工具的改变而变化。例如，当前工具选择为“矩形选框工具”时，工具选项栏显示如图 5-6 所示。

图 5-6 工具选项栏

3. 认识工具箱

工具箱位于工作界面左侧，是工作界面中最重要的面板，它几乎可以完成图像处理过程中的所有操作。将光标移动到工具箱中的某工具按钮上，将会显示该工具的名称和快捷键，常用工具还会有使用方法的演示，如图 5-7(a)所示。工具箱中部分工具按钮右下角带有黑色小三角形标记，表示这是一个工具组，其中隐藏了多个工具，如图 5-7(b)所示。

(a)　　(b)

图 5-7　工具箱

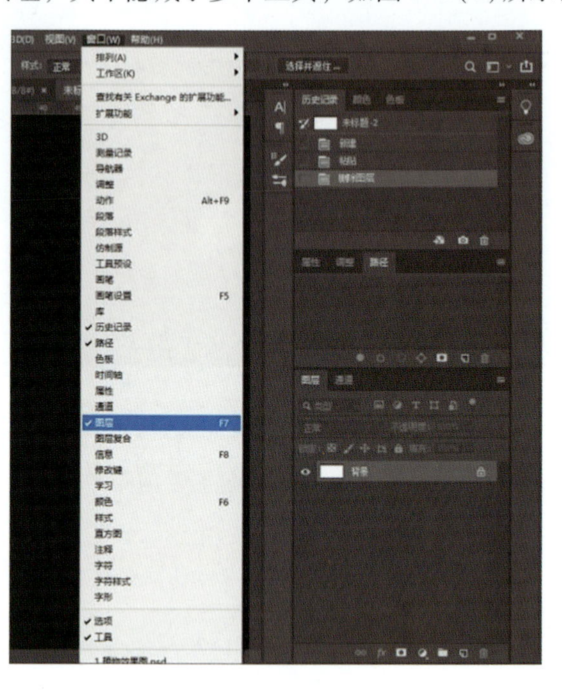

图 5-8　窗口菜单

4. 认识浮动控制面板

浮动控制面板一般位于工作界面右侧，使用时可以根据需要将其拖动到界面的其他位置。浮动控制面板有 20 多个，为了使操作窗口简洁明快，可以将不常用的控制面板暂时隐藏，只显示常用的控制面板。单击“窗口”菜单可选择显示与隐藏面板，如图 5-8 所示。

图 5-9　图像窗口

5. 认识图像窗口

图像窗口是 Photoshop 的主要绘图区域，通过新建文件或打开文件将图像显示在工作界面，如图 5-9 所示。

图像窗口上方为图像标题栏，显示图像文件名、图像格式、显示比例、色彩模式。将光标放在图像窗口标题栏，按鼠标左键向下拖动使其悬浮，此时可以对图像窗口进行缩放、移动、改变窗口图像大小等操作。

图像窗口下方为图像状态栏，显示图像文件的显示比例和文档信息。单击文档信息右侧的小箭头按钮，即弹出快捷菜单，可选择文档信息显示内容。

任务5-3 熟悉 Photoshop 图像文件基本操作

【任务描述】

文件是软件在计算机中的存储形式，目前大多数软件资源都是以文件的形式存储、管理和利用的。本任务主要学习 Photoshop 图像文件的基本操作，能够新建、打开、保存、关闭文件。

【任务实施】

1. 新建文件

启动 Photoshop 后，如果想要建立一个新的图像文件进行编辑，则选择“文件”→“新建”命令(快捷方式 Ctrl+N)，打开“新建文档”对话框，如图5-10所示。

图5-10 “新建文档”对话框

“新建文档”对话框由以下几部分内容组成：

①预设 “新建文档”上方有照片、打印、图稿和插图、Web、移动设备、胶片和视频等多项菜单内容，可选择相应菜单，并在左侧选择文档预设。

②名称 可输入新文件的名称。若不输入，Photoshop 默认的文件名为“未标题-1”，如连续新建多个，则文件名按顺序默认为“未标题-2”“未标题-3”，以此类推。

③宽度、高度 若不选用文档预设参数，可直接设置图像的宽度和高度，在其后面的下拉列表中选择需要的单位，单位有像素、厘米、毫米、英寸等。一般用于包装设计等用途的图像，常采用毫米为单位；进行软件界面设计时，一般采用像素为单位。

④分辨率　可设置新文件的分辨率。分辨率的大小根据图像的用途来确定。一般用于网页制作或软件的界面时，分辨率设置为 72 像素/英寸；用于印刷时，分辨率设置为 300 像素/英寸或更高的值；用于喷绘时，分辨率设置为 150 像素/英寸。

⑤颜色模式　可在其后面的下拉列表中选择新文件的色彩模式，包括位图、灰度、RGB 颜色、CMYK 颜色和 Lab 颜色等几种模式。

⑥背景内容　可在其后面的下拉列表中选择新文件的背景内容，包括白色、背景色和透明 3 种。

设置参数后，单击“创建”按钮，即可创建一个空白的图像文件。

2. 打开文件

选择“文件”→“打开”命令（快捷方式 Ctrl+O），打开如图 5-11 所示的“打开”对话框。在查找范围右边的下拉列表里选择要打开文件所在的路径，在显示的文件列表中选择要打开的文件名，单击“打开”按钮，即可打开图像文件。若文件较多，在文件列表中不易查找，可在列表下“文件名”后文本框中输入要打开文件的文件名，在文件类型内输入要打开文件的文件类型（如 PSD、JPG、BMP、TIF 等），单击“打开”按钮，打开图像文件。

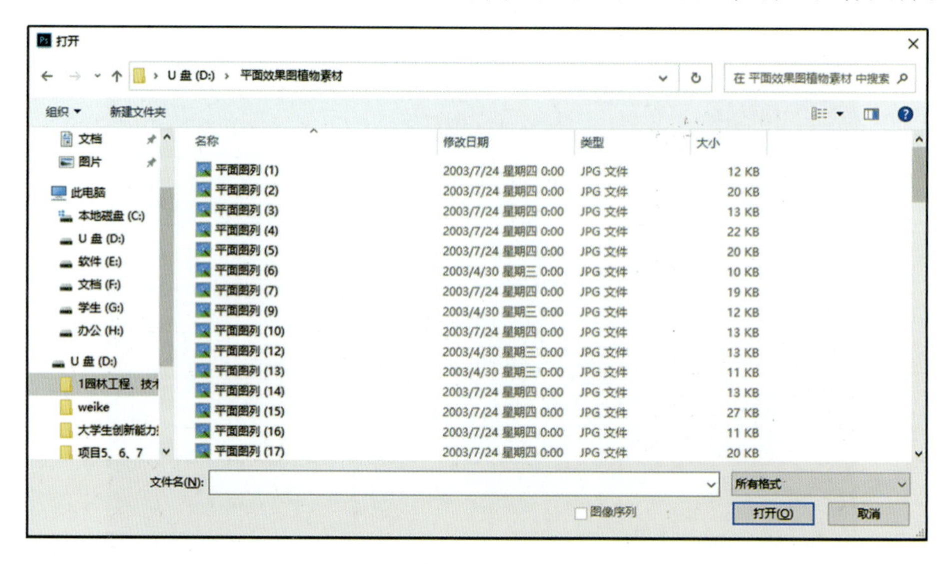

图 5-11　“打开”对话框

3. 保存文件

编辑好的图像文件需要保存起来，选择“文件”→“另存为”命令（快捷方式 Shift+Ctrl+S），打开“另存为”对话框，如图 5-12 所示。选择文件的保存路径、文件名和保存类型，单击“保存”按钮，即可保存文件。

4. 关闭文件

①选择“文件”→“关闭”命令（快捷方式 Ctrl+W），可关闭当前图像文件。

②单击图像窗口右上角的“×”按钮，可关闭当前图像文件。

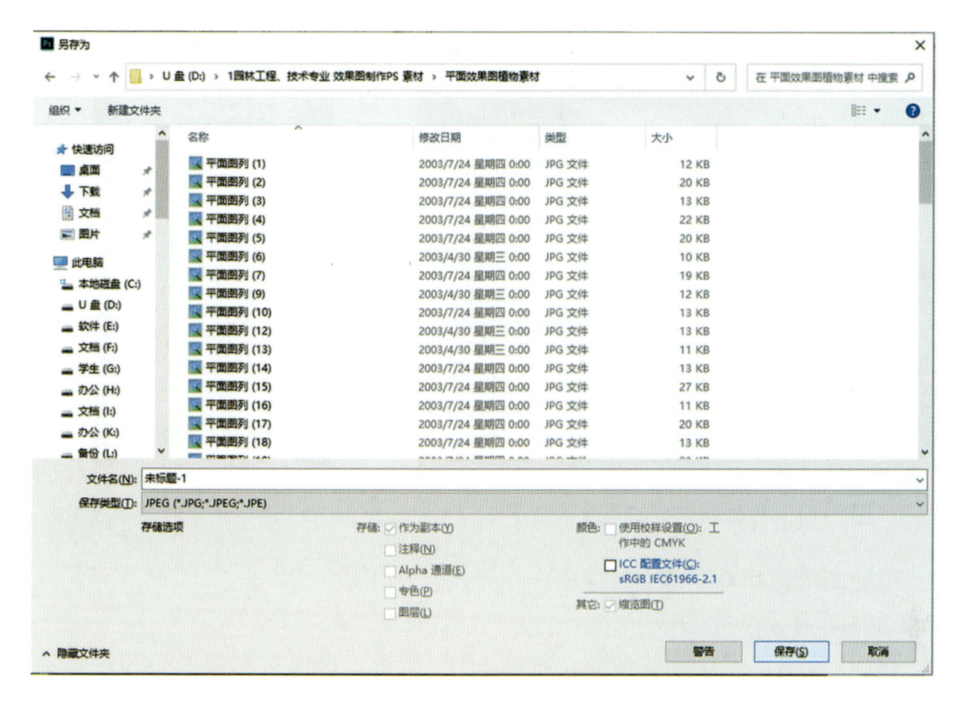

图 5-12 “另存为”对话框

任务 5-4 应用 Photoshop 基本工具

【任务描述】

掌握 Photoshop 基本工具的应用，能够更加简单、快捷、精确地描绘各种复杂图形，提高图形制作的效率。本任务主要进行图像显示、图像大小设置和辅助工具等具体操作。

【任务实施】

1. 图像显示

(1)通过状态栏缩放图像

当新建或打开一个图像时，该图像所在的窗口左下方数值框中便会显示当前图像的显示百分比，当改变该数值时，可以实现图像的缩放。

(2)通过导航器缩放图像

当新建或打开一个图像时，“导航器”面板便会显示当前图像的预览效果。在水平方向上拖动“导航器”面板中下方的滑块，即可实现图像的缩小与放大显示，如图 5-13 所示。

(3)通过缩放工具缩放图像

选择“缩放”工具，并将鼠标移动到图像窗口中，此时鼠标指针会呈放大镜显示状态，放大镜内部有一个“+”，单击鼠标左键，则图像以一定的比例放大，按住 Alt 键，放大镜内部有一个“-”，单击鼠标左键，则图像以一定的比例缩小；按鼠标左键在图像窗口拖动，会产生一个虚线矩形框，松开鼠标时，框内图像将被放大并充满屏幕；双击“缩放工

图 5-13 图像状态栏、导航器显示

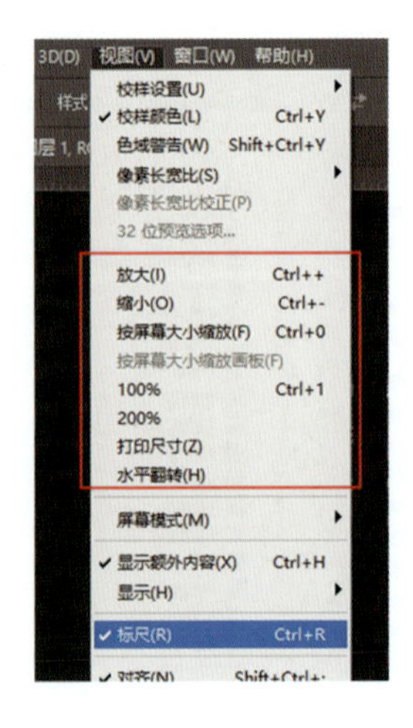

图 5-14 通过菜单命令缩放图像

具”按钮，可使图纸以 100%的比例显示。

（4）通过菜单命令缩放图像

选择“视图”菜单下图像缩放命令，如图 5-14 所示，也可对图像进行缩放显示。

2. 设置图像和画布大小

（1）设置图像大小

选择“图像”→“图像大小”命令（快捷方式 Alt+Ctrl+I），打开“图像大小”对话框，如图 5-15所示，可以查看或设置当前图像的大小。

“图像大小”对话框由以下几部分内容组成：

①图像大小　在其后显示该文件的图像大小参数。

②尺寸　显示图像的尺寸参数。单击右侧的下拉菜单，可以选择显示尺寸的单位。

③调整　默认为“原稿大小”。单击右侧的下拉菜单，可以选择多种固定尺寸。

④宽度和高度　在后面的数值框中可以设置图像的参数，并选择单位。

⑤分辨率　在后面的数值框中可以设置分辨率参数，并选择单位。

⑥重新采样　勾选该项时，可以分别改变宽度、高度和分辨率参数值；不选该项，在宽度、高度或分辨率数值框中修改一个参数时，另外两个参数将等比例变化。

（2）设置画布大小

图像画布大小是指当前图像周围工作空间的大小。选择“图像”→“画布大小”命令（快捷方式 Alt+Ctrl+C），打开“画布大小”对话框，如图 5-16 所示，可以查看或设置当前图像画布的大小。

①定位　在“定位”栏中单击箭头指示按钮，可以确定画布扩展方向，然后在“新建大小”栏中输入新的宽度和高度。

②画布扩展颜色　在“画布扩展颜色”下拉菜单中可以选择画布的扩展颜色，或者单击右方的颜色按钮，打开“拾色器（画布扩展颜色）对话框，在该对话框中可以设置画布的扩展颜色。

设置好画布大小和颜色后进行确定，即可修改画布的大小。

图 5-15 “图像大小”对话框

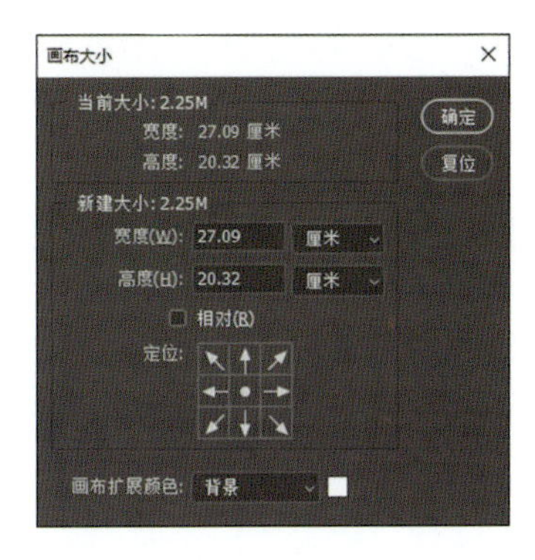

图 5-16 “画布大小”对话框

3. 使用辅助工具

(1)标尺

标尺显示在图像窗口的顶部和左侧，可以帮助用户精准地确定图像或元素的位置。选择“视图”→“标尺”命令(快捷方式 Ctrl+R)，可以在图像窗口显示或隐藏标尺，如图 5-17 所示。

在默认状态下，标尺原点位于左上角的(0，0)点。若想改变标尺的原点，可以将光标放在窗口左上角标尺的交叉点上，按着鼠标左键沿对角线向下拖动，此时会看到一组十字线，放开鼠标左键，十字线的交点就是标尺的新原点。若想将原点恢复到左上角，只需双击标尺的左上角。

(2)参考线

参考线是指浮动在图像上方的一些不会打印出来的线条，在构图时可提供精确的定位。用户可以使用“移动”工具任意移动和删除参考线，也可以锁定参考线以便不会无意中移动它们。

选择“视图”→“新建参考线”命令，打开“新建参考线”对话框，可以设置参考线的方向和位置，如图 5-18 所示，设置好参数，单击“确定”按钮，即可在图像中显示参考线。

图 5-17 标尺

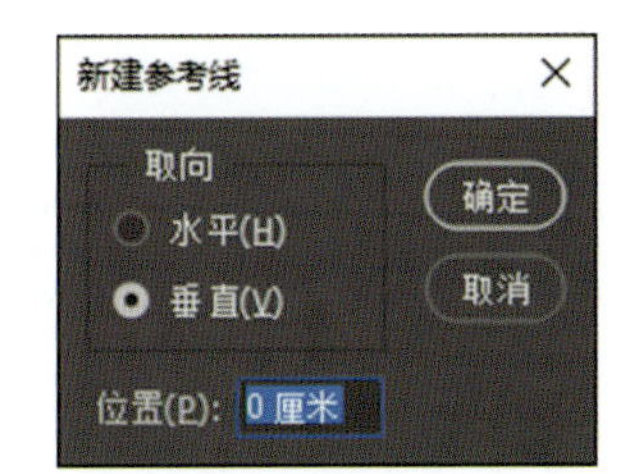

图 5-18 “新建参考线”对话框

将鼠标靠近标尺时，鼠标指针会变成一个空心箭头，此时按住鼠标左键，从水平标尺拖动可以创建水平参考线，从垂直标尺拖动可以创建垂直参考线。

选项“视图”→“清除参考线”命令，即可删除参考线。

4. 还原与重做

在编辑图像时难免会执行一些错误的操作，使用还原图像操作可以轻松回到原始状态，还可以通过该功能制作一些特殊效果。

(1)使用菜单命令

①选择“编辑”→“还原”命令，可以撤销最近一次进行的操作。

②选择“编辑”→“重做”命令，可以恢复被撤销的操作。

③选择“编辑”→“切换最终状态”命令，可以恢复到最后一步操作。

(2)使用“历史记录”面板

“历史记录”面板用来记录绘制图像时的操作步骤，面板中可以显示最近 20 条操作步骤。在绘制图像时若进行了误操作，或需要进行图像效果对比，可以直接单击历史记录面板中的操作步骤而恢复到该操作状态。选择“窗口”→“历史记录”命令，可打开“历史记录”面板。图 5-19 所示为正在编辑中图像文件的“历史记录”面板。

图 5-19 历史记录面板

项目 6

Photoshop 工具和命令

【知识目标】

(1)熟悉 Photoshop 常用工具的基本操作方法。

(2)熟悉 Photoshop 常用工具的快捷键。

(3)了解 Photoshop 色彩和色调的调整功能。

(4)了解滤镜的基本知识和应用。

【技能目标】

(1)能够熟练操作 Photoshop 常用工具。

(2)能运用 Photoshop 常用工具制作各种图像效果。

(3)能用色彩和色调调整命令做出高质量的图像。

(4)能使用滤镜制作特殊效果图像。

【素质目标】

(1)强调实践，培养创新意识。

(2)培养吃苦耐劳、精益求精的工匠精神。

任务 6-1　认识常用工具

【任务描述】

本任务主要认识 Photoshop 常用工具的使用方法和技巧，会使用选取工具、填充工具、绘图工具、修图工具、路径工具和文字工具。

【任务实施】

1. 认识选取工具

选框工具、套索工具、魔棒工具以及菜单中的选择颜色范围命令是最基本的选取工具，利用这些工具可以做简单的选取，组合使用可得到较复杂的选区。

(1) 创建选区

在 Photoshop 中创建选区可以根据选区的不同特点来选择相应的工具和命令。根据选择原理，大致可分为以下几种：通过形状选择；通过颜色选择；通过通道与蒙版编辑得到；通过图层和路径转换。

①通过形状选择创建选区　用选取工具直接创建选择区域，主要使用选框工具组和套索工具组的工具，如图 6-1 所示。选框工具组里的工具一般用来创建规则形状选区，如图 6-2 所示；套索工具组里的工具可以创建不规则形状的选区，如图 6-3 所示。

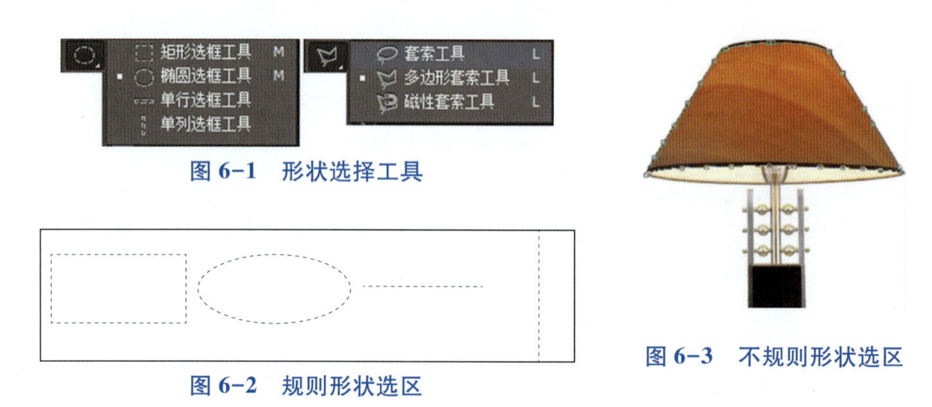

图 6-1　形状选择工具

图 6-2　规则形状选区

图 6-3　不规则形状选区

矩形选框工具：使用矩形选框工具，可在图像中创建形状为矩形的选区。单击工具箱中的"矩形选框工具"，在图像窗口按下鼠标左键并拖动即可创建矩形选区。

矩形选框工具选项栏如图 6-4 所示，其各选项介绍如下：

图 6-4　矩形选框工具选项栏

· 新选区：单击此图标，选区处于正常的工作状态。此时只能在图像上建立一个选区，建立第二个选区时，第一个选区将自动消失。

· 添加到选区：单击此图标，选区处于相加的状态。此时可以在图像中原有选区的基础上添加新的选区，形成更广的选择范围。

·从选区减去：单击此图标，选区处于相减的状态。此时可以在图像中原有选区的基础上减去新的选区。

·与选区交叉：单击此图标，选区处于相交的工作状态。此时，可创建原有选区和新选区的相交部分。

·羽化：在该文本框中输入数值，可柔化选区边缘，产生渐变过渡的效果。其取值为 0~250。数值越大，羽化效果越明显。如图 6-5 所示为选区设置不同羽化值的效果。

图 6-5　不同羽化值的效果

·消除锯齿：选中该复选框可除去边缘的锯齿，使选区边缘更加平滑。该选项在使用矩形选框工具时为灰色，不可用。

·样式：单击下拉列表有 3 个选项，各项意义如下：

——正常：系统的默认项，可以制作任意形状的矩形选区。

——固定比例：选取此项时，选区的长宽比将被固定。

——固定大小：选取此项时，只能以固定大小的长宽值选取范围。

在使用矩形选框工具的同时按住 Shift 键，可以创建正方形选区；按住 Alt 键，可以创建以单击点为中心的矩形选区；按住 Shift+Alt 组合键，可以创建以单击点为中心的正方形选区。

椭圆选框工具：使用椭圆选框工具，可在图像中创建形状为椭圆形的选区。单击工具箱中的“椭圆选框工具”，在图像窗口按下鼠标左键并拖动即可创建椭圆选区。

椭圆选框工具选项栏如图 6-6 所示。椭圆选框工具选项栏的各选项与矩形选框工具的基本相同。椭圆选区的宽度和高度分别为椭圆的长轴和短轴。

图 6-6　椭圆选框工具选项栏

在使用椭圆选框工具的同时按住 Shift 键，可以创建正圆形选区；按住 Alt 键，可以创建以单击点为中心的椭圆选区；按住 Shift+Alt 组合键，可以创建以单击点为中心的正圆形选区。

单行选框工具和单列选框工具：使用单行选框工具，可以在图像中创建高度为一个像素、宽度为文件宽度的选区；使用单列选框工具，可以在图像中创建宽度为一个像素、高度为文件高度的选区。

套索工具：使用套索工具，可以在图像中创建任意曲边的自由选区。单击工具箱中的“套索工具”，在图像窗口中按下鼠标左键，并拖动鼠标，即可创建曲边选区。

多边形套索工具：使用“多边形套索工具”可创建多边形选区，单击工具箱中的“多边形套索工具”，在图像中单击设置起点，再次单击即可创建一条直线段，继续单击，可以创建一系列直线段，最后回到起点位置，此时光标右下角有一个小圆圈，单击即可闭合选区。

磁性套索工具：使用磁性套索工具，可以通过颜色进行选取，因为它可以自动根据颜色的反差来确定选区的边缘，使选区边缘紧贴图像中已定义区域的边缘。磁性套索工具特别适用于快速选择边缘与背景有强烈对比的对象。

②通过颜色选择创建选区　通过颜色创建选区主要运用魔棒工具和色彩范围命令，是根据颜色的反差来确定选区的，选择的选区是和取样点颜色相近的区域。这种选择方式适用于颜色比较单一的图像范围的选取。

魔棒工具：使用“魔棒工具”，可以根据指定的容差值，选择色彩一致的选区。单击工具箱中的“魔棒工具”，其工具选项栏如图 6-7 所示，其各选项介绍如下：

取样大小：取样点　容差：32　消除锯齿　连续　对所有图层取样　选择主体　选择并遮住...

图 6-7　魔棒工具选项栏

·容差：可以设置选定颜色的范围，其取值在 0～255。数值越大，颜色选取范围越广。

·连续：选中此复选框，选取时只选择与单击点位置相邻且颜色相近的区域；不选则选择图像中所有与单击点颜色相近的区域，而不管这些区域是否相连，如图 6-8 所示。

不选“连续的”

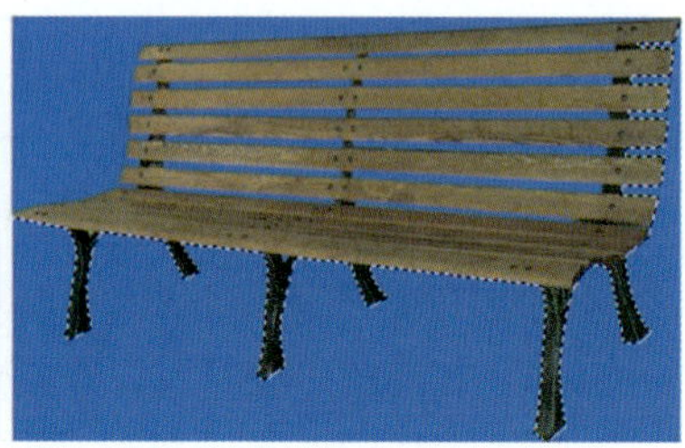

选中“连续的”

图 6-8　使用魔棒工具选项

·用于所有图层：选中此复选框，选取时对所有图层起作用；不选则选取时只对当前图层起作用。

“色彩范围”命令：可以通过在图像窗口中指定颜色来定义选区，并可以通过指定其他颜色来增加或减少选区。选择“菜单”→“色彩范围”命令，打开“色彩范围”对话框，如图 6-9 所示。

其各选项介绍如下：

·选择：单击此选项，将打开一个下拉列表，可以从中选择制作方式。在默认情况下，系统是根据取样点颜色进行选择的。当光标被移至图像窗口或预览窗口指定取样点时，光标将变成吸管形状。同时，在这种情况下，可以通过改变“颜色容差”的滑块来调整颜色选区。

·颜色容差：指定用于选区颜色的范围。

·选择范围和图像：指定对话框预览图中的图像显示方式，“选择范围”只能预览要创建的选区；“图像”可以预览整个图像。

·选区预览：指定图像窗口中图像选择预览方式。在默认的情况下，其设置为“无”，表示不在图像窗口选择效果。若选择“灰度”“黑色杂边”或“白色杂边”，则是表示以灰色调、黑色或白色显示未选区域。

·载入和存储：用来装载和保存“色彩范围”对话框的设置。

·吸管工具：单击不同的吸管工具可以确定选区增减的方式。表示直接创建与单击点颜色相近的选区；表示在当前已有选区的基础上添加选区；表示在当前已有选区的基础上减少选区。

·反相：可以反选选择区域，相当于执行“反选”命令。

③通过通道与蒙版编辑创建选区　通道和蒙版是通过灰阶图像选取图像范围的。在通道和蒙版编辑方式下，可以使用画笔、橡皮擦等工具及滤镜命令来编辑选区。

④通过图层和路径转换创建选区　图层的选区和路径可以相互转换。在图像中创建的选区可以通过转换成路径的方式进行保存，以便再次使用。选区转换成路径后可以使用钢笔工具进行编辑，进一步调节各节点的位置和曲度。

（2）编辑选区

创建选区后，有时需要对选区进行修改或调整，如对选区进行移动、增减、羽化、扩大、变换等编辑，从而达到理想的效果。编辑选区的命令大多在“选择”菜单，如图 6-10 所示。

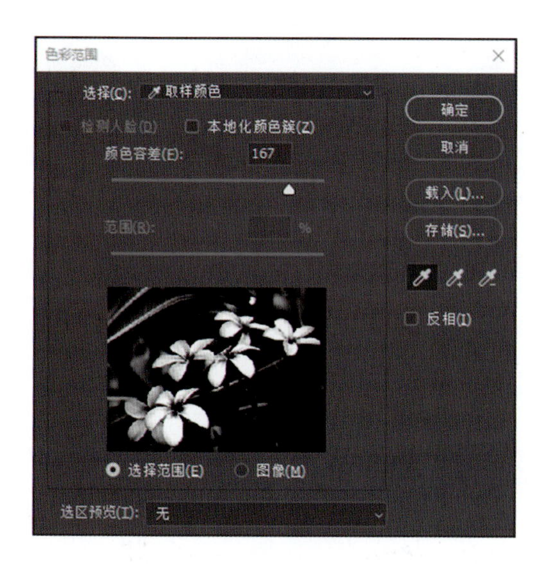

图 6-9　“色彩范围”对话框

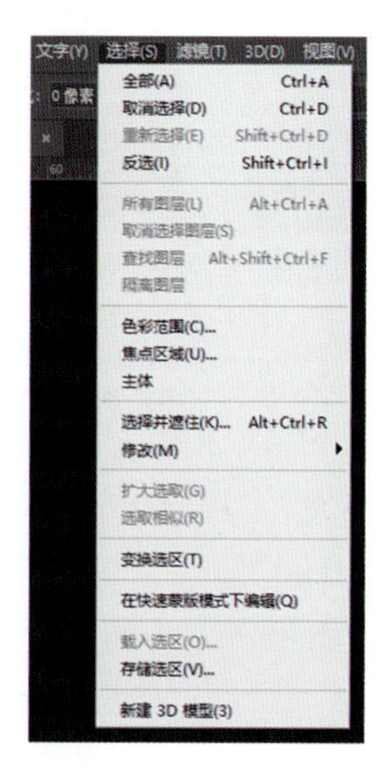

图 6-10　编辑菜单命令

①移动选区　当前工具为任意创建选区工具时，建立选区后将光标移动到选区内，按下鼠标左键并拖动鼠标，可以移动选区。移动选区可以在同一个图像窗口操作，也可以在不同图像窗口操作。

对选区进行微小距离移动时，可单击键盘上的↑、↓、←、→键，每按一次可以将选区移动一个像素的距离；按住 Shift 键单击键盘上的↑、↓、←、→键，每按一次，可以将选区移动 10 个像素的距离。

②变换选区　使用“变换选区”，可以对图像中的选区做形状变换，如旋转选区、收缩选区、放大选区、移动选区等。

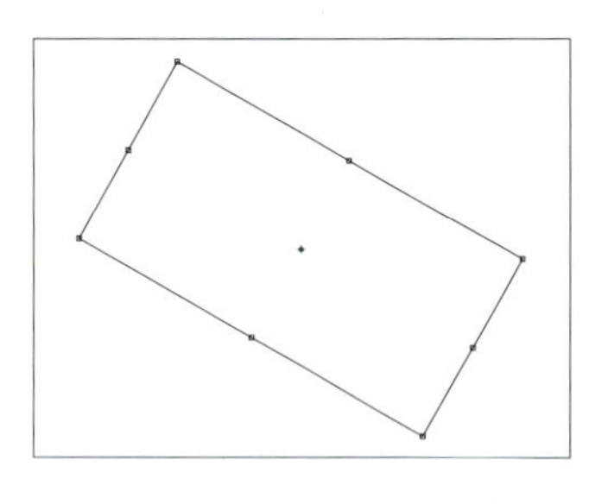

图 6-11　使用变换选区命令

选择“选择”→“变换选区”命令，选区的边框会有 8 个小方块，点击小方块并移动，可以缩小或放大选区；当光标在选区外靠近小方块顶角时，可以旋转选区；当光标在选区内时，可以移动选区。如图 6-11 所示为选区旋转效果。

③修改选区　“选择”菜单提供了修改子菜单，包括 5 个子命令：边界、平滑、扩展、收缩和羽化。主要用来修改选区的边缘，直到选区达到理想状态。图 6-12 所示为图像修改选区后效果。

边界：使用“边界”命令可以做出原选区扩边的选择区域，即给原选区加框。

平滑：使用“平滑”命令可以通过增加或减少边缘像素，使选区的边缘达到平滑的效果。

扩展：使用“扩展”命令可以将选区按所设置像素向外扩大。

收缩：使用“收缩”命令可以将选区按所设置像素向内收缩。

羽化：使用“羽化”选区命令，同使用选取工具属性栏的羽化一样，可以使选区的边缘产生模糊效果。

使用“边界”命令后效果

使用“平滑”命令后效果

使用“扩展”命令后效果

使用“收缩”命令后效果

图 6-12　修改选区后效果

④扩大选取和选取相似　“扩大选取”命令可以将图像中与选区内色彩相近且连续的区域增加到原选区中；“选取相似”命令，可以将图像中与选区内色彩相近但不连续的区域增加到原选区中，效果如图 6-13 所示。

原选区

使用“扩大选取”后的选区

使用“选取相似”后的选区

图 6-13　扩大选取和选取相似效果

⑤反选选区　“反选”菜单命令可以将选择区域和非选择区域进行相互转换，通常用于选择一部分内容复杂而另一部分简单的图像的选取。如图 6-14 所示，先选取红色玫瑰花，再选择“选择”→“反向”命令，选择玫瑰花外选区。“反向”命令快捷方式为 Ctrl+Shift+I。

新创建选区

使用“反向”命令后效果

图 6-14　反向选区效果

⑥全部选择和取消选择

全部选择：可以将图像的全部作为选择区域。“全部选择”命令快捷方式为 Ctrl+A。

取消选择：可以取消当前选区。“取消选择”命令快捷方式为 Ctrl+D。

2. 认识填充工具

填充工具包括渐变工具和油漆桶工具，可以为图像填充颜色和图案，也可以使用“填充”菜单命令进行操作。

(1)油漆桶工具

油漆桶工具可以根据图像的颜色容差填充颜色或图案。选择“油漆桶工具”，在图中单击即可填充颜色或图案，其工具选项栏如图 6-15 所示。

图 6-15　油漆桶工具选项栏

①填充内容　设置填充的方式，如使用前景色填充或使用图案填充。

②模式　设置填充区域的颜色混合模式。

③不透明度　设置所填充区域的透明度。数值越大，图像越不透明；反之越透明。

④容差　设置填充的范围。容差值越大，填充的范围越大。

⑤消除锯齿　选中该复选框，可以使填充区域的边缘更光滑。

(2)渐变工具

渐变工具是绘制两种或多种颜色间的过渡效果。选择“渐变工具”，点击鼠标左键并拖动，至另一点松开鼠标，即可绘制渐变效果，其工具选项栏如图 6-16 所示。

图 6-16　渐变工具选项栏

图 6-17 渐变编辑器

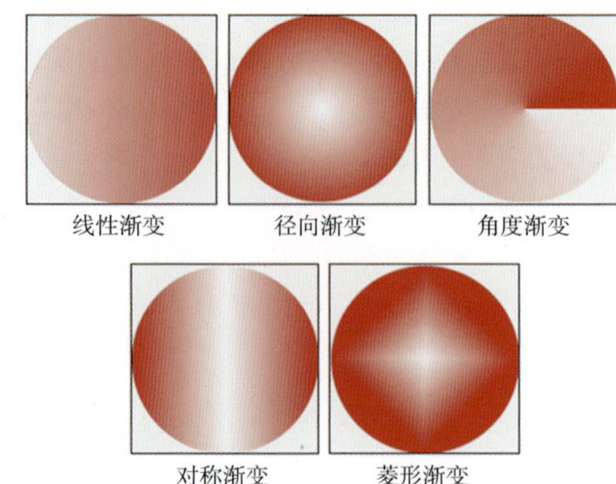

图 6-18 渐变类型

①渐变样本条　显示当前渐变样式，单击该样本条，可以打开“渐变编辑器”对话框，如图 6-17 所示。单击渐变样本条右旁的三角按钮，可以打开弹出式调板。在渐变编辑器中可以设置填充所需要的各种过渡模式，还可以载入其他的渐变填充数据库。

②渐变类型选项　Photoshop 提供了线性渐变、径向渐变、角度渐变、对称渐变和菱形渐变 5 种渐变类型，如图 6-18 所示。

③反向　选择此选项，用来反转将要填充的色彩渐变顺序。

④仿色　选择此选项，模仿颜色的方法完成平滑的渐变过程，从而减少渐变过程使用的颜色数量。

⑤透明区域　选择此选项，才能使渐变设置中的不透明度变化产生效果。

(3)“填充”菜单命令

选择“编辑”→“填充”命令，打开如图 6-19 所示的“填充”对话框。可以选择使用“前景色”“背景色”及“图案”等填充方式，同时可以设置填充的模式和不透明度。

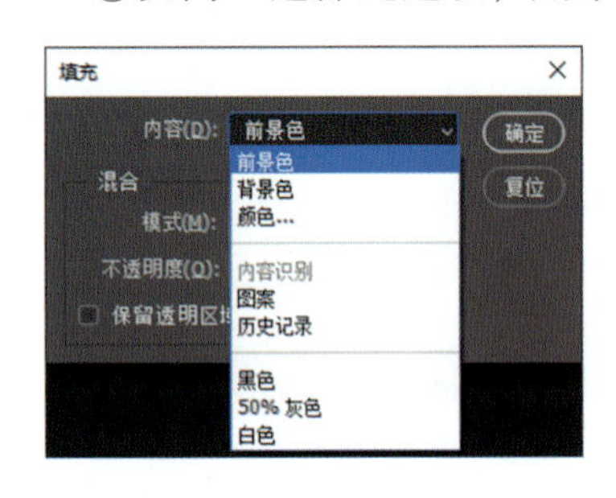

图 6-19 “填充”对话框

3. 认识绘图工具

(1)画笔工具

画笔工具是 Photoshop 中最重要的绘图工具，它可以创建较柔的笔触，与现实中的画笔非常相似。选择“画笔工具”，按住鼠标左键拖动即可绘制图案，不做任何设置时，画笔绘制图案颜色为前景色。

①画笔工具选项栏　使用画笔工具绘制图像，可以通过各种方式设置画笔的大小、样式、模式、透明度、硬度等，这些可以在其对应的工具选项栏设置参数，如图 6-20 所示。

画笔工具选项栏介绍如下：

画笔：用于选择画笔样式和设置画笔的大小。

模式: 正常　不透明度: 100%　流量: 100%　平滑: 0%

图 6-20 画笔工具选项栏

切换画笔设置面板：单击该按钮，会弹出画笔面板。

模式：用于设置画笔工具对当前图像中像素的作用形式，即当前使用的绘图颜色与原有底色之间进行混合的模式。

不透明度：用于设置画笔颜色的不透明度，数值越大，不透明度就越高。

流量：用于设置画笔工具的压力大小，百分比越大，则画笔笔触就越浓。

启用喷枪模式：单击该按钮，画笔工具会以喷枪的效果进行绘图。

平滑：设置描边平滑度，使用较高的值以减少描边抖动。

②“画笔设置”面板　画笔工作选项栏中只能进行一些基本设置，而“画笔设置”面板则能设置更详细的参数，如形状动态、颜色动态等。选择“窗口”→“画笔设置”命令，即可调出“画笔设置”面板，如图 6-21 所示。直接按 F5 键或单击画笔工具选项栏中的“切换画笔设置面板”按钮也可以调出“画笔设置”面板。

画笔设置面板各项介绍如下：

画笔笔尖形状：用于设置画笔的直径、角度和间距。

形状动态：用于设置画笔形状的动态变化。通过该选项可以对画笔的大小、最小直径、角度、圆度等与形状相关的属性进行动态调整。

散布：用于设置画笔分布的数目和位置。数值越大则画笔笔迹的分散度越大。

纹理：用于指定画笔的材质特性，纹理的颜色由前景色决定。

双重画笔：由两个笔尖来创建的画笔的笔迹，可以分别设置主要笔尖和次要笔尖的选项。

颜色动态：用来控制画笔在绘制过程中颜色的变化方式，画笔的颜色是由前景色和背景色决定的。

③画笔应用　新建一个文件，选择“文件”→“新建”命令，在打开的对话框设置参数，如图 6-22 所示，单击“创建”。

设置前景色为白色（RGB：255，255，255），背景色为蓝色（RGB：183，252，253），按 Ctrl+Delete 组合键填充背景色。

选择“画笔工具”，按 F5 键调出画笔设置面板，设置画笔属性，如图 6-23 所示。

图 6-21　“画笔设置”面板

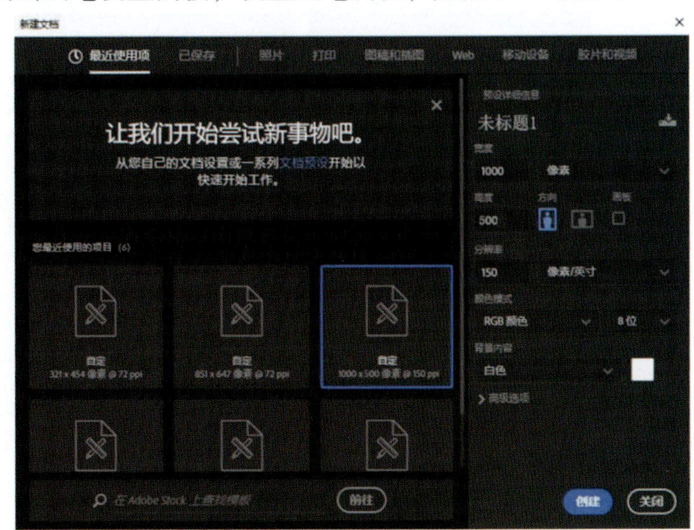

图 6-22　新建文件对话框

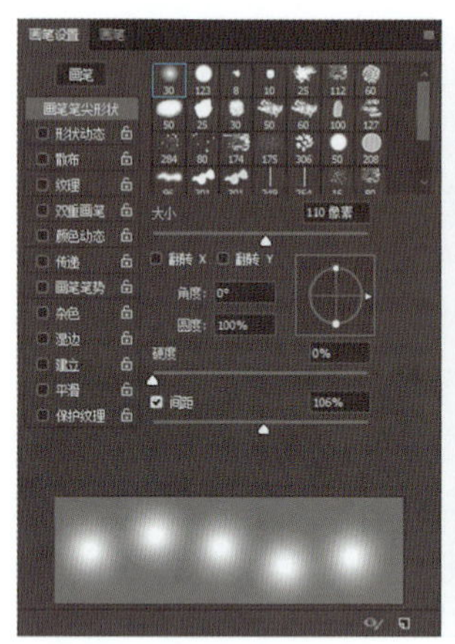
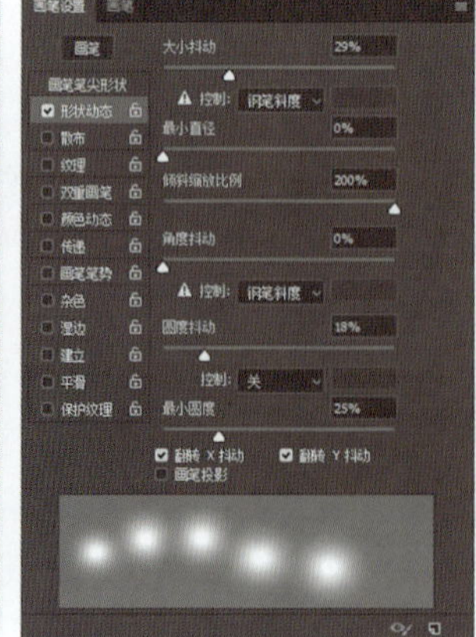
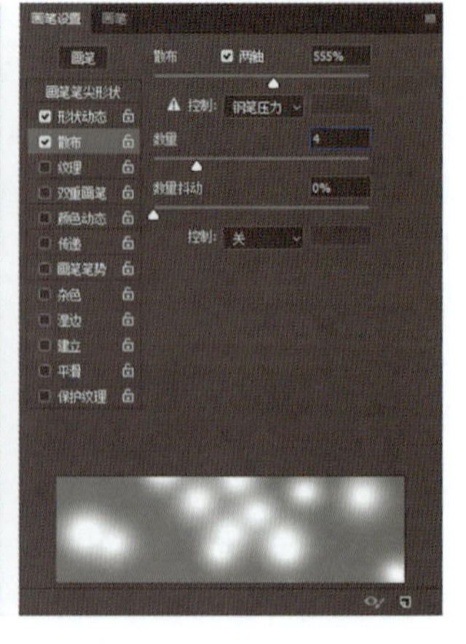

图 6-23 设置画笔属性

图 6-24 应用画笔效果

按住鼠标左键在图中拖动，得到如图 6-24 所示效果。

设置前景色为红色（RGB：255，0，0），背景色为绿色（RGB：0，255，0）。再次设置画笔属性，如图 6-25 所示。

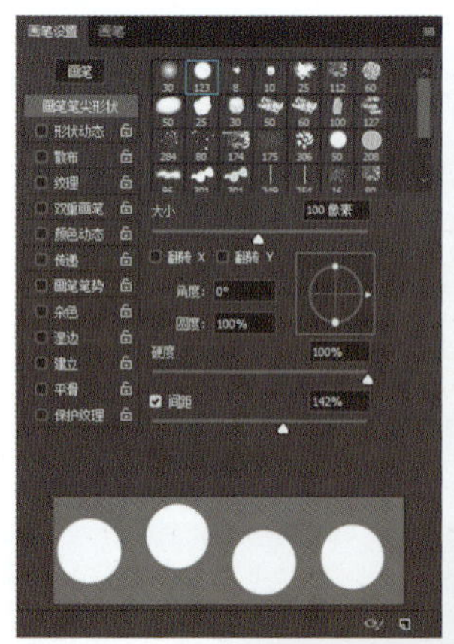
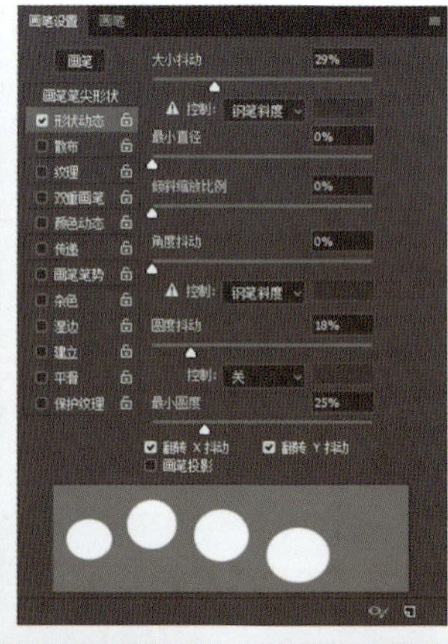
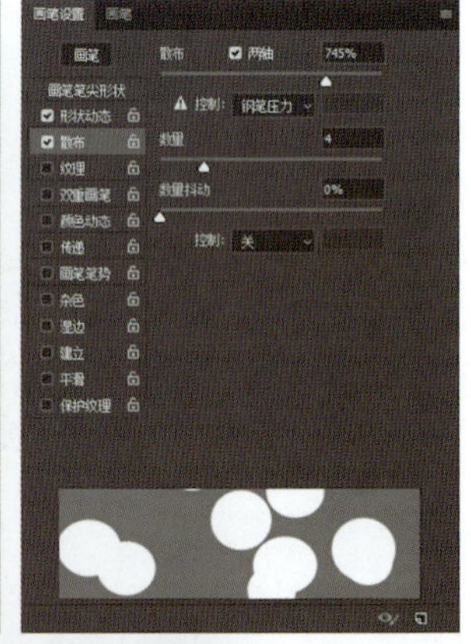
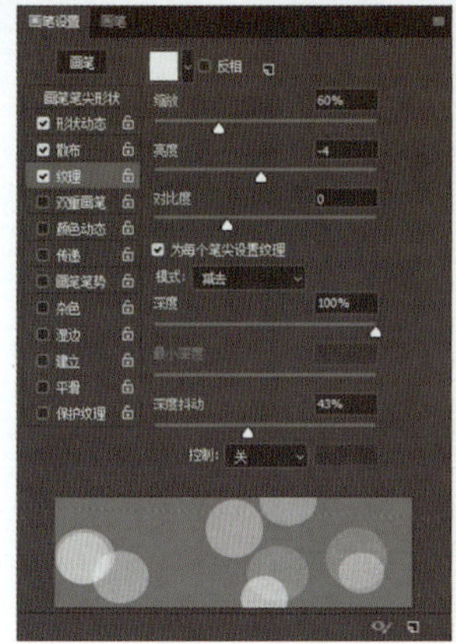

图 6-25 设置画笔属性

按住鼠标左键在图中拖动，得到如图 6-26 所示效果。

(2) 铅笔工具

铅笔工具，如生活中的铅笔绘图一样，可以绘制一种硬性的边缘线。铅笔工具选项栏如图 6-27 所示。除“自动抹除”勾选项，铅笔工具与画笔工具的操作和设置方法基本相同。

图 6-26　应用画笔效果

图 6-27　铅笔工具选项栏

若勾选自动抹除选项，铅笔会根据落笔点的颜色来改变绘制的颜色。如果落笔点的颜色为工具箱中的前景色，那么铅笔工具将以工具箱中的背景色进行绘制；如果落笔点的颜色为工具箱中的背景色，那么铅笔工具将以工具箱中的前景色进行绘制。

4. 认识修图工具

Photoshop 具有强大的图像修复与装饰功能。掌握图像修饰工具可以绘制编辑出各种各样的图形和图案，能够把图片修饰得更加完美。修图工具包括图章工具组、修复工具组、橡皮擦工具组、修饰图像效果和色彩工具组。

(1) 图章工具组

①仿制图章工具　仿制图章工具可以在一幅图像中取样，然后将样本复制到图像的其他部分或其他的图像中。定义取样点的方法是按住 Alt 键，在图像某一处单击鼠标左键取样，然后将光标放在需要修复的位置按下鼠标左键涂抹，从而达到复制效果。仿制图章工具选项栏如图 6-28 所示。

图 6-28　仿制图章工具选项栏

对齐：选择该项，每次单击左键绘制，都会自动重新设置取样点，使各次绘制能组成一个完整的图像。不选择该项，使用仿制图章绘制时，每次单击左键绘制，都是从定义的取样点开始复制。

样本取样：可以选择仅对当前层取样、对当前层和下方图层取样，以及对所有图层进行取样。

②图案图章工具　图案图章工具可以将 Photoshop 提供的图案或自定义的图案应用到图像中，选择图案图章工具，在图案拾色器中选择图案样式，在图像中拖动鼠标进行绘制即可。图案图章工具选项栏如图 6-29 所示。

图 6-29　图案图章工具选项栏

（2）修复工具组

①污点修复画笔工具　可以移去图像中的污点。它能拾取图像中某一点的图像，将该图像覆盖到需要应用的位置。在修复图像时，选择污点修复画笔工具，按鼠标左键直接在修复点拖动即可。污点修复画笔工具不需要指定基准点，它能自动从所修饰区域的周围进行像素的取样。污点修复画笔工具选项栏如图 6-30 所示。

图 6-30　污点修复画笔工具选项栏

②修复画笔工具　与污点修复画笔工具相似，主要用于修复图像中的瑕疵。使用修复画笔工具可以利用图像或图形中的样本像素来绘画。使用方法与仿制图章工具相同，按住 Alt 键在图像某一处单击鼠标左键取样，然后将光标放在需要修复的位置按下鼠标左键涂抹。它可以将样本像素的纹理、光照、透明度和阴影与所修复的像素进行匹配，使修复后的像素自然地融入图形图像。修复画笔工具选项栏如图 6-31 所示。

图 6-31　修复画笔工具选项栏

③修补工具　是一种很实用的修复工具，其使用方法和作用与修复画笔工具相似，不同之处是修补工具必须建立选区，在选区范围内修补图像。选择修补工具，其选项栏如图 6-32所示。选中“源”选项，按住鼠标左键并拖动，在需要修复的区域建立选区，将光标放到选区内，按住鼠标左键将选区拖动到选择的目标图案处即可完成修复。

图 6-32　修补工具选项栏

（3）橡皮擦工具组

使用橡皮擦工具组中的工具可以方便地擦除图像中的局部图像。橡皮擦工具组中包括橡皮擦工具、背景橡皮擦工具和魔术橡皮擦工具。

①橡皮擦工具　主要用来擦除当前图层中的图像内容。选择橡皮擦工具，在图像中拖动鼠标，可根据画笔形状对图像进行擦除。当作用于普通图层时，擦除后区域为透明；当作用于背景层时，相当于使用背景颜色的画笔。

②背景橡皮擦工具　可以在拖动时将图层上的像素抹成透明，从而在抹除背景的同时在前景中保留对象的边缘。通过指定不同的取样和容差选项，可以控制透明度的范围和边界的锐化程度。

③魔术橡皮擦工具　是一种根据像素颜色来擦除图像的工具，用魔术橡皮擦工具在图层中单击时，所有相似的颜色区域被擦掉而变成透明的区域。

（4）修饰图像效果和色彩工具组

①模糊工具　可以使图像变得柔和、模糊，能使参差不齐的两幅图的边界糅合，特别适用于处理植物的阴影或曲路的边缘等。在其工具选项栏中可以调整画笔的大小、强度、

模糊的模式等。

②锐化工具　可以增加图像的对比度、亮度，使图像看起来更清晰。在其工具选项栏中可设置强度，强度值越大，锐化的效果越明显。

③涂抹工具　按住鼠标左键在图像中移动，能够在画笔经过的路线上形成连续的模糊带，涂抹的大小、软硬程度等参数可以通过工具选项栏设置。

④减淡工具　可以使图像的颜色变淡、增加明亮度，将图像的细节显现出来。用减淡工具可以处理草坪、马路或水面的明暗变化。

⑤加深工具　可以使图像的颜色加深，处理物体背光效果等。

⑥海绵工具　可以像海绵一样吸附色彩或者增添色彩，使图像的色彩减淡或者加深。需要增加颜色浓度时，在工具选项栏的“模式”中选择“加色”；反之选择“去色”。

5. 认识路径工具

路径在 Photoshop 中是一段闭合或者开放的曲线段，主要由钢笔工具和形状工具绘制而成，它与选区一样本身是没有颜色和宽度的，不会被打印出来。路径包括闭合路径和开放路径，闭合路径没有明显的起点和终点，如图 6-33 所示；开放路径则有明显的起点和终点，如图 6-34 所示。

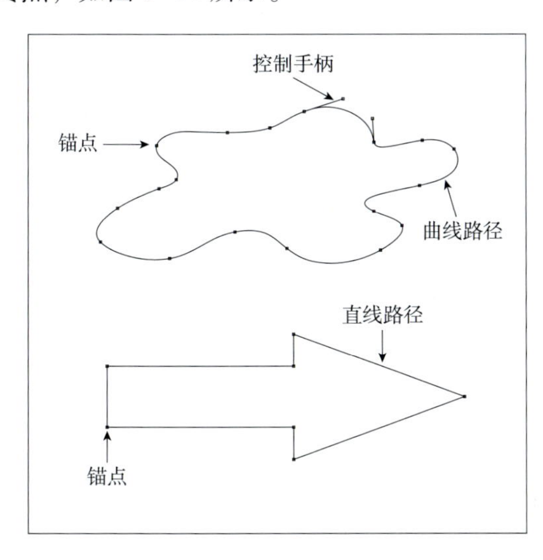

图 6-33　闭合路径

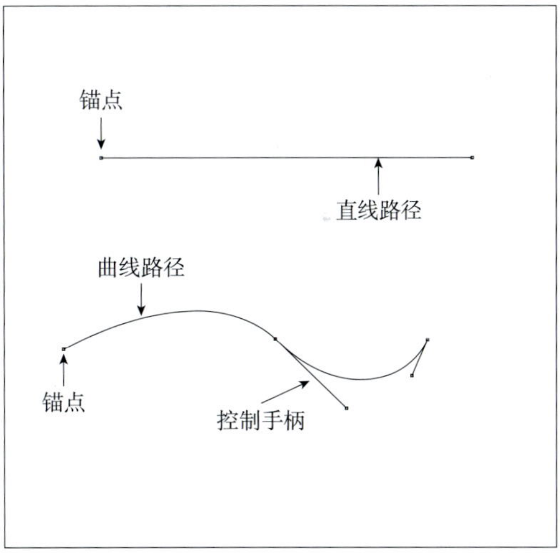

锚点
直线路径
曲线路径
锚点
控制手柄

图 6-34　开放路径

(1) 钢笔工具

钢笔工具是绘制路径的重要工具，使用它可以绘制直线路径和曲线路径。选择钢笔工具，在图像窗口不同位置直接单击鼠标左键，可以创建直线路径；按住鼠标左键拖拽，可以产生控制手柄，创建曲线路径，如图 6-33 和图 6-34 所示。

①路径的组成　路径由锚点、控制手柄和线段组成。

锚点：锚点由小方格表示，分别在路径中每条线段的两个端点，小方格表示当前选择的定位点。定位点有平滑点和拐点两种，平滑点是平滑连接两条线段的定位点；拐点是非平滑连接两条线段的定位点。

控制手柄：选择一个锚点后，会在该锚点上显示 1~2 条控制手柄，拖动控制手柄一端的小圆点就可以调整与之关联的线段的形状和曲率。

线段：由多条线段依次连接而成的一条路径。

绘制开放路径，可在未闭合路径前按住 Ctrl 键，在任意位置单击鼠标，同时将钢笔工具转换成直接选择工具；当鼠标指针回到绘制的起始点时，其右下角会出现一个圆形标记，此时单击鼠标，即可绘制闭合路径。按住 Shift 键创建锚点时，可以创建 45°或其倍数的路径。按住 Alt 键，把钢笔工具移动到锚点上时，暂时由钢笔工具转换成转换点工具。

②钢笔工具选项栏　钢笔工具选项栏如图 6-35 所示。

路径　建立：选区…　蒙版　形状　自动添加/删除　对齐边缘

图 6-35　钢笔工具选项栏

形状、路径和像素：在该下拉列表中有 3 种选项，它们分别用于创建形状图层、工作路径和填充区域，选择不同的选项，选项栏中将显示相应的选项内容。

建立：可以使路径与选区、蒙版和形状间的转换更加方便、快捷。

绘制模式：用于编辑路径，包括形状的合并、重叠、对齐方式以及前后顺序等。

自动添加/删除：该复选框用于设置是否自动添加/删除锚点。

(2) 自由钢笔工具

自由钢笔工具可以随意绘图，就像用铅笔在纸上绘图一样，绘图时将自由添加锚点，绘制路径时无需确定锚点位置。一般用于绘制不规则路径，其工作原理与磁性套索工具相同，它们的区别在于前者是建立选区，后者是建立路径。

(3) 添加锚点工具

添加锚点工具主要用于在路径上添加新的锚点。该工具可以在已建立的路径上根据需要添加新的锚点，以便更精确地设置图形的轮廓。

选择添加锚点工具，将光标移动到现有路径上，当鼠标指针右下角出现“+”时，单击路径，则可添加新锚点。

(4) 删除锚点工具

删除锚点工具用于删除路径上已经存在的锚点，选择删除锚点工具，将光标移动到现有路径的锚点上，当鼠标指针右下角出现“-”时，单击锚点，则可删除该锚点。

(5) 转换点工具

转换点工具可以转换锚点类型，使路径在曲线和直线之间相互转换。按住 Alt 键，可以将钢笔工具转换为转换点工具。

选择转换点工具，单击或拖拽锚点，可以将其转换为直线锚点或曲线锚点，拖拽锚点上的控制手柄可以改变曲线的弧度。

6. 认识文字工具

(1) 文字工具

使用文字工具可以在图像中输入点文字和段落文字。

文字工具选项栏如图 6-36 所示，可以设置文字字体、样式、大小、对齐方式等。

①创建文字　选择文字工具可以在图像中的任何位置创建横排文字或直排文字。文字

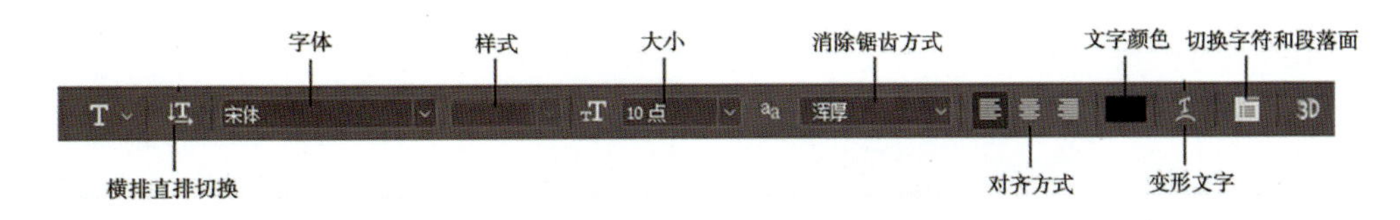

图 6-36 文字工具选项栏

有点文字和段落文字两种。在园林效果图制作过程中，标注景点名称和图例时适合用点文字，而在文本段落的制作与排版中，适合用段落文字。

点文字：在图中单击，这时光标闪烁，即可输入文字。用这种方式输入文字不能自动换行，在需要换行时要按 Enter 键。

段落文字：在图中按住鼠标左键拖拉出一个文本框，即可输入文字。用这种方式输入的文字会根据文本框的大小自动换行，需要时可以对文本框进行调整大小、旋转或拉伸的操作。输入的文字将自动生成一个新的文字图层。

②文字图层的编辑和栅格化　创建文字图层后，如要对其进行再编辑，可先选择文字工具，然后在源文本设置插入点或选择要编辑的字符进行再编辑，编辑后提交对文字图层的修改。

一些命令和工具(如绘图工具、滤镜命令等)不适用于文字图层，若要应用必须在应用命令或使用工具之前进行栅格化。栅格化将文字图层转换为普通图层后，源文本将不可再编辑。

(2)文字蒙版工具

文字蒙版工具和文字工具使用方法相似，但它不能产生真正的文字，而是在图层中创建了一个文字选区。

任务 6-2　色彩与色调调整

【任务描述】

通过对图像色彩与色调的调整，可以制作出更加迷人的效果，也可以改变图像的表达意境，使图像更具感染力。本任务主要学习图像色彩与色调的调整方法，使用“图像”菜单中的各种调整命令，对图像进行色相、饱和度和明暗度调整。

【任务实施】

1. 图像色彩与色调快速调整

(1)自动色调

“自动色调”命令常用于校正图像的偏色问题。当图像有总体偏色时，使用“自动色调”命令自动调整图像中的高光和暗调，使图像有较好的层次效果。“自动色调”命令将每个颜色通道中的最亮像素和最暗像素定义为黑色和白色，然后按比例重新分布中间像素值。在默认情况下，该命令会剪切白色和黑色像素的 0.5%，来忽略一些极端的像素。如图 6-37、图 6-38 所示为执行“图像”→“自动色调”命令前后图像对比。

图 6-37　原图

图 6-38　执行“自动色调”命令后的效果

(2) 自动对比度

“自动对比度”命令常用于校正图像对比过低的问题，其除了能自动调整图像色彩的对比度外，还能方便地调整图像的明暗度。该命令是通过剪切图像中的阴影和高光值，并将图像剩余部分的最亮像素和最暗像素映射到色阶为 255（纯白）和色阶为 0（纯黑）的程度，让图像中的高光看上去更亮，阴影看上去更暗。如图 6-39、图 6-40 所示为执行“图像”→“自动对比度”命令前后图像对比。

图 6-39　原图

图 6-40　执行“自动对比度”命令后的效果

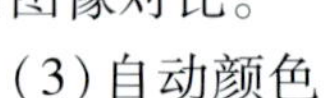

(3) 自动颜色

“自动颜色”命令常用于校正图像中颜色的偏差，它是通过搜索图像来调整图像的对比度和颜色的。如图 6-41、图 6-42 所示为执行“图像”→“自动颜色”命令前后图像对比。

图 6-41　原图

图 6-42　执行“自动颜色”命令后的效果

2. 图像色彩与色调精细调整

(1)亮度/对比度

该命令常用于简单调整图像的色彩，它对图像的每个像素均进行同样的调整。“亮度/对比度”命令对单个通道不起作用，所以该调整方法不适用于高精度输出。图 6-43 所示为执行“亮度/对比度”命令后的效果(原图见图 6-39)。

(2)色阶

该命令常用于调整画面的明暗程度及增强或降低对比度。其优势在于可以单独对画面的阴影、中间调、高光及亮部、暗部区域进行调整，而且可以对各个颜色通道进行调整，以实现色彩调整的目的。图 6-44 所示为执行“色阶”命令前后图像对比。

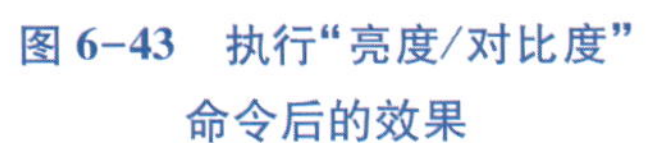

图 6-43　执行“亮度/对比度”命令后的效果

图 6-44　执行“色阶”命令后的效果

(3)曲线

常用于调整图像的明暗和对比度，也用于校正图像偏色问题，并能调整出独特的色调效果。在曲线窗口中，左侧为曲线调整区域，在此可以通过改变曲线的形态来调整画面的明暗。曲线段上部分控制画面的亮部区域，曲线段中间的部分控制画面中间调区域，曲线段下部分控制画面暗部区域。其优点是可以只调整选定色调范围内的图像，而不影响其他色调。图 6-45 所示为“曲线”参数设置，图 6-46 所示为执行“曲线”命令前后图像对比。

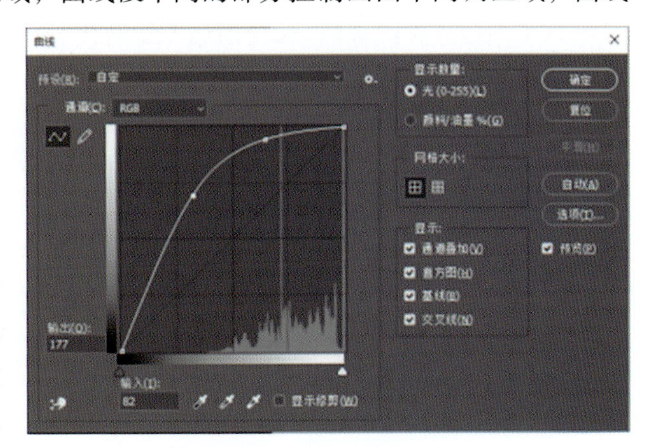

图 6-45　“曲线”参数设置

(4)曝光度

常用来校正图像曝光过度、对比度过低或过高的情况。在此处可以设置曝光度数值，使图像变亮。如适当增大“曝光度”数值，可以使原本偏暗的图像变亮一些，如图 6-47 所示。

图 6-46 执行“曲线”命令后的效果

(5)色彩平衡

“色彩平衡”命令是根据颜色的补色原理，控制图像颜色的分布。根据颜色之间的互补关系，要减少某个颜色就增加这种颜色的补色。因此可利用“色彩平衡”命令对偏色问题进行校正。图 6-48 所示为执行“色彩平衡”命令前后图像对比。

图 6-47 执行“曝光度”命令的效果

(6)色相/饱和度

“色相/饱和度”命令主要对图像整体或局部的色相、饱和度、明度进行调整，还可对图像中的各个颜色(红、黄、绿、青、蓝、洋红)的色相、饱和度、明度分别进行调整。“色相/饱和度”命令常用于更改画面局部的颜色或用于增强、降低画面饱和度。图 6-49 所示为执行“色相/饱和度”命令前后图像对比。

(7)去色

“去色”命令无须设置任何参数，可以直接将图像中的颜色去掉，使其成为灰度图像。图 6-50 所示为执行“去色”命令前后图像对比。

图 6-48 执行“色彩平衡”命令后的效果

图 6-49 执行“色相/饱和度”命令后的效果

图 6-50 执行“去色”命令后的效果

（8）替换颜色

“替换颜色”命令可修改图像中选定颜色的色相、饱和度、明度，从而将选定的颜色替换为其他颜色。打开素材图默认情况下用吸管工具单击花瓣拾取颜色，如图 6-51 所示进行参数设置，图 6-52 为执行“替换颜色”命令前后图像对比效果。

（9）照片滤镜

“照片滤镜”命令与摄影师经常使用的“彩色滤镜”效果非常相似，可以为图像“蒙”上某种颜色，以使图像产生明显的颜色倾向。“照片滤镜”命令常用于制作冷调或暖调的图

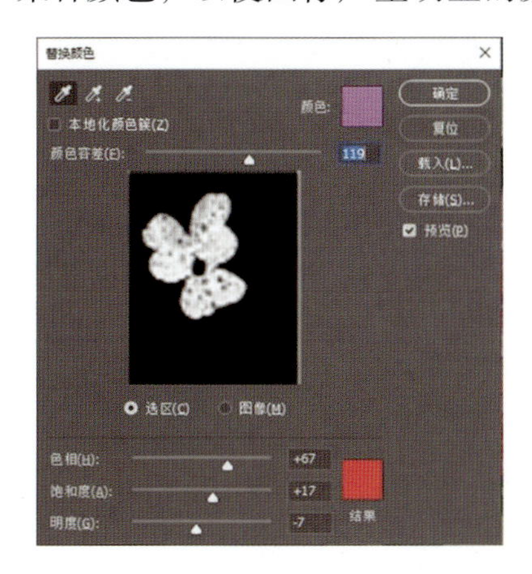

图 6-51 “替换颜色”参数设置

图 6-52 执行“替换颜色”命令前后对比

像。图 6-53 所示为执行“照片滤镜”命令冷色滤镜前后的效果对比。

(10) HDR 色调

“HDR 色调”命令常用于处理风景类图片或景观效果图，可使画面增强亮部和暗部的细节和颜色感，使图像更具有视觉冲击力。图 6-54 所示为执行“HDR 色调”命令后的效果。

图 6-53 执行“照片滤镜”命令前后效果对比

图 6-54 执行“HDR 色调”命令后的效果

任务 6-3 滤镜命令

【任务描述】

Photoshop 中的“滤镜”功能十分强大，通过滤镜可以生成千变万化的图像。本任务主要学习各种滤镜命令的功能及其作用，使用滤镜轻松达到创作的意图。

【任务实施】

单击“滤镜”菜单，弹出一个下拉菜单，如图 6-55 所示。Photoshop 提供了 18 类滤镜，100 多个滤镜命令，使用不同的滤镜，可以完成纹理、杂色、扭曲、模糊等多种操作。除了 Photoshop 自带的滤镜外，还可以利用工具软件自己制作一些特殊的滤镜，称为外挂滤镜。外挂滤镜的种类非常多，需要单独安装，所以没有在菜单中显示。

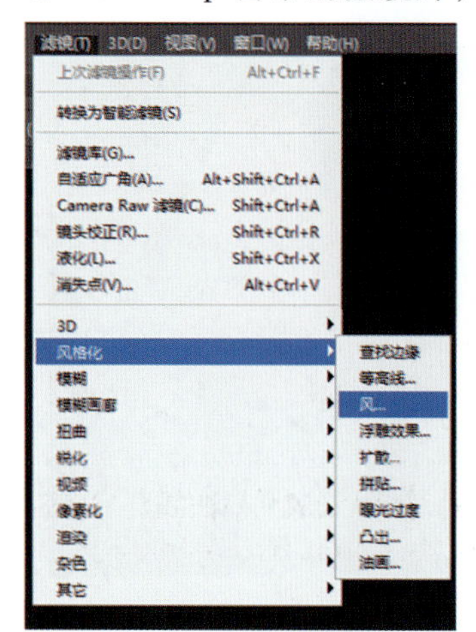

图 6-55 滤镜菜单

1. 滤镜库

“滤镜库”中集合了多种滤镜，虽然滤镜效果风格迥异，但使用方法非常相似。在“滤镜库”中可以应用多个滤镜、打开或关闭滤镜的效果、复位滤镜的选项以及更改应用滤镜顺序的操作。若预览效果满意，则可以将它应用于图像。

打开素材图，执行“滤镜”→“滤镜库”命令（图 6-55），即可打开“滤镜库”对话框，如图 6-56 所示。对话框的左侧为预览区域，可以随时预览滤镜应用效果；中间是滤镜组列表，每个滤镜组中包含多个滤镜；右侧为参数设置和滤镜层控制区域。

滤镜库可以应用一个滤镜，选择该滤镜，设置其参数，单击“确定”按钮即可完成；如果要应用多个滤镜叠加一起的效果，可以单击对话框右下角的“新建效果图层”按钮，然后选择合适的滤镜并进行相应参数设置，设置完成后单击“确定”按钮即可。

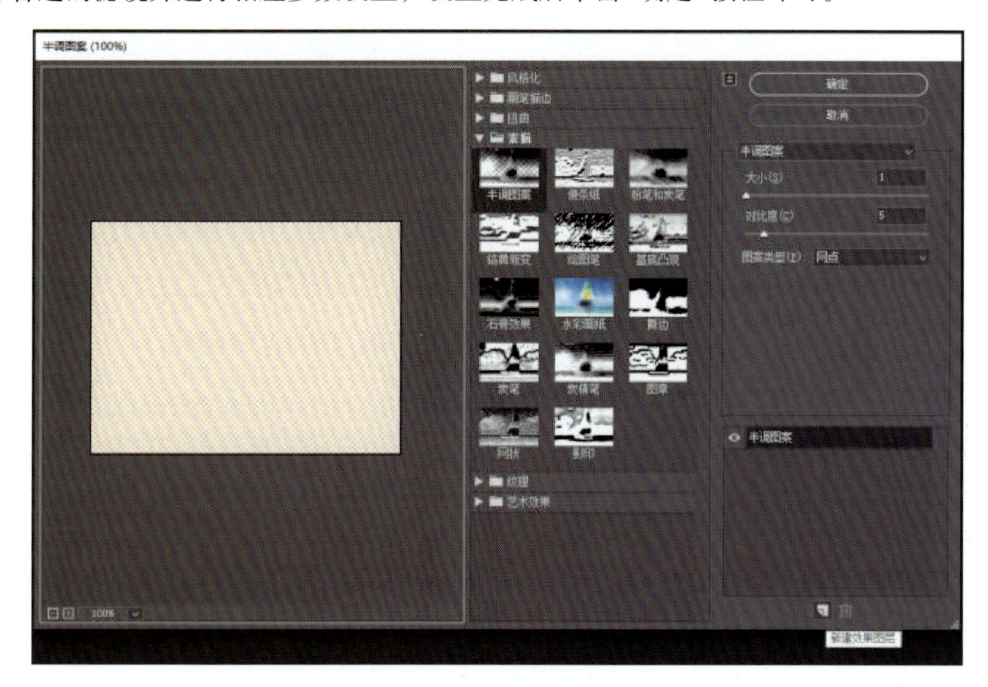

图 6-56 “滤镜库”对话框

2. 风格化滤镜组

风格化滤镜组中的滤镜可以置换像素，查找并增加图像的对比度，产生绘画和印象派风格效果。打开素材图像图 6-39 作为原图进行操作。

（1）查找边缘

“查找边缘”滤镜能自动搜索图像像素对比度变化剧烈的边界，将高反差区变亮，低反差区变暗，其他区域则介于两者之间，硬边变为线条，而柔边变粗，形成一个清晰的轮廓。该滤镜无对话框。如图 6-57 所示为应用“查找边缘”滤镜后的效果。

（2）等高线

“等高线”滤镜可以查找主要亮度区域的转换并为每个颜色通道淡淡地勾勒主要亮度区域的转换，以获得与等高线图中的线条类似的效果，在“等高线”对话框设置色阶为 119，边缘选择“较高”，图 6-58 所示为“等高线”滤镜效果。

①色阶　用来设置描绘边缘的基本亮度等级。

②边缘　用来设置处理图像边缘的位置，以及边界的产生方法。选择“较低”时，可以在基准亮度等级以下的轮廓上生成等高线；选择“较高”时，则在基准亮度等级以上的轮廓上生成等高线。

图 6-57 “查找边缘”滤镜效果

图 6-58 “等高线”滤镜效果

（3）风

“风”滤镜可在图像中增加一些细小的水平线来模拟风吹效果。在“风”对话框设置方法为“风”，方向为“向右”。图 6-59 所示为“风”滤镜效果。该滤镜只在水平方向起作用，要产生其他方向的风吹效果，需要先将图像旋转，然后使用此滤镜。

①方法　可选择 3 种风，包括风、大风和飓风。

②方向　可设置风源的方向，即从右向左吹或从左向右吹。

（4）浮雕效果

“浮雕效果”滤镜可通过勾画图像或选区的轮廓和降低周围色值来生成凸起或凹陷的浮雕效果，打开“浮雕效果”对话框，设置角度为 135°，高度为 3 像素，数量为 100%，如图 6-60所示为“浮雕效果”滤镜效果。

①角度　用来设置照射浮雕的光线角度。它会影响浮雕的凸出位置。

②高度　用来设置浮雕效果凸起的角度。

图 6-59 “风”滤镜效果

图 6-60 “浮雕效果”滤镜效果

③数量　用来设置浮雕滤镜的作用范围，该值越高边界越清晰，小于 40%时，整个图像会变灰。

(5)扩散

“扩散”滤镜可以使图像中相邻的像素按规定的方式进行有机移动，使图像扩散，形成一种类似于透过磨砂玻璃观察对象时的分离模糊效果，在“扩散”对话框选择模式为“正常”，“扩散”滤镜效果如图 6-61 所示。

(6)拼贴

“拼贴”滤镜可以根据指定的值将图像分为块状，并使其偏离原来的位置，产生不规则瓷砖拼凑成的图像效果。在“拼贴”对话框中设置拼贴数为 0，最大位移为 10%，填充空白区域用“背景色”。“拼贴”滤镜效果如图 6-62 所示。该滤镜会在各瓷砖之间生成一定的空隙，在“填充空白区域用”选项组内可以选择空隙中的内容填充类型。

①拼贴数　设置图像拼贴块的数量，当拼贴数达到 99 时，整个图像将被“填充空白区域”选项组中设定的颜色覆盖。

②最大位移　设置拼贴块的间隙。

(7)曝光过度

“曝光过度”滤镜可以混合负片和正片图像，模拟出摄影中增加光线强度而产生的过度曝光效果，如图 6-63 所示。该滤镜无对话框。

图 6-61　“扩散”滤镜效果

图 6-62　“拼贴”滤镜效果

图 6-63　“曝光过度”滤镜效果

(8)凸出

“凸出”滤镜可以将图像分成一系列大小相同且有序放置的立方体或锥体，产生特殊的 3D 效果。

①类型　用来设置图像凸起的方式。选择“块”，可以创建具有一个方形的正面和四个侧面的对象；选择“金字塔”则创建具有相交于一点的 4 个三角形侧面的对象，如图 6-64 所示。

②大小　用来设置立方体或金字塔底面的大小，该值越高，生成的立方体和锥体越大。

③深度　用来设置突出对象的高度，“随机”表示为每个块或金字塔设置一个任意的深度；“基于色阶”则表示每个对象的深度与其亮度对应，越亮时突出的越多。

图 6-64 “凸出”滤镜效果

④立方体正面　勾选该选项后将失去图像整体轮廓，生成的立方体只显示单一的颜色。

⑤蒙版不完整块　隐藏所有延伸出选区的对象。

3. 模糊滤镜组

模糊滤镜组的滤镜可以削弱相邻像素的对比度并柔化图像，使图像产生模糊效果。在去除图像的杂色，或者创建特殊效果时会经常用到此类滤镜。打开素材图像图 6-39，执行不同滤镜命令后效果如图 6-65 所示。

(1) 表面模糊

“表面模糊”滤镜可以在保留边缘的同时模糊图像，可以用该滤镜创建特殊效果并消除杂色或粒度。

(2) 高斯模糊

“高斯模糊”滤镜可以添加低频细节，使图像产生一种朦胧效果。

(3) 动感模糊

“动感模糊”滤镜可以根据需要沿指定方向(－360°~360°)，以指定强度(1~999)模糊图像，产生的效果类似于以固定的曝光时间给一个移动的对象拍照。

在表现对象的速度感时会经常用到该滤镜。

①角度　用来设置模糊的方向。可输入角度数值，也可以拖拽指针以调整角度。

②距离　用来设置像素移动的距离。

(4) 方框模糊

“方框模糊”滤镜可以基于相邻像素的平均颜色值来模糊图像。

(5) 进一步模糊

“进一步模糊”滤镜可以平衡已定义的线条和遮蔽区域的清晰边缘旁边的像素，使变化显得柔和。

(6) 径向模糊

“径向模糊”滤镜应用于模拟缩放或旋转相机时所产生的模糊，产生一种柔和的模糊效果。

图 6-65　模糊滤镜组效果

(7)镜头模糊

“镜头模糊”滤镜可以向图像中添加模糊，模糊效果取决于模糊的“源”设置。如果图像中存在 Alpha 通道或图层蒙版，则可以为图像中的特定对象创建景深效果，使这个对象在焦点内，而使另外的区域变得模糊。

(8)模糊

“模糊”滤镜用于图像中有显著颜色变化的地方消除杂色，它可以通过平衡已定义的线条和遮蔽区域的清晰边缘旁边的像素来使图像变得柔和。

(9)平均

“平均”滤镜可以查找图像或选区的平均颜色，再用颜色填充图像或选区，以创建平滑的外观效果。

(10)特殊模糊

“特殊模糊”滤镜可以精确地模糊图像。

(11)形状模糊

“形状模糊”滤镜可以用设置的形状来创建特殊的模糊效果。

4. 像素化滤镜组

像素化滤镜组可以将图像进行分块或者平面化处理，主要包含 7 个滤镜：彩块化、彩色半调、点状化、晶格化、马赛克、碎片及铜板雕刻滤镜。打开素材图像 6-39 作为原图，执行滤镜命令后效果如图 6-66 所示。

(1)彩块化

“彩块化”滤镜可以将纯色或相近色的像素结成相近颜色的像素块，常用来制作手绘图像、抽象派绘画等艺术效果。

(2)彩色半调

“彩色半调”滤镜可以模拟在图像的每个通道上使用放大的半调网屏的效果。

(3)点状化

“点状化”滤镜可以将图像中的颜色分解成随机分布的网点，并使用背景色作为网点之间的画布区域。

(4)晶格化

“晶格化”滤镜可以使图像中颜色相近的像素结块形成多边形纯色。

(5)马赛克

“马赛克”滤镜可以使像素结为方形色块，制作出类似于马赛克的效果。

(6)碎片

“碎片”滤镜可以将图像中的像素复制 4 次，然后将复制的像素平均分布，并使其

图 6-66　像素化滤镜组效果

相互偏移。

(7)铜板雕刻

“铜板雕刻”滤镜可以将图像转换为黑白区域的随机图案或彩色图像中完全饱和颜色的随机图案。

5. 渲染滤镜组

渲染滤镜组用于在图像中创建云彩、折射和模拟光线等。该滤镜组中滤镜的特点是其自身可以产生图像，比较典型的是“云彩”滤镜和“纤维”滤镜，这两个滤镜可以利用前景色和背景色直接产生效果。

(1)云彩

“云彩”滤镜可以在图像的前景色和背景色之间产生随机抽取像素，再将图像转换为柔和的云彩效果。该滤镜无参数设置对话框，常用于制作图像的云彩效果。新建一个文件，设置前背景色分别为黑色、白色，执行“云彩”滤镜命令后效果如图 6-67 所示。

(2)纤维

“纤维”滤镜是使用前景色和背景色创建编制纤维的外观。新建一个文件，设置前背景色分别为黑色、白色，执行“纤维”滤镜命令后效果如图 6-68 所示。

(3)分层云彩

“分层云彩”滤镜可以使用前景色和背景色随机产生云彩图案。但生成的云彩图案不会替换原图，而是按差值模式与原图混合。打开素材图 6-39，设置前背景色分别为黑色、白色，执行一次“分层云彩”滤镜命令，效果如图 6-69 所示，多次执行该命令，图像表面会出现絮状纹理，效果如图 6-70 所示。在新建文件中执行该命令，可以绘制出大理石絮状纹理效果，如图 6-71 所示。

(4)光照效果

“光照效果”滤镜用于模拟灯光、日光照射效果，还可以使用灰度格式的图像纹理创建类似于 3D 效果的图像，并可存储自建的光照效果。该滤镜多用于制作夜晚天空效果和浅浮雕效果。执行该滤镜命令参数和效果如图 6-72、图 6-73 所示。

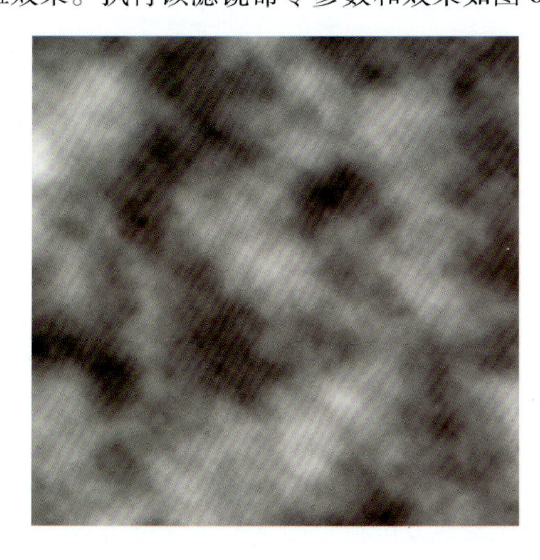

图 6-67 “云彩”滤镜效果

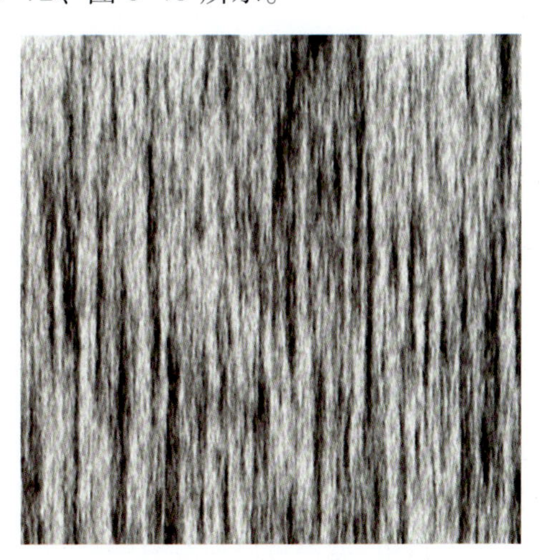

图 6-68 “纤维”滤镜效果

图 6-69　一次“分层云彩”滤镜效果

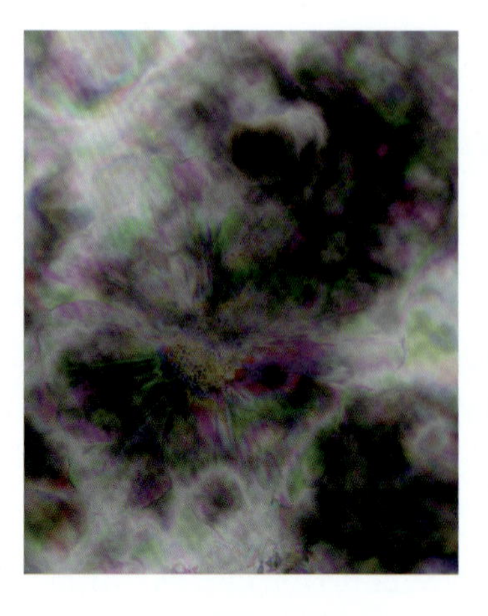

图 6-70　多次“分层云彩”滤镜效果

图 6-71　大理石絮状纹理效果

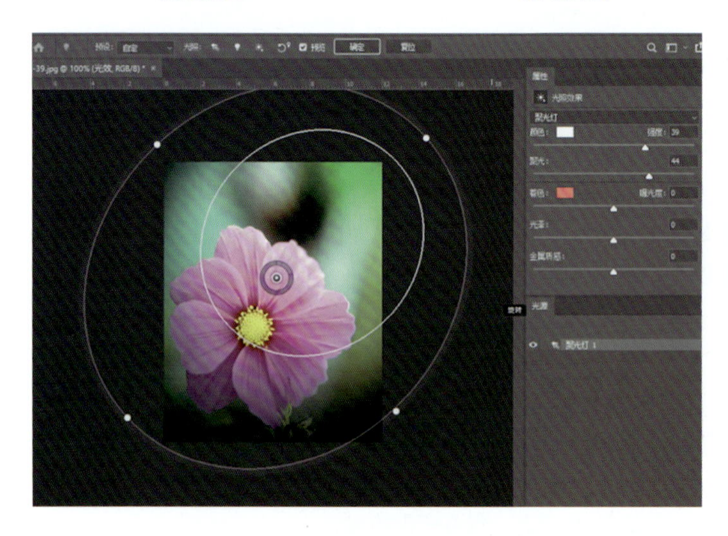

图 6-72　“光照效果”滤镜参数设置

图 6-73　“光照效果”滤镜效果

(5)镜头光晕

“镜头光晕”滤镜可以模拟亮光照射到相机镜头产生的折射光效果。执行该滤镜命令的参数设置和效果如图 6-74、图 6-75 所示。

6. 其他滤镜组命令

(1)添加杂色

“添加杂色”滤镜可以在图像中随机添加像素，也可以用来修缮图像中经过重大编辑的区域。打开“添加杂色”对话框，设置数量为 15%，分布为“平均分布”，勾选“单色”。执行命令后效果如图 6-76 所示。

(2)高反差保留

“高反差保留”滤镜可以在具有强烈颜色变化的地方按指定的半径来保留边缘细节，并且不显示图像的其余部分，执行该滤镜命令后效果如图 6-77 所示。

图 6-74 “镜头光晕”滤镜参数设置

图 6-75 “镜头光晕”滤镜效果

(3)波纹

“波纹”滤镜可以通过控制波纹的数量和大小制作出类似水面的波纹效果，该滤镜效果如图 6-78 所示。

(4)水波

“水波”滤镜可以制作水面涟漪效果，该滤镜效果如图 6-79 所示。

(5)旋转扭曲

“旋转扭曲”滤镜可以围绕图像的中心进行顺时针或逆时针旋转，该滤镜效果如图 6-80所示。

图 6-76 “添加杂色”滤镜效果

图 6-77 “高反差保留”滤镜效果

图 6-78 “波纹”滤镜效果

图 6-79 “水波”滤镜效果

图 6-80 “旋转扭曲”滤镜效果

项目 7
Photoshop 园林景观效果图制作

【知识目标】

(1)掌握将 AutoCAD 图纸输出到 Photoshop 的方法。

(2)掌握平面效果图各景观元素的制作方法与技巧。

(3)掌握不同类型分析图的制作方法与技巧。

(4)掌握立面效果图制作的流程和方法。

(5)掌握鸟瞰效果图制作的流程和方法。

【技能目标】

(1)能熟练将 AutoCAD 图纸输出并导入 Photoshop 中。

(2)能根据需求使用不同的选择工具进行相关操作。

(3)能正确使用图层面板。

(4)能熟练运用图像调整命令进行图像色彩调整。

(5)能根据要求绘制不同类型的分析图。

(6)能熟练运用相关命令绘制立面效果图。

(7)能熟练运用相关命令绘制鸟瞰图。

【素质目标】

(1)培养学生认真、严谨的学习态度和精益求精的工匠精神。

(2)培养学生的赏析能力和美感，增强文化自信。

任务 7-1　公园绿地景观平面效果图绘制

【任务描述】

本任务是制作完成某公园绿地景观平面效果图(图 7-1)。甲方要求该彩色平面效果图的各景观元素素材真实，层次分明，植物配置合理，有一定的艺术效果。

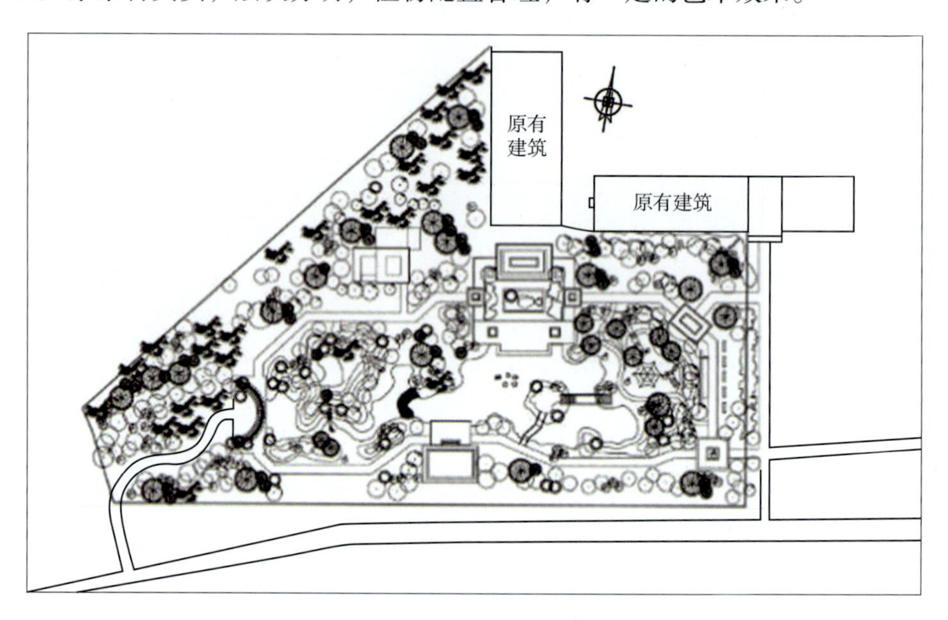

图 7-1　公园绿地景观平面图

针对本次任务，首先确定绘制风格为写实风格，此种风格主要是用贴入法和填充法制作真实素材，但是由于公园面积过大，平面图中的许多细节并不能体现得很清楚，而且如果都采用真实素材，文件会比较大，用计算机制作时会占用大量内存，配置不高的计算机会出现死机或运行缓慢现象，因此，在制作过程中，为了突出计算机制图的快捷、方便等特性，在大范围填充及无须看清楚细节的区域可以采用纯色填充，局部使用真实素材填充的方法。

【任务实施】

1. AutoCAD 图纸分层导入 Photoshop

在 Photoshop 中绘制公园绿地平面效果图时，一定要采用分层导图的方式，对不同图层进行多次打印输出。这就要求在 AutoCAD 中将设计线稿、铺装、建筑、植物等内容分好图层，分图层的目的是后期在 Photoshop 中可以单独处理某个线稿，提高工作效率。

(1)打开 AutoCAD 图纸

打开 AutoCAD，进入其工作界面，在“园林景观效果图制作”文件夹中找到“原稿”文件夹里的“公园绿地景观平面图 . dwg”文件，在 AutoCAD 中将其打开，如图 7-2 所示。

（2）调整 AutoCAD 底图

为了方便后期在 Photoshop 中的选区工作，需要 AutoCAD 底图的线稿清晰，分层合理，线与线之间一定要形成闭合区域。所以在导入之前，要对 AutoCAD 底图进行检查调整。一方面了解底图各部分内容，将没闭合的图样修正闭合；另一方面将其没有分层的图样进行合理分层，便于后期在 Photoshop 中分类编辑。

（3）AutoCAD 平面图纸输出

AutoCAD 图纸是矢量文件图，无法直接在 Photoshop 中打开，需要先通过图纸打印到文件的方式转化为位图，再在 Photoshop 软件中打开，完成后期效果制作。

AutoCAD 图纸打印到文件的虚拟打印机种类很多，选择不同的打印机种类，输出效果也不同。常见的有 PDF 打印机、EPS 打印机、PNG 打印机、JPG 打印机等。一般情况下，应该根据图纸特性选择不同的输出方式。

在 AutoCAD 光栅图像打印机里，图纸大小是以像素为单位的，需要将出图的长宽尺寸乘以预定出图的分辨率精度，这种转化很烦琐复杂，一般不采用。推荐打印为 PDF 格式，导入 Photoshop 中再设置所需要的像素大小，以此避免复杂的计算，这种方法输出图纸可以精确到每一根线的粗细，更适合专业设计使用。

①关闭不需要的图层　单击“图层”下拉菜单，分别打开建筑、水体、植物等图层，只剩下 0 图层、设计线和地形 3 个图层，如图 7-3 所示。

图 7-2　打开 AutoCAD 图纸

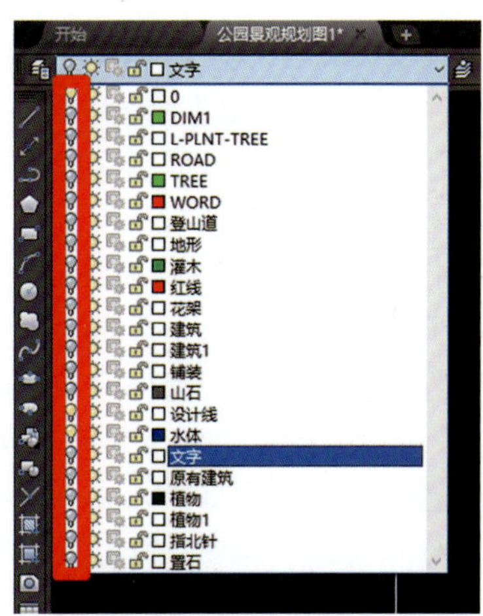

图 7-3　AutoCAD 图层设置

②打印设置　单击“文件”菜单下的“打印”，在弹出的“打印-模型”对话框中，进行 AutoCAD 平面图纸输出的具体设置，如图 7-4 所示。

单击“打印机/绘图仪”下拉三角形，选择“DWG To PDF. pc3”打印机。

图纸尺寸选择“ISO A3(420. 00mm×297. 00mm)”。

打印范围选择“窗口”，并在图中框选出设计线打印的区域。

打印偏移处勾选“居中打印”。

打印比例处勾选“布满图纸”。

打印样式表选择“monochrowe. ctb”。

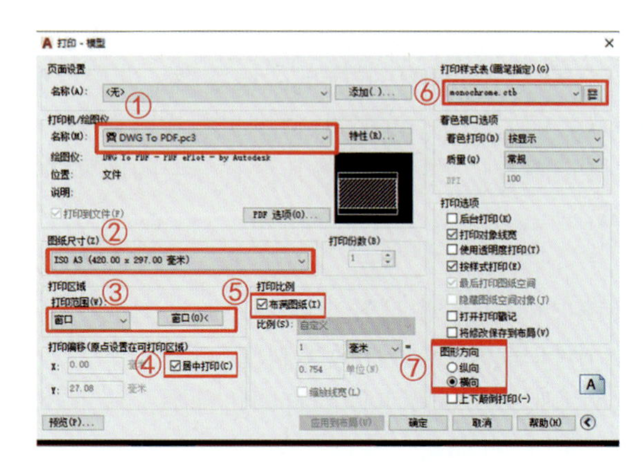

图 7-4 “打印-模型”对话框设置

图形方向点选“横向”。

提示： 当打印样式表设置为“monochrome.ctb”时，打印效果为黑色的线稿图；设置为“None”时，打印效果为彩色的线稿图。

③应用布局　单击“预览”查看打印效果，如果没有问题，先单击“应用到布局”，再单击“确定”，在弹出的对话框中指定文件保存的位置和文件名，文件名为“设计线稿”，即可完成“设计线”图层的打印。

提示： 单击“应用到布局”，系统会自动记载当前设置，方便后面图层的打印，不用再一一设置，提高工作效率。

④关闭图层　单击 AutoCAD 图层的下拉菜单，分别关闭设计、绿地、水体、植物等图层，只剩下 0 图层和地形图层，打印“地形”图层。

⑤打印　单击“文件”→“打印”，执行“打印”命令后，在弹出的“打印-模型”对话框中，直接单击“确定”，并在弹出的对话框中指定文件保存的位置和文件名，文件名为“地形”，即可完成“地形”图层的打印。

提示： 如果上一步没有单击“应用到布局”，为了方便图层打印，也可在“打印-模型”对话框中的“页面设置”处选择“上一次打印”，系统将会自动加载上一次打印信息。

采用同样的方法，分别完成建筑、植物和山石等图层的打印。

(4) PDF 文件导入

①打开文件　打开 Photoshop，单击“文件”→“打开”，将前面从 AutoCAD 底图中导出的所有 PDF 文件导入 Photoshop。

②导入设置　打开前面在 AutoCAD 中输出的所有 PDF 文件，并在弹出的“导入 PDF 对话框”中进行设置。将分辨率设为“150”，模式设为“RGB 颜色”，其他采用默认设置。具体设置内容如图 7-5 所示。

③导入文件　单击“确定”，即可将刚才打印的文件在 Photoshop 中打开。其他所有 PDF 文件在弹出的“导入 PDF 对话框”中不用进行任何设置，都是直接单击“确定”，这样就完成了所有 PDF 文件的导入工作。这时可以看到所有的 PDF 文件图元都是透明背景，如图 7-6 所示。

提示： “导入 PDF”对话框设置一次后，系统将一直默认上一次设置，如果不改变参数，不需要每次重复设置。

④设置背景图层　在 Photoshop 中设置背景图层，让导入线稿图形能清楚显现，便于后期绘制。选中“设计线稿”PDF 文件，在此文件中，新建“背景”图层，用“编辑”菜单下的“填充”命令将其填充为白色，并将“设计线稿”图层移到“背景”图层上方，如图 7-7 所示。

⑤复制图层　选择切换到“建筑”PDF 文件中，单击“建筑”文件的图层 1，选中该图层，单击右键，在弹出的菜单中选择“复制图层”，如图 7-8 所示，将“目标”设置为“设计线稿”，如图 7-9 所示，系统将自动将“建筑”图层复制到刚才打开的“设计线稿”文件中。

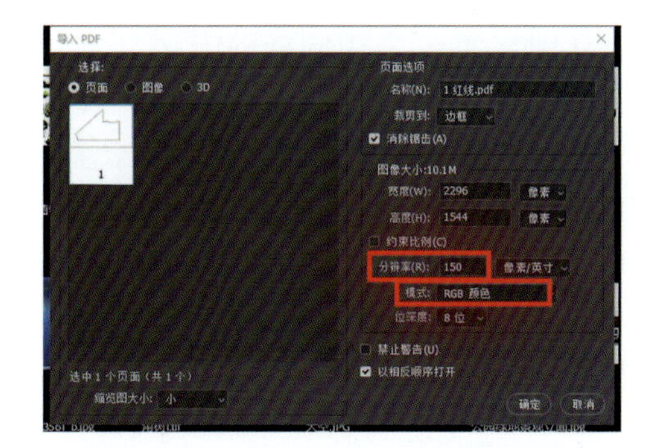

图 7-5　“导入 PDF 对话框”设置

图 7-6　导入 Photoshop 中打开后效果

图 7-7　添加白色背景后效果

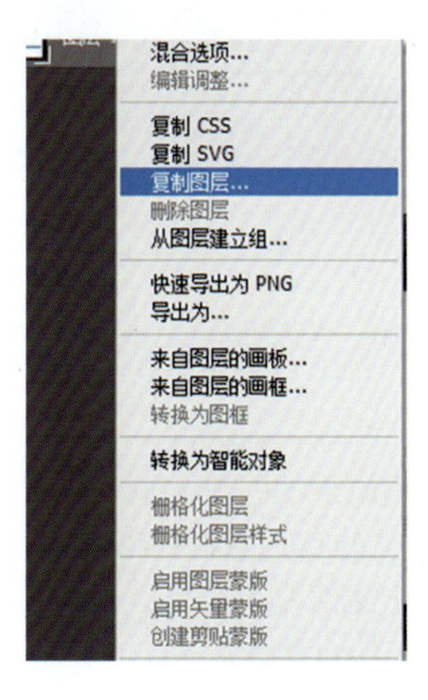

图 7-8　快捷菜单“复制图层”

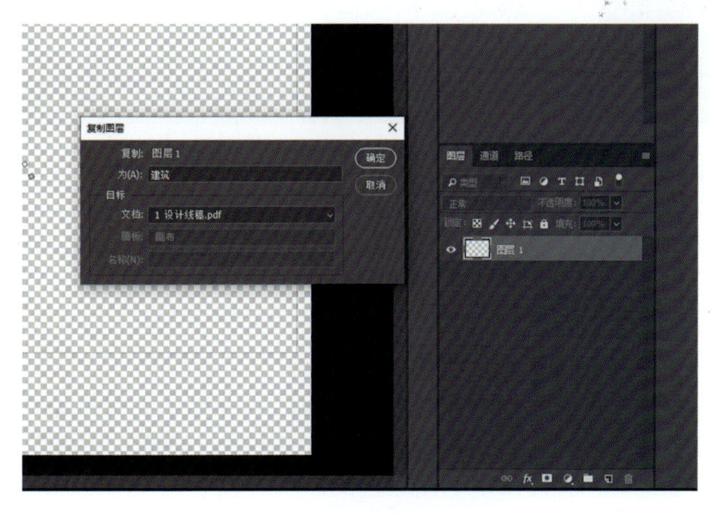

图 7-9　“复制图层”对话框

图 7-10　面板上“创建组”的快捷按钮

⑥建立图层组　采用同样的方法分别将铺装图层、植物图层和红线图层复制到“设计线稿”文件中。所有 PDF 文件复制完成后，在“图层”单击“创建组”按钮，如图 7-10 所示，新建“设计原稿”组，将所有导入的设计线稿图层都放置在“设计原稿”组下，加锁。

提示：设置“组”是为了后期方便管理图层，加锁是避免不必要错误破坏原图内容，方便后期绘制。

完成以上操作后，将设计线稿保存为“任务 7-1 公园绿地景观平面效果图制作 . psd”，如图 7-11 所示。

提示：应养成随时保存文件的好习惯，以免造成不必要的损失。复制多个 PSD 文件到 Photoshop 中，一定注意所有的技术参数要一致，否则图样不能重叠在一起，会出现错乱现象。

图 7-11　分层导入 Photoshop 中的效果

2. 绘制各景观元素

(1)绘制绿地

绿地是一幅平面效果图的基调，所占区域比较大，处于图纸最下层，其上有很多物体对它有遮挡，实际到最后显露出来的区域有限。尽量不要用真实的草地素材去填充绿地，虽然草地素材看起来很真实，但是意义不大，还会占用内存，让文件变得更大。所以本次绘制绿地时，直接采用填充绿色调，然后做杂色，再做加深减淡的自然化处理。

①填充　单击“设计线稿”图层，使用“魔棒工具”将原图形中所有绿地区域选中，建立一个新的“绿地填充”图层。选择合适的绿色调，填充绿色，如图 7-12 所示。

②滤镜　单击菜单中的“滤镜”处理→“杂色”中“添加杂色”命令，在弹出的“添加杂色”对话框中按图 7-13 所示进行设置，数量设置为“5%”，分布设置为“高斯分布”；勾选设置为“单色”，设置完毕后单击“确定”按钮。这样是为了让绿地效果更加真实，更有质感。

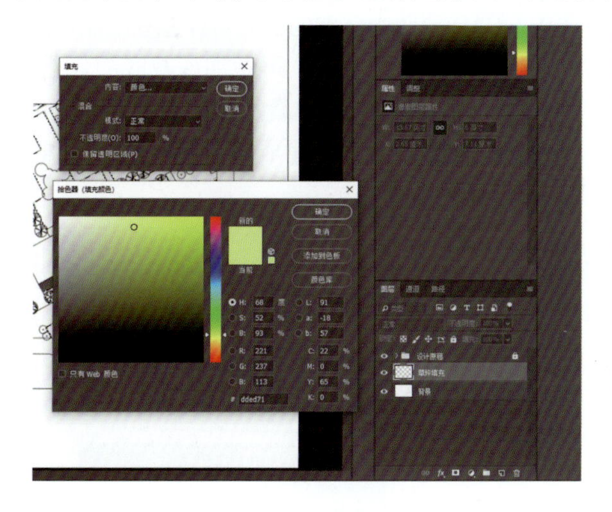

图 7-12　填充颜色的设置

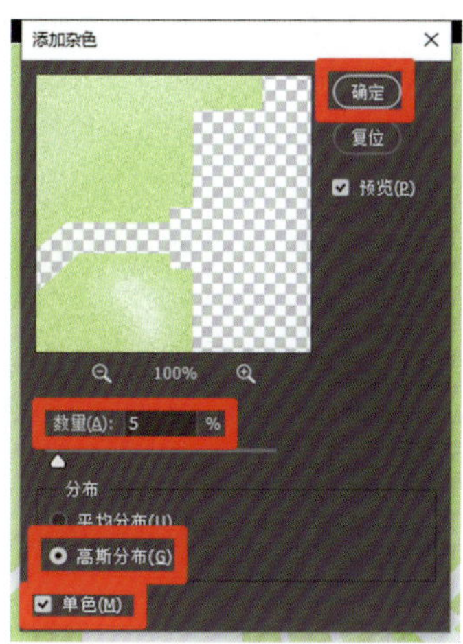

图 7-13　“添加杂色”对话框

③加深减淡处理　单击工具面板上“加深/减淡”，对绿地进行加深减淡的自然化处理。主要是对等高线最高部分和绿地中间部分进行减淡操作，对绿地边缘部分进行加深操作，这样可以让绿地更加写实。至此，绿地部分的制作基本完成，处理后的效果如图 7-14 所示。

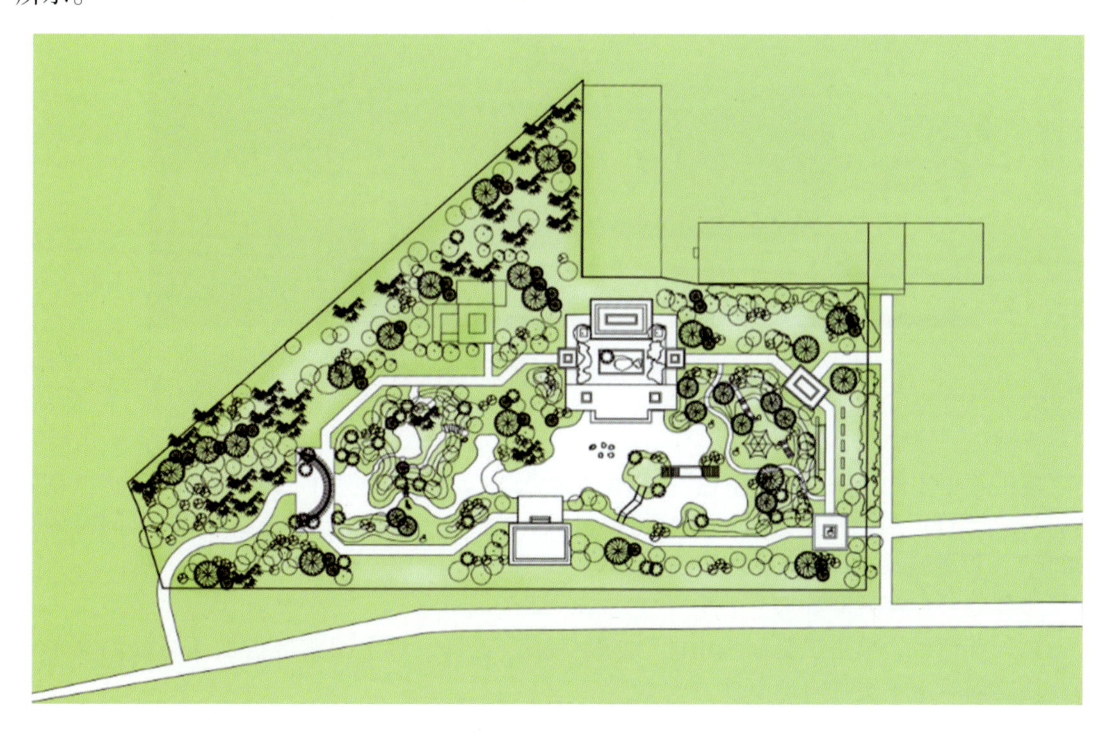

图 7-14　处理后的绿地效果

提示：表现大面积的绿地效果，一般采用填充颜色的方法，在绘制绿地时一般在绿地边缘适当加深而在绿地中间适当减淡，以提高其真实性。

（2）绘制园路、广场铺装

根据本次任务确定的绘制风格，结合 AutoCAD 原图中已有的填充图样，在绘制园路、广场铺装时主要采用两种方法：一种是直接填充颜色，然后做杂色，再做加深减淡的自然化处理，与原来 AutoCAD 绘制的图样进行叠加；另一种是通过定义图案，叠加图案的方式进行处理。

①绘制主园路　在绘制主园路时，因涉及面积大，最终完成植物种植后，露出的区域并不多，所以一般采用第一种方法，直接填充颜色。

步骤一：建立新图层。

单击"设计线稿"图层，使用"魔棒工具"将原图形中主园路区域选中，点击菜单中的"图层"→"新建"→"图层"，建立一个新的图层，命名为"道路、广场铺装"。

步骤二：填充。

单击菜单中的"编辑"→"填充"，挑选合适的颜色进行填充，设置如图 7-15 所示。

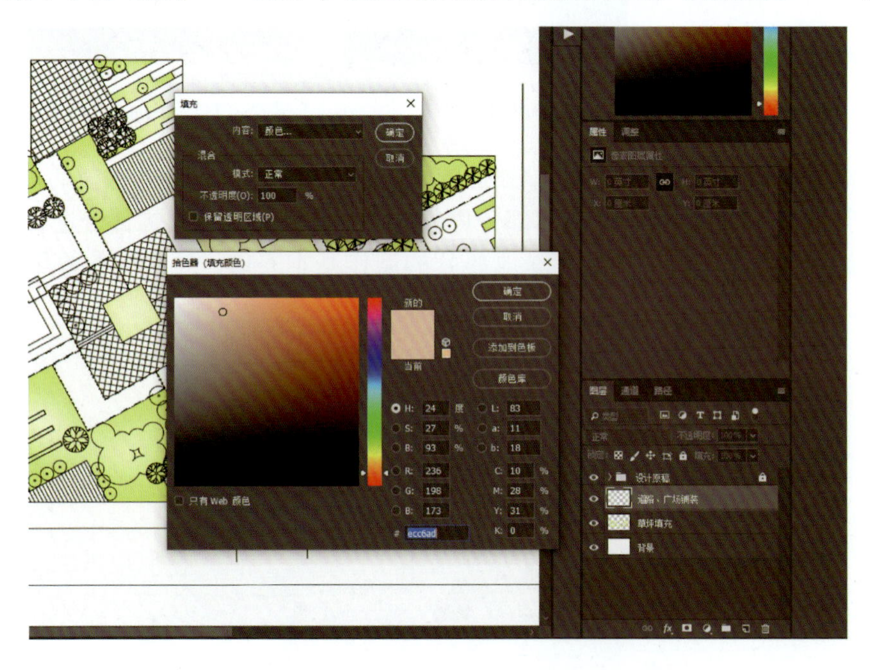

图 7-15　主园路填充颜色的设置

步骤三：添加杂色。

单击菜单中的"滤镜"→"杂色"→"添加杂色"。这样做是为了凸显路面的质感。在弹出的"添加杂色"对话框中进行设置，将数量设置为"5%"，分布为"高斯分布"，同时勾选"单色"，设置完毕，单击"确定"按钮。

步骤四：加深减淡处理。

添加杂色后，单击工具面板中的"加深/减淡"工具，对主园路进行加深减淡的简单处理，使路面看上去更加自然真实。

②绘制广场铺装　在绘制广场铺装部分时，通常想要表达出细致而又细腻的真实效果，所以通常采用第二种方法定义真实铺装素材，然后通过图案叠加的处理手法完成制作。

步骤一：填充。

单击“设计线稿”图层，使用“魔棒工具”将原图中某一铺装区域选中，建立一个新的“铺装 1”图层，执行“填充”命令，选择任一颜色填充。

步骤二：定义图案。

从素材库中选择打开“铺装 1. jpg”，单击菜单中的“选择”→“全部”，将图样全部选中，再单击菜单中的“编辑”→“定义图案”，将该铺装素材命名为“铺装 1”。

步骤三：图案叠加。

回到原图文件，选中“铺装 1”图层，单击“图层面板”最下面一行第二个“fx”按钮，进行“图案叠加”。

步骤四：图案填充。

在弹出的对话框中，图案选择“铺装 1”，将缩放设置为“3%”，其他设置默认，具体设置如图 7-16 所示，设置完毕，单击“确定”按钮，完成“广场铺装 1”的图案填充。

提示：通过对“图案叠加”样式对话框中缩放比例的控制，可以调整填充图案比例的大小。百分数值越小，填充图案比例越小；百分数值越大，填充图案比例越大。

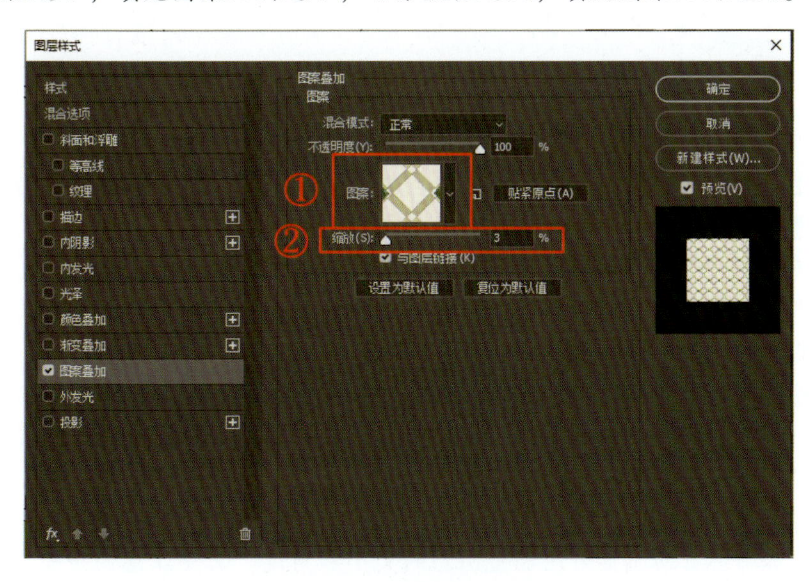

图 7-16 “图案叠加”设置

采用同样的方法分别将其他道路、广场铺装绘制完毕，效果如图 7-17 所示。

提示：绘制过程中一定要注意每隔一段时间对文件及时保存。

（3）绘制水体

本任务公园水体主要为自然流线的不规则水体，位于整个平面图的中心位置，为了使水面效果更加生动逼真，主要采用真实素材填充的方法来制作水面效果。

①复制拷贝素材　从素材库中选择并打开文件“水面 . jpg”，单击菜单中的“选择”→“全部”全选水面素材。单击菜单中的“编辑”→“拷贝”，对水面素材进行复制。

②贴入素材　回到原图，单击“设计线稿”图层，在该图层下用“魔棒”选择水体区域，单击菜单中的“编辑”→“选择性粘贴”里的“贴入”，用“贴入”命令生成蒙版，贴入真实水体素材，如图 7-18 所示。

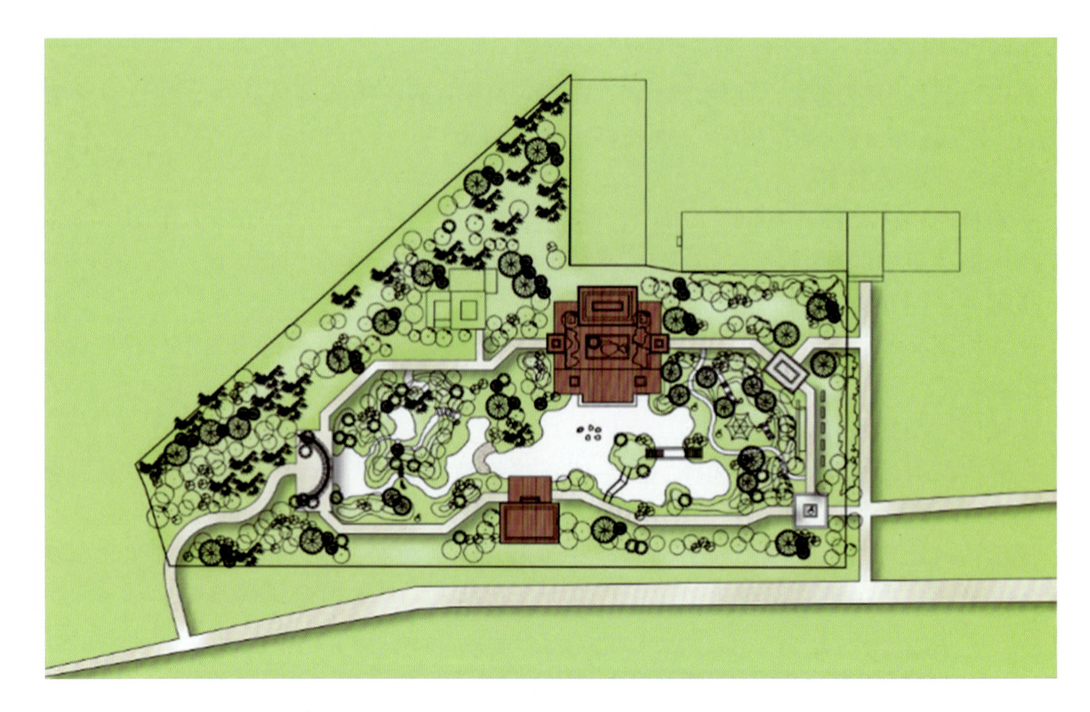

图 7-17 处理后的道路广场铺装效果

③自由变换 单击菜单中的“编辑”→“自由变换”，执行“自由变换”命令，对其水体大小、方向进行细节调整，调整到水面纹理效果相当。

④加深减淡处理 单击工具面板上“加深/减淡”，对水体进行加深减淡的自然化处理。主要是对水体中间部分进行减淡操作，对水体边缘部分进行加深操作，这样操作可以使水体看上去更加自然。

⑤阴影处理 为了让水体更加立体，还需要对水体添加阴影，接下来开始制作水体岸边在水面上所产生的阴影。单击“图层样式”里的“内阴影”，将不透明度设置为“35”，角度设置为“145”，距离设置为“15”，阻塞设置为“10”，大小设置为“15”，具体设置如图 7-19所示，完成相应设置，单击“确定”按钮。

提示：添加阴影有助于更好地调整阴影的大小和角度。需要注意的是整个文件阴影设置角度只能是同一个值，如果角度改变，所有图层随之改变。设置中的角度，距离和大小

图 7-18 贴入素材后的水体效果

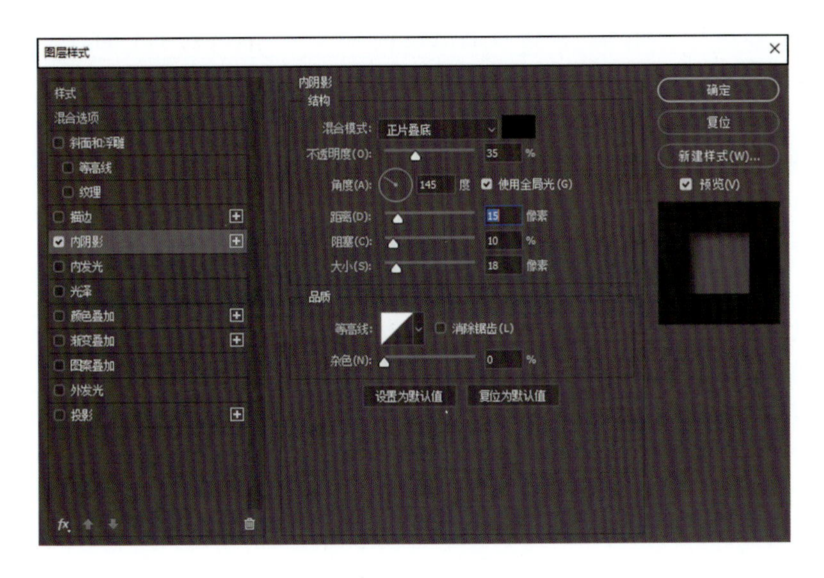

图 7-19 “内阴影”设置

可以根据需要任意调整。

⑥滤镜 为了让水体更加真实生动，还要借助于滤镜效果，单击菜单栏中的“滤镜”→“渲染”→“镜头光晕”，将亮度设置为“120”，镜头类型设置为“50～300 毫米变焦”，光晕中心设置为“在预览框中调整位置”，最终效果如图 7-20 所示。

图 7-20 处理后的水体效果

(4)绘制建筑小品

在园林平面效果图的制作中，绘制建筑小品主要有两种方法，一种是直接采用填充颜色的方式，再做阴影处理；另一种是直接贴入素材。

该任务中建筑小品主要分为廊架、亭子、桥和主体建筑物 4 种类型。因公园绿地面积大，建筑并不是很凸显，所以本次任务主要采用第一种方法，直接填充颜色，再做阴影处理，下面将详细介绍其制作方法与技巧。

①填充 单击“建筑”图层，用“魔棒工具”选中廊架区域，建立一个新的“廊架”图层，单击菜单中的“编辑”→“填充”，选择合适的颜色填充。

②描边 为增加建筑的氛围，还要执行“描边”命令，对其外轮廓进行描边。单击菜单

中的“选择”→“修改”→“收缩”，将收缩值设置为“5”。单击菜单中的“编辑”→“描边”，将描边宽度设置为“3 像素”，颜色设置为黑色。

③阴影　为增加建筑的真实感，还要为建筑制作投影。单击“图层面板”，选择“阴影”，将不透明度设置为“65”，角度设置为“145”，距离设置为“15”，阻塞设置为“5”，大小设置为“15”。

提示：添加阴影时，根据建筑物的高低来设置阴影距离。建筑越高，距离值越大，建筑越低，则距离值越小。

④加深减淡处理　单击工具面板上的“加深/减淡”，对建筑物屋顶进行加深减淡操作，增加建筑的细节。

⑤重复制作　按照前面同样的方法，将每一个主体建筑都绘制出来，得到如图 7-21 所示的效果。

提示：在绘制园林景观平面效果图时，主体建筑可以采用留白的形式，也可以采用直接填充颜色的方式。

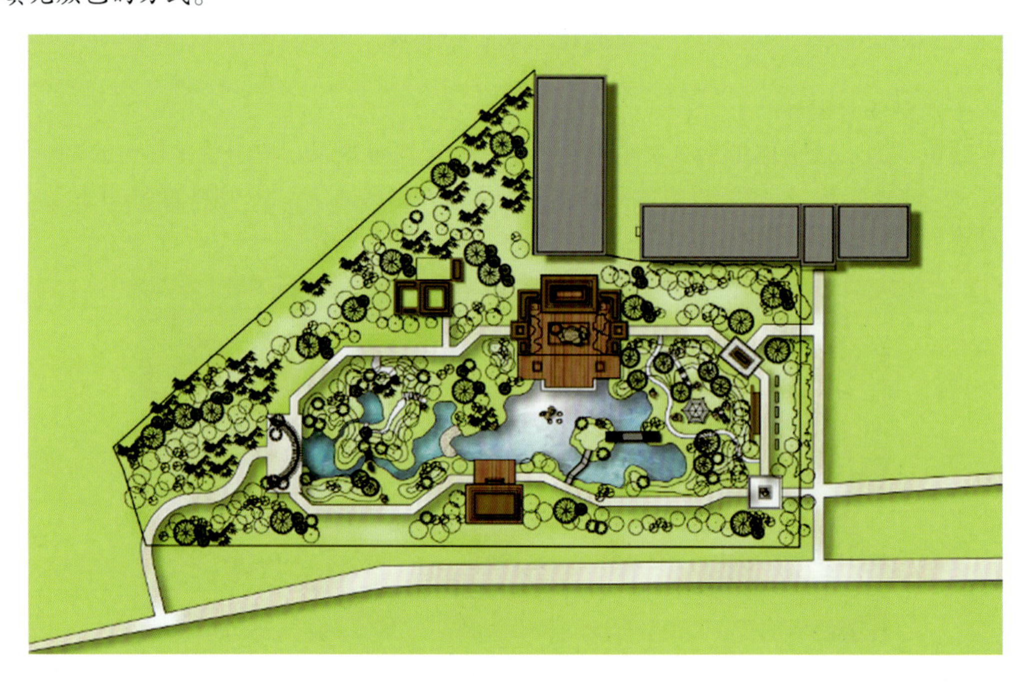

图 7-21　处理后的建筑小品效果

(5)绘制植物

该任务在 AutoCAD 图中已经完成了植物种植设计，因此在处理平面效果图时，可以利用已有的 AutoCAD 线稿绘制植物。该任务植物主要分为花池、灌木以及乔木 3 种。在绘制植物时要特别注意图层的管理以及图层先后顺序的管理。

①绘制花池　选择“设计线稿”图层，用“魔棒工具”选中花池区域，建立一个新的“花池”图层。单击菜单中的“编辑”→“填充”执行填充命令，选择合适的颜色填充。

为增加真实感，要进行“添加杂色”处理。单击菜单中的“滤镜”→“杂色”→“添加杂色”，在弹出的“添加杂色”对话框中进行设置，将数量设置为 5%，分布设置为“高斯分布”，勾选设置为“单色”，设置完毕后单击“确认”按钮进行确认。

②绘制灌木　选择“设计线稿”图层，用“魔棒工具”选中灌木区域，建立一个新的“灌木”图层。单击菜单中的“编辑”→“填充”，选择合适的颜色填充。

③绘制乔木　从素材库中选择合适的植物图例模块，单击菜单中的“选择”→“全部”，用工具面板中的“移动”工具，将选中的植物模块拖拽至平面效果图中合适位置，再用“自由变换”命令，对其大小方向进行调整。调整完毕，双击该图层将其改名为“植物 1”。

利用复制工具，将植物 1 模块等量复制到合适的位置。按住 Ctrl 键不放，点击“植物 1”的图层缩略图，快速选择植物 1 模块所有区域，点击选择工具面板上的“移动”，按住 Alt 键不放，用鼠标拖拽，生成一个新的植物 1 模块。

提示：这样做可以保证植物 1 都在一个图层之中。如果需要调整植物模块大小，可以用“自由变换”命令进行调整。这次选择的植物模块是带有阴影的，如果选用的植物模块没有阴影，要先做阴影。注意，一个 Photoshop 文件中只能有一个阴影方向。

采用同样的方法分别将其他植物绘制完毕，如图 7-22 所示。

图 7-22　处理后的植物效果

3. 绘制配景及细部

公园主体效果制作完成后，应着手进行配景及细部的绘制工作。

(1)绘制配景

①绘制原有建筑　与绘制其他建筑小品方法相同，使用“魔棒工具”选择区域，填充颜色，收缩描边，绘制出原有建筑。

②添加人物、车辆和石头等素材　打开石头素材，单击菜单中的“选择”→“全部”，单击工具面板中的“移动”，拖拽到原图合适位置。单击菜单中的“编辑”→“自由变换”，调整其大小及方向。

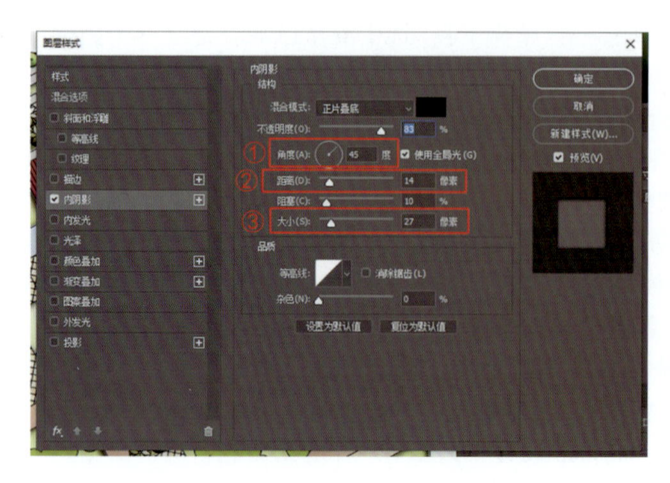

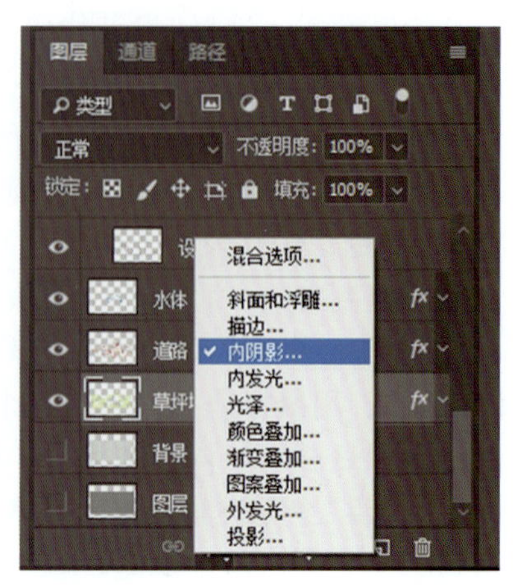

图 7-23 “图层样式”中的“内阴影”设置　　图 7-24 “图层”中的“内阴影”设置

(2)绘制细节

一般绘制细节主要包括细部的完善或者将存在的问题给予纠正。本次任务主要的细节围绕着阴影的处理展开，借助“图层样式”来完成绘制任务。一般阴影分为内阴影和外阴影两种，根据工作任务分析，绿地和水体属于内阴影，建筑、灌木和树木等内容属于外阴影。

①绘制绿地内阴影　选中绿地填充图层，单击“图层面板”，选择“内阴影”，将不透明度设置为“83”，角度设置为“145”，距离设置为“14”，阻塞设置为“10”，大小设置为“27”。具体设置如图 7-23、图 7-24 所示。

②制作其他图层　按照同样的方法将其他图层按需要添加图层样式，完成阴影绘制任务，如图 7-25 所示。

图 7-25 细部处理后的效果

4. 整体调整

后期整体效果的调整主要包括图像的色彩、饱和度、明暗度等各方面的调整以及确定整体构图等内容。图像的调整主要取决于自身对色彩的把握，最常使用的是调整色彩平衡、亮度/对比度、色阶和曲线等，可以根据需要尝试使用不同的调整方法。

(1)图像色彩调整

绘制完所有图纸后，将 Photoshop 文件及时保存，另存一份 JPG 格式的图片，将这张 JPG 格式的图片在 Photoshop 中打开，单击菜单中的“图像”→“调整”→“色相/饱和度”，进行调整，如图 7-26 所示。

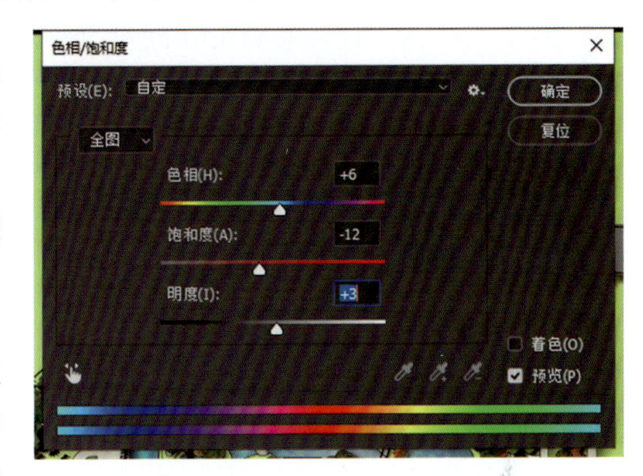

图 7-26 “色相饱和度”设置

(2)确定图纸整体构图

①选择区域 新建一个图层，点击工具面板上的“框选工具”，将羽化值设置为“60”，利用“框选工具”，在原图中框选出需要留下来的主体内容。

提示： 羽化数值越大，色彩过渡越柔和；数值越小，边界越清晰。因此，具体的羽化数值的设定要根据想要表达的效果来确定。

②反选区域 单击菜单中的“选择”→“反选”，反选前面的选择区域。

③填充 将前景色设置为白色，对所选择的区域用前景色进行填充。如果需要使周边的白色区域更明显一些，可以重复操作此步骤直到效果满意为止。

④裁剪 点击工具面板上的“裁剪工具”，将周围空白区域适当裁剪，得到的最终效果如图 7-27 所示。

图 7-27 公园绿地景观平面效果图

任务 7-2　公园绿地景观分析图绘制

【任务描述】

本任务是绘制某公园绿地景观分析图。甲方要求分析图层次分明，有一定的创新性。

针对本次任务，首先要确定分析图的种类及制作方法。一种是利用平面图纸制作常规的“圈圈泡泡”分析图；另一种是利用主要造景要素分层叠加的手法制作分析图。

【任务实施】

1. 绘制功能分析图

打开任务 7-1 制作完成的平面效果图，先分析图纸内容，根据具体情况确定其用地划分，勾勒出大概的功能分析图框架，待各功能区域确定后，再绘制完整的功能分析图。

本次任务主要有休闲娱乐区、自然林趣区、山林野趣区和中心水景区 4 个主要功能区域。各功能区域的绘制一般用色块来表示，也可以在此基础上加以变化，主要通过颜色区分不同功能。

(1) 调色

原有的平面效果图色彩比较多，不利于对各区域进行划分，所以需要先对平面效果图进行调色。

①复制图层　单击菜单中的“文件”→“打开”，打开“公园绿地景平面效果图 . jpg”文件。

再打开“设计线 . pdf”文件，单击“图层面板”，鼠标右键单击“设计线”图层，选择复制，将“设计线 . pdf”文件导入“公园平面效果图 . jpg”文件中。

单击菜单中的“文件”→“存储”，将图纸另存为“功能分析图 . psd”。

②渐变映射　复制“背景”图层，设置前景色为任意色彩。

单击菜单中的“图像”→“调整”→“渐变映射”，执行“渐变映射”命令，设置如图 7-28 所示，单击“确定”，将所有图层进行单色渐变映射处理。

图 7-28　“渐变映射”参数设置

③调整色彩　单击菜单中的“图像”→“调整”→“色相/饱和度”命令，调整色彩，使图像色彩更适合后期的分析图制作。最终效果如图 7-29 所示。

提示：对原有平面效果图调色也可以直接去色，将原有彩色图纸变成黑白图纸。

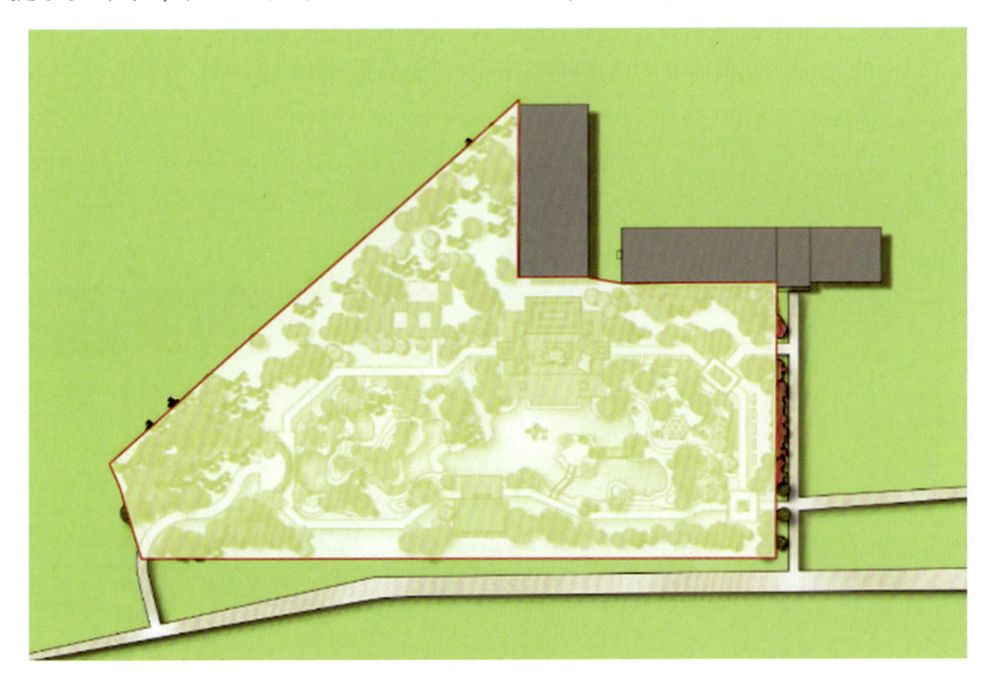

图 7-29　原效果图调色后效果

(2)设置画笔

①新建“休闲娱乐区”图层。

②在制作之前要对画笔的形状、角度、长宽比和间距等内容进行设置。

画笔选择“123”，大小设置为“20 像素”，间距设置为 212%，具体设置如图 7-30 所示。

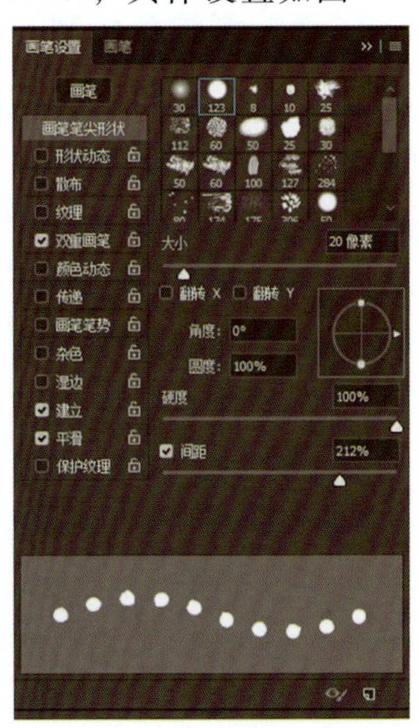

图 7-30　画笔设置

(3)选择区域

单击“设计线”图层，在该图层上，用“魔棒工具”选择“休闲娱乐区”相应区域。

(4)转化路径

单击工具面板上的“路径”，选择“将选择区域转化为路径”，将刚所选区域转化为路径，创建一个路径图层。

(5)描边、填充路径

①描边路径　因描边颜色默认的是前景色，所以描边前先设置前景色。单击工具面板“路径”，单击鼠标右键，选择“描边路径”。

②填充路径　它和描边路径一样，填充颜色默认的是前景色，需要先设置前景色，单击工具面板“路径”，单击鼠标右键，选择“填充路径”，透明度设置为 30。

提示：绘制的路径粗细以及形状与画笔的参数设置有关系，绘图之前应该先按照自己设想的要求设置参数。

(6)删除路径

操作完成后，单击鼠标右键，选择“删除”，将路径直接删除。

采用同样的方法绘制其他的功能分区，绘制完成后效果如图 7-31 所示。

图 7-31 “描边”“填充”路径后效果

后期还可以绘制出入口，添加文字等内容，并将图例绘制于图形左侧，完成功能分析图的绘制任务。

2. 绘制爆炸分析图

本类型的分析图不同于某个空间的拼贴，它可以很好地表现景观节点的信息，以及各个节点的关系或游览顺序，它只需要让人一眼看明白空间类型、次序、结构等，所以主要从大关系入手，一些细节则可以忽略。

(1)处理源文件

先将各景观元素分别从 Photoshop 中导出，再在 Photoshop 中全部打开，并复制、粘贴在一个文件夹中。

提示：此部分内容在本教材任务 7-1 中有详细介绍，此处不再赘述。

(2)自由变换

对这几张平面图进行变换。单击菜单中的“编辑”→“自由变换”里的“扭曲”，将这些图片调节成较为舒服的透视角度，使其能够表达完整。效果如图 7-32 所示。

(3)细节调整

可以添加箭头、文字以及背景效果，最终效果如图 7-33 所示。

提示：如果时间允许，最好用 Photoshop 做好的鸟瞰效果图进行分层，这样效果更好。

图 7-32 “扭曲”后效果

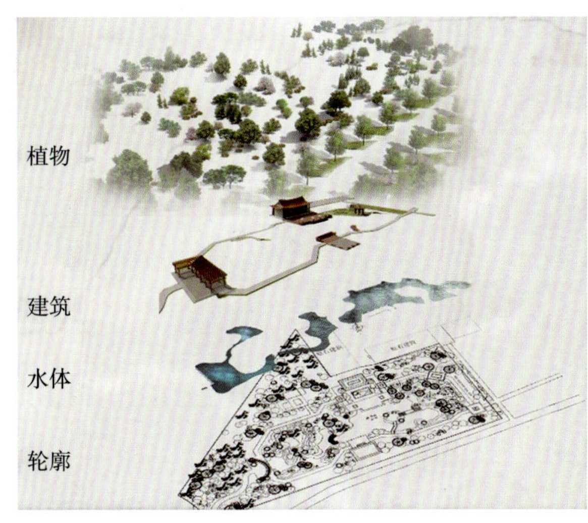

图 7-33 分层叠加分析图效果

任务 7-3 公园绿地景观立面效果图绘制

【任务描述】

本任务是制作公园立面效果图，甲方要求该立面效果图能营造出真实环境效果。

针对本次任务，首先要确定绘制风格为写实风格。此种风格主要是用真实素材填充的方法来制作，但是由于公园面积过大，下面只选取其中一部分来进行绘制。因表达的环境氛围限制，在显示整体立面图时，有许多细节并不能体现得很清楚，所以在此忽略建筑物本身的处理，着重对整体环境进行调整。

【任务实施】

1. SketchUp 模型导入 Photoshop

在 SketchUp 中打开“公园绿地景观 . skp”，裁切导出具有代表性的局部景观立面。

(1) 打开 SketchUp 模型

打开 SketchUp，进入其工作界面，单击菜单栏中的“文件”→“打开”，在“园林景观效果图制作”文件夹中找到“原稿”文件夹中的“公园绿地景观 . skp”文件，如图 7-34 所示。

(2) 设置 SketchUp 模型

打开 SketchUp 模型后，单击菜单栏中的“相机”→“平行投影”，再单击“相机”→“标准视图”→“前视图”，这样看到的图是标准的正立面图，没有投影效果。再关闭植物图层，将正立面图缩放至合适大小，最终效果如图 7-35 所示。

(3) 导出 SketchUp 模型

SketchUp 模型输入 Photoshop 一般通过图片的形式输出，不能直接导入。

单击菜单栏“文件”→“导出”→“二维图像”，弹出“输出二维图像”对话框，选择“选项”进行图像大小设置，在弹出的“扩展导出图像选项”对话框中，输入宽度为最大像素

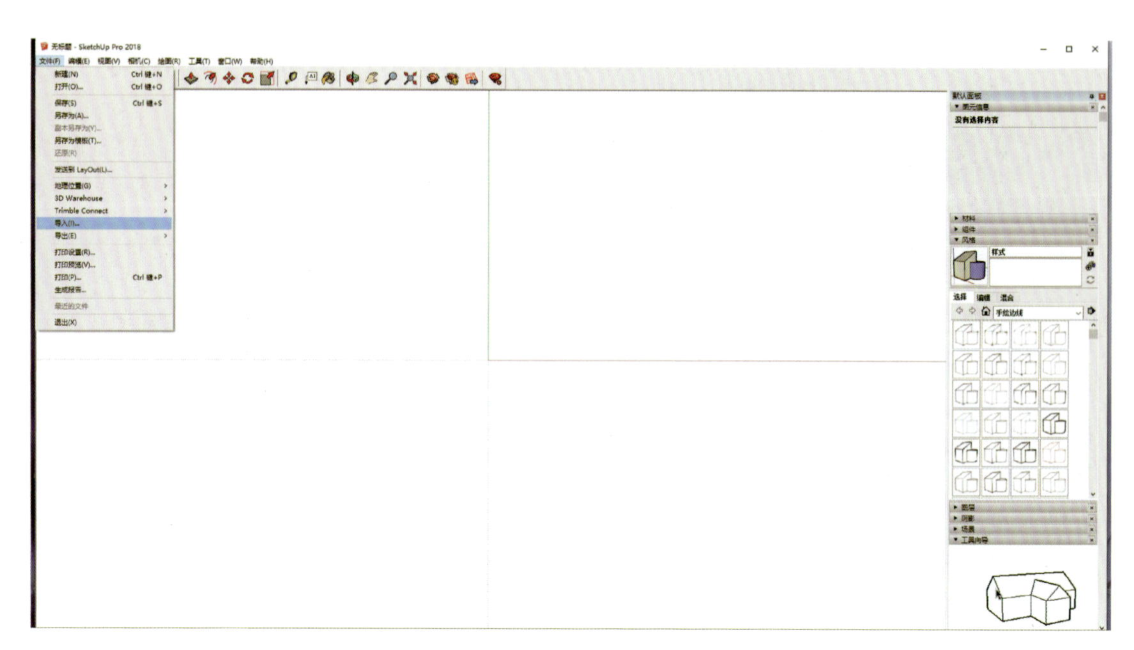

图 7-34　打开 SketchUp 图纸

图 7-35　处理后的 SketchUp 正立面效果

“9999”，高度随之自动调整，点击“确定”，最后选择“导出”完成 SketchUp 模型的导出任务，设置如图 7-36、图 7-37 所示。

设置完成后，点击“确定”，最后选择“导出”完成公园景观立面的导出任务。

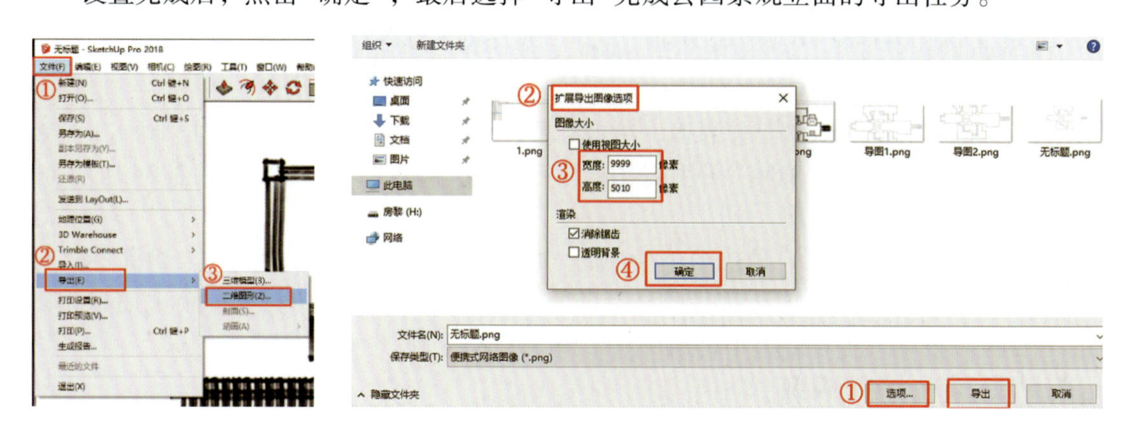

图 7-36　SketchUp 导出图像设置(1)

图 7-37　SketchUp 导出图像设置(2)

提示：SketchUp 软件每次导出的二维图纸内容只是软件显示的部分，如果将图纸内容放大，软件显示的图纸不全，导出的二维图像也就不全。

SketchUp 软件导出二维图像时要注意，如要得到高像素图纸，一定不要一次性导出，为了保证图纸清晰，便于后期绘制，要分次导出。每次导出一部分，后期在 Photoshop 中进行拼合。

（4）图片导入 Photoshop

①打开文件　打开 Photoshop 后，单击菜单中的“文件”→“打开”，打开之前从 SketchUp 导出的二维图像。

再单击菜单中的“文件”→“打开”，打开前面从 AutoCAD 导出的“设计线稿”和“植物”两个 pdf 文件。将这两个文件复制到“导图 . png”文件中，并调整好大小。

②保存　将文件都复制到一个文件后，对其进行基本处理。单击菜单中的“文件”→“存储”，保存文件为“公园绿地景观立面效果图 . psd”。

提示：如果从 SketchUp 导出两张二维图像，可先将两个图像合成一个文件，再通过工具面板中的“裁剪工具”，拉伸文件，改变文件长宽，将其拼合到一起。

2. 绘制各景观要素

本次任务中在绘制各景观要素立面效果时，一定要注意各部分的前后关系，按照各景观要素在立面效果图中的距离划分为近景、中景和远景。按照观察习惯，近景离得最近、最清晰，应该是处理的重点；中景次之；远景因为观察者较远，可以处理得稍微模糊些、粗糙些。它们主要通过图层的先后顺序来调整。

（1）绘制天空

①处理背景　回到原图，单击选择原图图层，在该图层下用“魔棒工具”选择天空区域，先删除原图底色，单击菜单中的“编辑”→“清除”。

②复制素材　从素材库中选择并打开“天空”素材，单击菜单中的“选择”“全部”。

单击菜单中的“编辑”→“拷贝”，对素材进行复制。

③粘贴素材　单击菜单中的“编辑”→“粘贴”，粘贴天空素材。

单击菜单中的“编辑”→“自由变换”，根据需要调整素材大小及位置。

④细节调整　为了让天空素材和本次公园绿地景观立面效果图更加协调，还需要进行细节调整。例如，对天空进行亮度、饱和度等细节调整。

单击菜单中的“图像”→“调整”→“亮度/对比度”。

单击菜单中的“图像”→“调整”→“曲线”。

单击菜单中的“图像”→“调整”→“色相/饱和度”。

调整完成后的最终效果如图 7-38 所示。

（2）绘制近景

本任务的近景主要是植物，采用真实素材填充的方法来完成绘制任务，因近景植物距离近，前面没有遮挡物，一定注意选择形体优美、内容清晰的植物素材。

①复制素材　从素材库中选择并打开“角树 1”素材，单击菜单中的“选择”→“全部”→“编辑”→“拷贝”。

②粘贴素材　回到原图，粘贴近景植物素材，并用“自由变换”命令调整其大小及

位置。

单击菜单中的“编辑”，在下拉菜单中选择“粘贴”。

单击菜单中的“编辑”，在下拉菜单中选择“自由变换”。

③调整素材　近景植物如果只有乔木树种，显得太过于单调乏味，为了使近景植物丰富起来，再从素材库中选择一些低矮植物素材与高大的乔木相搭配。按住 Ctrl 键不放，单击“低矮植物”的图层缩略图，用移动工具拖拽素材到合适位置，最终效果如图 7-39 所示。

图 7-38　贴入天空素材后的效果

图 7-39　贴入近景素材后的效果

(3)绘制中景

本次任务的中景主要是植物和水面，仍然采用真实素材填充的方法来完成绘制任务，因中景植物距离我们有一定距离，而且前面的近景对它们产生了一定的遮挡，所以在绘制时，一定注意中景和近景的区别，做到高低搭配，有起伏，产生节奏韵律，避免布局呆板。

①复制素材　从素材库中选择并打开“植物 . psd”文件，从里面选择合适的植物素材来绘制中景植物，可以多选择几种树种进行搭配。

单击菜单中的“选择”→“全部”→“编辑”→“拷贝”。

②粘贴素材　回到原图，单击菜单中的“编辑”→“粘贴”，粘贴中景植物素材，并用“自由变换”命令调整其大小及位置。

③细节处理　主要是对中景水面的处理。选择素材库中的“水面”素材，用“多边形套索工具”将素材所需部分选中，复制素材，再回到原图中用“贴入”命令贴入素材，调整大小及色彩。

单击菜单中的“图像”→“调整”→“色相/饱和度”，单击工具面板中的“加深/减淡”工具，最终效果如图 7-40 所示。

(4)绘制远景

本次任务的远景主要是植物和山体。因远景植物距离最远，被近景和中景遮挡了很多内容，所以在绘制时，一定注意进行虚化处理，不要喧宾夺主。

从素材库中选择并打开“植物 . psd”文件，从里面选择合适的素材绘制远景，注意层次变化。单击菜单中的“选择”→“全部”，复制、粘贴素材。

单击菜单中的“编辑”→“自由变换”。

单击菜单中的“图像”→“调整”→“色相/饱和度”。

单击工具面板中的“加深/减淡”，对局部进行加深减淡处理，效果如图 7-41 所示。

图 7-40　贴入中景素材后的效果

图 7-41　贴入远景素材后的效果

3. 绘制配景及细部

本任务所需绘制的配景主要是人物和汽车，绘制细部是对水面阴影的处理以及调整近景、中景和远景，让其轮廓层次凸显出来，使画面更有层次感。

(1)绘制配景

立面效果图中如果没有人和一些能作为参考的物体存在，整个画面就会没有了活力，并且没有尺度感。加入人之后，画面的尺度感就表现出来了。

①复制素材　从素材库中选择并打开“人”这一素材，对其进行复制。单击菜单中的“选择”→“全部”。

单击菜单中的“编辑”→“拷贝”。

②粘贴素材　用“自由变化”命令调整其大小，并移动到合适位置。

③用同样方法，多复制几个人和汽车。

提示：一定要注意人物与周边建筑或植物的比例、尺度关系，否则会导致画面失真，缺乏正常的尺度感。

(2)绘制细部

一般绘制细节主要包括细部的完善或者将存在的问题给予纠正。本次任务的北部主要围绕水面阴影效果及远近景的关系处理展开。

①制作水面阴影　将临水景观复制为一个新图层，按住 Ctrl 键不放单击“植物 1”的图层缩略图，快速选择新图层内容，将所选区域填充为黑色，自由变换调整其大小和方向，调整图层面板上的不透明度，并通过“加深/减淡”“模糊”等工具制作水面阴影。

②处理远近景的关系　主要通过调整“曲线”及“图层面板”中的“不透明度”等方法来完成绘制任务。单击菜单中的“图像”→“调整”→“曲线”。

单击工具面板中“图层面板”里的“不透明度”。将远景的不透明度调到最低，中景根据远景关系调整数值，近景的不透明度调到最高。

完成后的最终效果如图 7-42 所示。

4. 整体调整

主要是对画面进行整体调整，使画面更加有质感。

图 7-42　绘制配景及细部后的效果

图 7-43　整体调整后的效果

（1）盖印图层

盖印所有可见图层，生成一个全新图层，方便对图样进行整体调节（快捷键：Ctrl+Alt+Shift+E）。

（2）滤镜

单击菜单中的“滤镜”→“模糊”→“动感模糊”，增加原图的模糊程度。

（3）调整图层样式

新建图层，设置图层模式为柔光模式，调整图层不透明度，增加画面的朦胧感。用橙色柔角画笔对植物的受光面进行提亮，增加图面的明暗、冷暖对比，使画面不至于显得单薄。最终效果如图 7-43 所示。

任务 7-4　公园绿地景观鸟瞰图绘制

【任务描述】

本任务是绘制公园绿地景观鸟瞰图，甲方要求该效果图能营造出真实环境效果。

针对本次任务，在做鸟瞰图时首先要确定绘制风格为写实风格，此种风格主要是用真实素材填充的方法来制作。其次要明确整张鸟瞰图所要表现的重点，也就是中心区域，明确主次关系，选择合适的视点进行构图。然后确定其风格、色调。明确了大方向以后最后着手绘制。

但是由于公园绿地面积过大，受所要表达环境的限制，有许多细节并不能在显示的整张鸟瞰图中表现出来，我们可以忽略这些细节，有重点地进行表示。因为原图已经在 SketchUp 中进行了一定的渲染，可以忽略对建筑物材质本身的处理，着重对鸟瞰图的整体环境进行调整。

【任务实施】

1. SketchUp 模型导入 Photoshop

在 SketchUp 中打开“公园绿地景观 . skp”，裁切导出具有代表性的鸟瞰图。

（1）打开 SketchUp 模型

打开 SketchUp，进入工作界面，在“园林景观效果图制作”文件夹中找到“原稿”文件夹里的“公园绿地景观 . skp”文件。

(2)设置 SketchUp 模型

打开 SketchUp 模型后，单击菜单栏“相机”→“标准视图”→“等轴视图”，这样得到的图是等轴透视图。接着关闭不需要的辅助图层，如草花、景观树等图层，清理图面，构思鸟瞰图的后期效果。

本任务鸟瞰图准备采用横向构图，视点略高于场景，要用“环绕观察”工具旋转到合适视角，将景观主体放在画面中心，突出重点，完成对鸟瞰图的角度选择。效果如图 7-44 所示。

图 7-44　处理后的 SketchUp 鸟瞰效果

提示：一个好的鸟瞰图构图必然是变化统一的。视点的高低会对效果图的画面产生直接的影响。视点低，画面呈现的是仰视效果，画面主体景观显得高大庄严，背景常以天空为主，其他景物下缩，这样主体突出。而视点高，画面成俯视效果，画面场景大，广阔而深远，适宜表现地广人多、场面复杂的画面。鸟瞰图就属于高视点效果图，在后期添加素材时一定要注意配景的透视点和灭点要与原画面的透视关系保持一致。

(3)导出 SketchUp 模型

单击菜单中的“文件”→“导出”→“二维图像”，弹出“输出二维图像”对话框，选择“选项”进行图像大小设置，在弹出的“扩展导出图像选项”对话框中，输入宽度为最大像素“9999”，高度随之自动调整，命名为“导图 . jpg”，点击“确定”，最后选择“导出”，完成鸟瞰图的导出。

(4)图片导入 Photoshop

打开 Photoshop 软件，单击菜单中的“文件”→“打开”，打开前面从 SketchUp 导出的二维图像，右键双击图层进行解锁。完成以上操作后，将“导图 . jpg”保存为“公园绿地景观鸟瞰效果图绘制 . psd”。

提示：以上操作与本教材任务 7-3 中的 1.“SketchUp 模型导入 Photoshop”一样，详细内容可参考前文。

2. 调整构图

图片导入 Photoshop 后，开始调整构图。鸟瞰图在构图上一般采用横向构图或竖向构图，不会用复杂的“S”形构图、三角构图等，尽量避免方形构图或者其他不规则构图。横构图和竖构图使整个鸟瞰画面更加规范、和谐，不会使人产生视觉疲劳。

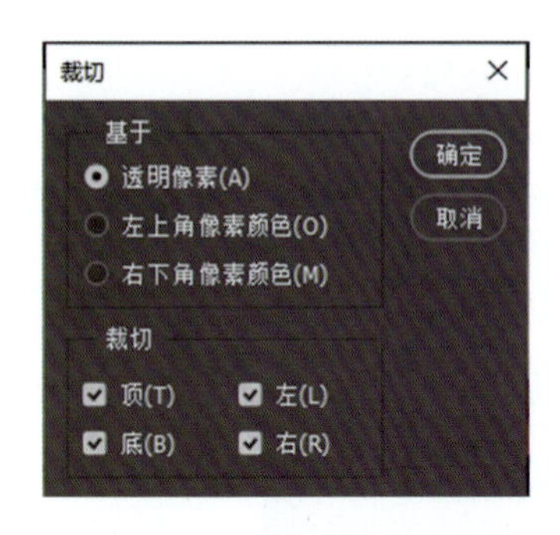

图 7-45 裁切对话框设置

鸟瞰图重在表现场景，不同角度展现出来的效果不同。视点略高于场景，主要表达局部设计要点。视点再高一些，主要表达主体的空间氛围，设计的主体依然在画面中心，表现的是主体与周围环境之间的关系。视点再高一些，表现的不再是单独的建筑或是某一个场景，而是这一区域的布局。

本任务的鸟瞰图选择的是视点略高于场景，重点表达水景周边景观效果。单击矩形工具，将画面多余部分框选出来，按 Delete 键删除，再单击菜单中的“图像”→“裁切”，基于透明元素对 4 个方向进行裁切，将构图调整到想要的效果，具体设置如图 7-45 所示。

3. 绘制各景观元素

在绘制鸟瞰图各景观要素时，一定要注意对周边环境氛围的处理，以及重点节点的环境营造，重点在于整体环境的营造。所谓整体布局是指场景中各配景的摆放位置、色彩搭配等。在后期的场景中不要过多地使用对比过于强烈的色彩，这样会使人的视觉产生跳跃，从而忽略了主题景观。同时，应根据场景所要表达的季节进行色彩搭配，不要出现下雪天配置夏季开花的植物。另外，在制作时要时刻注意配景在画面中所占比重，不能某个区域的内容过多，挤得太满，也不能使某些区域太空旷。

（1）删除背景

单击“图层 0”，选择“多边形套索工具”将原图形中背景区域选中，按 Delete 键删除背景区域，方便后面对其他素材进行处理。

因建筑部分与背景有多处交叉重叠部分，还需要特别放大精心处理，也可结合“魔棒工具”进行设置再多次操作完成。效果如图 7-46 所示。

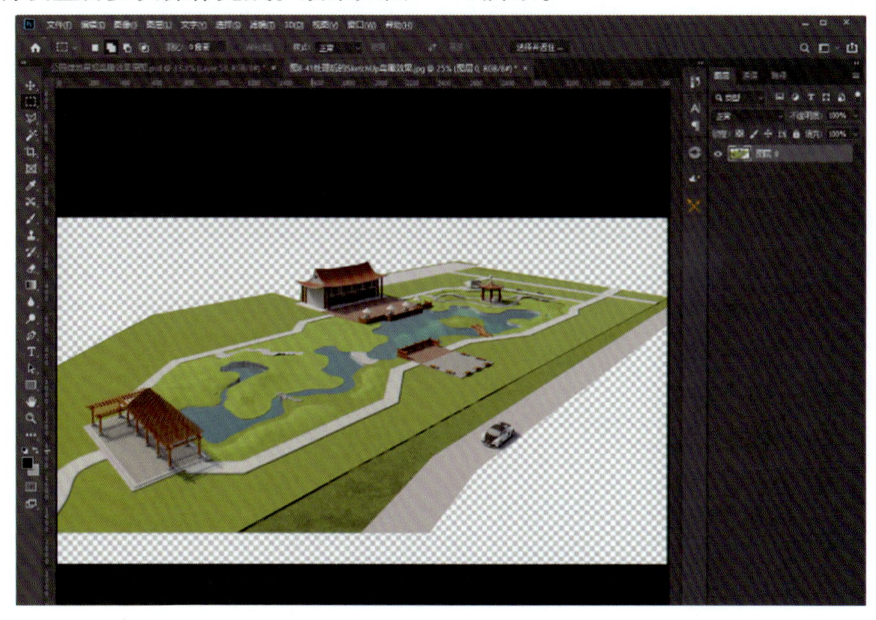

图 7-46 删除背景后的效果

（2）绘制周边氛围

本次鸟瞰图周边氛围主要分为两个方面，一是前景的公路和绿地；二是背景山体和绿地。

①制作前景公路和绿地　单击原图层，使用“多边形套索”工具将原图形中前景公路区域选中，建立一个新的“公路”图层。

单击菜单中的“编辑”→“填充”命令，将所选区域填充为灰色。

单击菜单中的“滤镜”→“杂色”→“添加杂色”命令，制作道路纹理，具体设置如图 7-47 所示。

图 7-47　“添加杂色”设置

单击“加深/减淡”工具，将公路区域局部颜色加深，局部颜色减淡，营造出公路的光影质感，效果如图 7-48 所示。

打开素材植物，用“多边形套索”工具选中所需要的素材，用移动工具拖拽到所选位置。用同样的方法多次操作，制作完成前景绿地植物的配置。

②制作背景山体和绿地　用同样的方法，打开素材，复制素材，拖拽到原图合适位置。最终效果如图 7-49 所示。

图 7-48　加深减淡处理后的效果

图 7-49　添加周边环境氛围后的效果

（3）绘制园路

①复制素材　单击菜单中的“文件”→“打开”命令，打开素材库中的“园路 1. jpg”图像文件。单击“多边形套索”工具将素材所需部分选中，单击菜单中的“编辑”→“拷贝”命令进行复制。

②选择铺装道路区域　单击“设计线稿”图层，使用“魔棒工具”将原图形中所有铺装道路区域选中。

③贴入素材　单击菜单中的“编辑”→“选择性粘贴”→“贴入”命令，在铺装区域生成蒙版，贴入素材。单击菜单中的“编辑”→“自由变换”命令，旋转至合适角度。

④调整色彩　单击菜单中的“图像”→“调整”→“色相/饱和度”命令，调整色彩。

(4)绘制水体

①复制素材　单击菜单中的“文件”→“打开”命令，打开素材库中的“水体 .jpg”图像文件。单击“多边形套索”工具将素材所需部分选中。单击菜单中的“编辑”→“拷贝”命令进行复制。

②选择水体区域　单击“设计线稿”图层，使用“魔棒工具”将原图形中所有水体区域选中。

③贴入素材　单击菜单中的“编辑”→“选择性粘贴”→“贴入”命令，在水体区域生成蒙版，贴入素材。单击菜单中的“编辑”→“自由变换”命令，旋转至合适角度。

④调整色彩　单击“加深/减淡”工具，调整水面颜色深浅，制作阴影。添加水体后的效果如图 7-50 所示。

图 7-50　添加水体后的效果

(5)绘制植物

①绘制近景植物　单击菜单中的“文件”→“打开”命令，打开素材库中的“植物 . psd”文件。选择合适素材复制到图中适宜位置。

②绘制远景植物　单击菜单中的“文件”→“打开”命令，打开素材库中的“植物 . psd”文件。选择合适素材复制到图中适宜位置。根据远近前后关系，调整图层的不透明度，将前后关系拉开。

用同样的方法完成所有植物绘制，效果如图 7-51 所示。

4. 绘制配景

在绘制鸟瞰图配景的时候，一定要注意配景不可以喧宾夺主，在画面上过于突出，要充分考虑配景素材与画面氛围的和谐统一。

粘贴配景素材时也不能毫无节制地复制粘贴，以免使画面显得过于统一，缺少变化，不够真实。

一个场景中的配景素材种类也不能过多，否则会给人一种混乱感。

①绘制汽车　单击菜单中的“文件”→“打开”命令，打开素材库中的“汽车 . jpg”图像文件。单击“多边形套索”工具将素材所需部分选中，单击菜单“编辑”→“拷贝”命令，进行复制。

图 7-51　添加植物后的效果

单击菜单中的“粘贴”命令，贴入素材。单击菜单中的“编辑”→“自由变换”命令，旋转至合适角度并调整大小。

单击菜单中的“编辑”→“拷贝”命令，进行复制。单击菜单中的“编辑”→“自由变换”命令，旋转至合适角度并调整大小。

单击“加深/减淡”工具，调整汽车顶部的颜色。

②绘制其他配景　可采用同样方法，制作完成其他配景。

5. 整体调整

①盖印　按快捷键 Ctrl+Alt+Shift+E，盖印所有可见图层，生成新图层。

②滤镜　选中新生成的盖印图层，单击菜单中的“滤镜”→“模糊”→“动感模糊”命令，增加原图的模糊程度。

③图层模式　设置图层模式为“柔光”，调整图层不透明度，增加画面的朦胧感。

④调整色彩　单击菜单中的“图像”→“调整”→“色相/饱和度”命令，调整色彩。

⑤设置边缘　新建背景层，填充白色，调整图层置于最下方。选择“矩形选框工具”，设置羽化值为 200 像素，在图中画边框，如图 7-52 所示。再反选，确定边缘区域，点击 Delete 键，可以多删除几次，以提高边缘的虚化效果，如图 7-53 所示。

图 7-52　矩形选框工具设置

图 7-53　水彩马克笔手绘风格园林效果图最终效果

项目 8

Photoshop 实训案例

【知识目标】

(1)掌握 AutoCAD、SketchUp 文件输出到 Photoshop 的方法。

(2)掌握平面效果图各景观元素的制作方法与技巧。

(3)掌握立面、局部透视效果图制作的流程和方法，了解和认识效果图的各种表现技法及规律。

(4)掌握图像调整的方法和技巧。

(5)掌握常用滤镜的使用方法和技巧。

【技能目标】

(1)能根据要求完成不同风格平面效果图的绘制。

(2)能熟练运用 Photoshop 绘制园林绿地景观立面、局部透视效果图，表达设计意图。

(3)能熟练运用图像色彩平衡、曲线、色相/饱和度等命令进行图像色彩调整。

(4)会使用常用滤镜制作各类特殊效果。

【素质目标】

(1)培养学生认真、严谨的学习态度和精益求精的工匠精神。

(2)培养学生适应软件更新的自学能力和知识迁移能力。

任务 8-1　居住区附属绿地平面效果图绘制

【任务描述】

本次任务是绘制某居住区附属绿地平面效果图，甲方提供了 AutoCAD 设计图纸，如图 8-1 所示，要求该平面效果图制作要有创意，有别于以往传统平面效果图的制作。

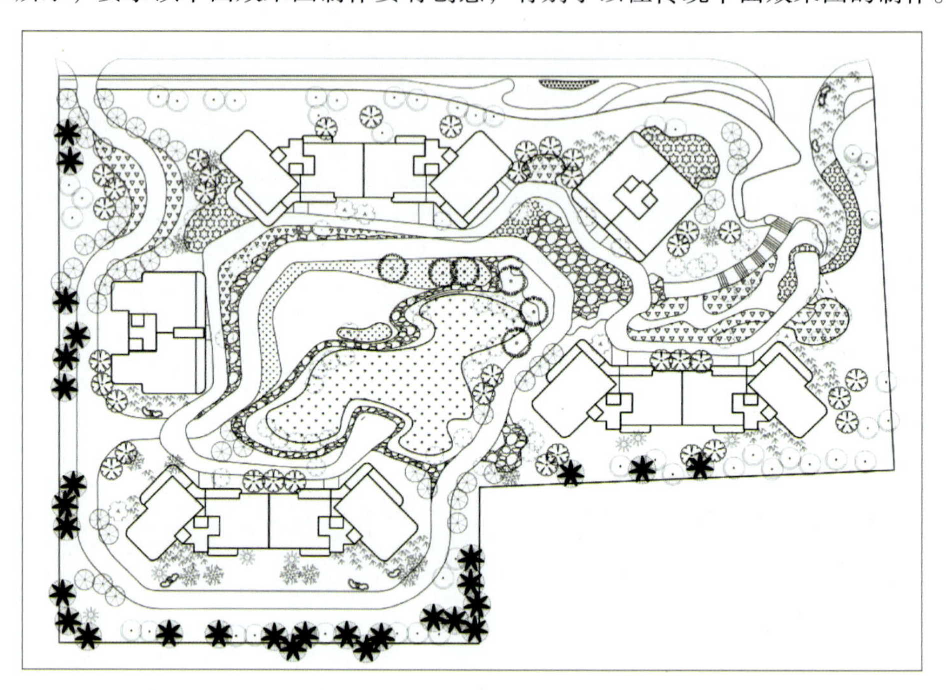

图 8-1　居住区附属绿地平面图

针对本次任务，首先要确定绘制风格，目前比较流行的是拼贴风平面风格。相较于传统的写实渲染风格，拼贴风更具有艺术性，有助于创意的表达，整体风格简洁、制作起来省时省力。

【任务实施】

1. AutoCAD 图纸分层导入 Photoshop

在 Photoshop 中绘制居住区附属绿地平面效果图时，一定要采用分层导图的方式，对不同图层进行多次打印输出，导出设计线稿。

提示：此操作与本教材任务 7-1 中的“任务实施 1. AutoCAD 图纸分层导入 Photoshop”相同，此处不再赘述。

2. 分区填色

本次任务需要先确定绘制内容，对底图按照设计内容分区填色。将不同功能区填充不同颜色，让这些区域有明确的色域，为后期快速选择区域、填充材质创造便利条件。根据本次居住区附属绿地的主要制作内容，将绿地、园路、水体和建筑分成不同区域，分别填充不同颜色，便于后期分别调整效果。

(1)绿地填色

单击“设计线稿”图层，使用“魔棒工具”将原图形中所有绿地区域选中，建立一个新的“绿地”图层。选择合适的绿色调，填充绿色，如图 8-2 所示。

图 8-2　填充颜色的设置

(2)其他区域填色

用同样的方法，将其他区域填充不同颜色，以示区别，具体效果如图 8-3 所示。

(3)整理图层

分区填色后，单击工具面板“图层”→“创建组”，创建新组“填色”，用鼠标拖拽将所有分区填色图层放置于该组内，方便后期操作和修改。

提示：建组后，为防止图层遭到误操作破坏其色彩区域，可以使用锁定功能将图层锁定。

3. 填充材质

本任务主要通过叠加不同材质，快速营造空间场景感，重点在于填充材质。在开始处理各种材质在图面中的效果时，主要用到“图层样式”里的描边、图案叠加、投影和“图层蒙版”等功能。

(1)填充绿地材质

根据本任务确定的绘制风格，从素材库中选中绿地材质，用图层蒙版的方法填充到“绿地填色”图层中。

①快速选区　按住 Ctrl 键不放，同时单击“绿地填色”的图层缩略图，快速地将绿地部

分选择出来。

②贴入素材　在素材库中找到“平面素材 . psd”文件，单击工具面板的“矩形”，用鼠标“框选”，选取所需要的素材区域，单击菜单中的“编辑”→“拷贝”，复制素材。回到原图，单击菜单中的“编辑”→“选择性粘贴”→“贴入”，填充素材到绿地中。

③调整素材　单击工具面板中的“加深/减淡”，在绿地外边缘位置加深，在绿地中间位置减淡，对所添加的素材做细节处理，使其更加真实、自然，效果如图 8-4 所示。

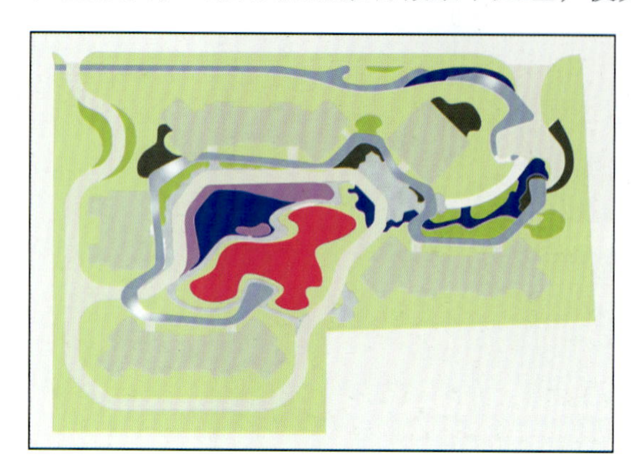

图 8-3　分区填色效果

图 8-4　填充绿地材质效果

(2)填充园路、广场材质

可选择填充的园路、广场材质较多，本任务主要采用图案叠加的方法。

①填充园路材质

步骤一：快速选区。按住 Ctrl 键不放，单击“绿地填色”的图层缩略图。

步骤二：定义图案。从素材库中选择并打开“铺装 1. jpg”，单击菜单中的“选择”→“全部”，将图样全部选中。

单击菜单中的“编辑”→“定义图案”，将该铺装素材命名为“铺装 1”。

步骤三：图案叠加。回到原图文件，选中“园路填色 1”图层，单击图层面板最下面一行第二个“fx”按钮，进行“图案叠加”。

在弹出的对话框中选择图案“铺装 1”，根据需要进行设置。设置完毕，单击“确定”按钮确认，完成园路铺装 1 的图案填充。

②图形铺装材质

步骤一：确定中心点。按 Ctrl+R 快捷键，显示“标尺”，将光标放在标尺上，按住鼠标左键拖出纵横相交的参考线，在图中确定一个中心点。按 Ctrl+Shift+N 快捷键，新建“图层 1”。选择“椭圆选框工具”，将光标放在中心点位置，按 Alt+Shift 键，绘制一个圆，如图 8-5 所示。

步骤二：设置前、背景色。设置前景色为 RGB(88，84，85)，背景色为 RGB(245，233，221)。按 Ctrl+Delete 键填充背景色，如图 8-6 所示。

步骤三：点状化。执行“滤镜→像素化→点状化”命令，设置单元格大小为 3。添加点状化效果如图 8-7 所示。

步骤四：描边。按 Ctrl+Shift+N 快捷键，新建“图层 2”，执行“编辑→描边”命令，设

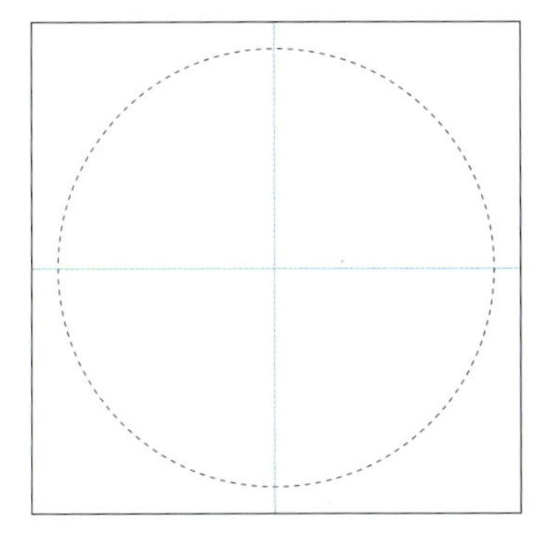

图 8-5　绘制圆形选区

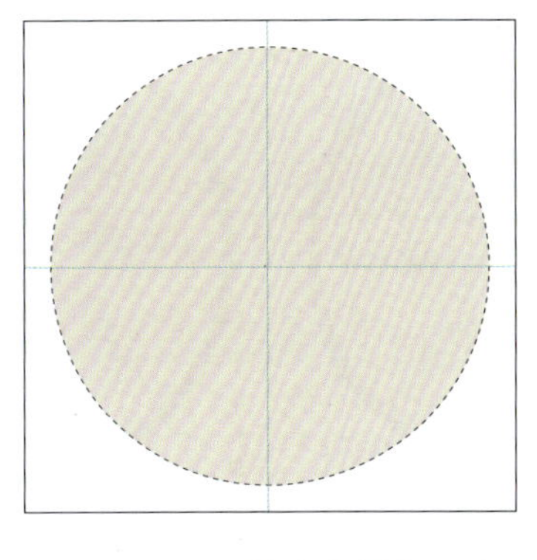

图 8-6　填充背景色

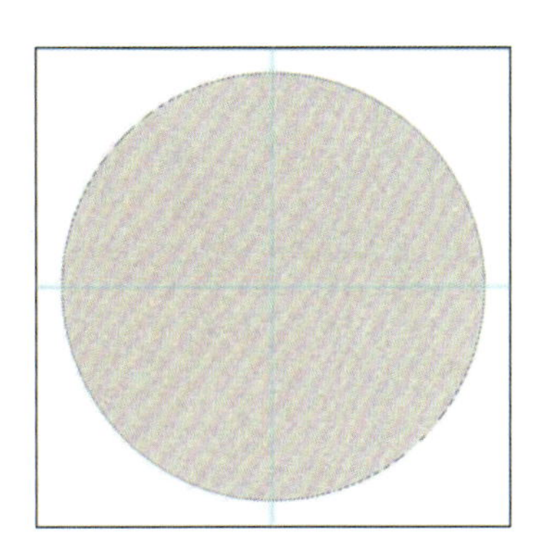

图 8-7　添加点状化效果

置描边宽度为 30，颜色为黑色 RGB(0，0，0)，单击“确定”。按 Ctrl+D 键，取消选区。

步骤五：添加杂色。执行“滤镜→杂色→添加杂色”命令，单击“确定”按钮。描边和添加杂色效果如图 8-8 所示。

步骤六：绘制内部图样。按 Ctrl+Shift+N 快捷键，新建“图层 3”。设置前景色为 RGB(220，192，168)，背景色为 RGB(165，137，113)，单击“确定”。选择“多边形工具”，在工具选项栏选择“像素”，设置边数为 8，星形，缩进边距为 50%。将光标放在中心点位置，绘制一个八角星，如图 8-9 所示。

步骤七：调色。按 Ctrl+Shift+N 快捷键，新建“图层 4”。选择“多边形套索工具”，绘制三角形。按 Ctrl+Delete 键，填充背景色，如图 8-10 所示。按 Ctrl+D 键，取消选区。

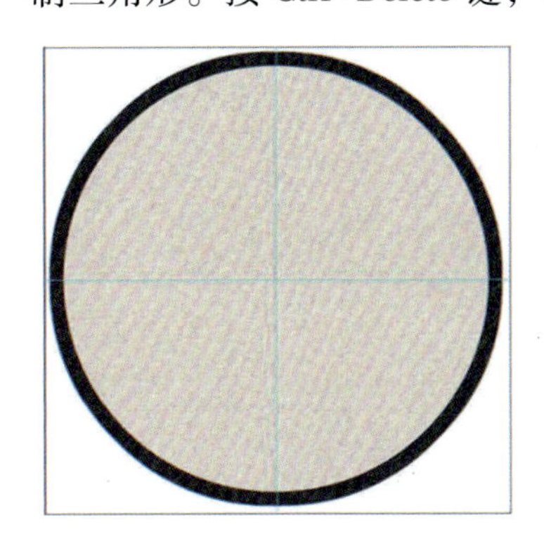

图 8-8　描边和添加杂色效果

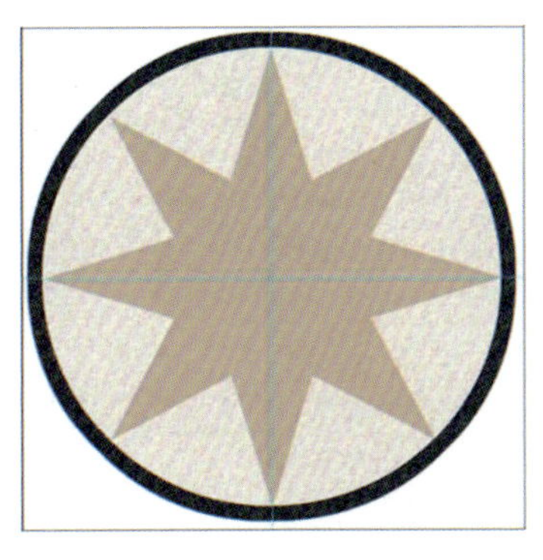

图 8-9　绘制八角星

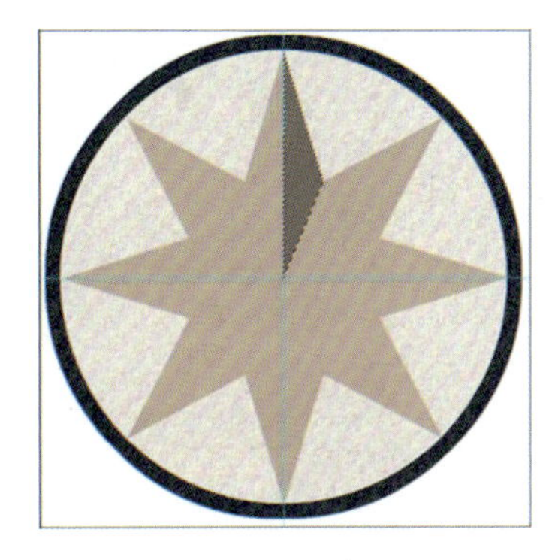

图 8-10　绘制三角形选区并填充

步骤八：复制。按 Ctrl+J 键，复制“图层 4”。按 Ctrl+T 键，将中心控制点移至中心点位置，单击鼠标右键，选择“旋转 180 度”，按 Enter 键确定。重复此操作 6 次，效果如图 8-11所示。

步骤九：链接合并图层。按 Shift 键链接“图层 3”“图层 4”和所有“图层 4 副本”图层，按 Ctrl+E 键，合并链接图层，命名为“图层 3”。

步骤十：添加杂色。执行“滤镜→杂色→添加杂色”命令，设置数量为 10%，平均分布，勾选“单色”。圆形铺装最终效果如图 8-12 所示。

图 8-11　复制图像并旋转　　　　图 8-12　圆形铺装最终效果

步骤十一：链接合并“图层 1”“图层 2”“图层 3”，命名为“图形铺装”，此图案可作为铺装素材。按 Ctrl+T 键调整大小，移至广场区域。

采用同样的方法分别绘制其他园路、广场，效果如图 8-13 所示。

图 8-13　填充园路、广场材质效果

（3）填充植物材质

原 AutoCAD 底图上已完成了种植设计，所有植物都已经确定种植位置，只需要一些植物素材来进行填充。植物在图纸中所占比重较大时，会对图面效果产生直接影响，所以编辑植物效果应根据自己的实际需求加以变动。

①填充花灌木材质　按住 Ctrl 键不放，单击“绿地填色”的图层缩略图，可以快速将“花灌木 1”图层中的所有区域选中，选择合适素材复制，单击菜单中的“编辑”→“拷贝”（快捷键 Ctrl+C）。

再回到原文件填充。单击菜单中的“编辑”里的“选择性粘贴”→“贴入”（快捷键 Alt+

Shift+Ctrl+V)。

②绘制乔木　执行"文件→打开"命令，打开素材文件中的"植物素材. psd"文件，打开后可以看到有图层 0，如图 8-14 所示。

设置背景色为白色 RGB(255，255，255)。按 Ctrl+Shift+N 快捷键，新建"图层 1"，调整图层顺序到"图层 0"之下，按 Ctrl+Delete 快捷键，为"图层 1"填充白色背景，如图 8-15 所示。

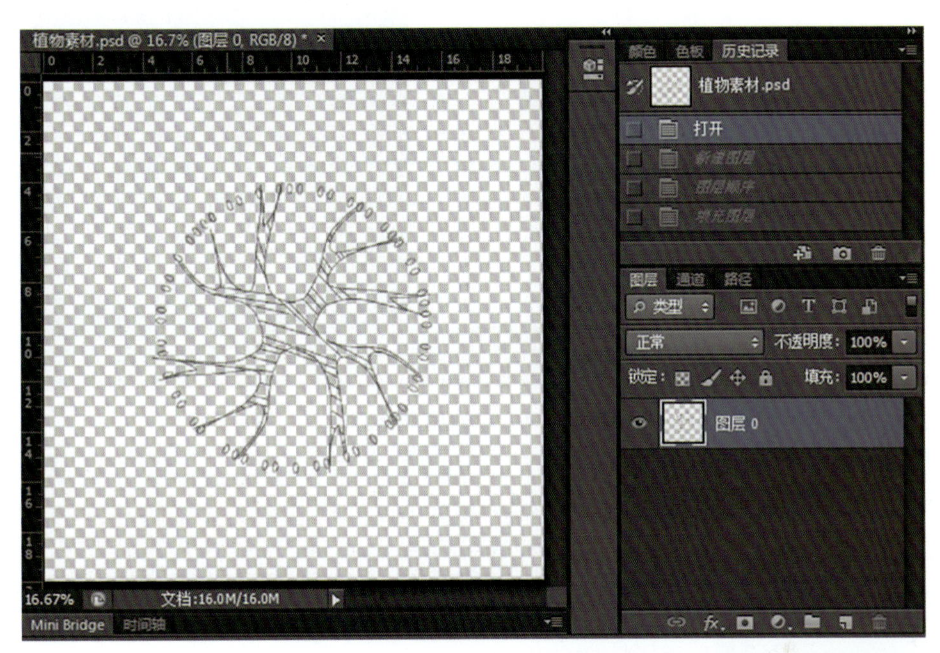

图 8-14　"植物素材. psd"文件显示

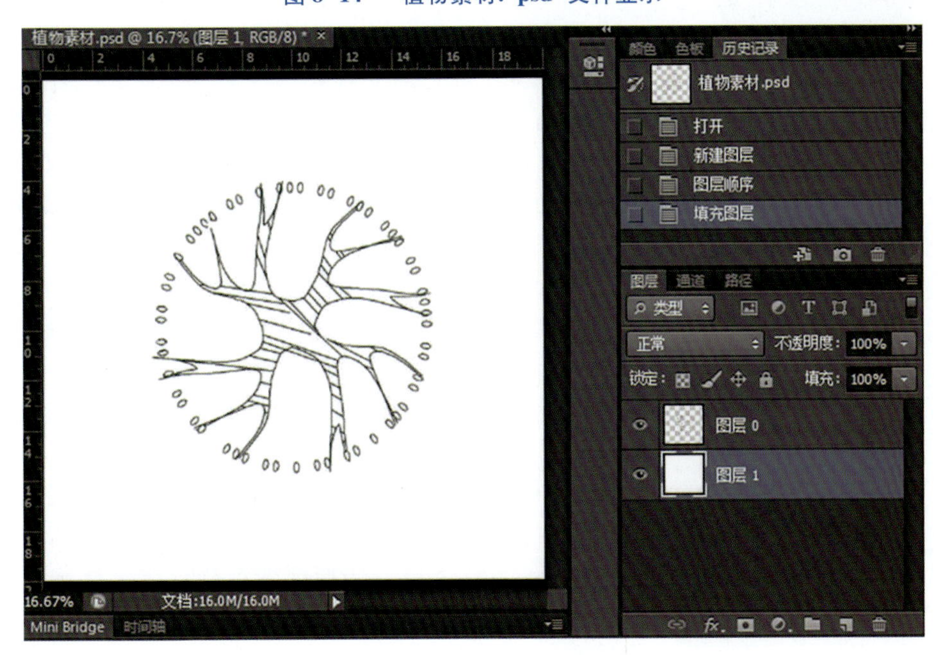

图 8-15　填充白色背景

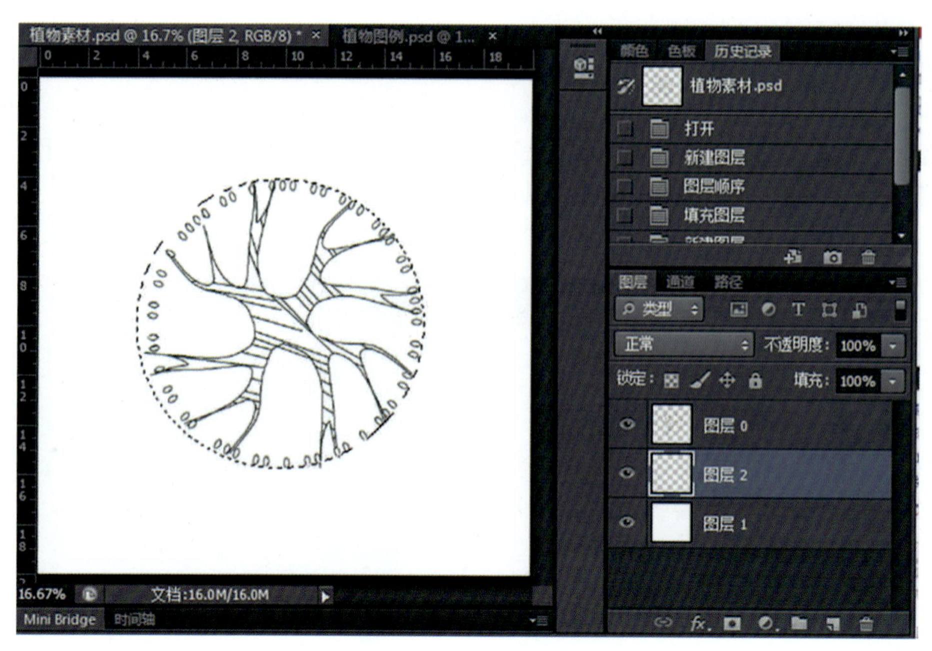

图 8-16 创建圆形选区

按 Ctrl+Shift+N 快捷键，新建“图层 2”，选择椭圆选框工具，按 Shift+Alt 键，创建一个正圆形选区，使植物图形包含在圆形选区内，如图 8-16 所示。

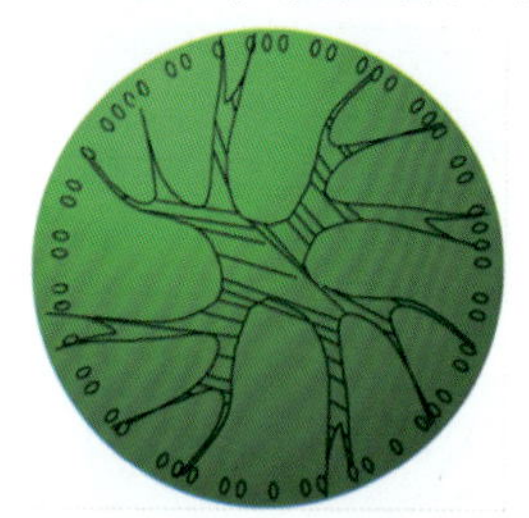
图 8-17 填充绿色渐变效果

设置前背景色分别为两种绿色，前景色 RGB（60，210，67），背景色 RGB（29，106，31），选择渐变工具，在工具选项栏设置“前景色到背景色渐变”，渐变类型为“径向渐变”，在创建的选区从左上角至右下角拖动鼠标，制作径向渐变，按 Ctrl+D 快捷键取消选区。如图 8-17 所示为其填充了绿色渐变效果。

执行“滤镜→杂色→添加杂色”命令，设置“数量”为 20%，点选“平均分布”，同时勾选“单色”，参数设置如图 8-18 所示。设置完毕后单击“确定”按钮，“添加杂色”效果如图 8-19 所示。

图 8-18 添加杂色参数设置

执行“滤镜→滤镜库/水彩画纸”命令，设置“纤维长度”为 3，“亮度”为 60，“对比度”为 80，单击“确定”按钮，添加水彩画纸效果如图 8-20 所示。

选择图层 0 为当前图层，选择魔棒工具，选取树干区域，如图 8-21 所示。

按 Ctrl+Shift+N 快捷键，新建“图层 3”，设置前背景色分别为两种棕色，前景色 RGB（241，115，22），背景色 RGB（128，85，53）。选择渐变工具，在工具选项栏设置“前景色到背景色渐变”，渐变类型为“线性渐变”，在创建的选区从左上角至右下角拖动鼠标，制作线性渐变，按 Ctrl+D 快捷键取消选区。植物最终效果如图 8-22 所示。

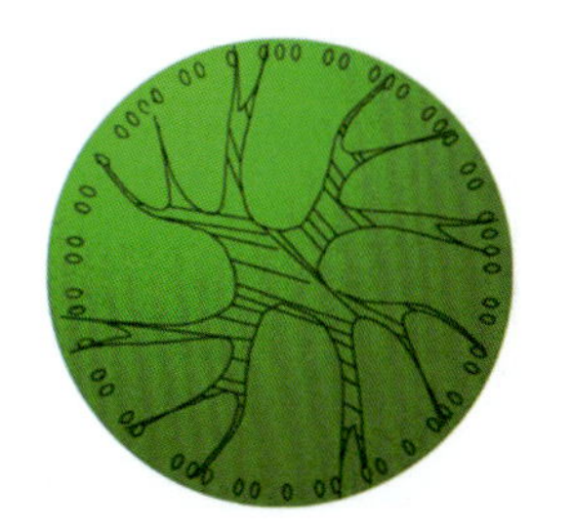
图 8-19　添加杂色效果

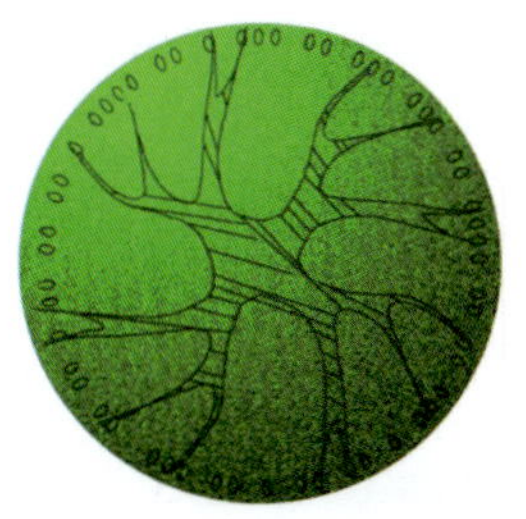
图 8-20　添加水彩画纸效果

图 8-21　选择树干区域

图 8-22　植物最终效果

合并所有图层，按 Ctrl+T 键调整植物大小。

③复制乔木　利用复制工具，等量复制植物 1 模块到合适的位置。按住 Ctrl 键不放，单击“植物 1”的图层缩略图，快速选择植物区域后，单击工具面板上的“移动”工具，按住 Ctrl 键不放，用鼠标拖拽移动，进行同图层复制。

根据实际需要，复制过程中灵活应用“自由变换”命令(快捷键 Ctrl+T)，调整植物的大小、方向和位置。

提示： 在排列植物时，也应该疏密得当，可以有一定的遮挡关系，所以要注意植物各图层之间的前后关系。

采用同样的方法分别填充其他植物，效果如图 8-23 所示。

图 8-23　填充植物材质效果

（4）绘制建筑

执行“文件→新建”菜单命令，参数设置如图 8-24 所示，单击“创建”按钮，创建“四角木亭”素材文件。

按 Ctrl+Shift+N 快捷键，新建“图层 1”，设置前景色颜色为黄棕色 RGB（129，76，30）。按 Alt+Delete 键填充前景色，如图 8-25 所示。

图 8-24 新建文件

图 8-25 填充前景色

执行“滤镜→杂色→添加杂色”命令，设置数量为 40%，平均分布，勾选“单色”，单击“确定”按钮。添加杂色效果如图 8-26 所示。

执行“滤镜→模糊→动感模糊”命令，设置角度为 0，距离为 200 像素，单击“确定”按钮。动感模糊效果如图 8-27 所示。

选择“矩形选框工具”，按住鼠标左键拖拽，创建一个矩形选区，执行“滤镜→扭曲→旋转扭曲”命令，设置角度为 270°，单击“确定”按钮，按 Ctrl+D 快捷键取消选区。在不同区域重复“旋转扭曲”命令，可以使木纹效果更加逼真，如图 8-28 所示。

图 8-26 “添加杂色”命令效果

图 8-27 “添加动感模糊”命令效果

图 8-28 “旋转扭曲”命令效果

选择矩形选框工具，在工具选项栏选择“样式”为“固定大小”，设置宽度为“640 像素”、高度为“32 像素”，如图 8-29 所示。在图中单击，创建一个矩形选区，单击鼠标右键，在弹出的菜单选择“通过拷贝的图层”，建“图层 2”。

图 8-29　创建矩形选区

执行“图层→图层样式→斜面和浮雕效果”命令，设置参数如图 8-30 所示，让木条看起来有厚度，如图 8-31 所示。

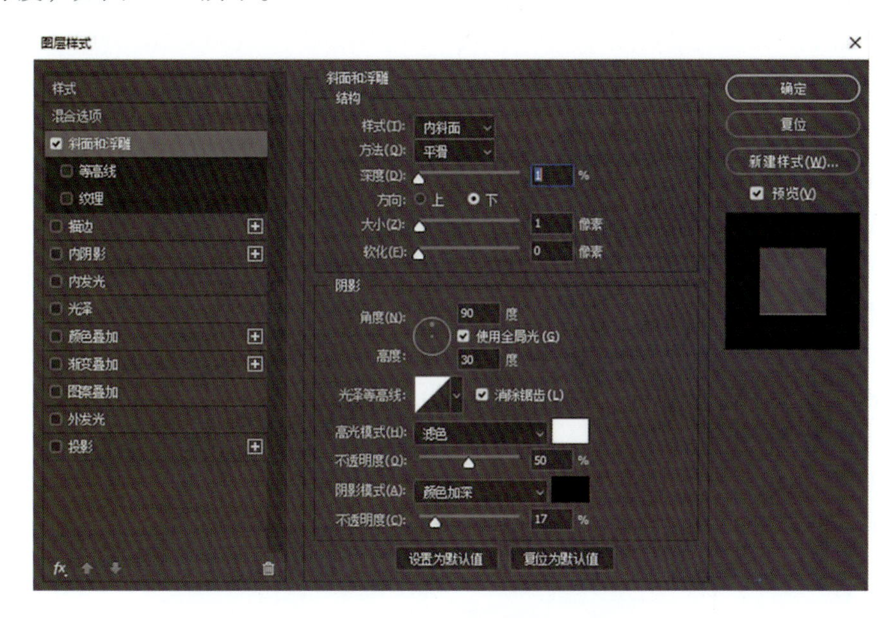

图 8-30　设置斜面和浮雕效果参数

选择图层 1，用同样的方法绘制多个木条。在不同区域创建选区可以得到不同纹理的木条效果，如图 8-32 所示。关闭“图层 1”，选择“移动工具”，将所复制的图像进行移动，形成木条拼接效果，如图 8-33 所示。按 Shift 键链接所有木条图层，按 Ctrl+E 键，合并这些图层，命名为“图层 2”，按 Ctrl+T 键调整图像大小。

按 Ctrl+' 快捷键打开网格，选择“多边形套索工具”，创建等腰直角三角形选区（图 8-34）。单击鼠标右键，选择“通过拷贝的图层”，建立“图层 3”，按 Ctrl+' 快捷键关闭网格，关闭“图层 2”。

图 8-31　斜面和浮雕效果

图 8-32　绘制多个木条

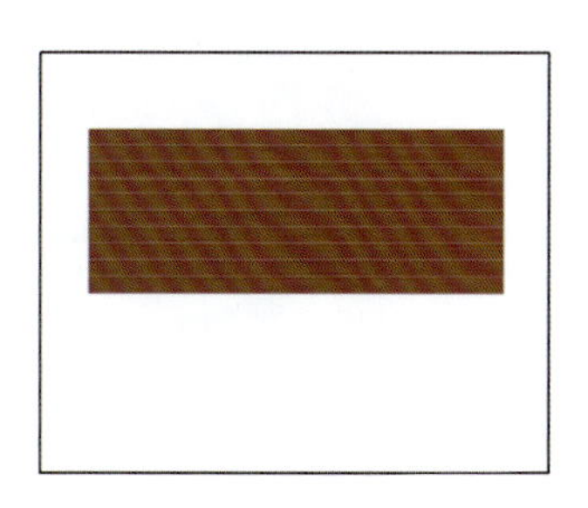

图 8-33　木条拼贴效果

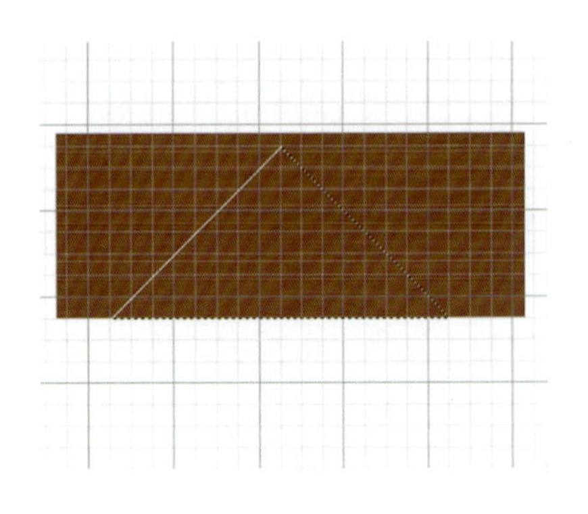

图 8-34　创建等腰直角三角形选区

图 8-35　木亭顶部四面拼贴效果

图 8-36　木亭顶部效果

按 Ctrl+T 键调整图像大小。按 Ctrl+J 键复制“图层 3”3 次，对复制的图层分别进行 -90°、90°、180°旋转，并调整图像位置，得到木亭顶部四个面，如图 8-35 所示。

木亭顶部 4 个面图层分别执行“图像→调整→曲线”命令，调节木亭顶部四面的明暗度，得到木亭顶部效果，如图 8-36 所示。

按 Shift 键链接木亭顶部四面的图层，按 Ctrl+E 快捷键，合并图层，命名为“图层 3”。

按 Crtl+T 键调整图像大小，移至木亭区域，执行“图层→图层样式→投影”命令添加投影。

（5）填充其他材质

采用同样的方法，填充其他区域上的不同材质，具体效果如图 8-37 所示。

图 8-37　填充所有材质效果

4. 整体调整

平面效果图主要从色彩、层次、明暗三方面来突出，把握好中心区域。层次上中心区域空间关系丰富，层次感强，越向外，层次感越弱，树木草地颜色越弱。

(1) 整体调色

图像调色对于效果图很重要，色彩可以烘托出效果图所要表现的环境和画面意境。本任务主要通过对图像执行曲线、色相/饱和度和亮度/对比度这 3 个命令进行整体调色。

①盖印所有可见图层　按住 Ctrl+Alt+Shift+E 键，盖印所有可见图层，生成一个全新图层，方便对图像进行整体调节。

②调整“曲线”　单击菜单中的“图像”→“调整”→“曲线”。

曲线图有水平轴和垂直轴，水平轴表示原来的亮度值，垂直轴表示新的亮度值。本次只调整图像的中间调，并且不希望影响图像其他部分，可调节对角线(曲线)。如果想整体调亮，用鼠标拖动中心点沿对角线向斜上方，如图 8-38 所示；变暗则反方向拖动，如图 8-39 所示。

提示： 曲线功能对色彩的调整比较笼统，在调整时都是向同一方向变化，而且在修改时损失比较大。

③调整“色相/饱和度”　单击菜单中的“图像”→“调整”→“色相/饱和度”。设置色相值为“+9”，饱和度为“+28”，明度为“+14”。通过调整图像整体色彩浓度，使画面更富有感染力，更加精致、真实，如图 8-40 所示。

④调整“亮度/对比度”　单击菜单中的“图像”→“调整”→“亮度/对比度”，设置亮度

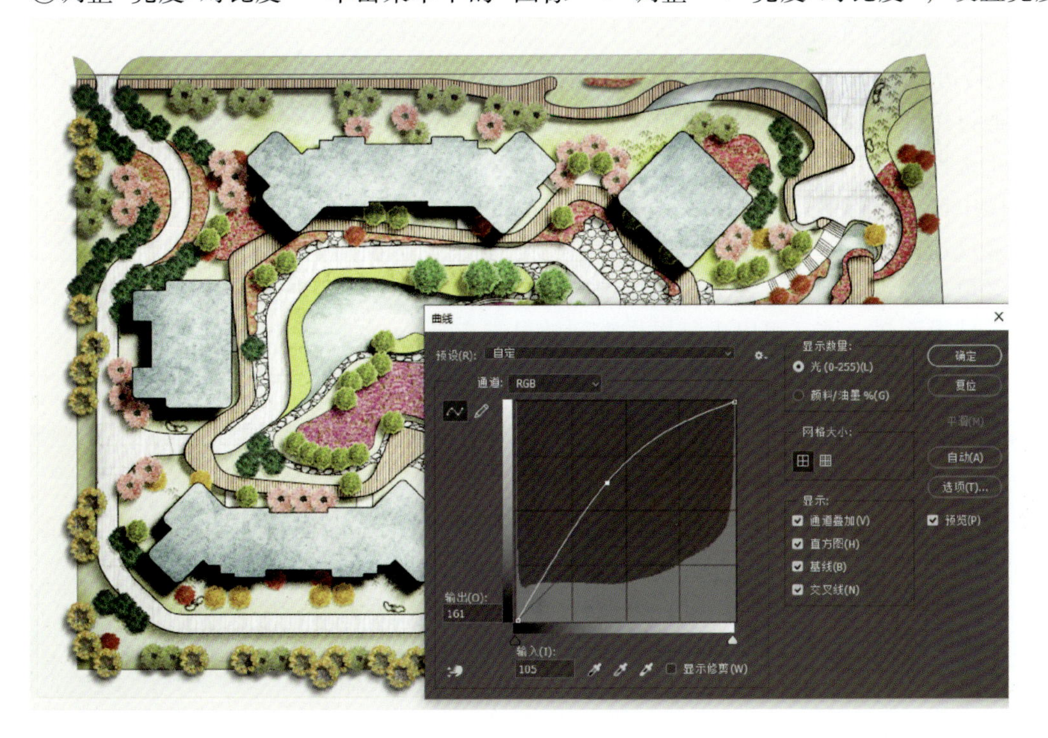

图 8-38　“曲线”调亮设置

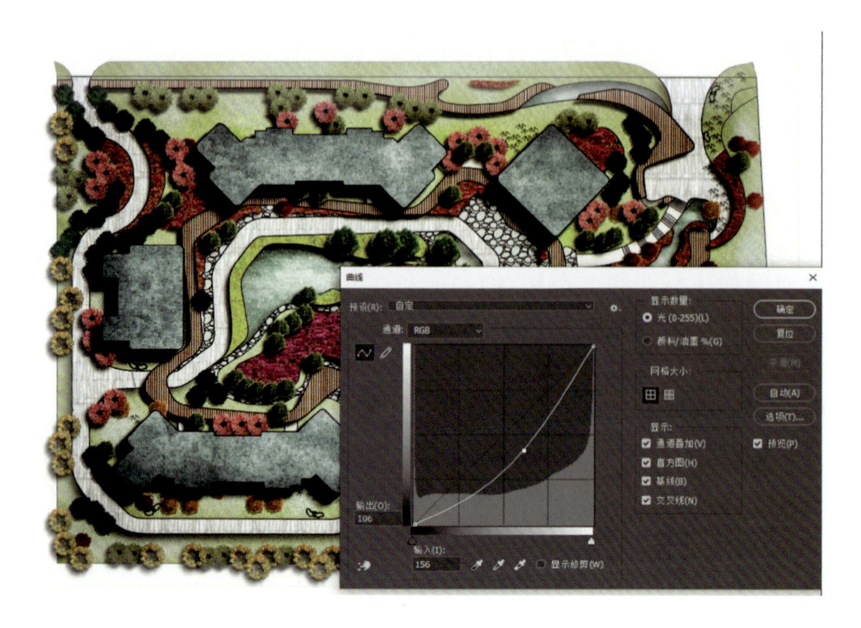

图 8-39 “曲线”调暗设置

为“40”，对比度为“-10”。通过对数值的改变，对图像的色调范围进行简单调整，使画面对比更加强烈，设置如图 8-41 所示。

（2）滤镜调整

通过滤镜调整画面的色温、色调，做一些特殊处理，单击菜单中的“滤镜”→“Camera Raw”，设置如图 8-42 所示。

（3）边缘处理

通过边缘处理，使画面更富有艺术性。

①选择区域　新建一个图层，单击工具面板中的“框选工具”，设置羽化值为“60”，在原图中框选出需要留下来的主体内容，如图 8-43 所示。

②反选区域　单击菜单中的“选择”→“反选”，反选前面的选择区域。

③填充　将前景色设置为白色，用前景色对所选择的区域进行填充。如果需要周边的白色区域更明显一些，可以重复操作直到效果满意为止。

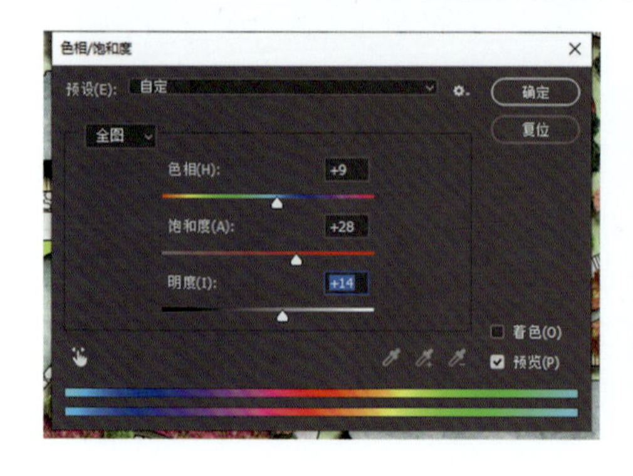

图 8-40 “色相/饱和度”参数设置

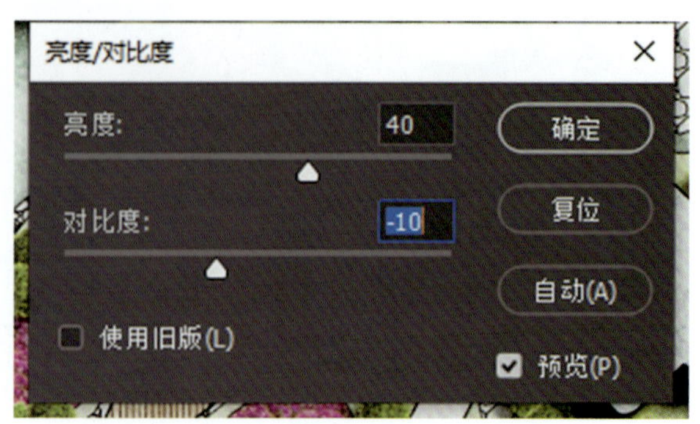

图 8-41 “亮度/对比度”参数设置

图 8-42 “Camera Raw”参数设置

图 8-43 “框选”羽化设置

④裁剪　使用“裁剪工具”，将周围空白区域适当裁剪，得到的最终效果如图 8-44 所示。

提示：一般可以先用浅色、低透明度来奠定基本的明暗关系，再用带纹理的、透明度比较高的笔刷进行刻画与点缀。画面内外过渡要有层次，避免突然变化造成的突兀感，色彩和明暗的过渡也要注意这一点。

图 8-44　边缘处理后效果

任务 8-2　广场平面效果图绘制

本任务是绘制广场平面效果图，AutoCAD 平面图如图 8-45 所示，甲方要求平面效果图为水彩手绘风格，要绘制出各景观元素，并分清楚道路、水体、绿地等各景观要素，有一定的水彩画韵味。

水彩手绘风格的平面效果图一般是将 AutoCAD 绘制完成的设计图纸导入 SketchUp，借助 SketchUp 将 AutoCAD 绘制的规则线条转化为手绘线条，再导入 Photoshop 完成彩色平面效果图的绘制任务。其主要借助“笔刷”工具，在将平面图中各景观要素分析清楚的前提下，大致确定绘制程序，分区域逐步进行绘制工作。

图 8-45　某广场平面图

【任务实施】

1. AutoCAD 图纸导入 SketchUp 转换为手绘线稿

(1)在 SketchUp 中导入 AutoCAD 图纸

打开 SketchUp，单击菜单中的“文件”→“导入”，打开 AutoCAD 图纸，如图 8-46 所示。

图 8-46　在 SketchUp 中导入 AutoCAD 平面图纸

(2)调整视图

导入后，单击菜单中的“相机”→“平行投影”，再单击“相机”→“标准视图”→“顶视图”，这样看到的图是标准的平面图，没有投影效果，设置如图 8-47 所示。

(3)在 SketchUp 中转化手绘线稿

SketchUp 中“手绘边线”目录下的风格众多，可以根据需要自由选择。此处选用的是“粗记号笔”模式。单击“风格”面板，选择“手绘边线”里的“粗记号笔”，如图 8-48 所示。

(4)导出手绘线稿

单击菜单中的“文件”→“导出”→“二维图像”，在弹出的“输出二维图像”对话框中，

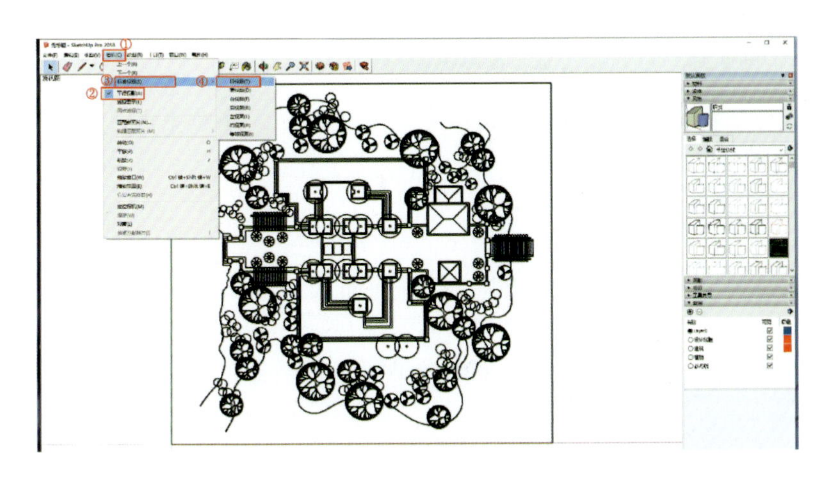

图 8-47　导入 AutoCAD 平面图纸后的 SketchUp 软件设置

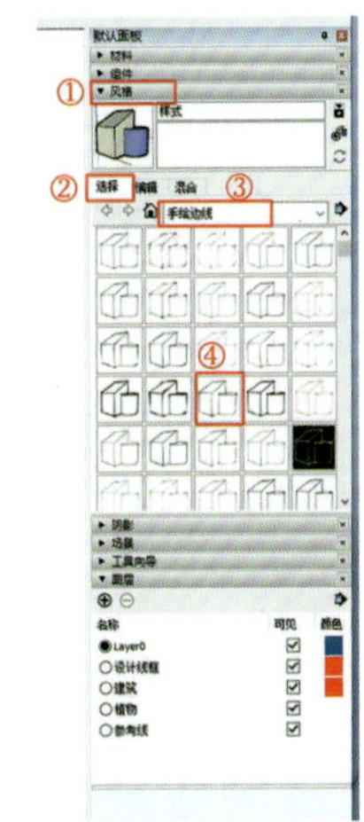

图 8-48　SketchUp 转换手绘线稿设置

设置图像大小，宽度选择“9999”，高度自动随宽度调整好。

设置完成后，点击“确定”，最后选择“导出”完成手绘线稿的导出任务，如图 8-49、图 8-50 所示。

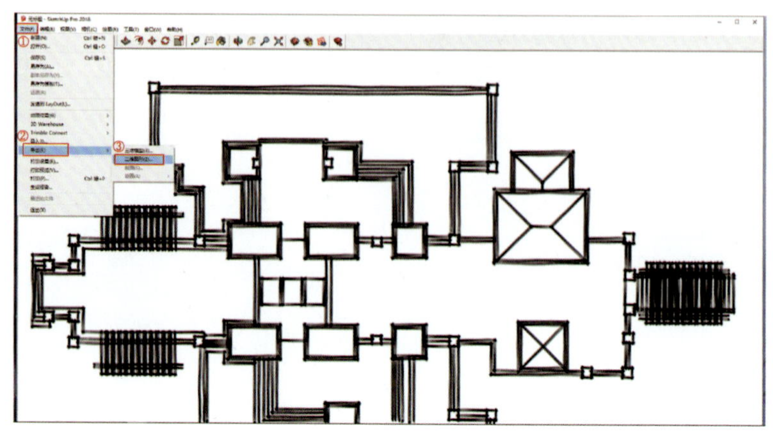

图 8-49　SketchUp 导出图像设置(1)

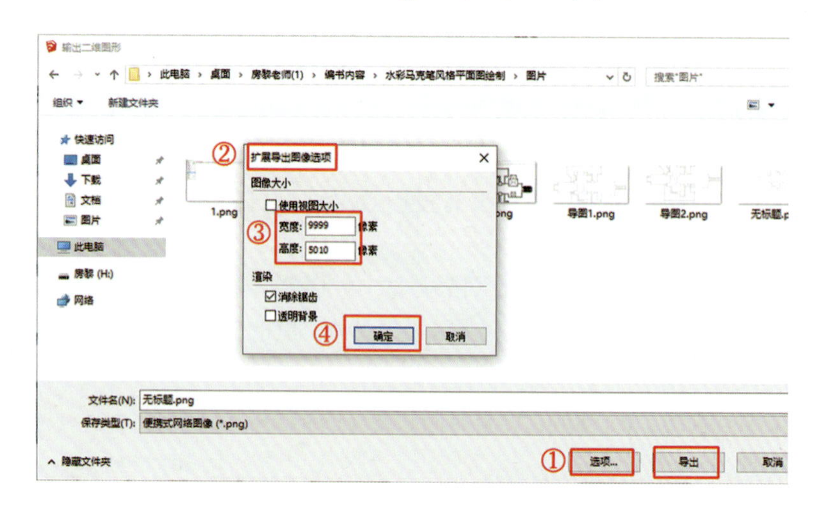

图 8-50　SketchUp 导出图像设置(2)

提示：如果图纸太大，为了提高像素，可以将图纸分成若干部分，分别导出，最后在 Photoshop 中拼成一张完整的图。

2. 手绘线稿导入 Photoshop

打开 Photoshop，单击菜单中的“文件”→“打开”，打开前面从 SketchUp 导出的所有手绘线稿文件。

完成以上操作后，将“导图. png”保存为“广场平面效果图绘制. psd”。

3. 绘制各景观元素

对于水彩手绘风格的平面效果图来说，最重要的就是对素材的选择了，一定要制作出水彩流动性的特征。

(1)绘制绿地

绿地是整张平面图的基调，需要定位好，展现出场地的空间关系，主要借助于“画笔预设”工具来制作绿地的水彩笔触效果。

①粘贴素材　选择绿地素材。从素材库中选择打开“平面素材. psd”文件，单击工具面板“矩形”，用鼠标“框选”所需素材。

单击菜单中的“编辑”，在下拉菜单选择“拷贝”，复制所需素材。

回到原图，用“魔棒工具”选择绿地区域，单击菜单中的“编辑”→“选择性粘贴”→“贴入”，将素材贴入绿地区域。

②处理素材　为了使绿地看上去更加自然，需要对绿地进行加深/减淡的自然化处理，这里主要是对绿地中间部分进行减淡操作，对绿地边缘部分进行加深操作。和前面不同的是，操作之前要先画笔进行相关设置。

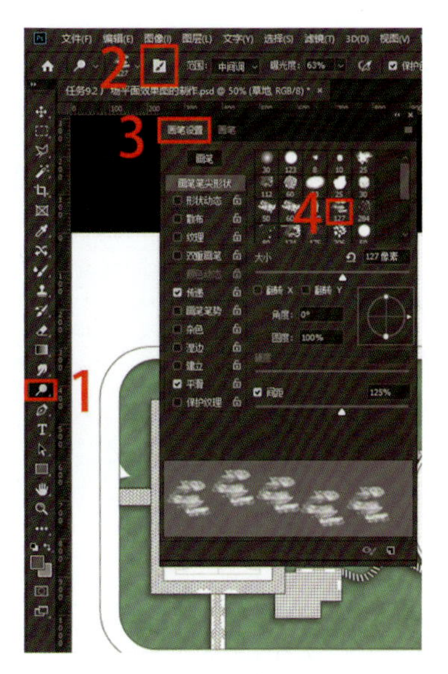

图 8-51　笔触设置

单击工具面板中的“加深/减淡”，画笔笔尖形状设置为“127”，大小设置为“127”，间距为“125%”，具体设置如图 8-51 所示。绿地绘制完成效果如图 8-52 所示。

(2)绘制园路、广场铺装

根据本次任务确定的绘制风格，结合 AutoCAD 原图中已有的填充图样，在绘制园路、广场铺装时主要采用填充素材，再叠加原有铺装图样，来完成园路、广场铺装。

①填充颜色　单击“设计线稿”图层，使用“魔棒工具”选中原图形中主园路区域，单击菜单中的“图层”，在下拉菜单选中“新建”→“图层”，建立一个新的“道路、广场铺装填充”图层。选择合适颜色填充。

②细节处理　为了凸显道路路面的质感，一般在填充素材后，对主园路进行加深/减淡的简单处理，使路面看上去更加自然真实。单击工具面板上的“加深/减淡”，最终效果如图 8-53 所示。

图 8-52　绿地绘制完成效果

图 8-53　园路、广场绘制完成效果

(3)绘制水体

该任务中的水体是一个异形整体水面，为了使水面效果更加生动逼真，主要采用素材填充的方法绘制作水面效果。

①选择素材　从素材库中选择打开“平面素材. psd”，单击工具面板“矩形”，用鼠标框选出水面素材，单击菜单中的“编辑”→“拷贝”，对所需素材进行复制。

②贴入素材　回到原图，选择“设计线稿”图层，在该图层下用“魔棒工具”选择水体区域，用“贴入”命令生成蒙版，贴入水体素材。

③处理素材　用“自由变换”命令，对其大小方向进行调整。

调整好素材后，对水体进行加深/减淡的简单处理，使水面看上去立体感更强。单击工具面板中的“加深/减淡”，对水体素材进行局部处理，最终效果如图 8-54 所示。

(4)绘制植物

在绘制植物时，一般按照大乔木、小乔木、花灌木的顺序，安排组团和营造空间，强调植物空间。

①复制粘贴素材　从素材库中选择合适的植物图例模块，单击菜单中的“选择”→“全部”，用工具面板中得“移动”工具将选中的植物模块拖拽至平面效果图中合适位置，再用

图 8-54　水体绘制完成效果

“自由变换”命令，对其大小、方向进行调整。调整完毕，双击该图层将其改名为“植物 1”。

②同图层复制素材　按住 Ctrl 键不放，单击“植物 1”的图层缩略图，快速选中素材，单击工具面板上的“移动”工具，用鼠标拖拽等量复制植物 1 模块到合适的位置。

采用同样的方法分别绘制其他植物，最终效果如图 8-55 所示。

图 8-55　植物绘制完成效果

4. 绘制配景及细部

(1)绘制阴影

一般绘制细节主要包括细部的完善或者存在问题给予纠正。本任务主要围绕着阴影的处理展开，借助于“图层样式”来完成绘制任务。

①绘制内阴影　在“绿地填充”图层面板上单击“fx”键，选择“内阴影”样式，不透明度设置为“83%”，角度设置为“45 度”，距离设置为“14 像素”，阻塞设置为“10%”，大小设置为“27 像素”。具体设置如图 8-56、图 8-57 所示。

图 8-56　“图层面板”上的“内阴影”位置

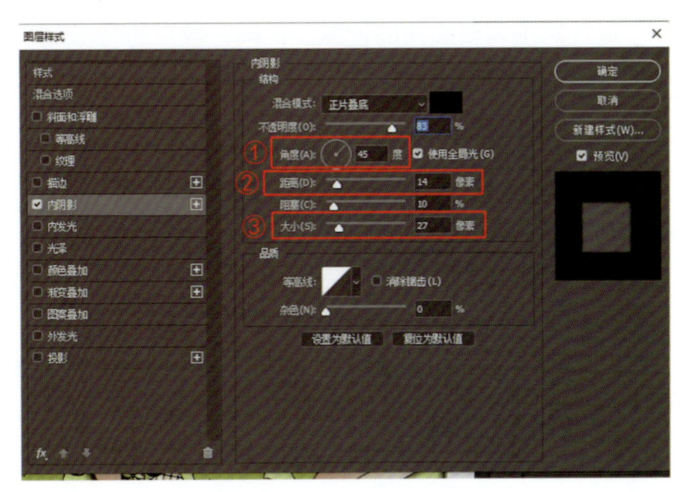

图 8-57　“内阴影”参数设置

②绘制阴影　在“灌木”图层面板上单击“fx”键，选择“阴影”样式。不透明度设置为“83%”，角度设置为“45 度”，距离设置为“20 像素”，阻塞设置为“10%”，大小设置为“25 像素”。

设置完毕，单击“确定”按钮确认。执行“阴影”后灌木的最终效果即绘制完成。

按照同样的方法将其他图层按需要添加图层样式，完成阴影绘制任务。在各元素绘制完成后，添加阴影有助于更好地调整阴影的大小和角度。

注意：阴影距离值越大，植物越高；阴影距离值越小，植物越低。

(2)绘制置石

选择置入图例的方法，将平时收集到的假山石图例模板添加到平面效果图中合适的位置。

①选择素材　打开置石素材，单击菜单中的“选择”→“全部”，选择置石素材。

②复制素材　单击菜单中的“编辑”→“拷贝”。

③粘贴素材　单击菜单中的“编辑”→“粘贴”。

④自由变换　单击菜单中的“编辑”→“自由变换”。

5. 整体调整

(1)整体调色

①盖印所有可见图层　盖印，生成一个全新图层，方便后期对图像进行整体调节。

②调整“曲线”　单击菜单中的“图像”→“调整”→“曲线”，调整图像颜色的深浅。

③调整“色相/饱和度”　单击菜单中的“图像”→“调整”→“色相/饱和度”。调整图像的色相。

④调整“亮度/对比度”　单击菜单中的“图像”→“调整”→“亮度/对比度”，使图像的对比更强烈。

(2)滤镜处理

通过滤镜调整画面的色温、色调，做一些特殊处理。

单击菜单中的“滤镜”→“Camera Raw”，进行细部处理。

(3)边缘处理

通过素材对整幅图像的边缘做艺术性加工。

①边缘区域的确定　打开素材库找到素材“边缘. png”文件，单击菜单中的“选择”→“全部”。单击菜单中的“编辑”→“拷贝”，复制素材。

②贴入素材　回到原图，用“贴入”命令生成蒙版，贴入“边缘”素材，快速选择，复制多个。按住 Ctrl 键不放，用鼠标拖拽至合适位置。

③删除　按住 Ctrl 键不放，单击“边缘”的图层缩略图将边缘快速选中，多次删除边缘，效果如图 8-58 所示。

提示：可以将水彩纸纹素材放在顶层图层，提升整个画面的肌理感与细节精致感。

图 8-58 整体调整后效果

任务 8-3 居住区附属绿地立面效果图的制作

【任务描述】

本任务是绘制居住区附属绿地立面效果图，效果如图 8-59 所示，甲方要求该平面效果图绘制有创意，有别于以往传统平面效果图的制作方法，其绘制风格与平面效果图风格一致。

针对本次任务，确定绘制风格为拼贴风格。这种立面效果图主要通过素材的拼接，来烘托气氛，营造环境，看整体效果，细节相比传统立面效果图来说，就不那么重要了。这种方法制作效果图简洁明了，省时省力，但是它的艺术性更高，需要有极强的构图和配色能力。下文就借助于已配好的素材来快速完成这张立面效果图。

在对立面图分析清楚的情况下，确定绘制程序，为效果图添加天空等背景素材，再添加植物、人物等配景素材，并逐步进行绘制工作。

图 8-59 居住区附属绿地立面图

【任务实施】

1. SketchUp 模型导入 Photoshop

在 SketchUp 中打开“某住宅区建模. skp”，裁切导出具有代表性的局部景观立面。

提示：此操作与任务 8-3 中的“1. SketchUp 模型导入 Photoshop 一样，这里不再赘述。

2. 绘制各景观要素

(1)绘制天空

①复制素材　从素材库中选择并打开“天空”素材，单击菜单中的“选择”→“全部”，全选素材。

单击菜单中的“编辑”→“拷贝”。

②确定天空范围　回到原图，单击菜单中的“图层”→“新建”里的“图层”，新建一个图层。

单击工具面板上的“椭圆”，按住 Shift 不放，用鼠标拖拽在该图层上画一个正圆。

单击菜单中的“编辑”→“填充”，填充颜色，并调整好位置，把该图层放置在所有图层的最下面，效果如图 8-60 所示。

③贴入素材　用魔棒工具选择正圆，单击菜单中的“编辑”→“选择性粘贴”里的“贴入”，粘贴天空素材，并用“自由变换”命令调整其大小及位置。

④处理素材　为了让天空素材和本次公园绿地景观立面效果图更加协调，需要进行细节调整。例如，对天空进行亮度、饱和度等细节调整，效果如图 8-61 所示。

(2)绘制地面

本次任务采用真实素材填充的方法进行绘制，注意地面上下层次关系。

①复制素材　从素材库中选择并打开“地面”素材，单击菜单中的“选择”，在下拉菜单中选择“全部”。全选后，单击菜单中的“编辑”→“拷贝”对素材复制拷贝。

图 8-60　天空范围效果

②贴入素材　回到原图，粘贴近景植物素材，并用“自由变换”命令调整其大小及位置，效果如图 8-62 所示。

(3)绘制植物

本任务采用真实素材填充的方法进行绘制，因近景植物距离最近，前面没有遮挡物，一定注意选择形体优美、像素清晰的植物素材，注意植物的前后层次关系。

①复制素材　从素材库中选择并打开“植物”素材，全选并对素材进行复制。

②贴入素材　回到原图，粘贴近景植物素材，并用“自由变换”命令调整其大小及位置。

③丰富素材　近景植物如果只有乔木树种，显得过于单调乏味，为了让近景植物丰富起来，再从素材库中选择一些低矮植物素材与高大乔木搭配，效果如图 8-63 所示。

图 8-61　贴入天空素材后的效果

图 8-62　贴入地面素材后的效果

图 8-63　贴入植物素材后的效果

提示：一定要注意植物的尺度和空间关系，要成组布置，有深有浅，有大有小。

3. 绘制配景及细部

本任务的配景及细部主要是人物和鸟，绘制细部是调整近景、中景和远景，使其层次凸显出来，让画面更有层次感。

(1)绘制配景

添加人物和鸟等素材，使整个画面更加活泼，让画面具有尺度感。注意所选择的素材在画面上要合情合理。例如人物穿着要与场景所表现的季节相一致。

①绘制鸟　从素材库中选择打开“鸟”这一素材，全选并对它进行复制，并粘贴到立面效果图的合适位置，用“自由变化”命令调整其大小。

②增添配景　用同样方法，复制若干人和鸟。

提示：一定要注意人物与周边建筑或植物的比例、尺度关系，否则会导致画面失真，没有了正常的尺度感。

(2)绘制细部

一般绘制细节主要包括细部的完善或者将存在的问题给予纠正。本任务主要围绕远近景的关系处理展开。

处理远近景的关系，主要通过调整“曲线”及“图层面板”中的“不透明度”等命令完成绘制，完成后效果如图 8-64 所示。

4. 整体调整

(1)盖印所有可见图层

盖印所有可见图层，生成一个全新图层，便于对图样进行整体调整。

(2)滤镜效果

通过滤镜调整画面的色温、色调，做一些特殊处理。

图 8-64　绘制配景及细部后的效果

单击菜单中的“滤镜”→“Camera Raw”进行修饰。

(3) 调整图层样式

新建图层，设置图层模式为柔光模式，调整图层不透明度，增加画面的朦胧感。增加图面的明暗、冷暖对比，使画面富有质感。最终效果如图 8-65 所示。

提示：“图层模式”一般默认为“标准”模式，上层完全覆盖下层，不与下层发生任何混合。在实践中，具体选择哪种模式，需要通过实际尝试根据需要确定。

图 8-65　整体调整后的效果

任务 8-4　广场局部透视效果图的制作

【任务描述】

本绘制任务是广场局部透视效果图，如图 8-66 所示。甲方要求该局部透视效果图为水彩手绘风格，打破常规表现方式，有一定的水彩画韵味和意境。

图 8-66　广场局部透视图

针对本次任务，在对局部透视图中各景观元素分析清楚的情况下，确定绘制程序，为效果图添加天空等背景素材，再添加植物、人物等配景素材，并逐步完成绘制工作。

【任务实施】

1. SketchUp 模型导入 Photoshop

在 SketchUp 中打开“某广场总建模. skp”，裁切导出具有代表性的局部景观立面。

提示：此操作同本教材任务 7-3 中的 1. SketchUp 模型导入 Photoshop，此处不再赘述。

2. 调整构图

在 Photoshop 中打开从 SketchUp 中导出的图片，双击图层，解锁图层。

(1)构思

一张优秀透视效果图的骨架在于透视，只有把透视的基本功练扎实，才能练就空手套美图的功夫。这就需要深入研究透视点位与消失点位，万变不离其宗。透视图的特点是近大远小，近高远低，近长远短，近疏远密，互相平行的直线的透视交汇于一点。

一般常规透视角度是采用人的视角，看点距离地面不要过高或是过低，确定表现内容及场景，找到中心，就是所要表达的重点景观。

(2)裁剪

根据构思，对导入的图片进行裁剪，单击工具栏中的“裁切”工具，在图像左上角点击鼠标左键，按住不放手，向右下角拖出一矩形框，把想要留下的部分全部框选后再松开左

图 8-67 裁切后局部透视图效果

键，如图 8-67 所示，按 Enter 键，即可将不需要的部分裁切掉。

3. 绘制各景观元素

（1）绘制天空

①删除背景 从 SketchUp 导入的图像是带有背景色的，需要先将背景色去除掉，再贴入天空素材。单击“魔棒”工具，将背景色选中，按 Delete 键删除不需要的区域。

提示：因背景色不是单一色彩，用“魔棒”工具不能一次选中，可多次重复添加选取，局部也可以用“多边形套锁工具”来完成。

②填入素材 天空在画面中占的比例较大，最能体现出效果图的整体环境氛围和色调，在选择天空素材时，一定要明确天空是背景，主要起陪衬作用，因此不要选择复杂多变、色彩浓重的天空素材。

打开天空素材，单击菜单中的“选择”→“全选”，建立选区。单击工具栏中的移动工具，在天空素材中任意位置单击鼠标左键，按住不放手，将其拖拽到效果图文件中。此时，在图层面板中出现了一个新的图层，双击该图层，可将“新图层”改成“天空”，便于后期制作效果图。

提示：有条件的情况下，最好选择带有远景树丛和建筑的天空素材，这样可以保证效果图的景深和层次感。

③调整素材 选择的天空素材不一定与原效果图大小一致，因此需要进一步调整。在“天空”图层下，单击菜单中的“编辑”→“自由变换”调整其大小，最终效果如图 8-68 所示。

提示：选择素材时，原图像文件分辨率应该尽可能高，这样抠选出来的素材会比较清晰，否则会影响效果图的整体质量。

（2）绘制水体

该任务水体所占比例大，而且处于中心位置，水体的处理对整张图效果的影响比较大，在选择水体素材时，一定要注意透视角度及比例尺度等问题。

图 8-68 添加天空素材后局部透视图效果

①复制素材 单击菜单中的“文件”→“打开”，打开水体素材，在该图中用“框选”工具选择区域，选择所需要的水体区域。单击菜单中的“编辑”→“拷贝”。

②贴入素材 回到原图，用“多边形套索工具”将水体的表面区域选中，按 Delete 键删除，单击菜单中的“编辑”→“选择性粘贴”里的“贴入”，将选中的水体素材贴入。

③调整素材 单击菜单中的“编辑”→“自由变换”，将素材进行适当的放大缩小，并移至适当位置，覆盖水体。

单击菜单中的“图像”，菜单中选择“色相/饱和度”来调整图像色调，让水体与周边景物色调一致。效果如图 8-69 所示。

(3)绘制地面

该任务所需绘制的地面主要有临水木栈道和树阵广场等内容。

①复制素材 单击菜单中的“文件”→“打开”，打开木栈道素材，在该图中用框选工具选择出需要的区域。单击菜单中的“编辑”→“拷贝”(快捷键Ctrl+C)。

②粘贴素材 单击“多边形套索工具”，将原图中临水木栈道区域选中，单击菜单中的

图 8-69 添加水体素材后局部透视图效果

图 8-70　添加地面素材后局部透视图效果

"编辑"→"选择性粘贴"里的"贴入"，将复制好的木栈道素材贴入。

③调整素材　单击菜单中的"编辑"→"自由变换"，将素材进行放大缩小，并移动至适当位置，覆盖木栈道区域。

因透视图有一定的透视角度，还需要借助于"自由变换"里面的"斜切""透视"等工具来完成对木栈道素材的调整。

用同样的方法，填充剩余地面材质。最终效果如图 8-70 所示。

（4）绘制植物

该任务的植物主要包括草坪草和地被植物、乔木和花灌木，主要通过真实素材填充的方法进行绘制。

①添加植物素材　用复制粘贴素材的方法将植物素材放在相应的位置上，注意乔灌草的组合。效果如图 8-71 所示。

②调整植物素材　用"自由变换"命令，调整素材大小和位置。注意在"图层"面板上对其不透明度进行调整设置，将其前后关系表达清楚。最终效果如图 8-72 所示。

图 8-71　添加植物素材后局部透视图效果

图 8-72　调整植物素材后效果

提示：前景植物、中景植物和背景植物之间的层次关系很重要，边缘植物可以将其填充成白色或浅色，突出前后景物关系。

4. 绘制配景

绘制配景和细节时，一定要注意尺度和空间关系，要成组布置，有深有浅，有大有小。

本任务绘制的配景及细部主要是人物和鸟，绘制细部是调整近景、中景和远景，使其轮廓层次凸显出来，让画面更有层次感。

（1）绘制倒影

将水边景物选中，复制一个相同图层，用“自由变换”命令进行“垂直翻转”，让其头朝下，用“移动”工具将其移到驳岸基部，并调整图层不透明度。

单击菜单中的“滤镜”→“滤镜”里的“扭曲/波纹”。

最后按照倒影的透视原理，将一些不应该显示出的部分删除。

（2）绘制其他配景

可以用前文所述方法，添加置石、人物等其他配景，丰富画面整体效果，最终效果如图 8-73 所示。

图 8-73　添加地面素材后局部透视图效果

5. 整体调整

画面内外过渡要富有层次感，避免突然变化造成的突兀感，色彩和明暗过渡上也要注意这一点，要呈现出丰富的层次和悠远的意境。

(1)盖印所有可见图层

盖印所有可见图层，生成一个全新图层，便于对图样进行整体调节。

(2)滤镜处理

通过滤镜调整画面的色温、色调，做一些特殊处理。单击菜单中的“滤镜”→“Camera Raw”。

(3)边缘处理

至此，局部透视效果图的主要内容已经完成。为了突出主景，调整整体氛围，加强图面的进深感，还要对边缘进行处理。

①前景色设置　将工具栏前景色设置为白色。

②新建图层　单击图层面板上的“创建新图层”，创建新图层并命名为“边缘”。

③设置画笔　单击工具栏中的画笔，选择你所喜欢的画笔样式，分别在画面的边缘位置进行涂抹。

④滤镜　单击菜单中的“滤镜”→“模糊”→“动感模糊”，根据实际情况，可以重复多次操作。最终效果如图 8-74 所示。

(4)压边

此时，整个画面的边缘比较虚化，画面显得不够稳定。这时候需要对画面进行压边处理，增加其稳定感。

单击工具栏上的“矩形工具”，用鼠标在画面的上、下部框选出压边的区域，如图 8-75所示。

确定好压边区域后，填充黑色，然后取消选区(快捷键 Ctrl+D)，最终效果如图 8-76 所示。

图 8-74　整体调整后局部透视图效果

图 8-75　框选压边区域

图 8-76　压边后局部透视图效果

项目 9

认识 SketchUp 操作基础环境

【知识目标】

(1)熟悉 SketchUp 2021 的操作界面。

(2)掌握系统环境设置。

(3)掌握绘图环境设置。

【技能目标】

(1)能熟练设置园林景观建模环境。

(2)能按照标准在 SketchUp 中创建园林景观建模环境。

【素质目标】

(1)养成良好的作图习惯。

(2)培养认真严谨的工作作风。

任务 9-1 了解 SketchUp

【任务描述】

本任务主要了解 SketchUp 的进入画面和界面。

【任务实施】

1. 了解 SketchUp 进入画面

SketchUp 的进入画面简单明了，主要是便于各行业人员选择合适的模板。

启动 SketchUp 2021，选择“更多模板”，根据建模任务选择所需模板，如图 9-1 所示。

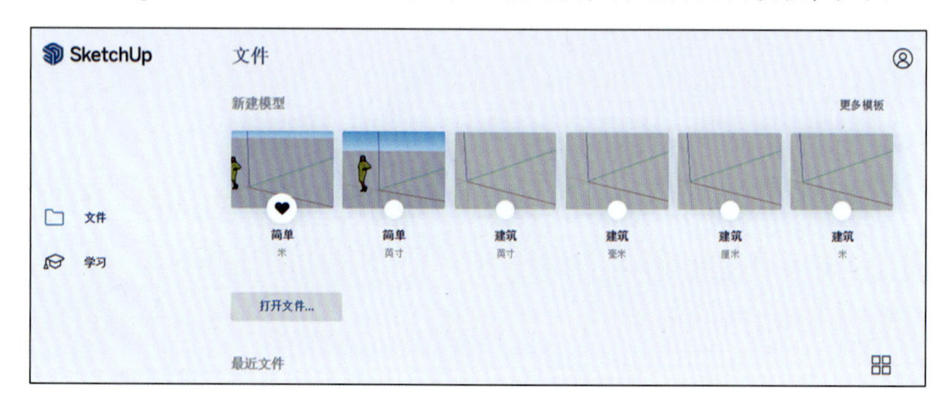

图 9-1 SketchUp 进入画面

2. 了解 SketchUp 界面

SketchUp 的操作界面简洁明快，从上到下分别为菜单栏、工具栏和数值输入框，中间空白处是绘图区，绘制的图形将在此处显示，如图 9-2 所示。

(1)菜单栏

SketchUp 2021 的菜单栏由文件、编辑、视图、相机、绘图、工具、窗口、帮助 8 个主菜单组成。

(2)工具栏

工具栏一般位于菜单栏下侧，包括基础的绘图建模工具。为方便使用，可以根据自身需求在菜单栏“视图”中的“工具栏”中进行增加或减少，如图 9-3 所示。

(3)状态栏

SketchUp 2021 的状态栏实际为绘图区，使用工具绘图时，状态栏会实时出现所绘制的图形，长按鼠标中键可以进行视角转换，方便快捷地表现设计内容。

(4)数值输入框

数值输入框位于 SketchUp 2021 操作界面的右下角，可以根据作图情况输入长度、距离、角度、个数等相关数值，以便精确建模。

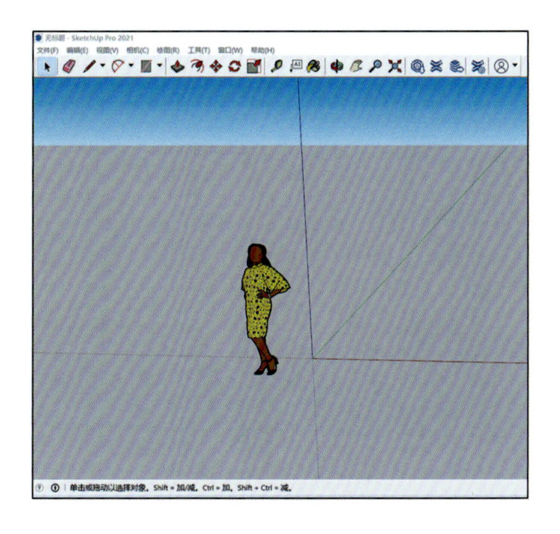

图 9-2　SketchUp 界面

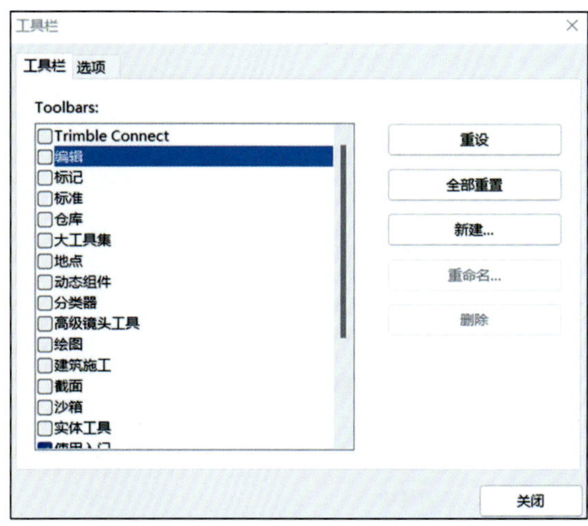

图 9-3　SketchUp 工具栏

任务 9-2　SketchUp 界面系统设置

【任务描述】

本任务从模型信息和系统设置两方面进行 SketchUp 界面系统设置。

【任务实施】

1. 模型信息设置

SketchUp 模型信息设置包括单位设置和文本设置。

(1) 单位设置

默认情况下，SketchUp 模型的单位格式为“十进制”。如果不是，则需要进行修改，以满足建模操作使用。

选择“窗口”→“模型信息”命令，如图 9-4 所示。进入模型信息，点击“单位”，如图 9-5所示。格式设为“十进制”；显示精确度设为“0.00m”。按 Enter 键完成设置。

(2) 文本设置

SketchUp 模型的文本设置主要对屏幕文字、引线文字及引线进行设置，通过此设置可以确定模型的最终表现，同时便于建模者准确掌握模型信息，使图面保持整齐美观。

屏幕文字和引线文字一般选择清晰的字体即可，同时对字体样式(包括字体的规格、大小)进行选择设置；引线的设置中，“终点”(引线的最末端)一般选择闭合箭头，“引线”则根据模型情况选择“固定”或者“基于视角调整”，如图 9-6 至图 9-8 所示。

图 9-4　菜单栏的“模型信息”位置

图 9-5　SketchUp 系统默认的单位

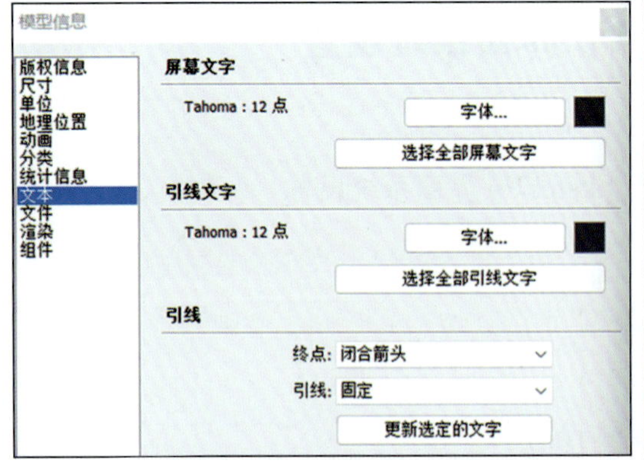

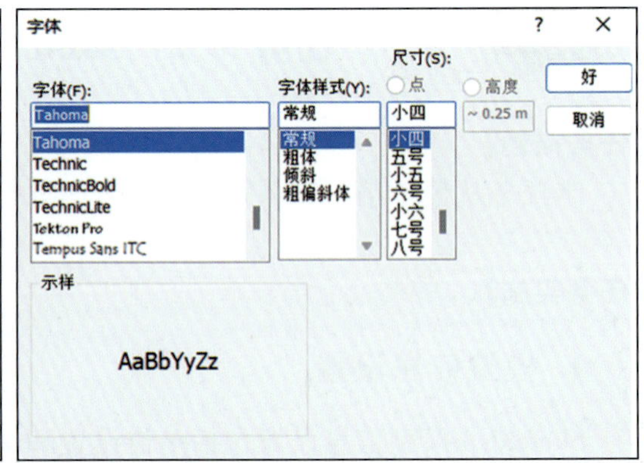

图 9-6　屏幕文字设置

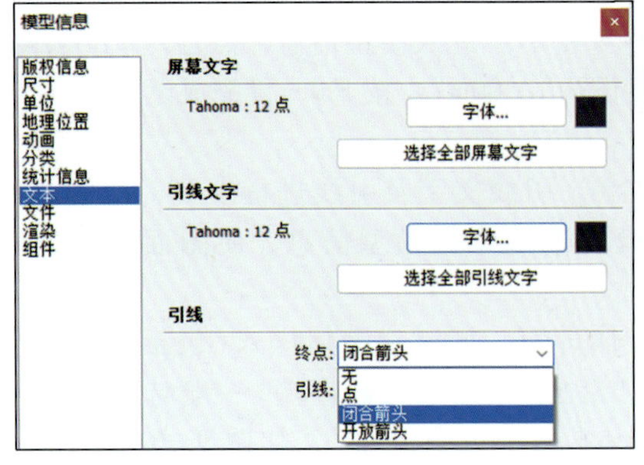

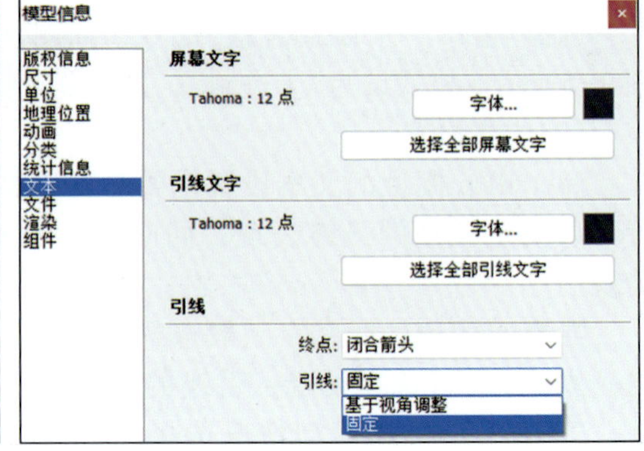

图 9-7　引线设置

2. 模型系统设置

SketchUp 模型系统设置包括快捷方式设置、模板设置。

快捷方式设置

SketchUp 模型的快捷方式设置是为了方便建模者进行软件操作，系统有一些默认的快捷键，例如，帮助快捷键系统默认为“Shift+F1”，使用者可以修改相关的建模快捷键，使之适合自己的操作习惯，以便更大程度地提高作图建模效率，或者全部重置，选择“窗口”→“系统设置”命令进入模型信息，点击“快捷方式”，操作界面如图 9-8 所示。

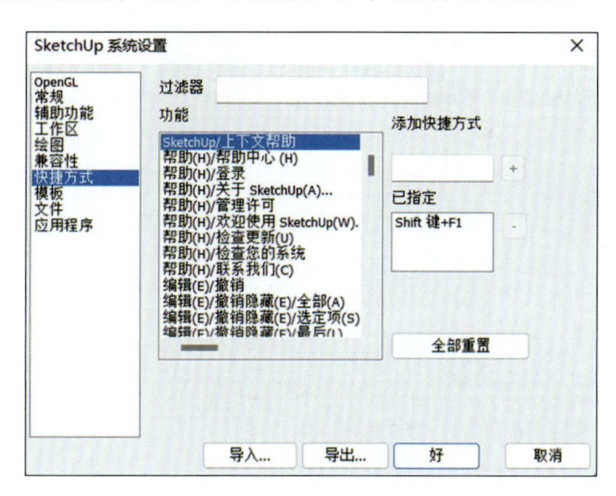

图 9-8　快捷方式设置

项目 10
SketchUp 绘图工具操作

【知识目标】

(1)熟悉 SketchUp 2021 的绘图工具。

(2)掌握 SketchUp 的基础操作和高级操作技巧。

(3)掌握 SketchUp 的材质与贴图应用技巧。

【技能目标】

(1)能熟练操作 SketchUp2021 的工具。

(2)能按照标准在 SketchUp 中创建园林景观建模环境。

【素质目标】

(1)养成良好的作图习惯。

(2)培养认真严谨的工作作风。

任务 10-1　绘图工具基础操作

【任务描述】

本任务主要了解直线、矩形、圆、圆弧、多边形、手绘线、绘图坐标轴、隐藏、模型交错等模型建造中的常用操作。

【任务实施】

三维建模的一个最重要的方法就是从“二维到三维”，绘制二维形体后，将图形直接通过高级操作中的“推拉”工具进行三维模型制作。因此，二维形体的绘制一定要数据准确，如果已经形成三维模型再去修改会很麻烦。

1. 认识选择工具

SketchUp 因其三维的特殊性，多了 *Z* 轴进行空间营造，选择物体的方式也比 AutoCAD 多样，主要分为 3 种，物体选择又涉及点、线、面，在选择的时候，要仔细辨别要选择的内容。

SketchUp 2021 的选择工具位于工具栏的第一个按钮，选择“选择”工具，光标会变为箭头形状，如图 10-1 所示。

（1）一般方式选择

选择工具会出现以下几种一般方式，设计师可以根据需求自行选择使用：

①单击选择屏幕中的物体，被选中的物体会形成蓝色边框，加重显示（图 10-2）。

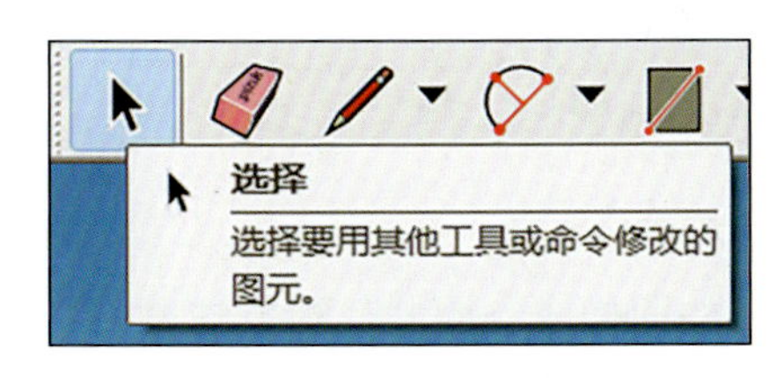

图 10-1　SketchUp“选择”工具

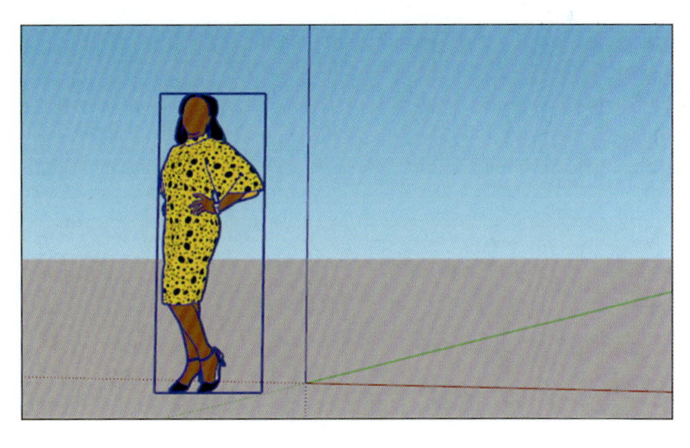

图 10-2　单击选中物体

②按住 Ctrl 键不放，屏幕上的箭头光标会变成“箭头+”的形式，此时点击其他物体，可以进行物体的集合选中。

③按住 Shift 键不放，屏幕上的箭头光标会变成“箭头+-”的形式，此时点击其他未选中物体，可以将其增加到选择的集合当中；单击已选中的物体，会在已选择的集合中减去。

④同时按住 Ctrl 键和 Shift 键不放，屏幕上的箭头光标会变成“箭头-”的形式，此时再点击已选中的物体，则会在此物体集合中进行删减。

⑤在点击“选择”按钮的情况下，使用Ctrl+A键可以选择屏幕上显示的所有物体。

(2)框选与叉选选择

SketchUp 2021软件的框选，选择物体的形式是“矩形框”。一般有以下2种方式：

①按住鼠标左键不动，从所要选择的物体左侧到屏幕的右侧拉出一个实体矩形框，物体被完全选入框内才能被选中，否则不完整，如图10-3所示。

②按住鼠标左键不动，从所要选择的物体右侧到屏幕的左侧拉出一个虚线矩形框，凡是与此框有接触的物体都会被选中，如图10-4所示。

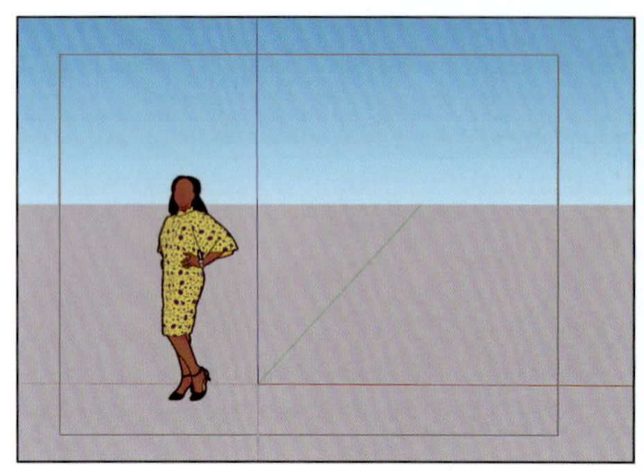
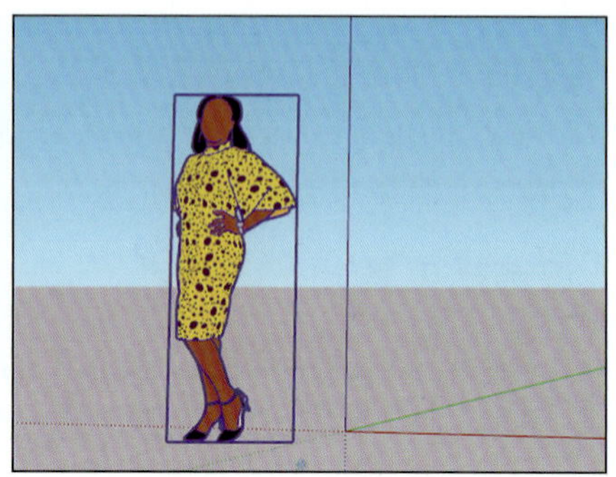

图10-3 SketchUp选择工具实线框选

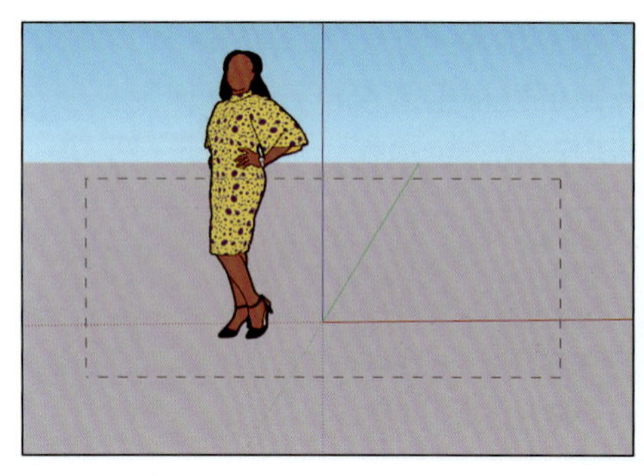
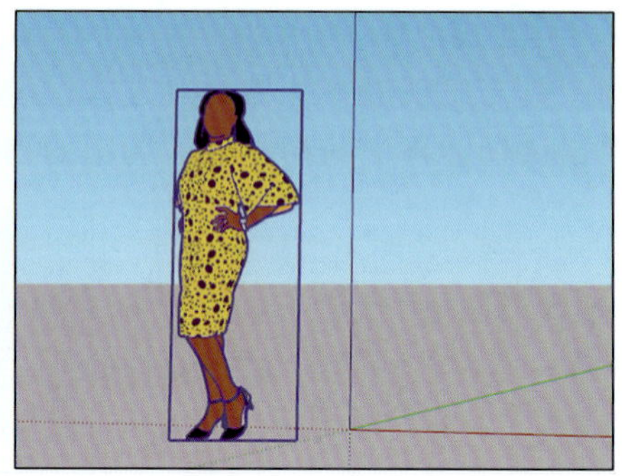

图10-4 SketchUp选择工具虚线框选

(3)扩展选择

在SketchUp 2021中，物体基本由线与线交接所形成的面构成，因此，根据这种特征，可以进行“扩展选择”，此类选择根据操作技巧不同也可以分为以下4种方式：

①单击物体的一个面，则这个面将处于被选择状态，面的颜色变亮趋于蓝色，但这个面的边线不会被选择，如图10-5所示。

②双击物体的一个面，与这个面相关联的边线会被一起选择，所点击的面和周围边线颜色变亮，如图10-6所示。

③三击物体的一个面，与这个面相关联的边线和面会被全部选择，关联的所有线和面颜色都会变亮，如图10-7所示。

④对于关联物体的选择，可以通过点击这个面→右键“选择”→点击想要选择的关联内容，如图10-8所示。

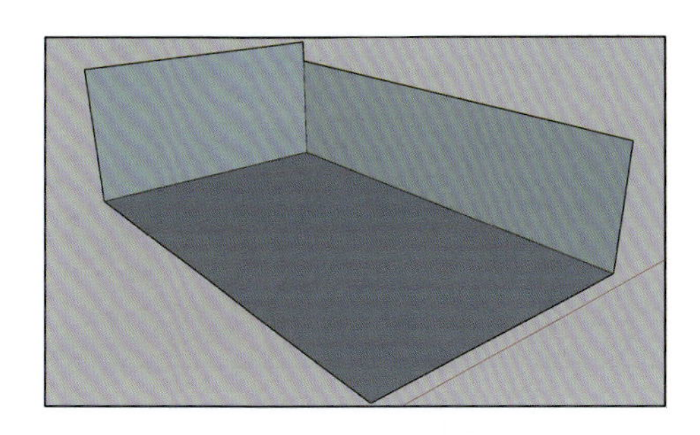

图 10-5　单击面

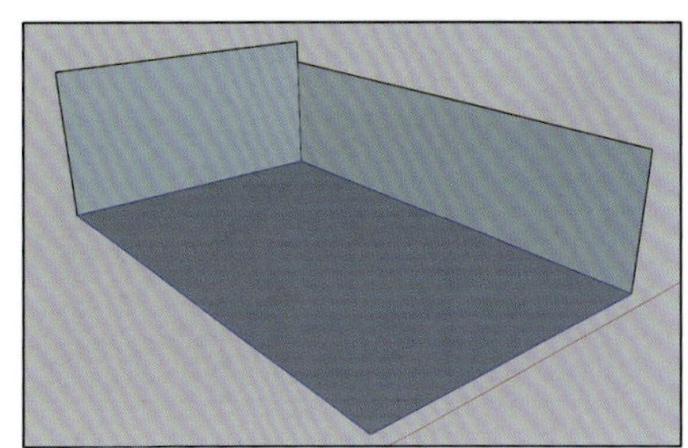

图 10-6　双击面

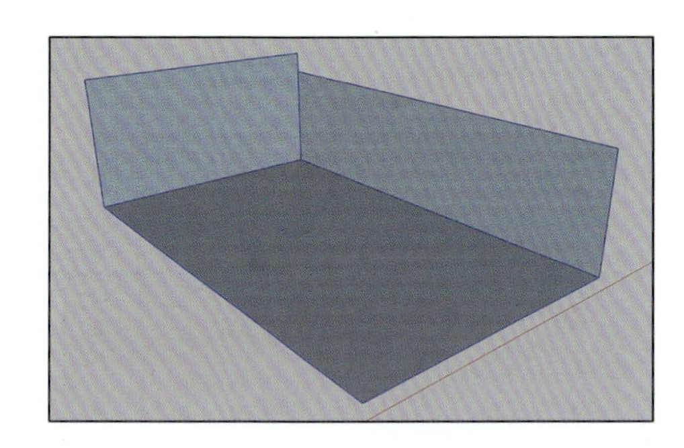

图 10-7　三击面

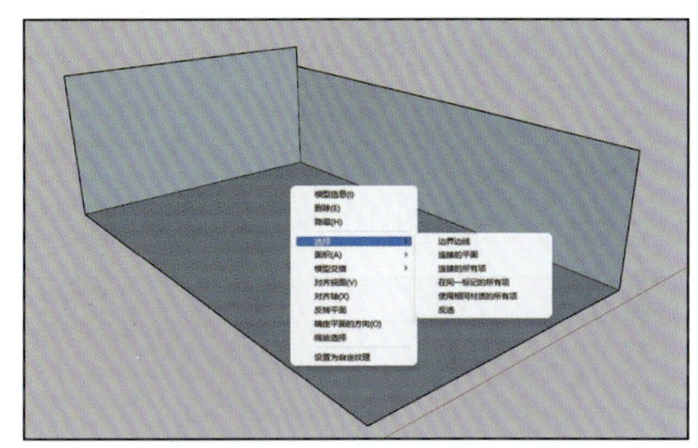

图 10-8　单击右键选择

2. 认识直线工具

SketchUp 的画线工具可以根据线段长度直接输入数值或者坐标点，并且可以对直线进行捕捉和追踪，更合理地绘制线段。

直线是点和面的中间过渡，无数个点构成一条直线，至少 3 条直线可以构成一个面，因此，作为形成面的基本单元，可以根据直线的绘制完成多类型规则式和不规则式的面、立体图形等闭合形体的建模。

SketchUp 2021 的直线工具位于工具栏的第三个按钮，选择“直线”工具（快捷键 L），光标会变为铅笔形状，如图 10-9 所示。

（1）绘制一条无长度要求的直线

单击直线起始点，沿所需绘制直线的方向拖拽铅笔工具，可以看到直线的长度出现在动态图框当中，再次单击结束直线绘制。

（2）绘制一条指定长度的直线

一般园林景观设计都是在已有设计图的基础上进行建模，相对应的每一段线段都会有规定的实际尺寸。

通过单击直线初始位置点，沿着所需绘制直线的方向将光标对应放置→在屏幕右下角的动态输入框内输入直线的长度数值→按 Enter 键，完成直线绘制，如图 10-10 所示。

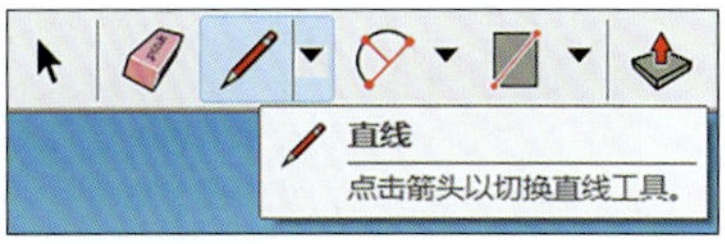

直线
点击箭头以切换直线工具。

图 10-9　SketchUp 铅笔工具

图 10-10　SketchUp 铅笔工具直线绘制

(3)直线的捕捉与追踪功能

SketchUp 2021 软件直线的捕捉与追踪在屏幕上非常直观，在绘制直线时帮助捕捉所需要的点，节省操作步骤。

直线的捕捉与追踪是自动出现的，将光标搭在直线上进行选择会自动定位到直线的端点或中心点位置，如图 10-11、图 10-12 所示。

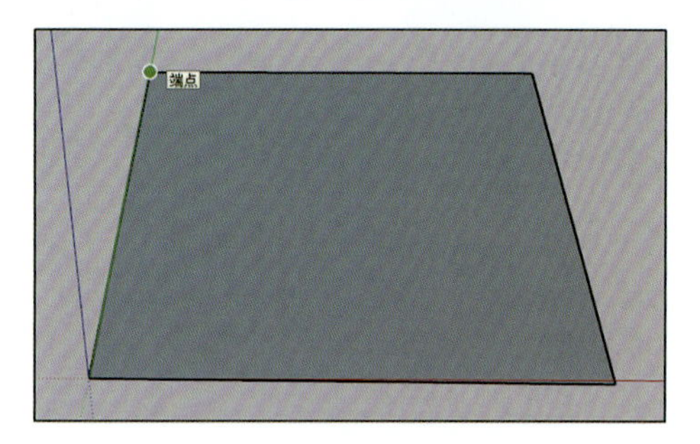

图 10-11　直线工具端点捕捉

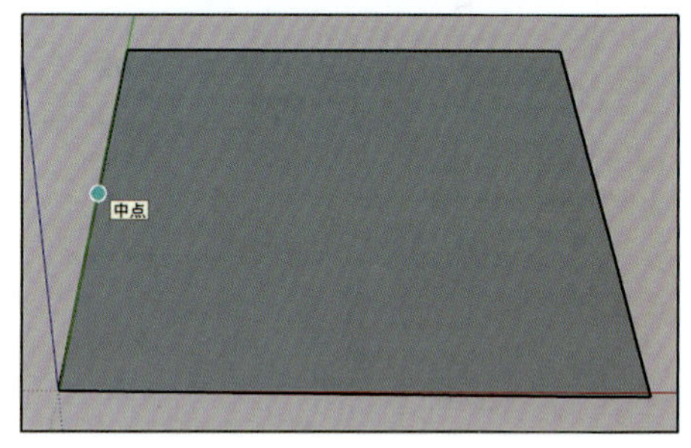

图 10-12　直线工具中点捕捉

(4)分割直线和面

SketchUp 2021 中的直线可以对已绘制形成的直线或面进行分割，尤其在园林景观中随时进行思路调整和模型变化，并且方便于恢复原来的直线和面，不易出错。

①直线的分割　由已有直线外一点向直线进行“铅笔”工具绘制，与原有直线相交于一点(图 10-13)，原有一条直线会被目前绘制直线分割为两端部分，点击会发现直线被分段现象，如图 10-14 所示。

②面的分割　在已有的一个面上进行直线绘制(绘制直线两个端点必须位于面的不同边界线上)，如图 10-15 所示。点击会发现原有一个平面被分割成为两个平面，如图 10-16所示。

图 10-13　绘制直线与原有直线相交于一点

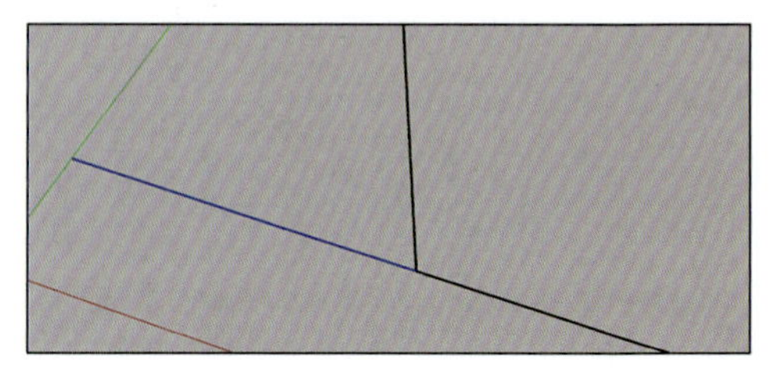

图 10-14　直线的分割

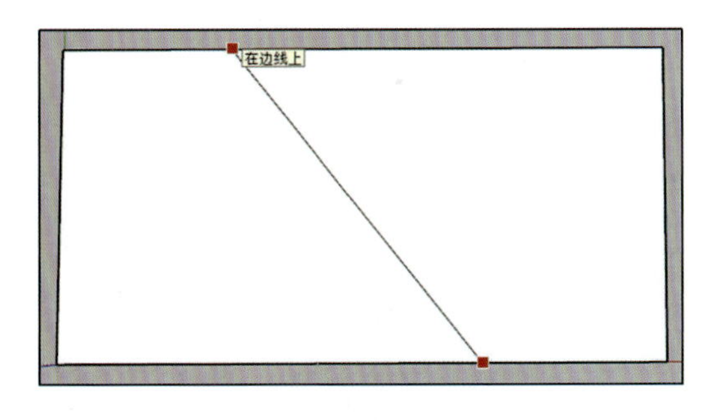

图 10-15　绘制直线在原有面上

图 10-16　面的分割

3. 认识矩形工具

SketchUp 的矩形工具其实为从一个点出发的两条直线进行对角点的确定，来绘制规则式的平面矩形“面”，这个面是具有实体的封闭图形，可以进行后续的分割或推拉成立体图形的操作。

矩形平面可以由直线通过 90°方向转折 3 次进行绘制，也可以通过“矩形”工具直接绘制形成，后者更加方便，且不易出错。矩形工具可以选择工具栏的第五个按钮，即“矩形”工具按钮，如图 10-17 所示，也可以通过快捷键“R”发出命令。

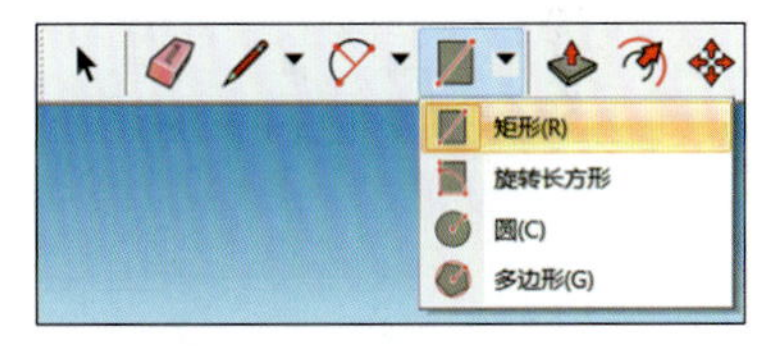

图 10-17　矩形工具

(1)绘制矩形

矩形绘制：点击矩形初始绘制点→在右下角动态输入框中按照所需矩形尺度输入长、宽数值→按 Enter 键结束绘制，如图 10-18 所示。

一般位置矩形绘制：点击矩形初始绘制点→在绘制所需方向进行鼠标左键拖动→点击

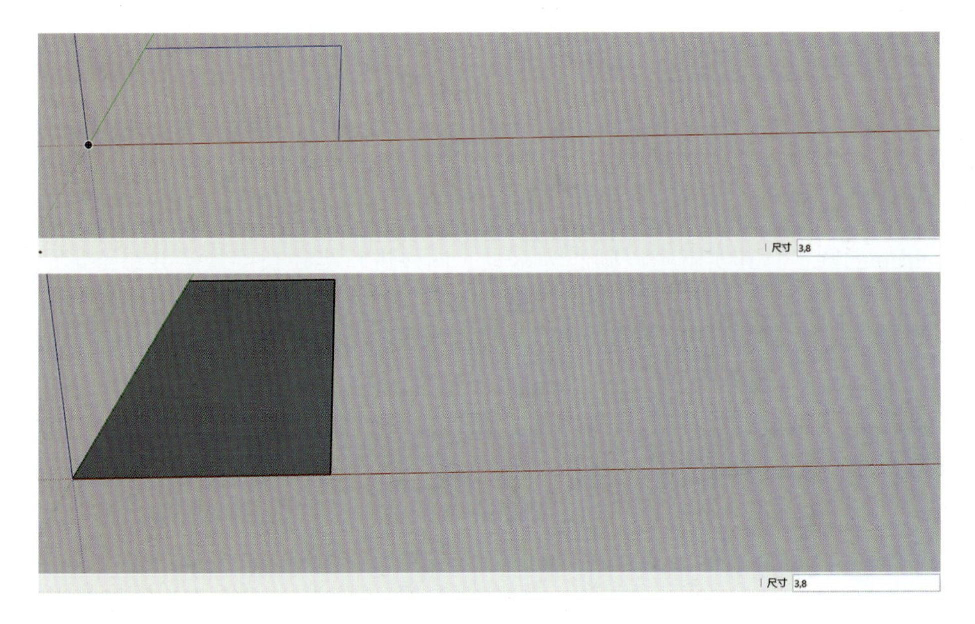

图 10-18　矩形绘制

矩形对角点，完成绘制。

在绘制矩形时，如果矩形的长宽比例满足“黄金分割”，那么在光标进行移动时，在矩形内部会出现一条对角虚线，并在端点处出现“黄金分割”字样，这代表此时画出的矩形图案比例是最协调的，如图 10-19 所示。

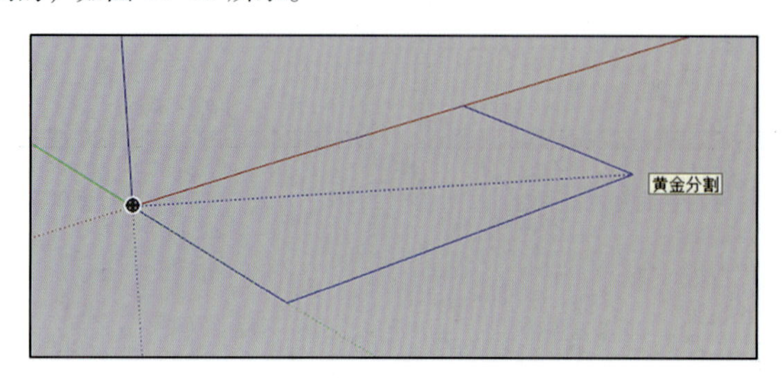

图 10-19　黄金分割比例矩形绘制

(2)在已有平面上绘制矩形

除了在空白结构体系中进行矩形绘制，还可以在已有的平面上对平面本身进行修改(删减或增加矩形)，具体绘制步骤如下：

将光标点放在四棱柱的某一个面上，会出现“在平面上”的提示→点击鼠标确定矩形的一个对角点→按照所需绘制矩形方向拖动鼠标→点击矩形结束位置(对角点)，出现“在平面上”的提示，完成矩形绘制，如图 10-20、图 10-21 所示。

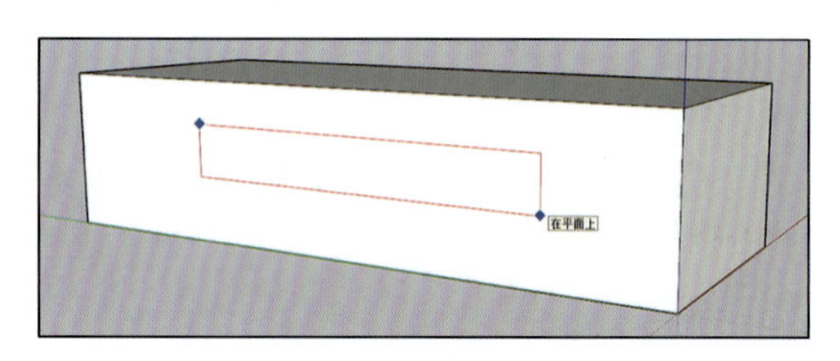

图 10-20　在四棱柱面上进行矩形图形绘制

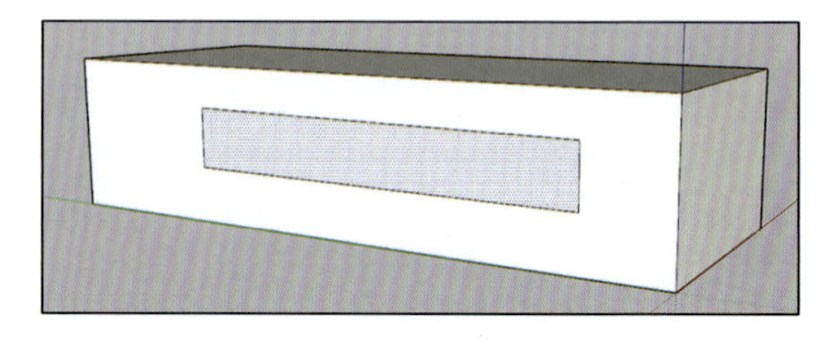

图 10-21　完成平面上矩形的绘制

4. 认识圆工具

SketchUp 的圆工具其实就是以圆心为基点，向外进行半径长度规定并最终形成“面”的工具。圆工具位于工具栏的第五个按钮，选择右边三角下拉菜单出现“圆”工具，或直接输入快捷键 C，如图 10-22 所示。

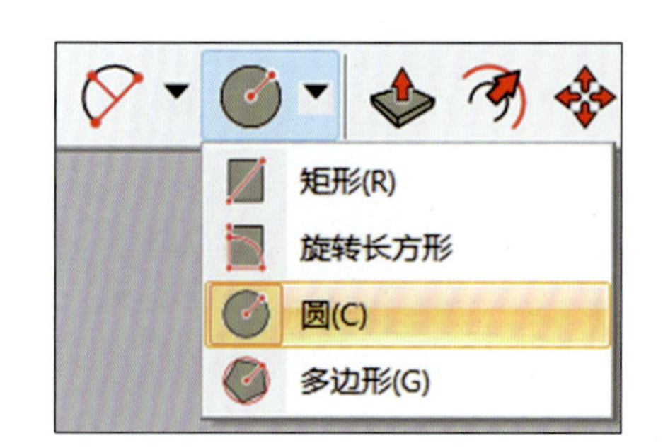

图 10-22　圆工具

圆图形的绘制需考虑到圆心定位、半径长度和圆轮廓边数，绘制圆形的具体步骤如下：

点击圆的中心点位置→拖动鼠标确定圆形绘制平面位置→在屏幕右下角动态输入框内输入圆形半径数值→按 Enter 键，完成圆形绘制，如图 10-23、图 10-24 所示。

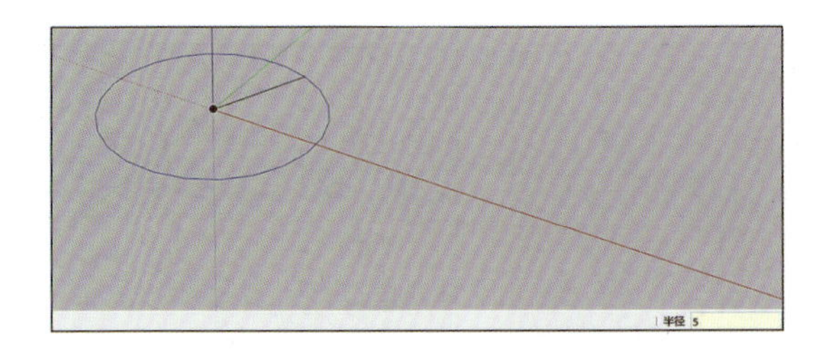

图 10-23 定位圆形和平面方向

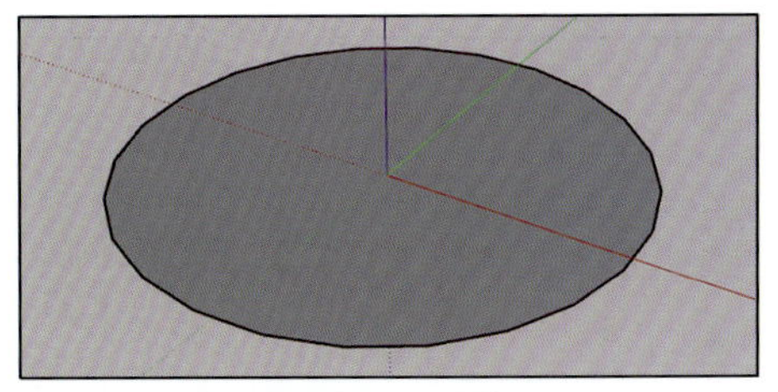

图 10-24 圆形绘制

在 SketchUp 中，圆图形其实是由正多边形组成的，所以绘制时需考虑圆轮廓边数，即通过改变圆轮廓的边数进行最大程度的“归圆化”，具体步骤如下：

①圆形绘制　在屏幕右下角动态输入框中输入所需边数，如设置“12s”，如图 10-25 所示（12s 代表圆轮廓的边数是 12，即此圆用正十二边形来表示，一般不少于 16s）——按 Enter 键，按圆形绘制步骤完成绘制。

②调整边数　除了可以在动态输入框进行圆轮廓边数调整外，还可以使用“Ctrl+”快捷键来表示增加边数，用“Ctrl-”快捷键来表示减少边数，按一次则增加/减少一条边数，如图 10-26 所示。

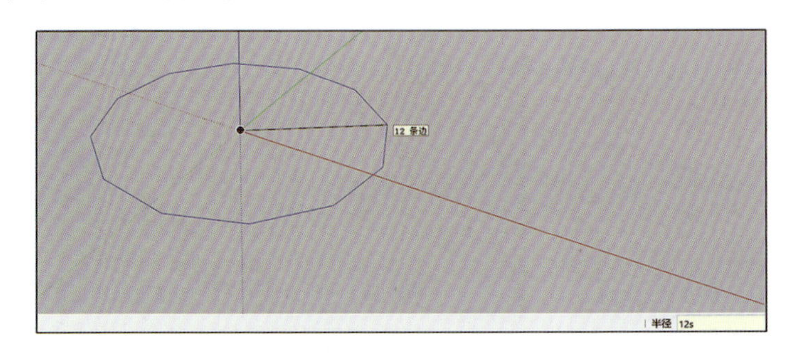

图 10-25 十二边圆形绘制

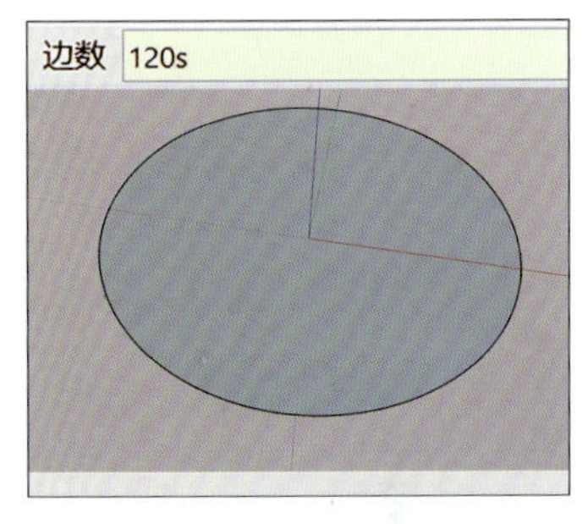

图 10-26 一百二十边圆形绘制

5. 认识圆弧工具

SketchUp 中圆弧的形成有两种方式，包括利用已有的圆形进行裁剪和直接使用圆弧工具完成圆弧的绘制。选择软件工具栏的第四个键会出现圆弧工具，右边三角下拉菜单会出现 4 种绘制圆弧的方法，如图 10-27 所示。圆弧光滑度取决于圆弧的边线数量，与圆工具边线轮廓设置“边数 s”一致。

圆弧绘制根据具体需要选择绘制方法，具体步骤如下：

①选择“两点圆弧”工具→光标变为铅笔旁出现圆弧线→点击圆弧初始点（图 10-28）并移动鼠标，屏幕中会出现一条虚线→点击圆弧的结束点→移动鼠标进行圆弧的弯曲度拉伸（图 10-29），完成圆弧绘制（图 10-30）。

注意： 圆弧的弧长和弧高都可以在软件屏幕右下角动态输入框中进行设置。

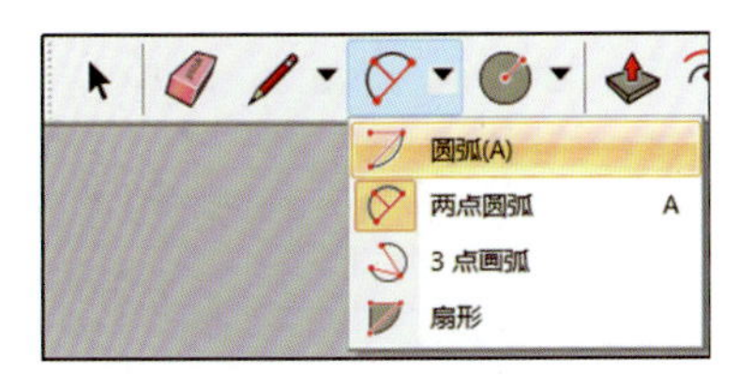

图 10-27 圆弧工具

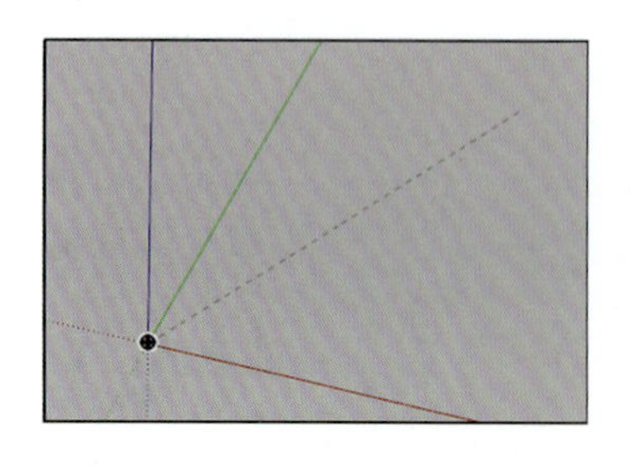

图 10-28　圆弧定位点确定

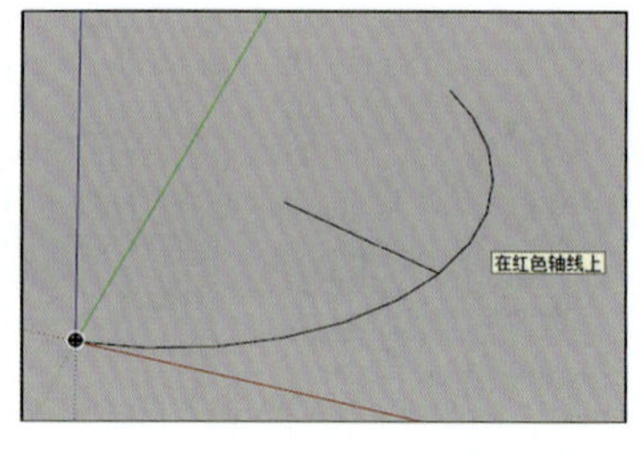

图 10-29　圆弧弧长和弧高确定

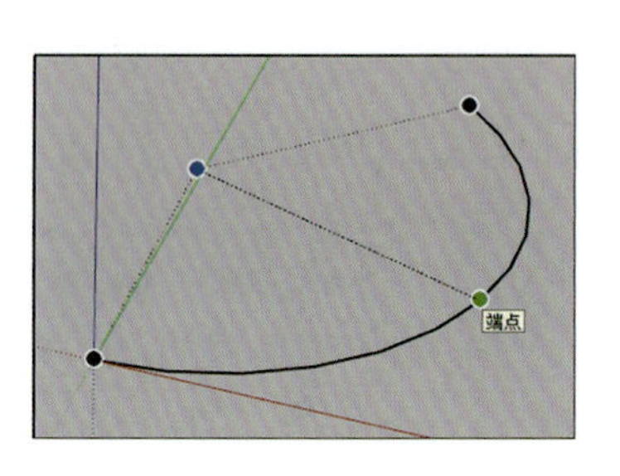

图 10-30　圆弧绘制

②选择“圆弧”工具→光标变为铅笔旁出现圆弧线(红点为弧线中心点位置)→点击圆弧中心点(图 10-31)并移动鼠标确定圆弧长度→点击确定圆弧初始位置点→移动鼠标确定圆弧角度范围→点击圆弧另一端点位置，确定圆弧角度范围，完成圆弧绘制，如图 10-32 所示。

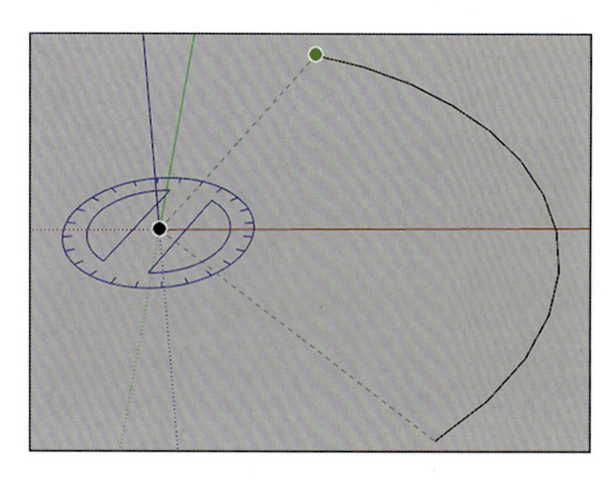

图 10-31　圆弧端点确定

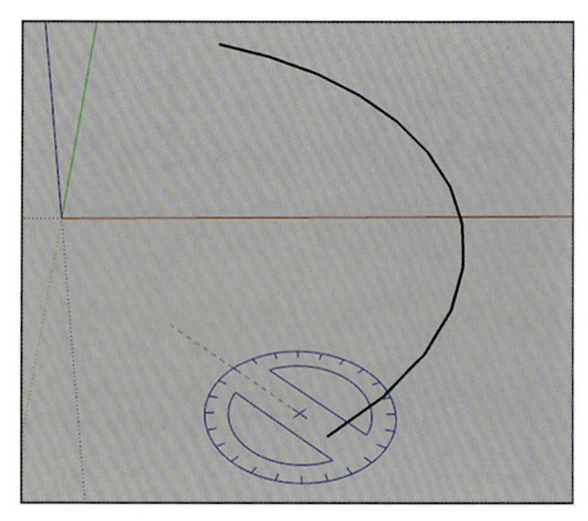

图 10-32　圆弧绘制

③选择“3 点画弧”工具→光标变为铅笔旁出现圆弧线→点击确定圆弧初始位置点→移动鼠标确定圆弧长度→点击圆弧中间位置点(图 10-33)→移动鼠标确定圆弧角度，完成圆弧绘制(图 10-34)。

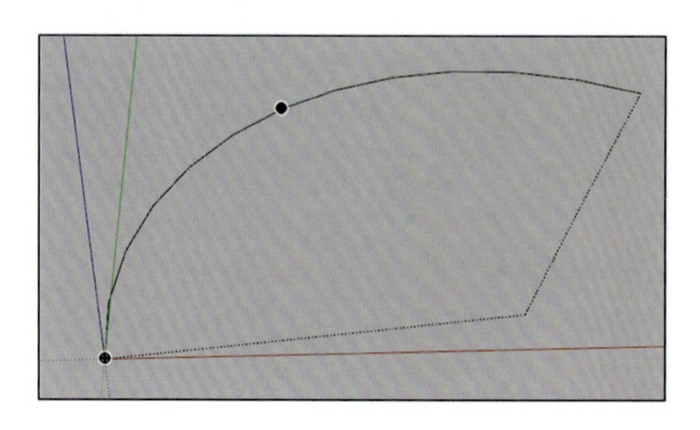

图 10-33　圆弧端点确定

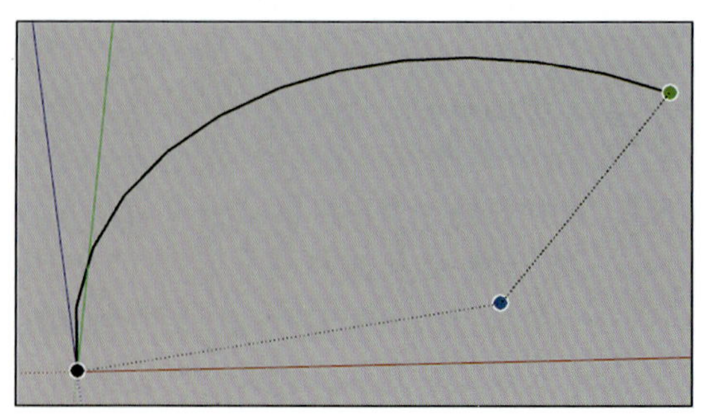

图 10-34　圆弧绘制

④选择“扇形”工具→光标变为铅笔旁出现扇形平面图案→点击确定扇形中心位置→移动鼠标确定扇形的圆弧长度→点击确定扇形初始点(图 10-35)→移动鼠标确定扇形角度，完成扇形绘制(扇形是平面存在形式)(图 10-36)。

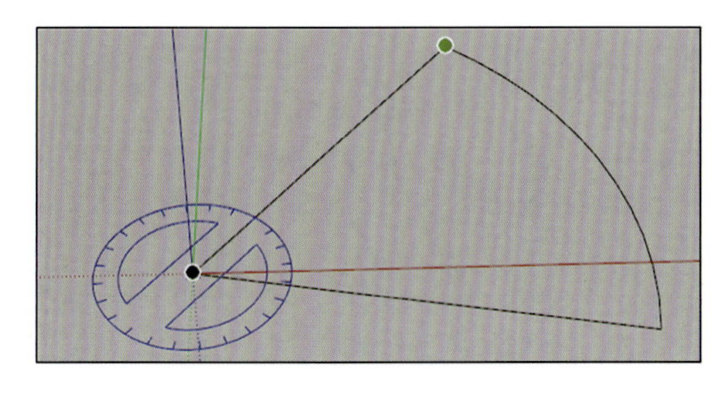

图 10-35 扇形中心点和端点确定

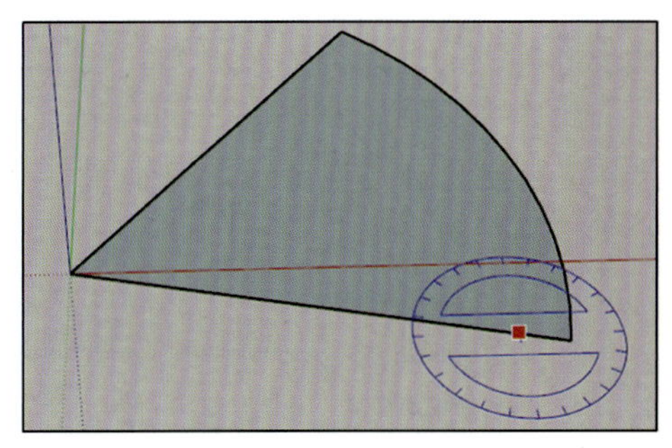

图 10-36 扇形绘制

6. 认识多边形工具

多边形工具处于 SketchUp 工具栏的第五个键，选择右边三角下拉菜单会出现“多边形”工具，如图 10-37 所示。选择“多边形”工具，光标会变成带多边形图案的铅笔。SketchUp 中的多边形工具绘制的多边形为正多边形。与圆和圆弧工具类似，如果多边形边数较多，则会形成趋向于圆的平面图形。

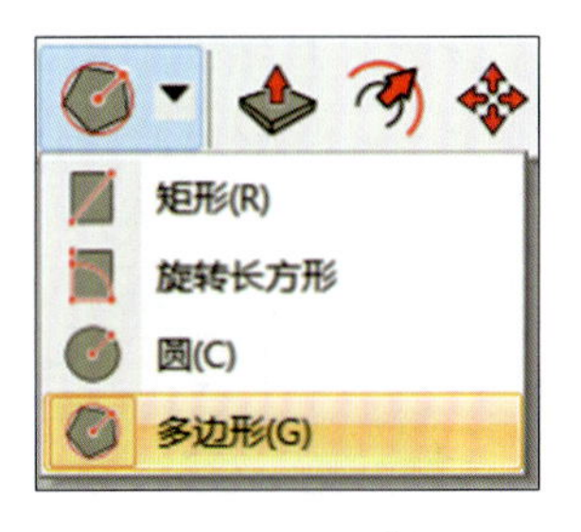

图 10-37 多边形工具

多边形绘制参考圆的绘制，基本操作步骤如下：

在屏幕右下角的动态数值输入框中输入所需多边形边数(如 8s，代表绘制图形为八边形)→按 Enter 键→点击确定多边形的中心点位置→移动鼠标确定多边形所处平面→右下角动态输入框输入多边形的半径数值(图 10-38)→按 Enter 键，完成多边形绘制。

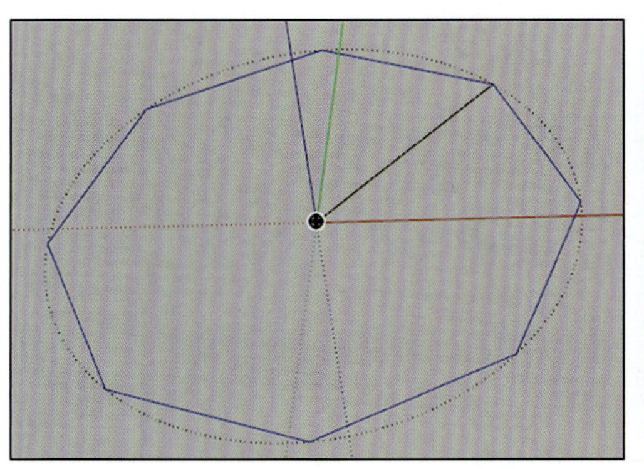

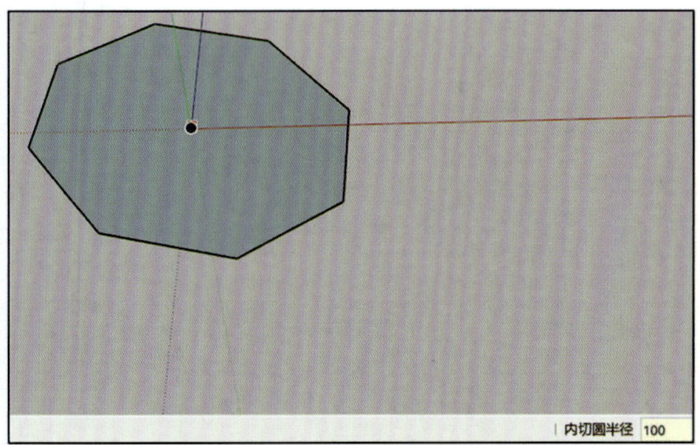

图 10-38 多边形半径设置及绘制

7. 认识绘图坐标轴

坐标轴显示工具位于 SketchUp 菜单栏中“视图”下拉菜单中。“坐标轴”字样左侧有箭头(图 10-39)，代表软件屏幕中是存在红色、绿色、蓝色坐标轴体系的，点击“坐标轴”会发现屏幕中的坐标轴体系消失，且“坐标轴”字样左侧箭头图案消失，如图 10-40 所示。

绘图坐标轴工具位于 SketchUp 菜单栏“工具”的下拉菜单中，如图 10-41 所示，其与显示坐标轴位置不同，功能也不同。绘图坐标轴即“轴”工具，是进行屏幕中坐标轴位置设定的工具，可以根据自己的模型建造需要进行轴点、轴向的改变，并通过设置恢复到原始轴点、轴向，提高建模效率并保证模型建造的正确率。

绘图坐标轴工具的基本操作步骤如下：

选择“坐标轴”工具，光标会变成箭头带三线坐标轴→点击修改后坐标体系的原点位置(图 10-42)，显示“端点”→移动鼠标，点击修改后坐标轴的红线轴线位置点(图 10-43)，显示“端点”→移动鼠标，点击修改后坐标轴的蓝线轴线位置点(图 10-44)，显示“端点”，坐标轴修改完成，如图 10-45 所示。

绘图坐标轴修改完成后，进行模型绘制，会发现修改后坐标轴与周边“天空”“草地”角度不一致，且坐标轴在整个大环境中呈现歪斜状态，如图 10-46 所示，想要恢复到初始坐标轴位置，可以选择修改后坐标系的任一条轴线，右键点击，出现“重设”，点击后坐标轴会恢复到初始坐标状态。

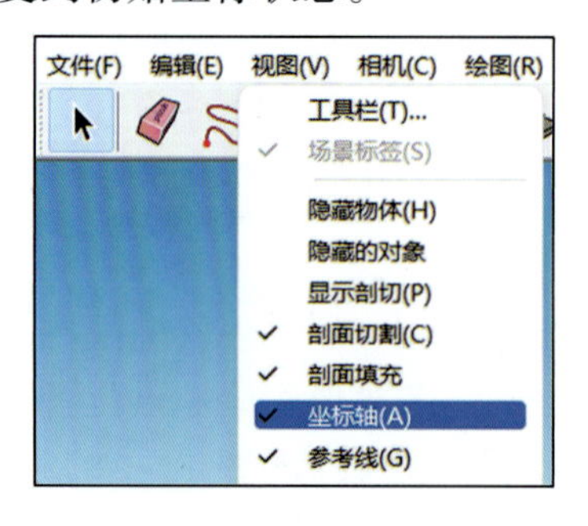

图 10-39 显示坐标轴工具

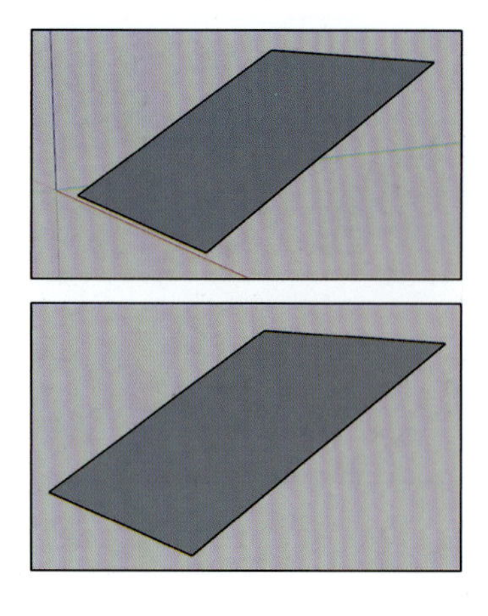

图 10-40 坐标轴显示

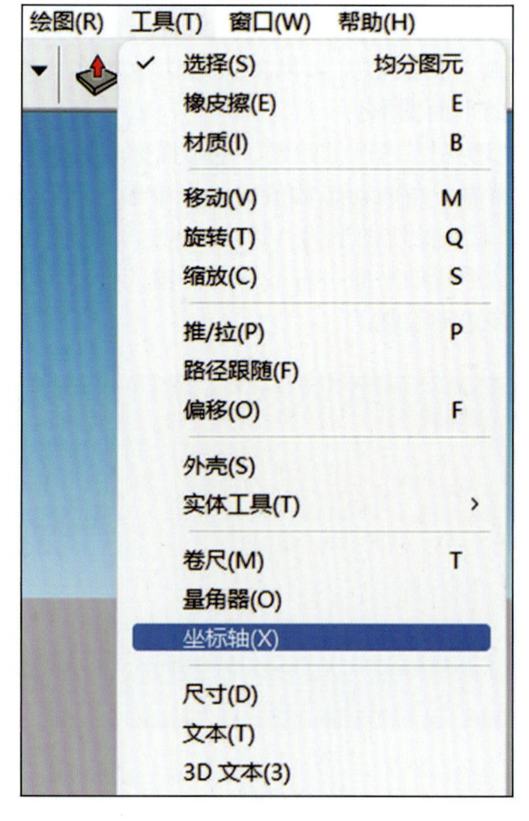

图 10-41 绘图坐标轴工具

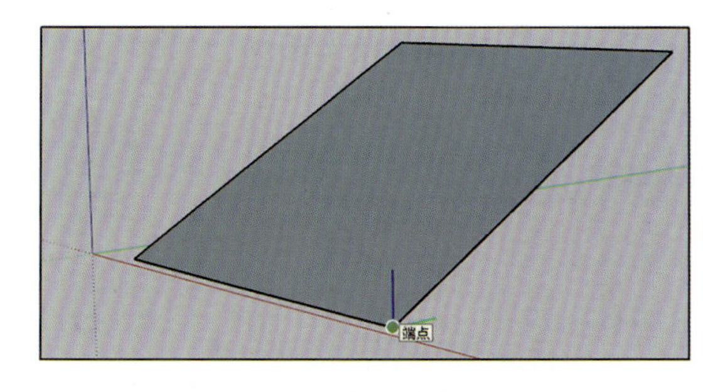

图 10-42　绘图坐标轴原点位置选择

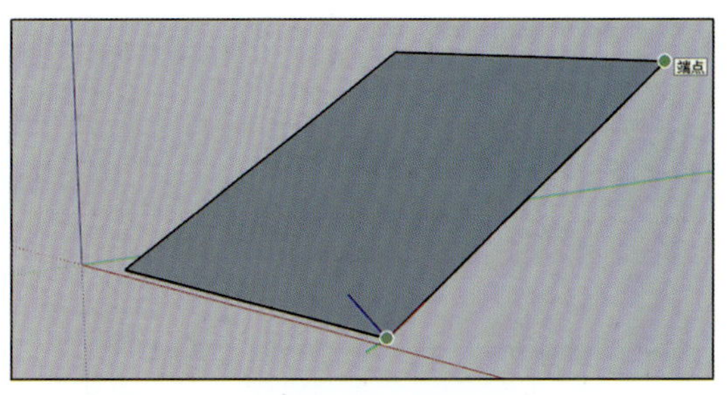

图 10-43　绘图坐标轴红色轴线端点位置选择

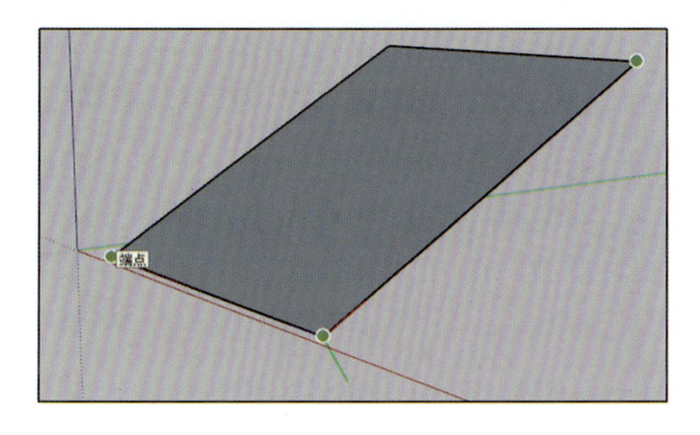

图 10-44　绘图坐标轴蓝色端点位置选择

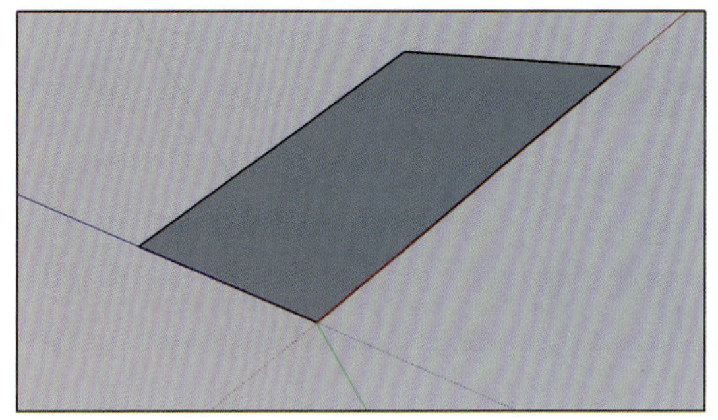

图 10-45　绘图坐标轴修改完成

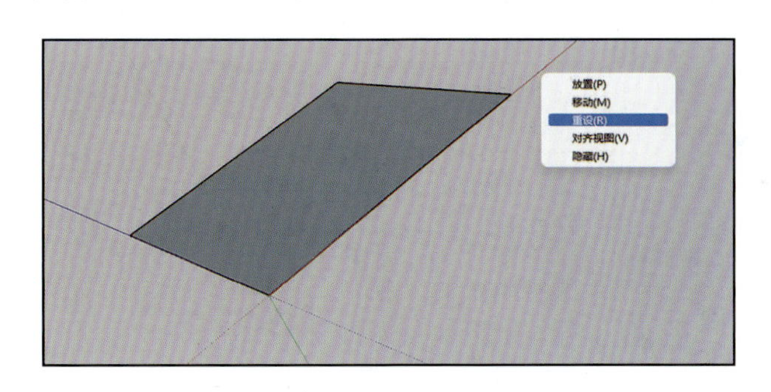

图 10-46　修改后的坐标轴体系

8. 认识隐藏工具

SketchUp 中的隐藏工具是为了方便进行建模并分部观察建模效果。如果模型较为复杂，可以对部分模型进行隐藏，以便进行模型细节处理，提高建模效率。

隐藏工具有两种显示方法：一种是选中所要隐藏的内容，选择菜单栏的“编辑”→“隐藏”工具，如图 10-47 所示；另一种是点击鼠标右键选中需要隐藏的内容，直接出现“隐藏”工具。

在隐藏之后，完成整体模型或者在建模中需要进行整体模型浏览，显示隐藏内容时，需要用到“撤销隐藏”工具。此工具位于菜单栏“编辑”下拉菜单中，如图 10-48 所示。可以根据需要进行“撤销隐藏”，包括对选定项的隐藏、对最后一步的隐藏和对全部隐藏进行“撤销”。

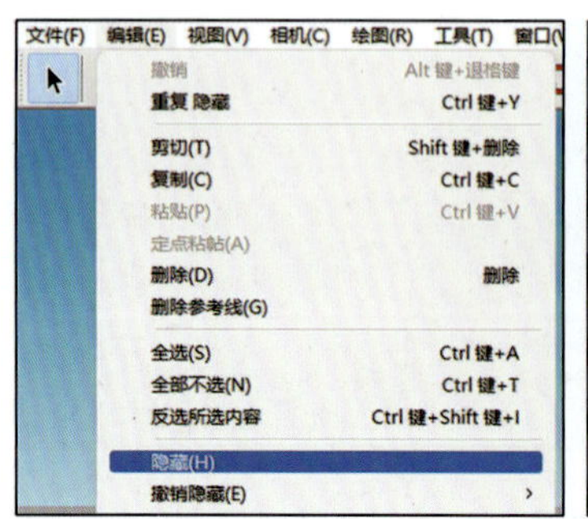

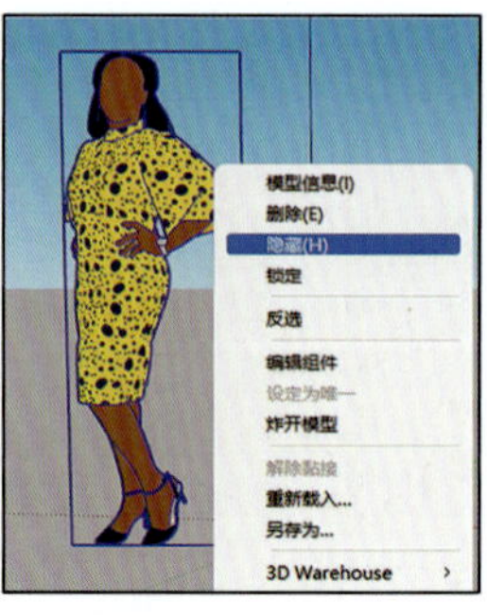

图 10-47　隐藏工具

图 10-48　撤销隐藏工具

9. 认识模型交错

SketchUp 中的模型交错是对两个及两个以上模型对象执行交错命令，相交的部分会出现相交实线，删除不需要的线条得到自己想要的模型。要注意的是，两个交错的模型最好不要先进行建组，等执行完交错命令再成组。

模型交错的基本操作步骤如下：

选择需要进行交错的两个或两个以上模型（图 10-49）→移动其中一个模型与另一模型相交（图 10-50）→选中需交错模型，点击鼠标右键出现工具栏→选择“模型交错”工具（图 10-51），完成交错，两交错模型相交处出现相交实线（图 10-52）。

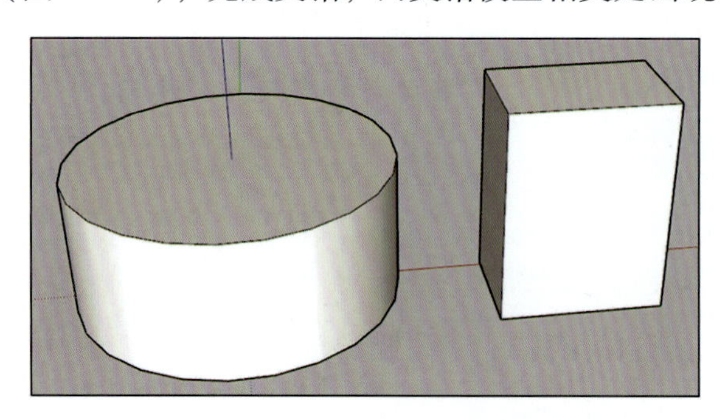

图 10-49　需进行模型交错的模型

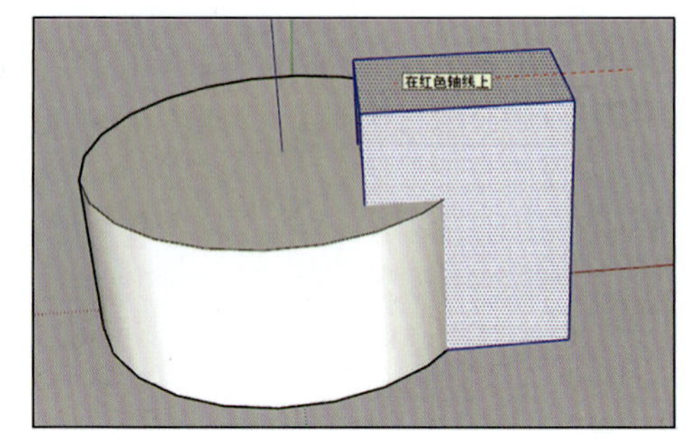

图 10-50　移动模型相交

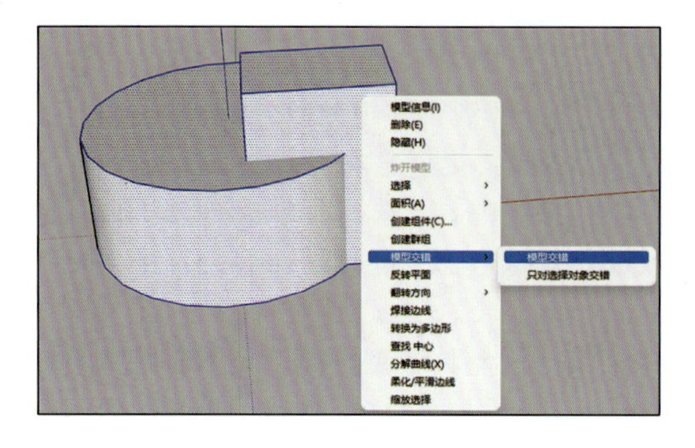

图 10-51　“模型交错”工具使用

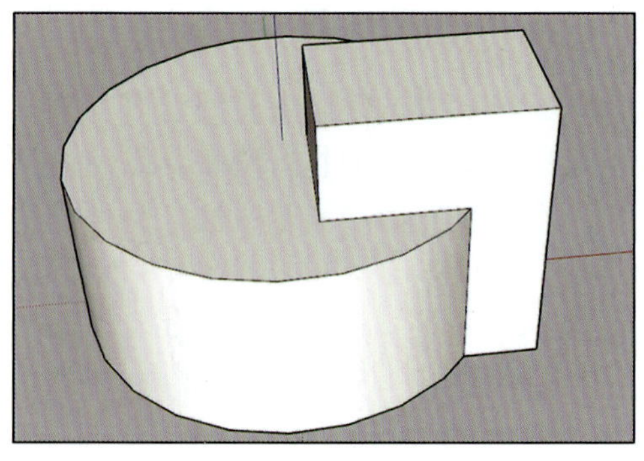

图 10-52　模型交错绘制完成

任务 10-2　工具栏高级操作

【任务描述】

本任务学习编辑工具、辅助绘图工具、尺寸标注和文字工具及剖切面工具。

【任务实施】

1. 认识擦除工具

使用“擦除工具”可将指定图形删除，主要功能如下。

（1）删除物体

激活擦除工具后，单击想要删除的几何体即可将其删除。如果按住鼠标左键不放，在需要删除的物体上拖曳，此时被选中的物体会呈高亮显示，松开鼠标左键即可全部删除。如果偶然选中了不想删除的几何体，可以在删除之前按 Esc 键取消删除操作。

若要删除大量图形，更快捷的方法是先用“选择工具”进行选择，再按 Delete 键一次性删除。

（2）隐藏边线

在使用“擦除工具”的同时按住 Shift 键，然后单击边线，则不会删除图形，仅隐藏边线。

（3）柔化边线

在使用“擦除工具”的同时按住 Ctrl 键，单击相应边线，则不会删除图形，仅柔化边线。

（4）取消柔化

在使用“擦除工具”的同时按住 Shift 键和 Ctrl 键，可取消柔化效果。

2. 认识移动工具

使用“移动工具”可以移动、拉伸和复制几何体，其快捷键为 M 键。

执行该命令后，当移动光标到物体的点、边线和表面时，这些对象即被激活。移动光标，对象的位置就会改变，图 10-53 所示为同一个正方体点、线、面的移动。

在使用移动工具的同时按住 Alt 键，可以强制拉伸线或面，生成不规则几何体。

（1）移动物体

选择需要移动的物体，激活移动命令，确定移动的基点，移动光标指定目标点，即可

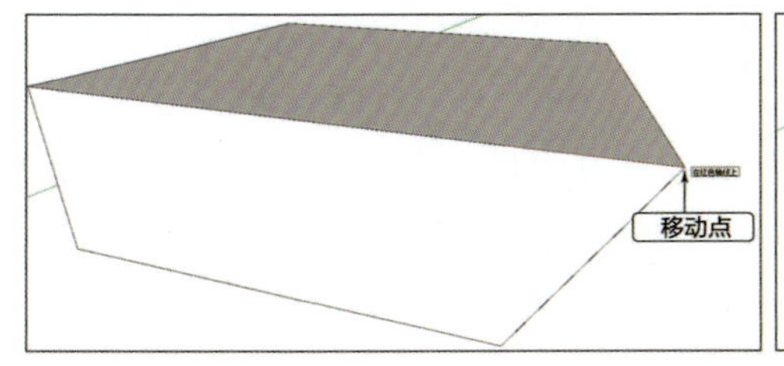

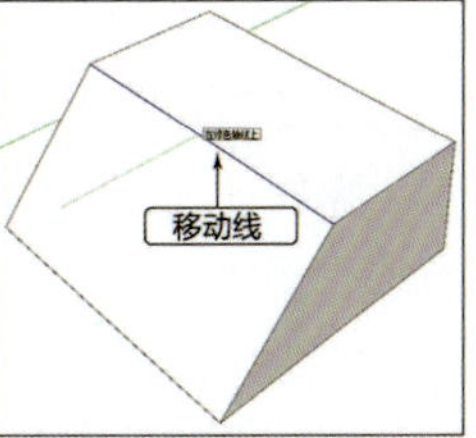

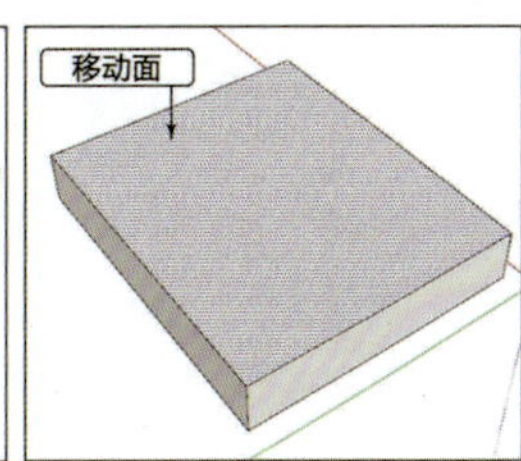

图 10-53　点、线、面的移动

将物体移动。

在移动物体时，随着光标的移动会出现一条参考线；另外，在数值框中会动态显示移动的距离，也可以输入移动值或者三维坐标值进行精确的移动。

在进行移动操作之前或移动的过程中，可以按住 Shift 键来锁定参考轴，以避免参考捕捉受到别的几何体的干扰。

（2）复制物体

选择物体，激活移动命令，在移动对象的同时按住 Ctrl 键，光标指针会多出一个“+”号，在移动物体上单击，确定移动起点，拖动鼠标指定目标点，即可复制物体。

完成一个对象的复制后，如在数值框中输入“x5”（字母 x 不区分大小写），表示以之前复制物体的间距阵列复制出 5 份（间距×5），如图 10-54 所示。

完成一个对象的复制后，若在数值框中输入“/3”，表示在复制的间距之内等分复制 3 个物体（间距÷3），如图 10-55 所示。

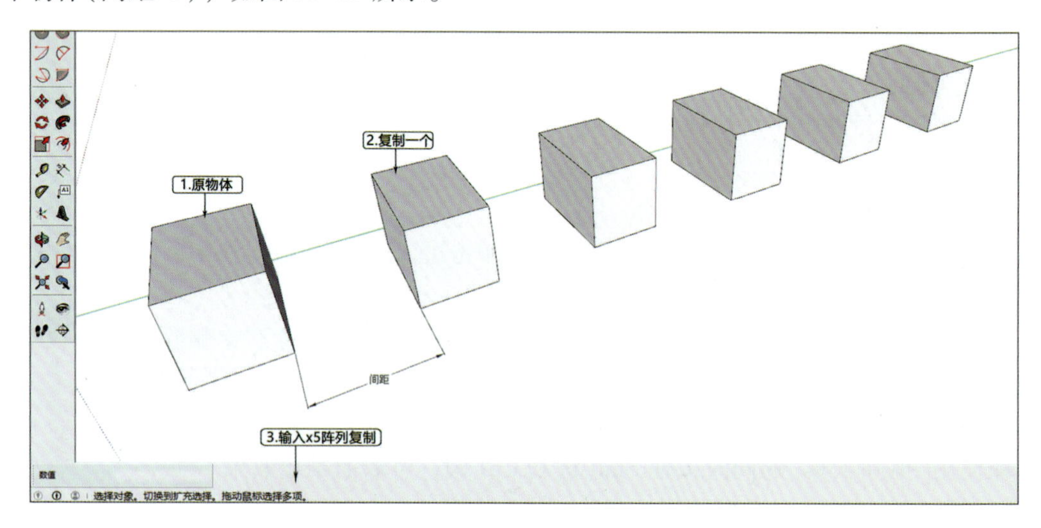

图 10-54 阵列复制

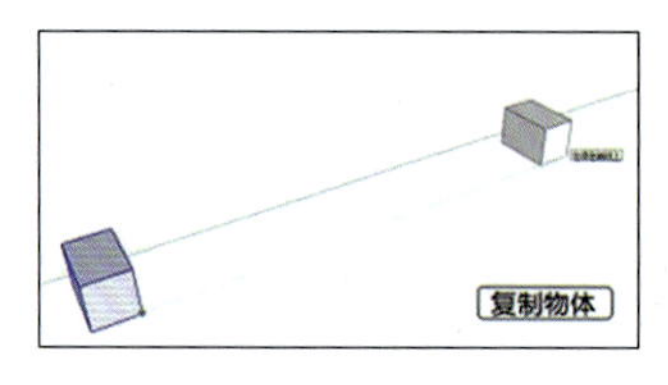

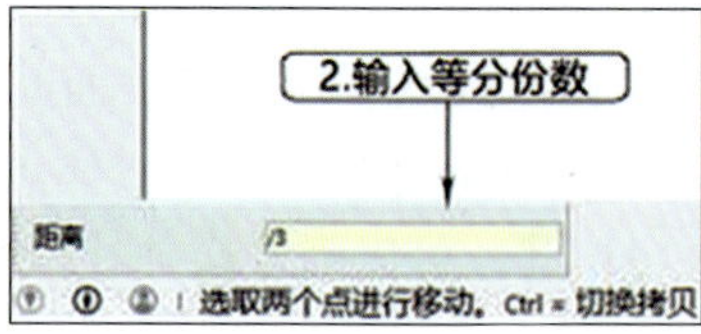

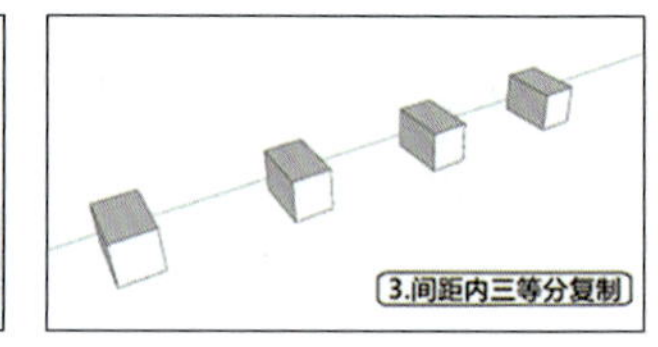

图 10-55 等分复制

3. 认识旋转工具

使用旋转工具可以在同一旋转平面上旋转物体中的元素，也可以旋转单个或多个物体，配合功能键还可以完成旋转复制功能。

选择图形后，执行旋转命令，光标变成“旋转盘”状，移动调整鼠标确定旋转平面，单击鼠标，确定旋转轴心点和轴线，拖动鼠标即可旋转物体，如图 10-56 所示。为确定旋转角度，可以观察数值框的数值或者直接输入旋转角度，最后单击鼠标左键，完成旋转。

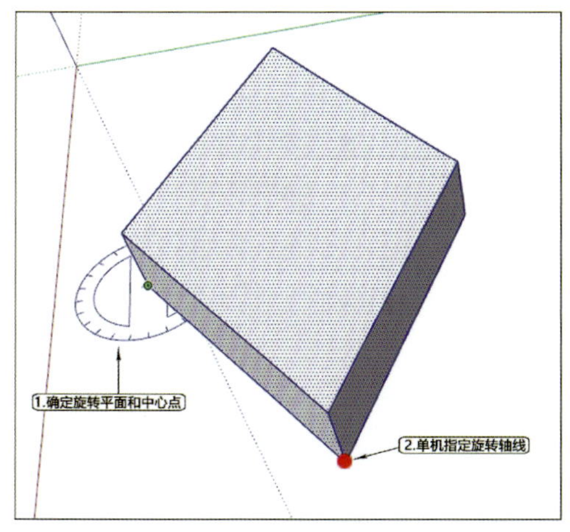

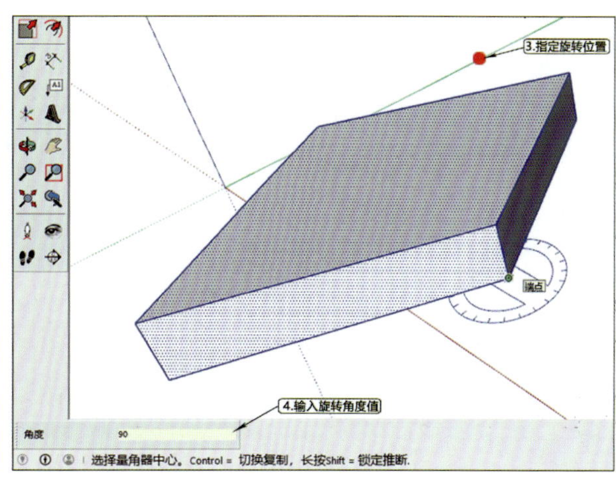

图 10-56 旋转物体

在旋转命令执行过程中，可使用中键旋转视图以调整旋转的平面，选择的平面不同，光标上的量角器颜色也会不同。旋转平面不同，得到的旋转图形效果也不同。

利用 SketchUp 的参考提示，可以精确定位旋转中心点。如果开启了角度捕捉功能，则可以很容易捕捉到设置好的角度以及该角度的倍增角（如设置角度为 45°，则可捕捉 5°、10°、15°、30°、45°、…进行旋转，如图 10-57 所示。

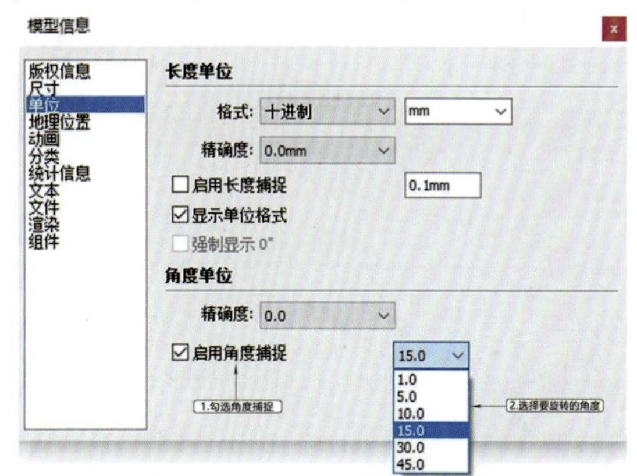

图 10-57 设置角度捕捉

使用“旋转工具”并配合 Ctrl 键可以在旋转物体的同时复制物体。如在完成一个圆柱体的旋转后，输入“x8”或“8x”就可以按照上一次旋转角度将圆柱体环形阵列复制出 8 份，如图 10-58 所示。

假如在完成个圆柱体的旋转复制后，输入“/2”或“2/”，则可在旋转的角度内将图形进行 2 等分复制，如图 10-59 所示。

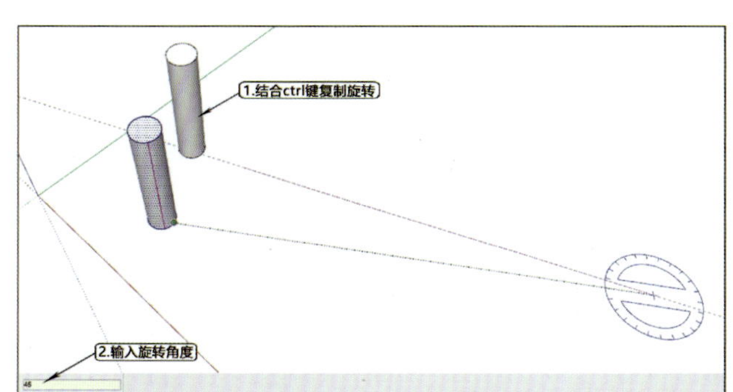

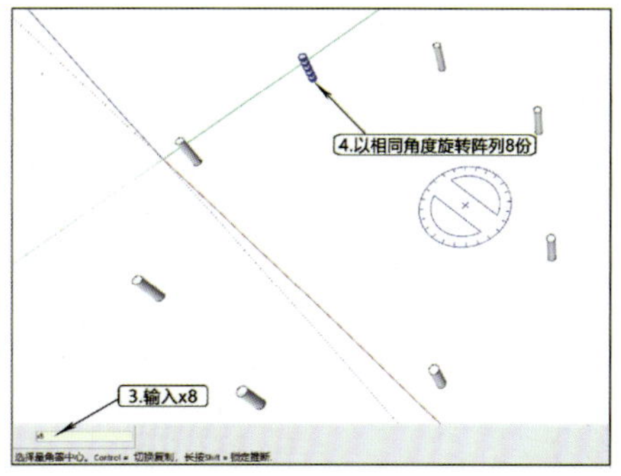

图 10-58 旋转阵列

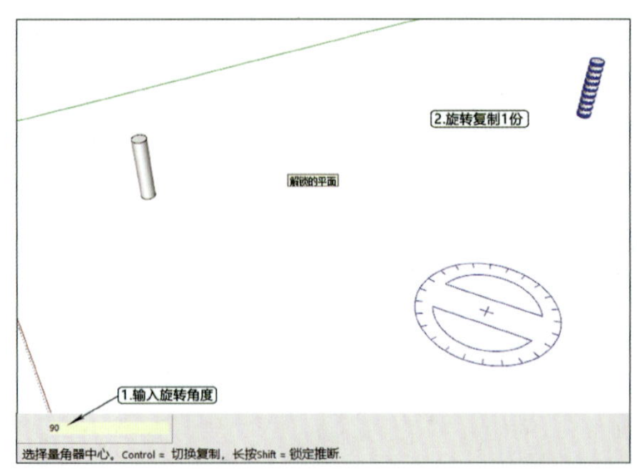

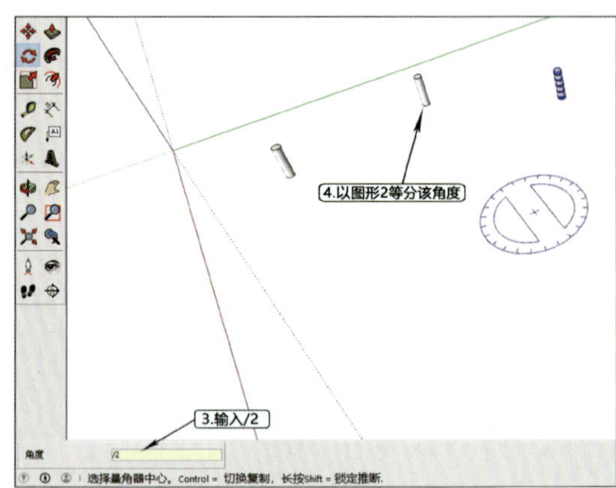

图 10-59 旋转等分阵列

4. 认识缩放工具

使用“缩放工具”可以缩放或拉伸选中的物体。选择物体后，执行缩放命令，此物体的外围出现缩放栅格，选择栅格点，即可对物体进行缩放。

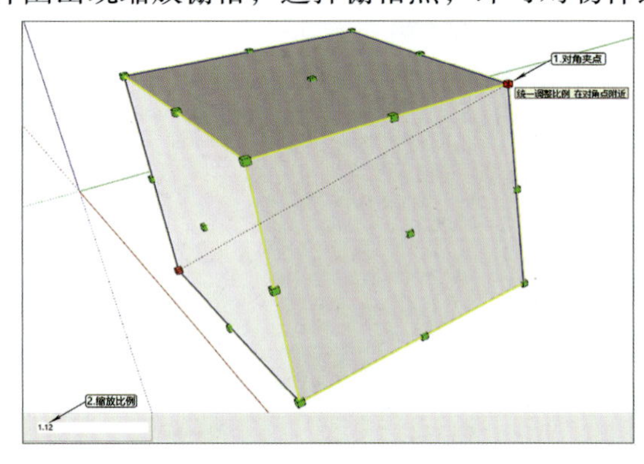

图 10-60 对角夹点缩放

(1)缩放工具类型

①对角夹点 单击移动对角夹点(选中夹点呈红色)，可使几何体沿对角方向进行等比缩放，缩放时在数值框中显示的是缩放比例，如图 10-60 所示。

②边线夹点 移动边线夹点可以同时在几何体对边的两个方向上进行非等比缩放，几何体将变形，缩放时在数值框中显示的是两个用逗号隔开的数值，如图 10-61 所示。

③表面夹点 移动表面夹点可以使几何体沿着垂直面的方向在一个方向上进行非等比缩放，几何体将变形(改变物体长、宽、高)，缩放时在数值框中显示的是缩放比例，如图 10-62 所示。

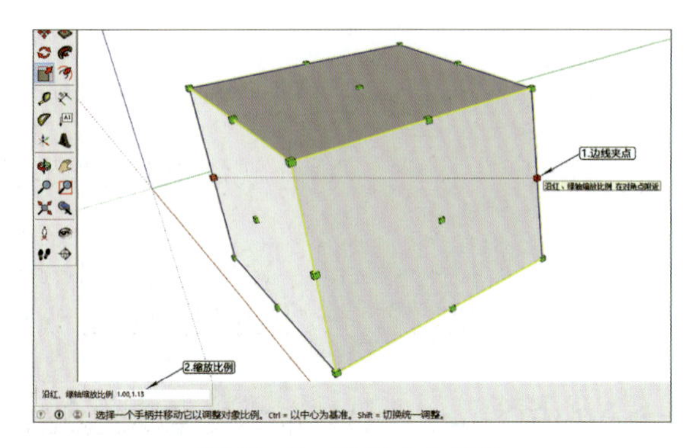

图 10-61 边线夹点缩放

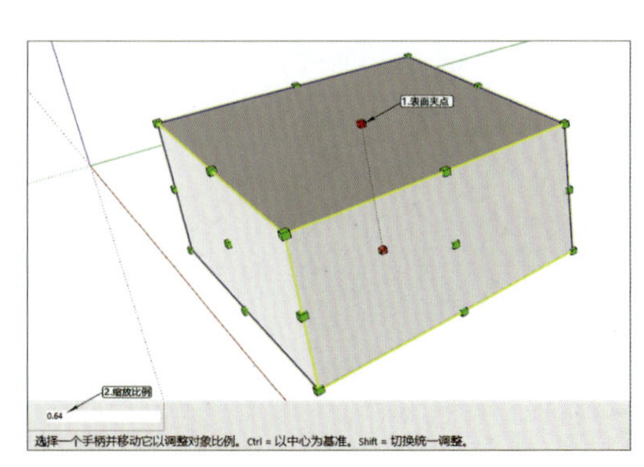

图 10-62 表面夹点缩放

（2）缩放功能使用与主要功能

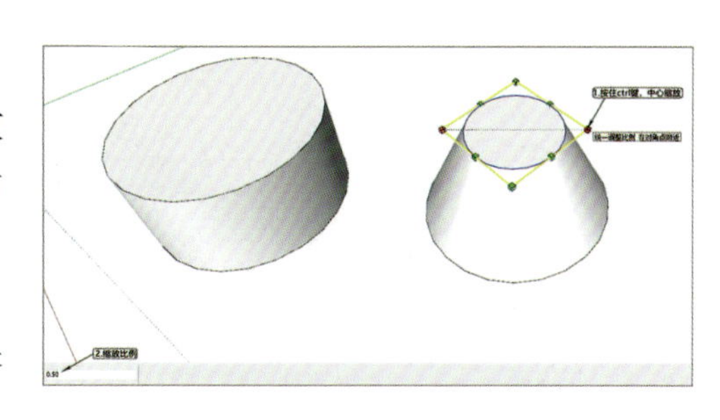

图 10-63　中心缩放

①通过数值框精确缩放　在进行缩放时，数值框会显示缩放比例，用户也可以在完成缩放后输入一个数值，数值的输入方式有以下 3 种：

输入缩放比例：直接输入不带单位的数字，例如，“2”表示放大 2 倍，“-2”表示缩小到原来的 50%。

输入尺寸长度：输入一个数值+单位，例如，输入“2m”表示缩放到 2m 的长度。

输入多重缩放比例：一维缩放需要一个数值；二维缩放需要两个数值（如 X 和 Y 方向的缩放比例），用逗号隔开；等比三维缩放也只需要一个数值，但非等比的三维缩放却需要 3 个数值（如 X、Y、Z 各方向的缩放比例），分别用逗号隔开。

在执行缩放命令的过程中，应先选中物体再激活缩放命令，若先激活缩放命令，则只能在单个点、线、面或组上进行缩放操作。

②配合其他功能键缩放　结合 Ctrl 键可以对物体进行中心缩放，如图 10-63 所示；结合 Shift 键进行夹点缩放，可以在等比缩放和非等比缩放之间进行切换；结合 Ctrl 键和 Shift 键，可以在夹点缩放、中心缩放和中心非等比缩放之间互相转换。

③镜像物体　使用缩放工具还可以镜像缩放物体，只需要往反方向拖拽缩放夹点即可（也可以输入负数值完成镜像缩放，如“-0. 5”表示在反方向缩小 50%），如图 10-64 所示。

如要使镜像后的图形大小不变，只需移动一个夹点，输入“-1”，即可将物体按照原来大小进行镜像。

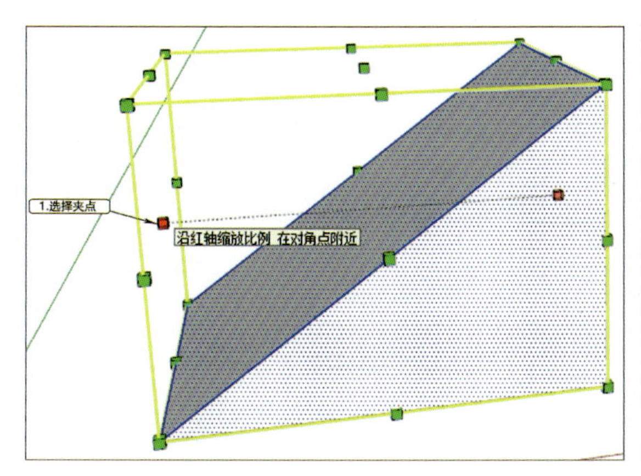

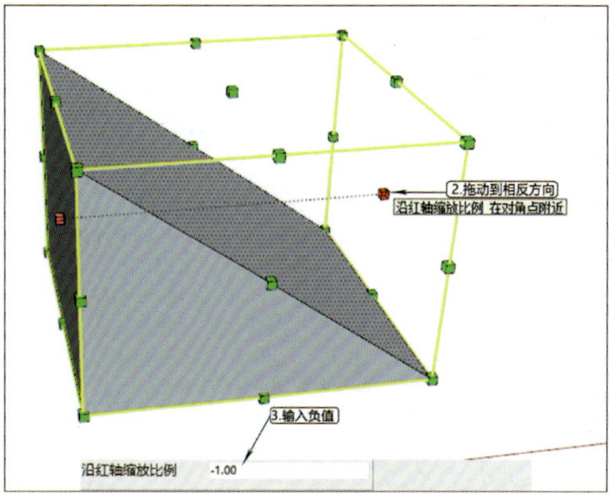

图 10-64　中心缩放

5. 认识推拉工具

推拉工具的快捷键是 P 键，可将图形的表面以自身的垂直方向进行拉伸。

执行推拉命令后，移动光标至表面，单击拾取表面，然后在光标拖动到相应的高度时单击（或输入精确值并按 Enter 键），即可对面进行推拉操作，如图 10-65 所示。

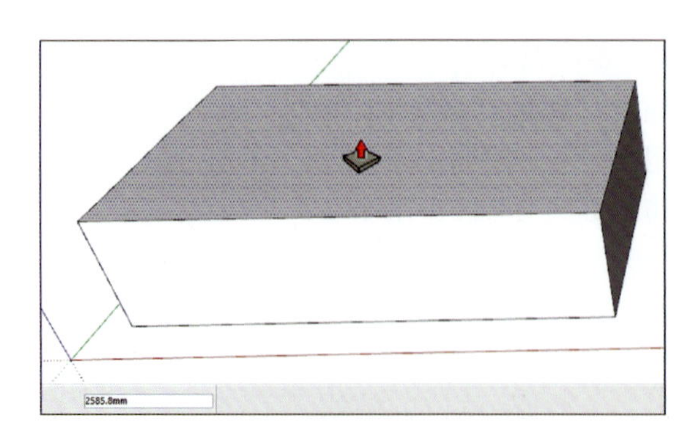

图 10-65　推拉

用户可以在推拉中或在完成推拉后在数值控制框中输入精确的数值进行修改，在进行其他操作之前可以一直更新数值。如果输入的是负值，则表示往当前的反方向推拉。

(1)重复推拉

将一个面推拉一定高度后，接着在另一个面上双击鼠标左键，则该面将推拉同样的高度，如图 10-66 所示。

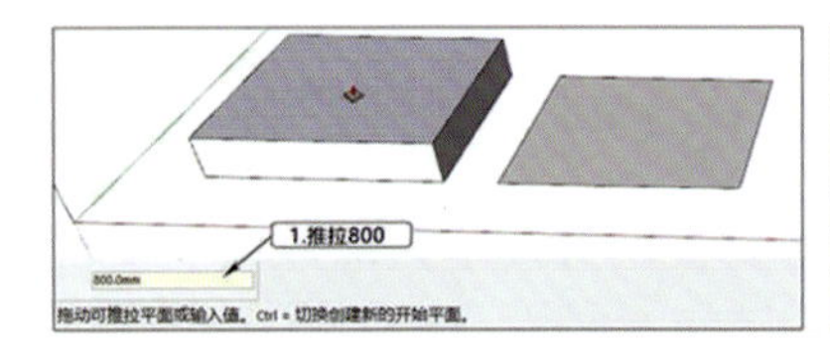

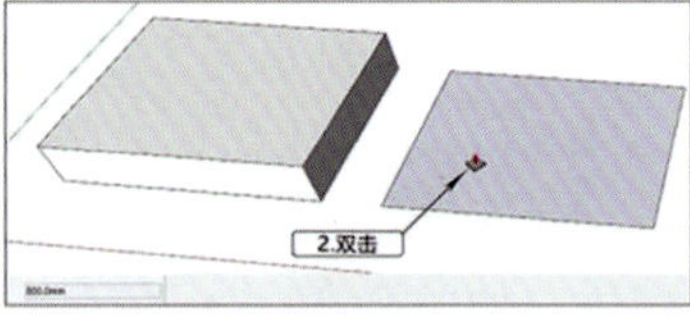

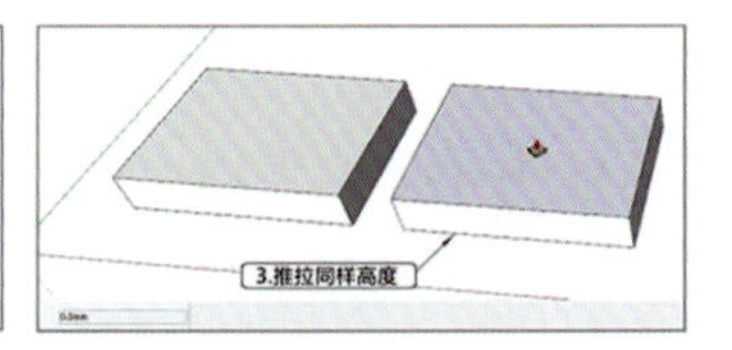

图 10-66　重复推拉

(2)结合 Ctrl 键复制推拉

使用推拉工具并结合 Ctrl 键，可以在推拉面时复制一个新的面并进行推拉(光标上会多出一个“+”)，如图 10-67 所示。

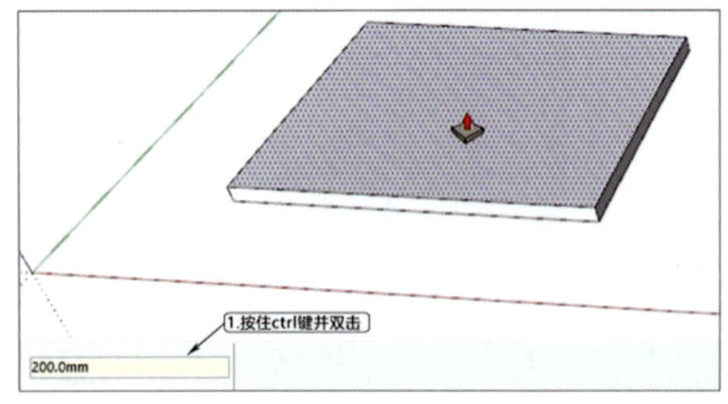

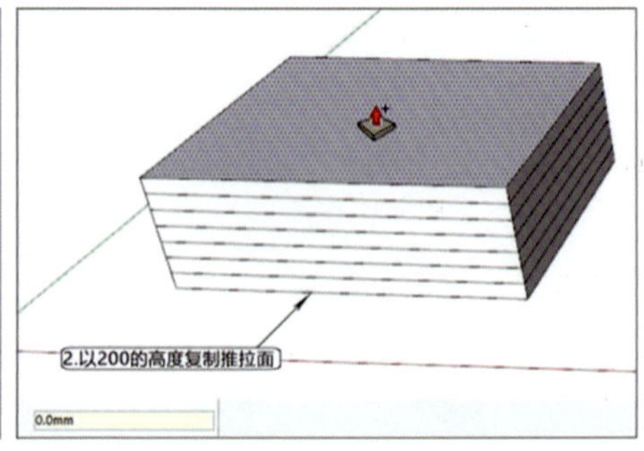

图 10-67　复制推拉

6. 认识路径跟随工具

路径跟随工具，可将截面沿已知路径放样，创建复杂的几何体。

(1)手动放样

首先绘制路径边线和截平面，然后使用路径跟随工具单击截面，沿着路径移动鼠标，此时边线会变成红色，在移动鼠标到达放样端点时，单击左键完成放样操作(图 10-68)。

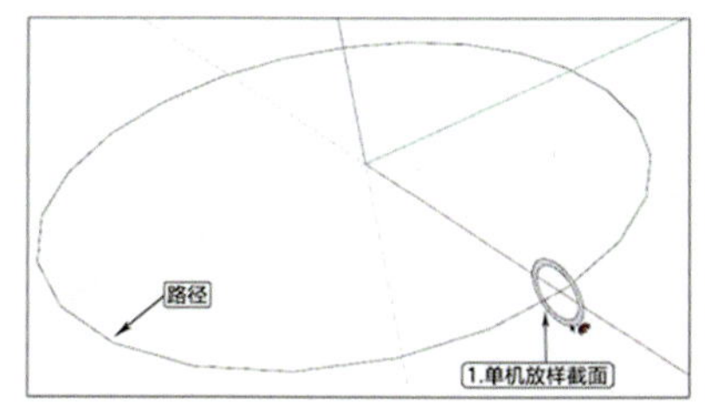

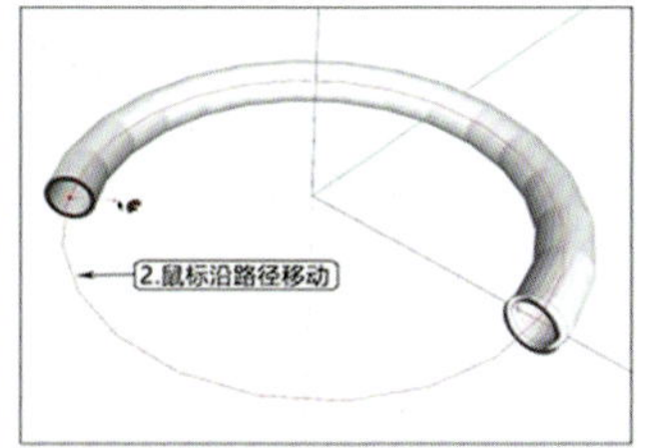

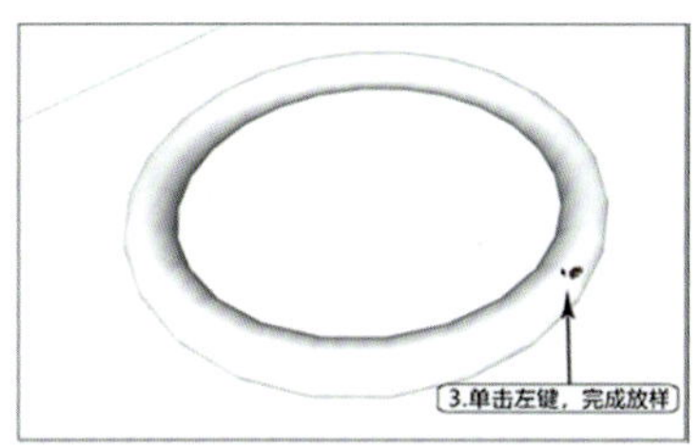

图 10-68　手动放样

(2) 自动放样

先选择路径，再用路径跟随工具单击截面自动放样，如图 10-69 所示。

(3) 自动沿某个面为路径放样

以球体为例，首先绘制两个互相垂直且大小相同的圆，然后选择其中一个圆平面为路径，激活路径跟随工具，单击另一个圆面为截面，则该截面将自动沿路径平面的边线进行挤压。

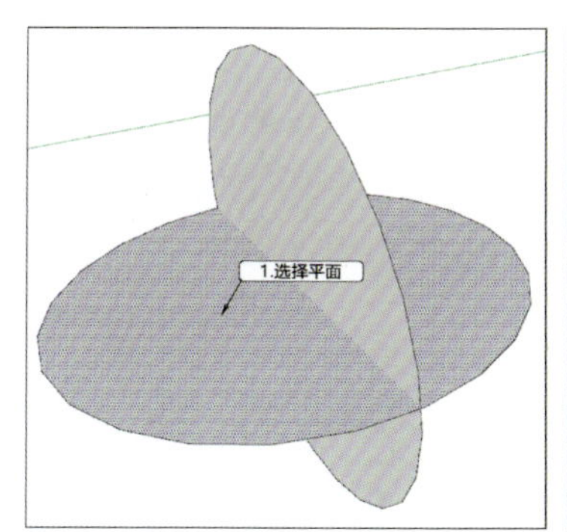

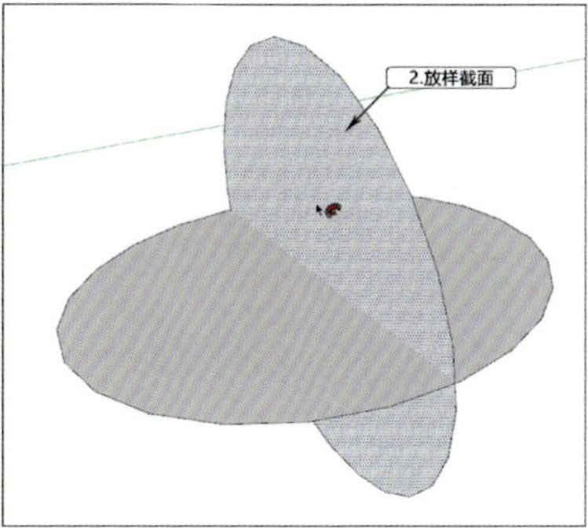

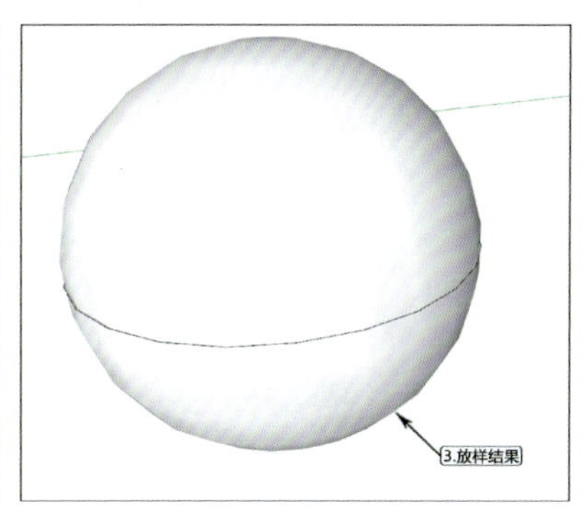

图 10-69　自动放样

如图 10-69 所示，在放样球面的过程中，路径线与截面相交，导致放样的球体被路径线分割。实际上只要在创建路径和截面时不让它们相交，即可生成无分割线的球体，如图 10-70所示。

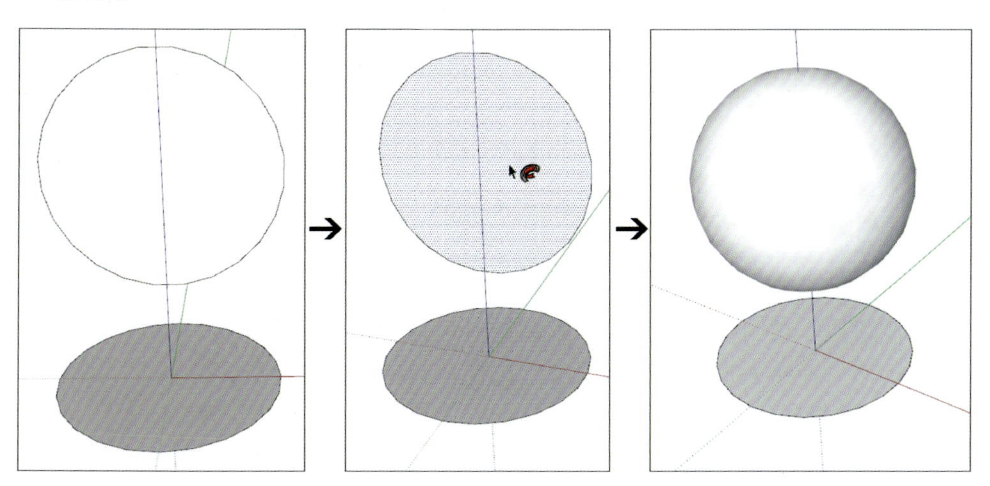

图 10-70　无分割线自动放样

7. 认识偏移工具

使用"偏移工具"可对表面或一组共面的线进行偏移复制，用户可将对象偏移复制到内侧或外侧，偏移之后会产生新的表面。

选择要偏移的面，然后激活偏移工具，在所选表面的任意边上单击，再移动鼠标来定义偏移的距离(或输入偏移值；若输入负值，则往反方向偏移)。

线的偏移方法和面的偏移方法大致相同，但需要注意的是，选择线的时候必须选择两条以上相连的线，并且所有的线必须处于同一平面上。使用偏移工具一次只能偏移一个面或一组共面的线。

8. 认识卷尺工具

使用"卷尺工具"可以执行一系列与尺寸相关的操作，快捷键为T键，包括测量两点间的距离、全局缩放整个模型及绘制辅助线。

(1)测量两点间的距离

激活卷尺工具，拾取一点作为测量的起点，此时拖动光标会出现一条类似参考线的"测量带"，其颜色会随着平行的坐标轴而变化，并且数值控制框会实时显示"测量带"的长度，再次单击拾取测量的终点后，测量所得的距离会显示在数值控制框中。

(2)全局缩放整个模型

使用卷尺工具可以对模型进行全局缩放，此功能非常实用。

激活卷尺工具，选择一条作为缩放依据的线段，并单击该线段的两个端点进行量取，此时数值框会显示出这条线段的长度值(如100)，输入一个目标长度值(如500)，然后按Enter键确认，此时会出现一个对话框，提示是否调整模型尺寸，单击"是"按钮，此时模型中的所有物体都将以该比例值进行缩放，如图10-71所示。

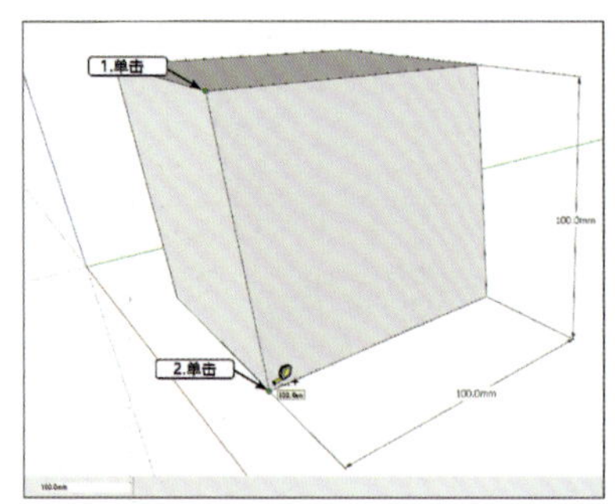

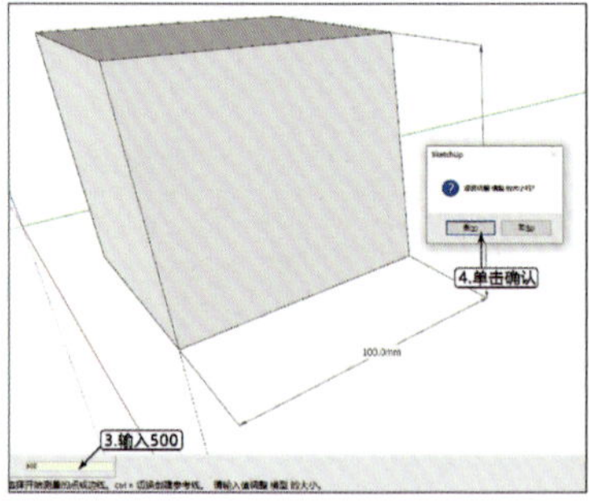

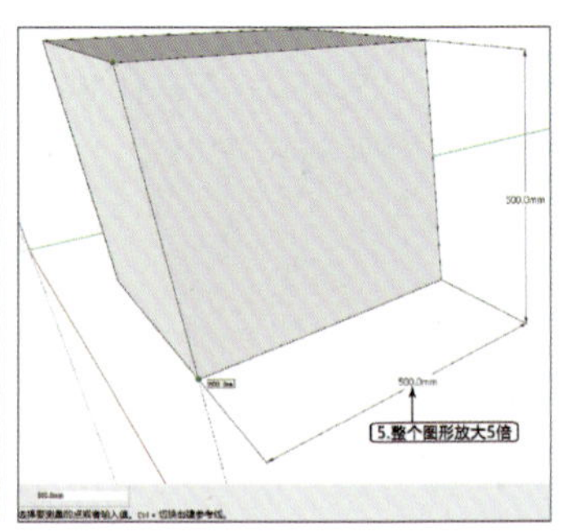

图10-71　全局缩放

全局缩放适用于整个模型场景，如果只想对场景中的一个物体进行缩放，就要将该物体事先成组，然后使用上述方法进行缩放，以保持其他图形不变。

(3)绘制辅助线

使用卷尺工具可绘制出距离精确的辅助线，且辅助线是无限延长的，这对于精确建模非常有用。

激活卷尺工具，在边线上单击拾取一点作为参考点，此时在光标上会出现一条辅助线随着光标移动，并显示辅助线与参考点之间的距离，单击鼠标左键（或输入数值），即可绘制一条辅助线，如图 10-72 所示。

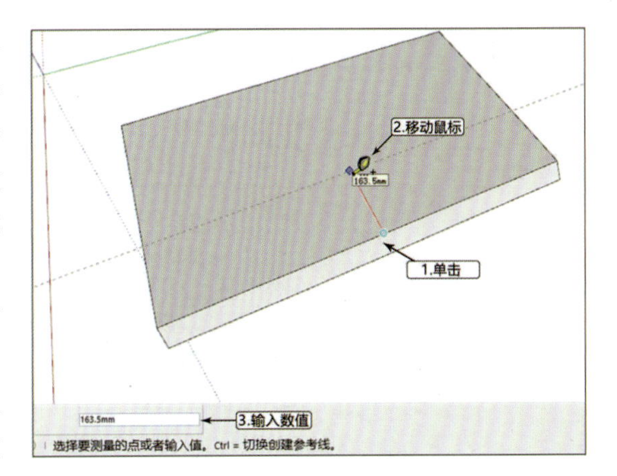

图 10-72　绘制辅助线

在使用卷尺工具时，结合 Ctrl 键进行操作，可以只“测量”而不产生线。

激活卷尺工具后，直接在某条线段上双击鼠标左键，即可绘制一条与该线段重合又无限延长的辅助线。

9. 认识量角器工具

“量角器工具”可以测量角度和绘制辅助线，其主要功能如下：

（1）测量角度

激活量角器工具后，在视图中会出现一个圆形的量角器，光标指向的位置就是量角器的中心位置。

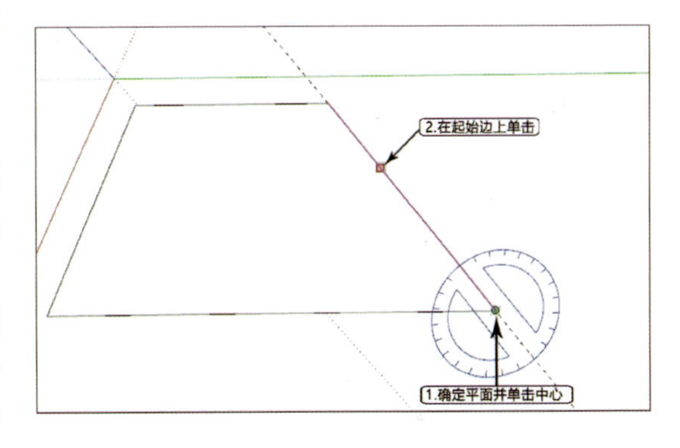

在场景中移动光标时，量角器会根据坐标轴（视图变化）和几何体而改变自身定位方向，出现不同颜色的量角器。用户可以按住 Shift 键将量角器锁定在相应的平面上。

在测量角度时，将量角器的中心设在角的项点，然后将量角器的基线对准测量的起始边线，接着拖动鼠标旋转量角器，捕捉要测量角度的第二条边，此时光标上会出现一条绕量角器旋转的辅助线，捕捉到测量角的第二条边后，测量的角度值会显示在数值框中，如图 10-73 所示。

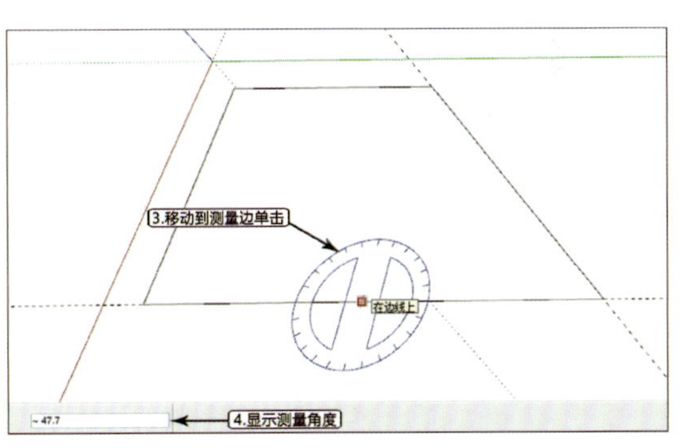

图 10-73　使用量角器测量角度

（2）创建角度辅助线

激活量角器工具，捕捉并单击辅助线将经过的角的顶点，接着在已有的线段或边线上单击，移动光标，则光标上出现新的辅助线，在需要的位置单击则创建辅助线，并在数值框中动态显示该角度值，如图 10-74 所示。

角度可以通过数值控制框输入，输入的值可以是角度（如 15°），也可是角的斜率（角的正切，如 1 : 6）；输入负值则表示将往当前光标指定方向的反方向创建辅助线；在进行其他操作之前可以持续输入数值的修改角度。

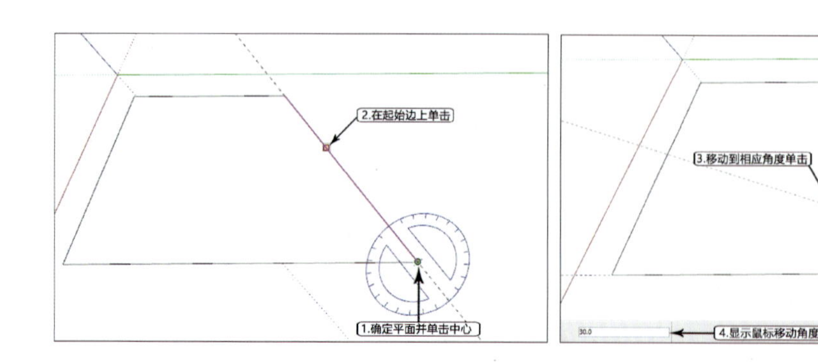

图 10-74　使用量角器创建角度辅助线

10. 认识尺寸标注工具

“尺寸标注工具”可以对模型的点包括端点、中点、边线上的点、交点及圆或圆弧的圆心进行标注。

尺寸标注的样式在“模型信息”管理器的“尺寸”面板中进行设置。通过执行“窗口”→“模型信息”命令即可打开，如图 10-75 所示。

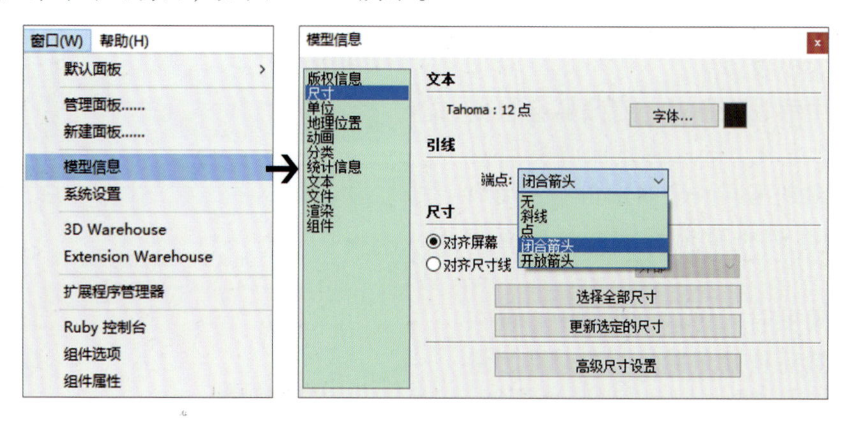

图 10-75　“模型信息”管理器

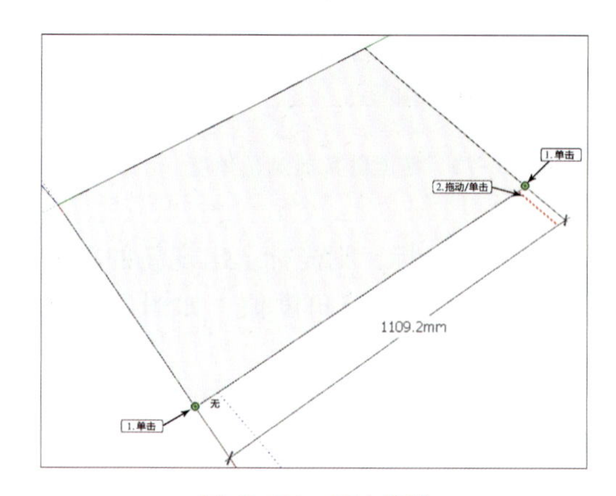

图 10-76　标注线段

标注端点的样式多样，可以根据制图要求进行选择。长度标准端点样式为“斜线”，而“直径”和“半径”标准端点样式为“闭合箭头”。

(1)标注线段

激活尺寸标注工具，依次单击线段两个端点，移动鼠标拖曳一定距离，再单击以确定标注放置的位置，如图 10-76 所示。

(2)标注直径

激活尺寸标注工具，单击要标注的圆边缘任意一点，用移动光标拖曳出标注线，单击确定标注放置圆边缘另一点。

(3) 标注半径

激活尺寸标注工具，然后单击要标注的圆弧，接着移动光标以确定标注的位置，如图 10-77所示。

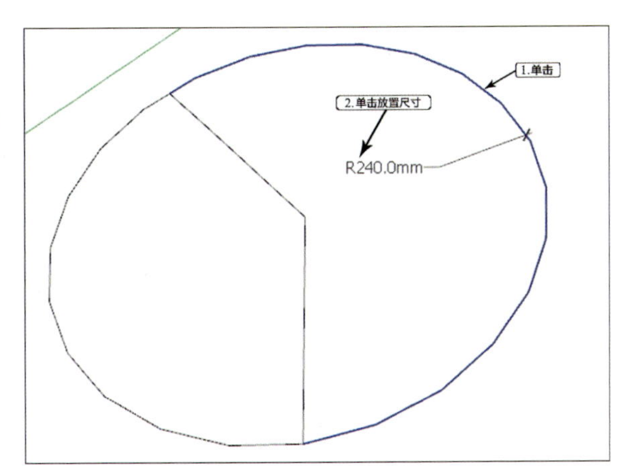

图 10-77　标注半径

在半径标注的右键菜单中执行“类型”→“直径”命令，可以将半径标注转换为直径标注，如图 10-78 所示。

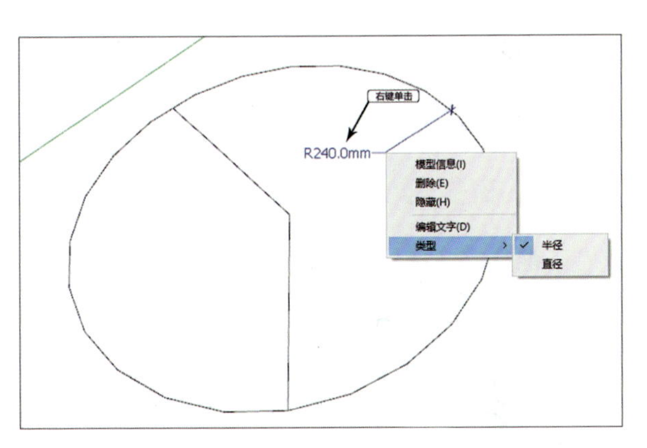

图 10-78　半径/直径转换

11. 认识文字工具

(1) 文字标注工具

“文字标注工具”用来将文字插入模型中，分为屏幕文字和引注文字 2 种。

在“模型信息”管理器的“文本”面板中可以设置文字和引线的样式，包括引线文字、引线端点、字体类型和颜色等，如图 10-79 所示。

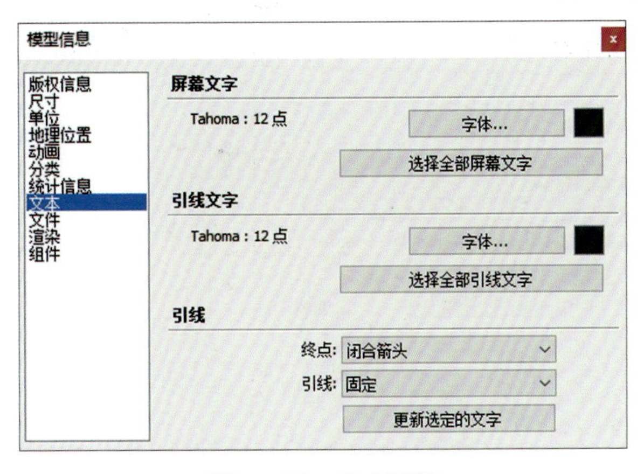

图 10-79　文本面板

①引注文字　激活文字标注工具，鼠标左键点击实体(表面、边线、端点、组件、群组等)指定引线初始点位置，用光标拖曳出引线，在合适位置单击确定文本框的位置，最后在文本框中输入注释文字。鼠标点击实体不同位置，标注出的信息也不同。例如，单击平面，标注出的默认文本为面积；单击端点，标注出的是该点的三维坐标值。用户可按需要保持该默认值或者输入新的文本内容，如图 10-80 所示。

输入文字后，按 2 次 Enter 键，或单击空白处完成设置。按 Esc 键取消操作。

在要插入文字的实体上双击，文字可放置在实体上，引线将自动隐藏。

②屏幕文字　激活文字标注工具，单击屏幕空白处，在弹出的文本框中输入注释文字，单击外侧完成输入，如图 10-81 所示。

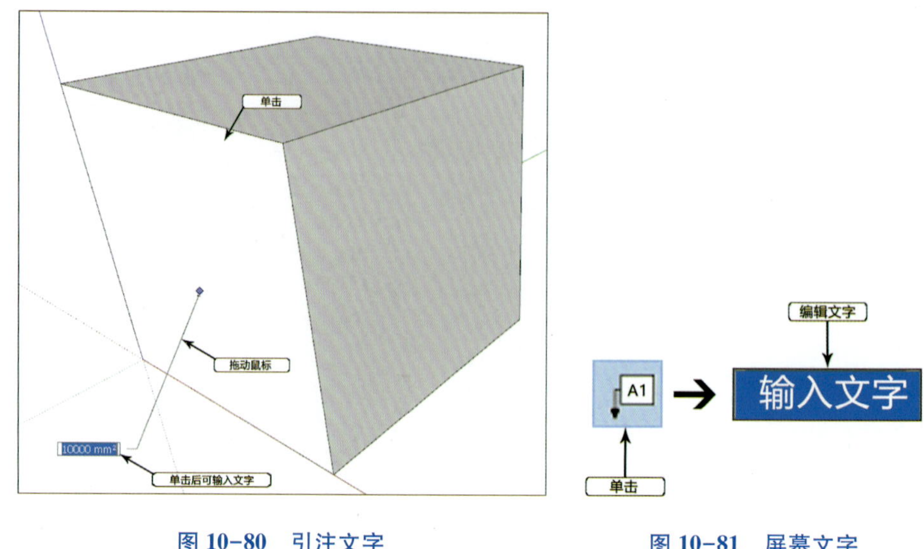

图 10-80　引注文字　　　　图 10-81　屏幕文字

（2）编辑文字

屏幕文字在屏幕上的位置是固定的，不受视图改变的影响。在已经编辑好的文字上双击即可重新编辑文字，也可以在文字的右键菜单中执行“编辑文字”命令。

12. 认识三维文字工具

“三维文字工具”是从 SketchUp 6.0 开始新增的功能，该工具广泛应用于广告、Logo、雕塑文字设计等。

激活三维文字工具，弹出“放置三维文本”对话框，输入相应文字内容，设置文字样式，单击“放置”按钮，将文字拖放至合适的位置时单击鼠标左键，生成的文字自动成组，如图 10-82 所示。

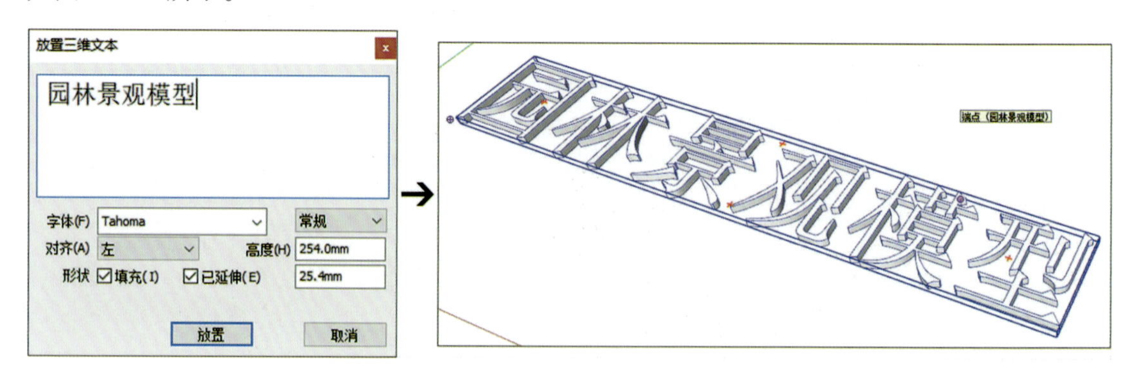

图 10-82　三维文字

在“放置三维文本”对话框中，“对齐”方式下有左、中、右 3 个选项，用于确定插入点的位置，分别表示该插入点在文字的左下角、中间、右下角位置。

“高度”是指文字的大小。

“已延伸”是指文字被挤出带有厚度的实体，在其后面的输入框中输入数值，控制厚度。

勾选“填充”选项，能使文字生成为面对象；不勾选“填充”选项，生成的文字只有轮廓线，无法挤出厚度。

13. 认识剖切面工具

图 10-83 剖切面工具

使用“剖切面工具”，可方便地为场景物体取得剖面效果。执行“视图”→“工具栏”→“截面”命令可调出截面工具栏(图 10-83)。

(1)剖切面工具

该工具用于创建剖切面。激活剖切面工具，移动光标到几何体上，剖切面会自动对齐到所在表面，单击以放置该剖切面符号，剖切图形效果如图 10-84 所示。在创建对齐的剖切面时，按住 Shit 键可以锁定在当前选择的平面上，绘制与该平面平行的剖切平面。

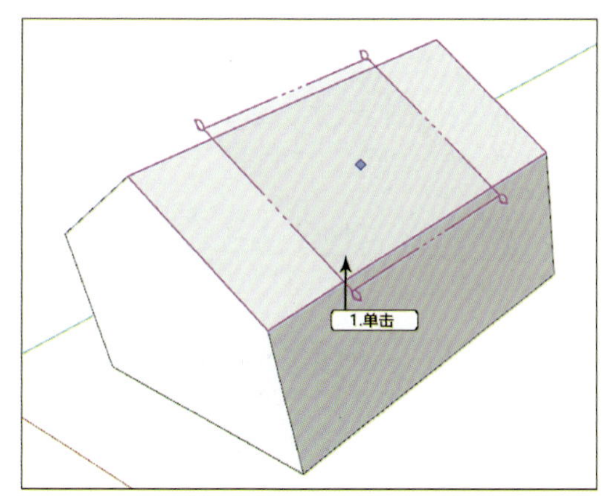

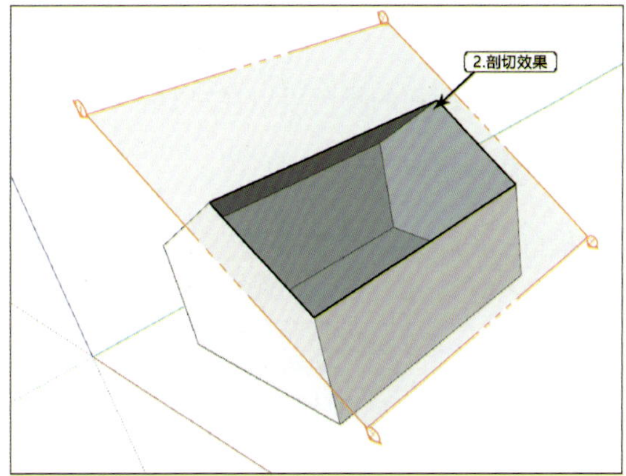

图 10-84 剖切面工具

(2)显示剖切面工具

该工具用于快速显示和隐藏所有的剖切面符号，如图 10-85 所示。右击剖面符号，在弹出的菜单中选择“隐藏”选项，可以对剖面符号进行隐藏。若要恢复剖面符号的显示，可以通过“编辑”→“取消隐藏”菜单命令来执行。

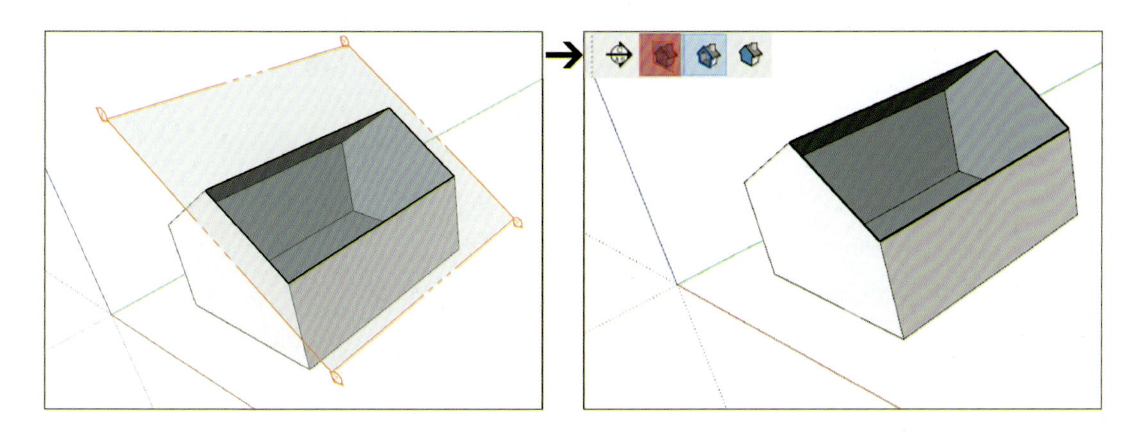

图 10-85 显示剖切面工具

任务 10-3　材质与贴图应用

【任务描述】

本任务主要学习默认材质、材料面板、填充材质、贴图运用、贴图坐标调整以及贴图的技巧。

【任务实施】

1. 认识默认材质

在 SketchUp 中创建几何体时，会被赋予默认的材质。默认材质是正反两面显示且颜色不同，这种形式可以帮助用户更容易区分表面的正朝向，以方便将模型导入其他软件时调整面的方向。

材质正反两面的颜色可以在“风格”面板的“编辑”选项卡中进行设置，如图 10-86 所示。

2. 认识材料面板

执行“窗口”→“默认面板”→“材料”菜单命令、单击材质工具按钮，或按快捷键 B 键，均可打开“材料”面板，如图 10-87 所示。

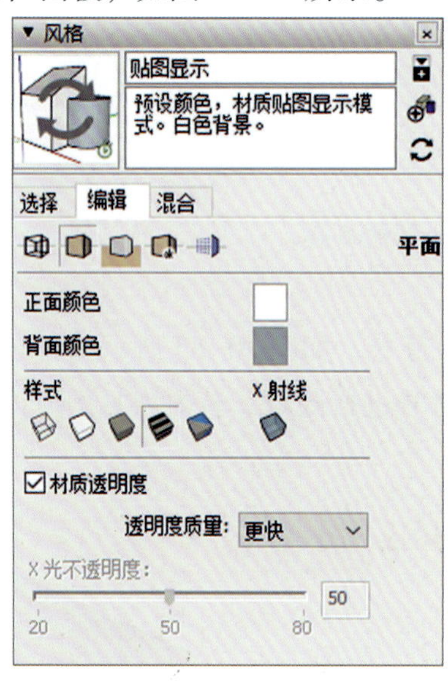

图 10-86　默认材质正反面

图 10-87　“材料”面板

(1)“名称”文本框

选择一个材质赋予模型以后，在“名称”文本框中将显示材质的名称，用户可以在这里为材质重新命名。

(2)“创建材质”按钮

单击该按钮将弹出“创建材质”对话框，可以设置材质的名称、颜色及大小等属性，如图 10-88 所示。

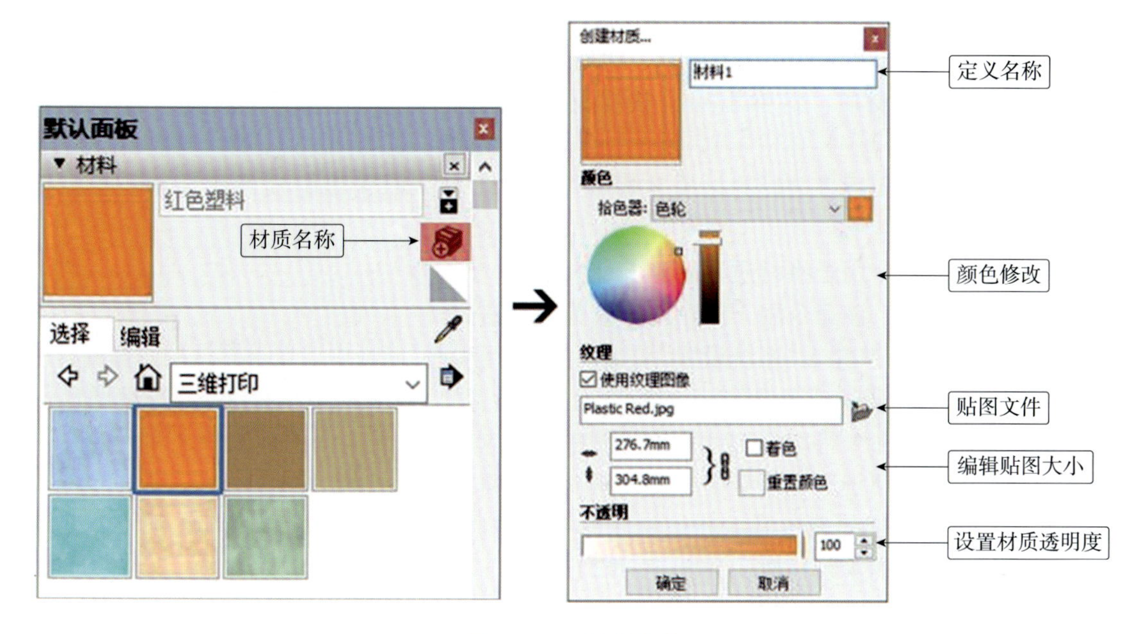

图 10-88 创建材质

(3)“选择”选项卡

“选择”选项卡主要是对场景中的材质进行选择。

①“前进”按钮/“后退”按钮 在浏览材质库时，按这两个按钮可以前进或者后退。

②“模型中”按钮 单击该按钮可以快速返回到“模型中”材质列表，显示出当前场景中使用的所有材质。

③“提取材质”工具 单击该按钮可以从场景中吸取材质，并将其设置为当前材质。

④“详细信息”按钮 单击该按钮将弹出一个扩展菜单，通过该菜单下达命令，可调整材质图标的显示大小或定义材质库，如图 10-89 所示。

⑤列表框 在该列表框的下拉列表中可以选择当前显示的材质类型，例如，选择“在模型中的样式”或“材料”选项，如图 10-90 所示。

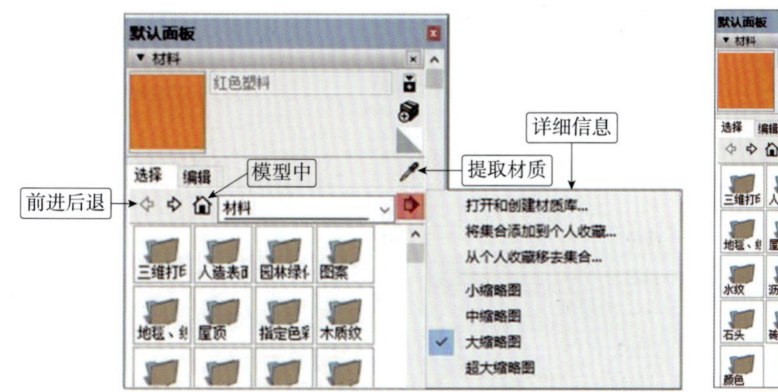

图 10-89 详细信息

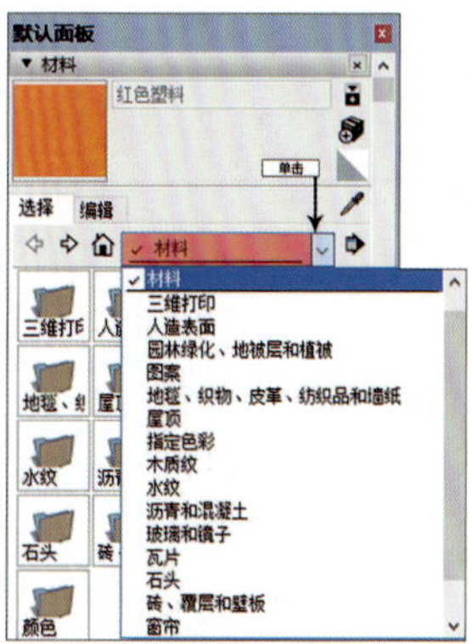

图 10-90 材料列表框

在模型中的样式　通常情况下，应用材质后，材质会被添加到“材料”面板的“模型中”材质列表内，在对文件进行保存时，此列表中的材质会和模型一起被保存。

鼠标右键单击材质，将弹出一个快捷菜单，如图 10-91 所示，其中相应选项介绍如下：

删除：该命令用于将选择的材质从模型中删除，原来赋予该材质的物体被赋予默认材质。

另存为：该命令用于将材质存储到其他材质库。

输出纹理图像：该命令用于将贴图存储为图片格式。

编辑纹理图像：如果在“系统设置”对话框的“应用程序”面板中设置过默认的图像编辑软件，那么在执行“编辑纹理图像”命令时会自动打开设置的图像编辑软件来编辑该贴图图片。

面积：执行该命令将准确地计算出模型中所有应用此材质表面的表面积之和。

选择：该命令用于选中模型中应用此材质的表面。

材料　在“材料”列表中显示的是材质库中的材质。如选择“水纹”选项，那么在材质列表中会显示预设的水纹材质，如图 10-92 所示。

(4)“编辑”选项卡

“编辑”选项卡界面如图 10-93 所示，进入此选项卡可以对材质属性进行修改，其主要功能如下。

①拾色器　在该项下拉列表中可以选择 SketchUp 提供的 4 种颜色体系，如图 10-94 所示。

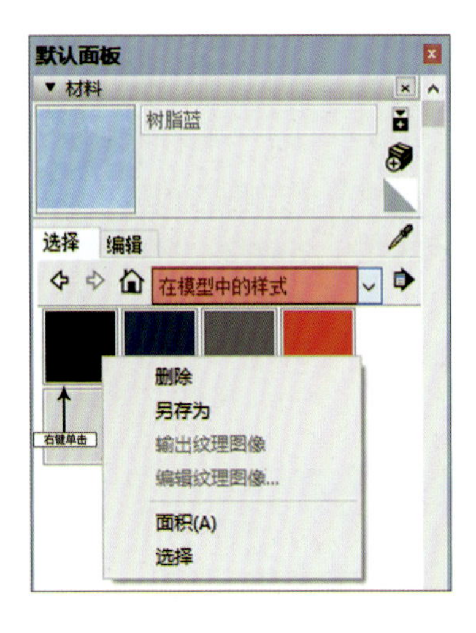

图 10-91　材质的其他应用

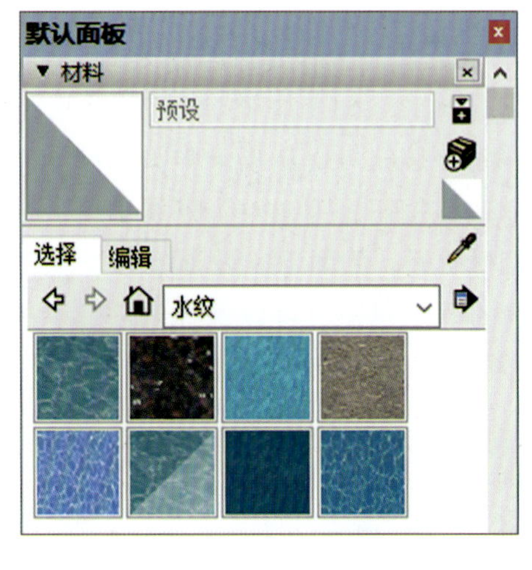

图 10-92　材质

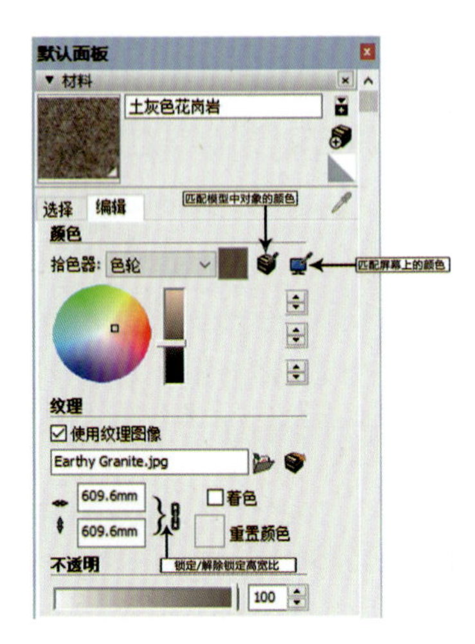

图 10-93　编辑选项卡

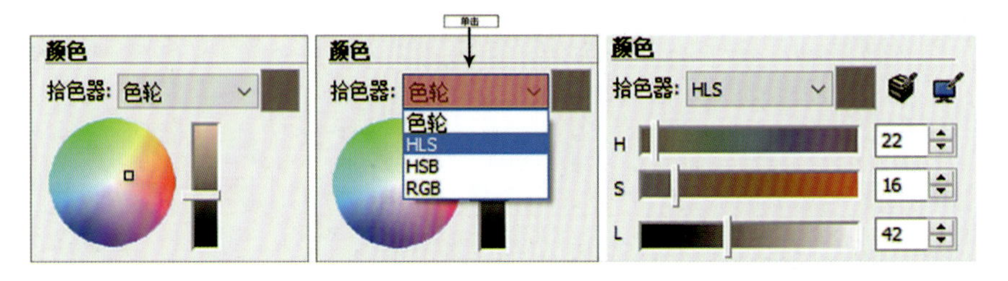

图 10-94　拾色器

②色轮　使用这种颜色体系可以从色盘上直接取色。用户可以使用鼠标在色盘内选择需要的颜色。色盘右侧的滑块可以调节色彩的明度，越向上明度越高，越向下明度越低。

③HLS　HLS 分别代表色相、亮度和饱和度，适合于调节灰度值。

④HSB　HSB 分别代表色相、饱和度和明度，适合于调节非饱和颜色。

⑤RGB　RGB 分别代表红、绿、蓝 3 种颜色。3 个滑块数值互相关联也可以在右侧的数值输入框中输入数值进行调节。

⑥“匹配模型中对象的颜色”按钮　单击该按钮将从模型中取样。

⑦“匹配屏幕上的颜色”按钮　单击该按钮将从屏幕上取样。

⑧“宽度和高度”文本框　在该文本框中输入数值可以修改贴图单元的大小。单击“锁定/解除锁定高宽比”按钮可解锁高宽比锁定。

⑨不透明度　材质的透明度介于 0~100，值越小越透明。通过“材质”编辑器可以对任何材质设置透明度。

物体使用默认材质，无法改变透明度，且编辑选项卡下的各选项呈灰色，不可设置。

3. 认识填充材质

使用材质工具或在“材料”面板中单击“使用这种颜料绘画”按钮，为模型中的实体赋予材质(或贴图)，如图 10-95 所示。

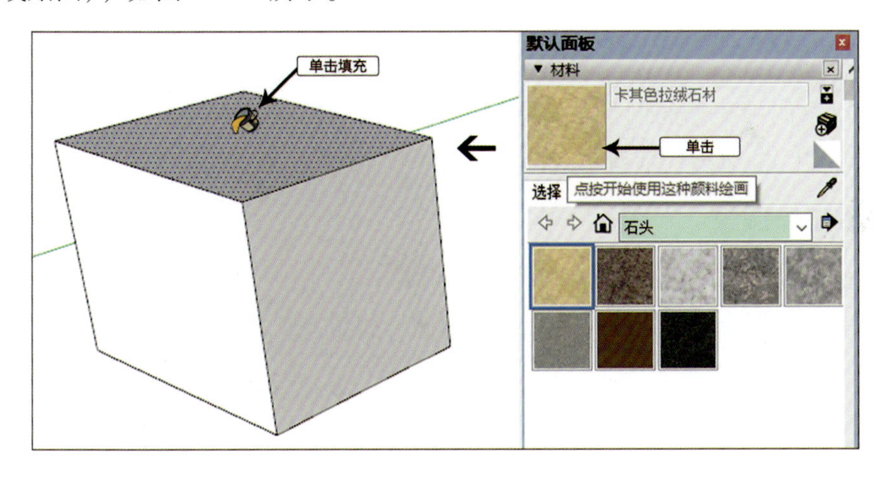

图 10-95　填充材质

使用材质工具时，配合键盘上的按键，可以按不同条件为表面分配材质。

(1)单个填充

激活材质工具，在单个边线或表面上单击鼠标左键即可赋予其材质。如果事先选中了多个物体，则可以同时为选中的物体上色，如图 10-95 所示。

(2)邻接填充

激活材质工具的同时按住 Ctrl 键，可以同时填充与所选表面相邻接并且使用相同材质的所有表面。在这种情况下，当捕捉到可以填充的表面时，图标右下方会横放 3 个小方块，如图 10-96 所示。若事先选中了多个物体，则邻接填充操作会被限制在所选范围之内。

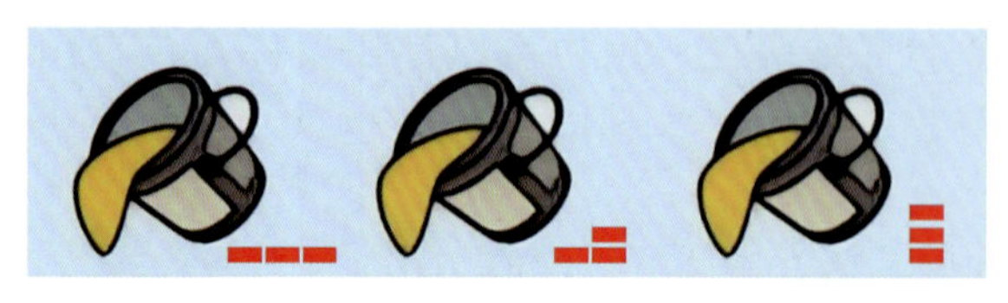

图 10-96 邻接填充(左图)、替换填充(中图)、邻接替换(右图)

(3)替换填充

激活材质工具的同时按住 Shift 键，图标右下角会直角排列 3 个小方块，可用当前材质替换所选表面的材质。模型中所有使用该材质的物体都会同时改变材质。

(4)邻接替换

激活材质工具的同时按住 Ctrl+Shift 组合键，可以实现“邻接填充”和“替换填充”效果。当捕捉到可以填充的表面时，图标右下角会竖直排列 3 个小方块，单击即可替换所选表面的材质，但替换的对象将限制在所选表面有物理连接的几何体中。如果事先选择了多个物体，那么邻接替换操作则会被限制在所选范围之内。

(5)提取材质

激活材质工具的同时按住 Alt 键，图标将变成吸管，此时单击模型中的实体，就能提取该实体的材质。提取的材质会被设置为当前材质，可以直接用来填充其他物体。

4. 贴图运用

在“材料”面板中可以使用 SketchUp 自带的材质库，在实际工作中可以自己动手添加材质，以供实际需要。

如果需要从外部获得贴图纹理点击“材料”面板的“编辑”选项卡，勾选“使用贴图”复选框(或者单击“浏览”按钮)，可以选择贴图并导入 SketchUp。从外部获得的贴图应尽量控制大小，可以使用压缩的图像格式来减少文件量，如使用 jpg 或 png 格式的贴图，如图 10-97、图 10-98 所示。并通过调整以适应模型，如图 10-99 所示。

5. 贴图坐标调整

SketchUp 的贴图不管表面是垂直、水平还是倾斜，都附着在表面上，不受位置影响。贴图坐标能有效运用于平面，但是不能赋予曲面。如果要在曲面上显示材质，可以将材质分别赋予组成曲面的面。

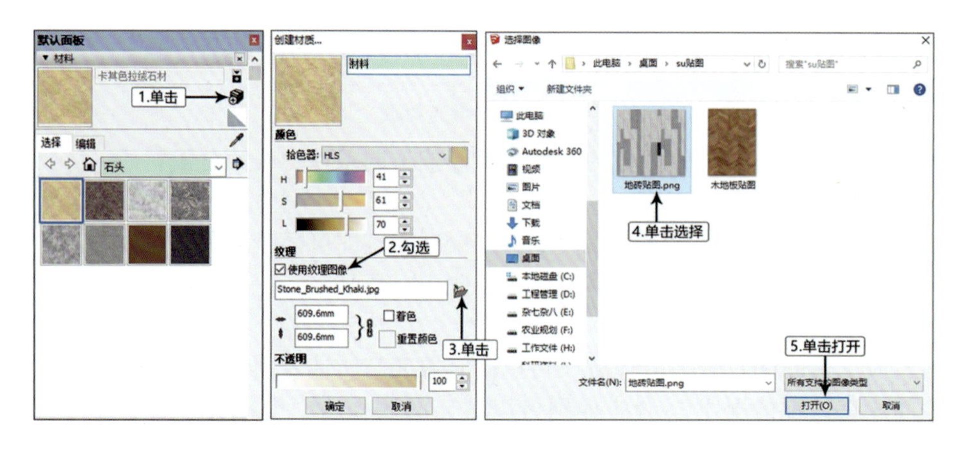

图 10-97 添加贴图

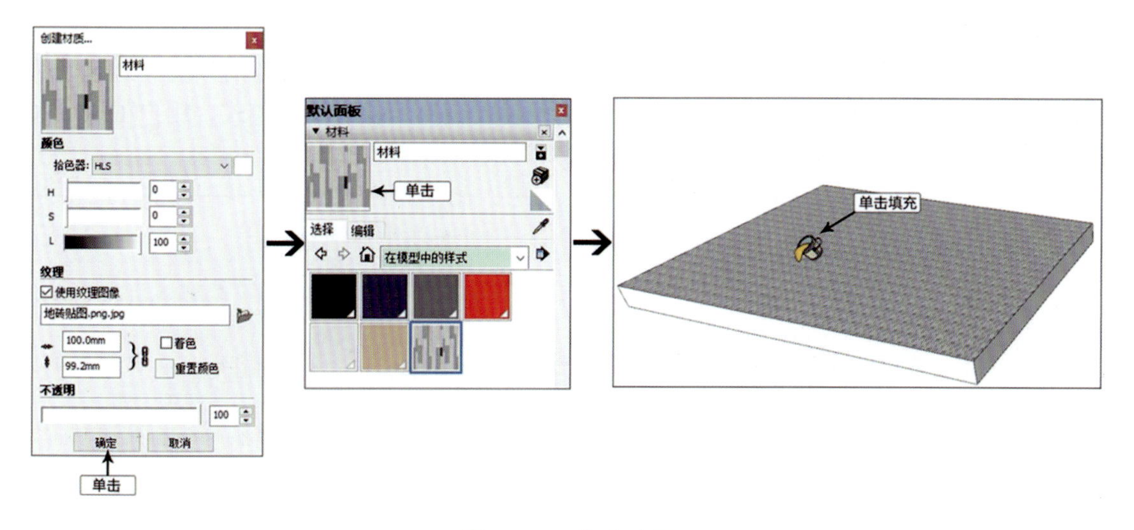

图 10-98　填充贴图

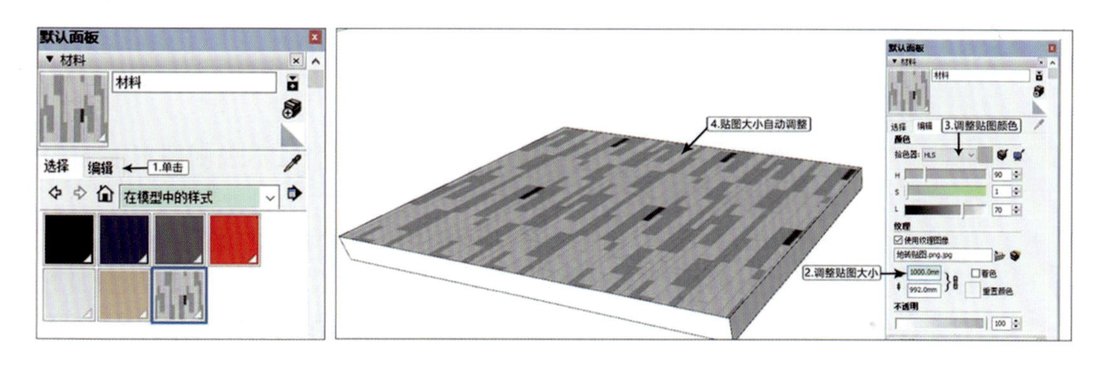

图 10-99　调整贴图

（1）锁定别针模式

右键单击贴图，在弹出的菜单中执行“纹理”→“位置”命令，此时物体的贴图将以透明方式显示，并在贴图上出现 4 个彩色别针，每一个别针都有固定的特有功能，在建模过程中可以根据实际需要（如存在透视角度）尝试拖动不同颜色的别针，调整贴图，如图 10-100所示。

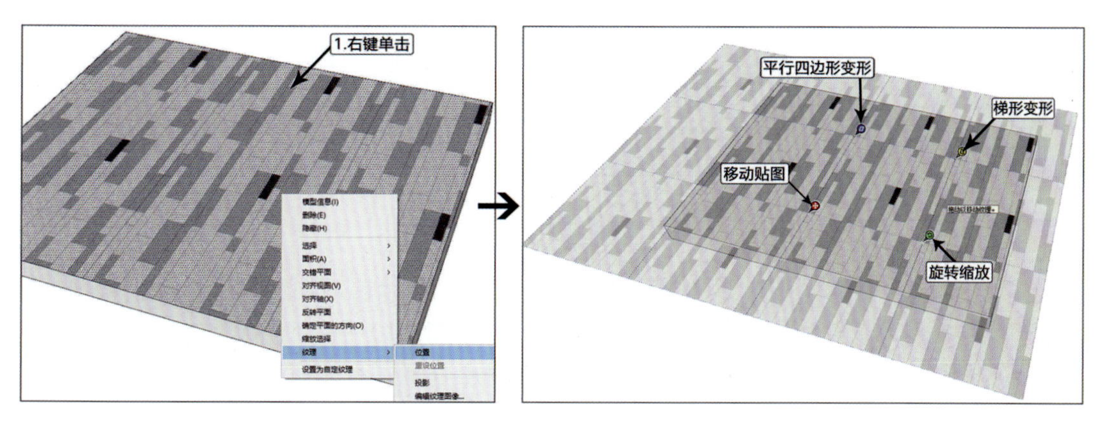

图 10-100　锁定别针模式

(2)自由别针模式

自由别针模式适合设置和消除照片的扭曲。在这种模式下，可以将别针拖曳到任何位置。点击取消勾选“锁定别针”，即可将锁定别针模式转换为自由别针模式，用户可以通过拖曳别针进行贴图的调整，如图 10-101 所示。

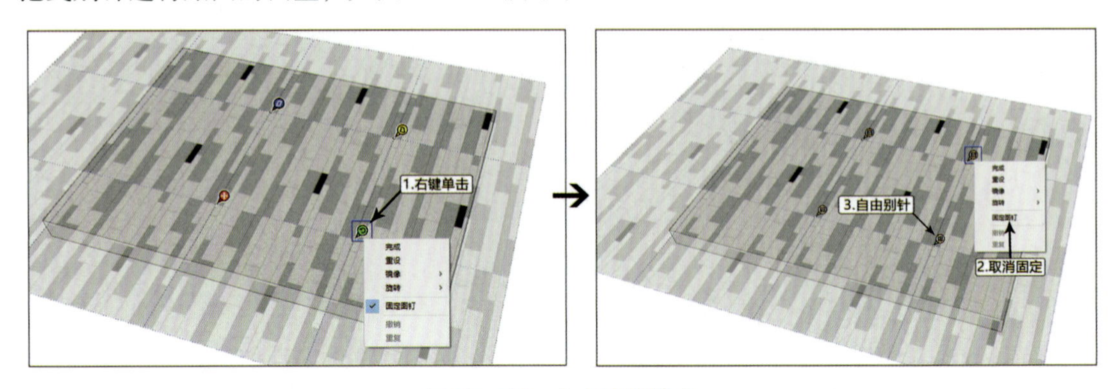

图 10-101　自由别针模式

6. 贴图技巧

除前面介绍的常用贴图方法之外，在实际操作中，还有一些对不规则图形贴图的方法，下面将详细介绍园林景观模型制作中常见的贴图技巧。

若希望在模型上投影地形图像或者建筑图像，可以使用投影贴图来实现无缝拼接。

下文以“山体地形”模型为实例，主要讲解对其添加投影贴图的方法，操作步骤如下。

①运行 SketchUp 2018，打开“山体地形 . skp”素材文件；执行“文件”→“导入”菜单命令，弹出“导入”对话框，导入“地形图片 jpg”，单击“导入”按钮，如图 10-102 所示。

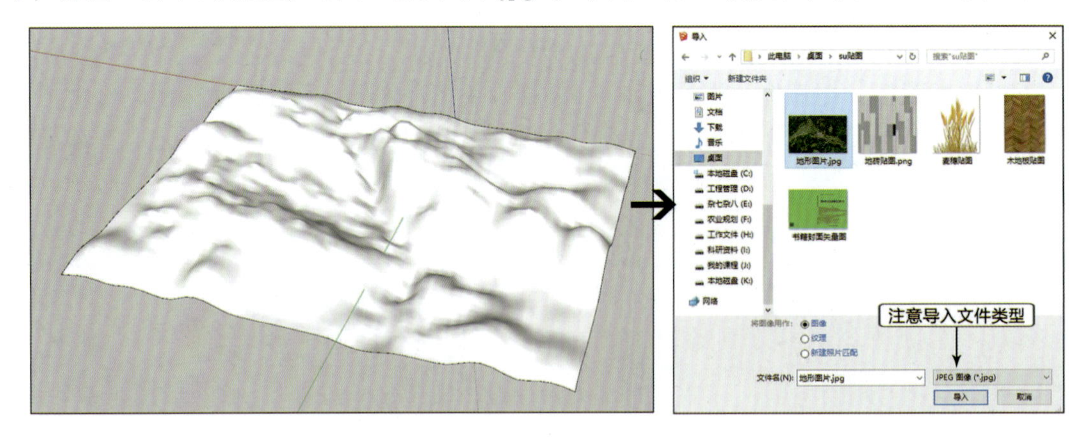

图 10-102　导入地形及贴图

②在绘图区单击插入点，并拖动指定图片的大小，通过移动和缩放等命令，将图片调整到与山体地形同样的大小，并移动到山体的上方，如图 10-103 所示。

③在图片上右击，执行“炸开模型”命令，将图片分解成为几何面；右击贴图，在弹出的菜单中执行“纹理”→“投影”命令，切换成贴图投影模式，如图 10-104 所示。

图 10-103　调整地形贴图大小及位置

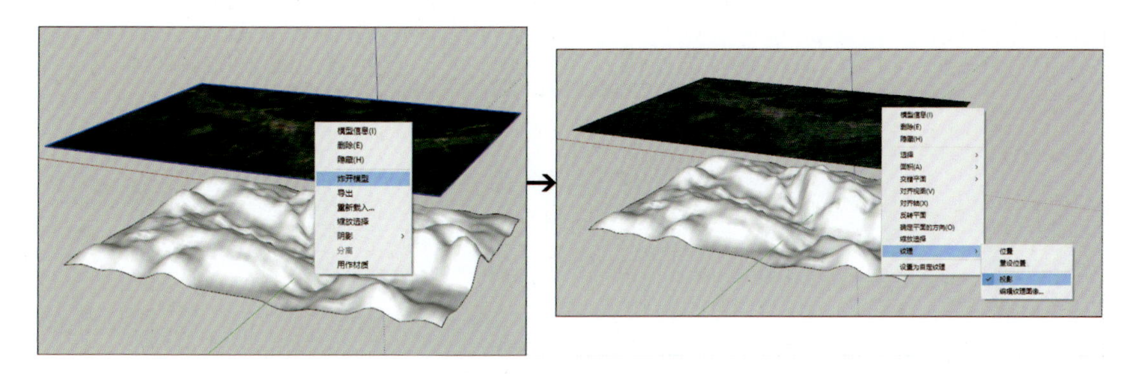

图 10-104　贴图投影模式

④执行“材质”命令，按住 Alt 键，激活“提取材质”工具，在贴图图像上取样，将提取的材质赋予山体模型；删除贴图图像，完成山体材质的赋予效果，如图 10-105 所示。

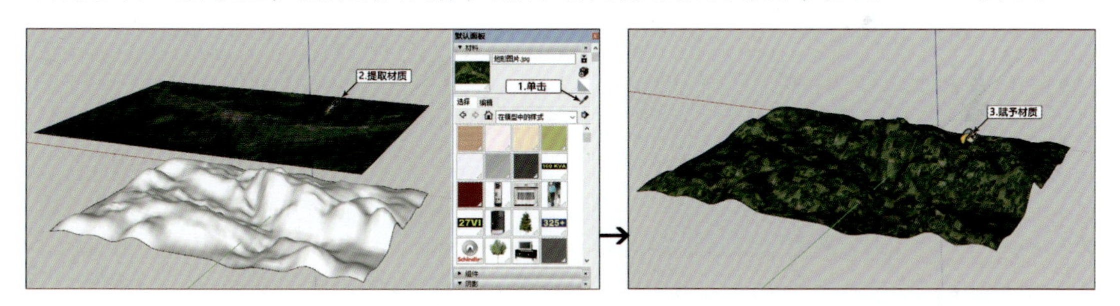

图 10-105　投影贴图效果

这种方法可以构建较为直观的地形地貌特征，对整个城市或某片区进行大区域的环境分析，是一种比较实用的方法。

项目 11
SketchUp 园林景观模型制作

【知识目标】

(1) 在 SketchUp 中，创建小游园内六角亭和景观长廊两个景观小品模型。

(2) 在 SketchUp 中，创建小游园中歇山顶古建模型。

(3) 在 SketchUp 中，制作小游园动画。

(4) 在 SketchUp 中，输出二维图像。

【技能目标】

(1) 能熟练对要建模的小游园的 AutoCAD 图纸进行整理。

(2) 能独立运用 SketchUp 完成小游园内建筑小品的建模。

【素质目标】

(1) 养成良好的制图习惯。

(2) 磨练耐心与细心，培养学生精益求精的工匠精神。

任务 11-1 在 SketchUp 中创建景观小品

【任务描述】

本任务通过 SketchUp 软件绘制小游园中的中式景观廊架、六角亭效果图。

在 AutoCAD 中整理好相应的建筑施工图纸，删除对建模无用的图形信息，优化 SketchUp 场景，导入 AutoCAD 图纸并进行调整，通过导入的图纸创建园林景观小品模型，并进行材质填充或贴图。

【任务实施】

1. 创建景观廊架

在将 AutoCAD 图纸导入 SketchUp 之前，需要在 AutoCAD 中对图纸内容进行整理，删除多余的图纸信息，保留对创建模型有用的内容，并对 SketchUp 场景进行相关设置，以便进行后面的操作，如图 11-1 所示。

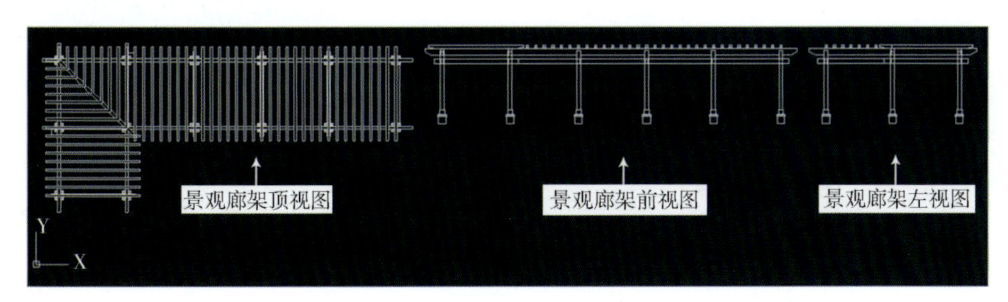

图 11-1 整理过的景观长廊图纸

（1）AutoCAD 图纸导入与 SketchUp 场景设置

执行“文件”→“导入”菜单命令，选择要导入的素材文件“廊架图纸整理 . dwg”，单击“选项”按钮，在弹出的对话框中将单位设为“毫米”，单击“确定”按钮，返回打开的对话框，单击“导入”按钮，完成 AutoCAD 图纸的导入操作，如图 11-2 所示。

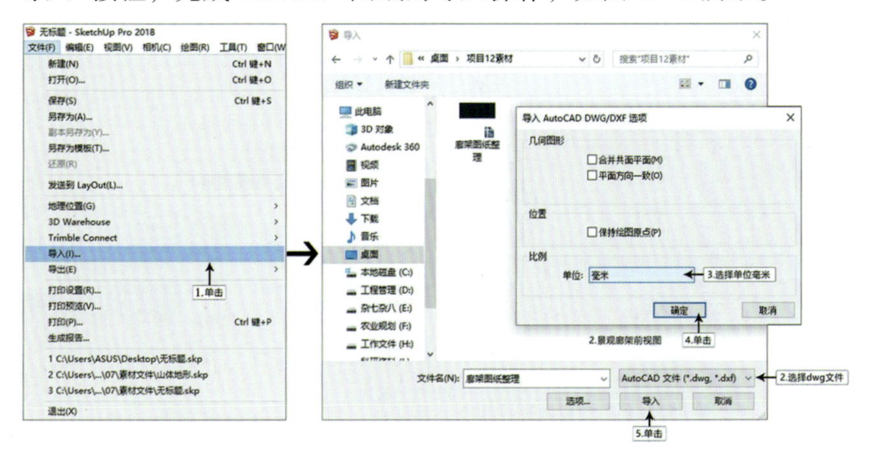

图 11-2 AutoCAD 图纸导入与 SketchUp 场景设置

(2)整理图纸

再次检查 SketchUp 图纸，分别选择导入的各部分图纸内容，将其创建为群组，如图 11-3 所示。

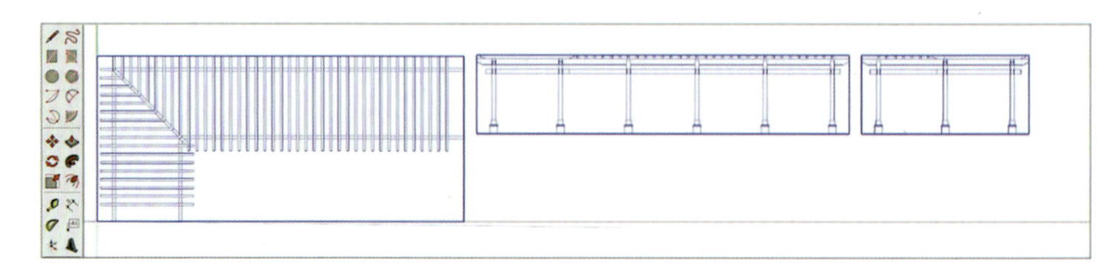

图 11-3　分别创建群组

(3)新建图层

执行“视图”→“工具栏”菜单命令，打开“工具栏”面板，切换到“工具栏”选项卡，勾选其中的“图层”选项，打开“图层”选项和“图层”工具栏，分别新建“廊架顶视图”“廊架前视图”“廊架左视图”3 个图层，如图 11-4 所示。

图 11-4　新建图层

(4)图层调整

将图中的各视图分别置于相应的图层之下，如图 11-5 所示。

(5)制作廊架顶部组件

根据廊架顶视图，制作廊架顶部组件，如图 11-6 所示。

(6)制作廊架下部组件

根据廊架前视图和左视图，制作廊架柱子；将廊架柱子按照廊架平面图位置复制，如图 11-7 所示。

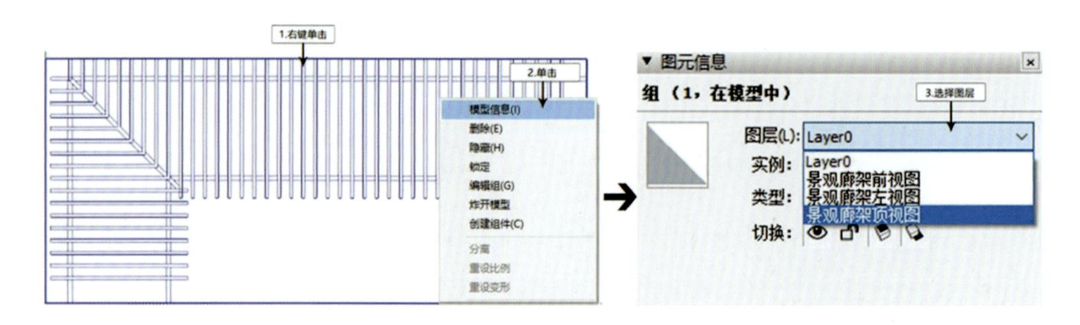

图 11-5　图层调整

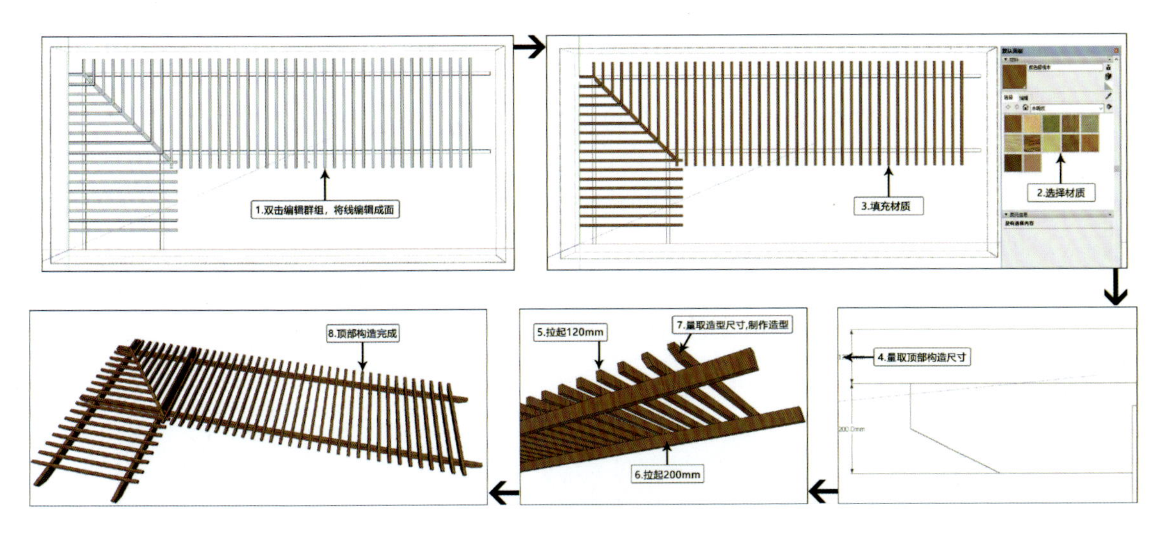

图 11-6　制作廊架顶部组件

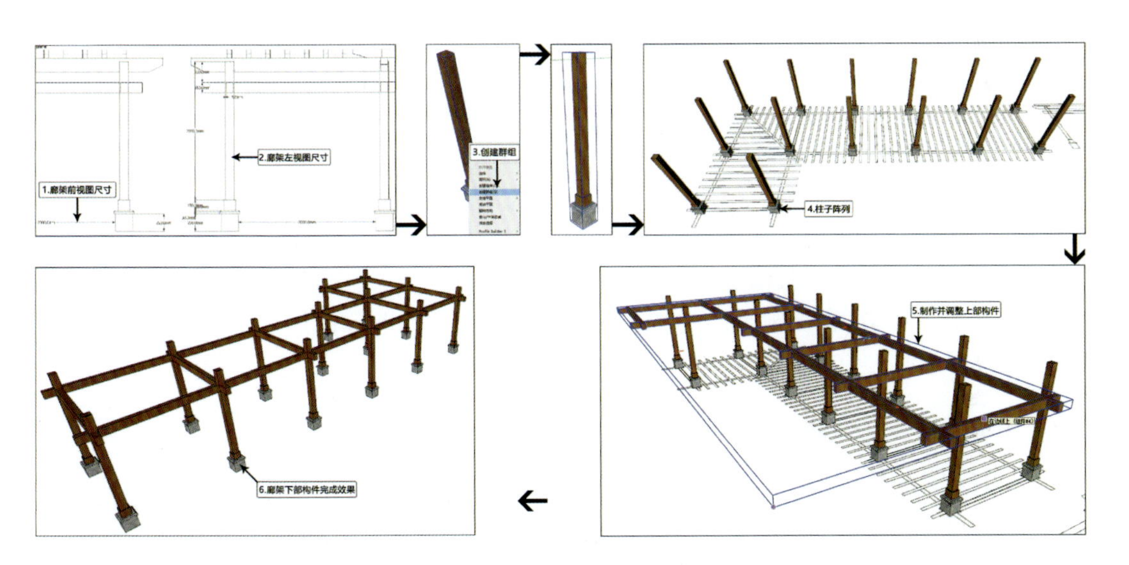

图 11-7　制作廊架下部组件

(7) 上下部组件组合

将廊架顶部组件和下部组件，按照图纸的相应位置组合到一起，如图 11-8 所示。将景观廊架模型移动至“小游园”模型内指定位置。

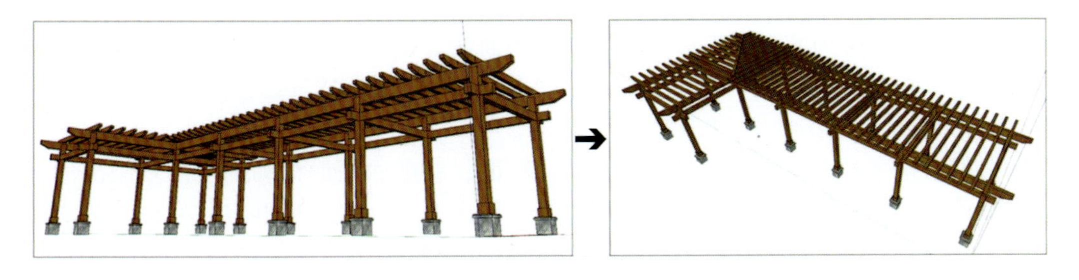

图 11-8　景观廊架效果图

2. 创建六角亭

在进行园林景观建模时，并不是所有的模型组件都有 AutoCAD 图纸作为支撑，这就要求设计者能够直接用 SketchUp 软件进行设计(建模)。下面以景观亭为例进行无图纸建模示意，具体设计尺寸可以根据景观尺度和建筑学相关知识自定。

(1)创建六角亭顶部构件

①使用多边形工具，绘制一个内接圆半径 3000mm 的正六边形；再绘制一条辅助线，连接六边形对角；随后使用推拉工具向上拉起 1800mm，如图 11-9 所示。

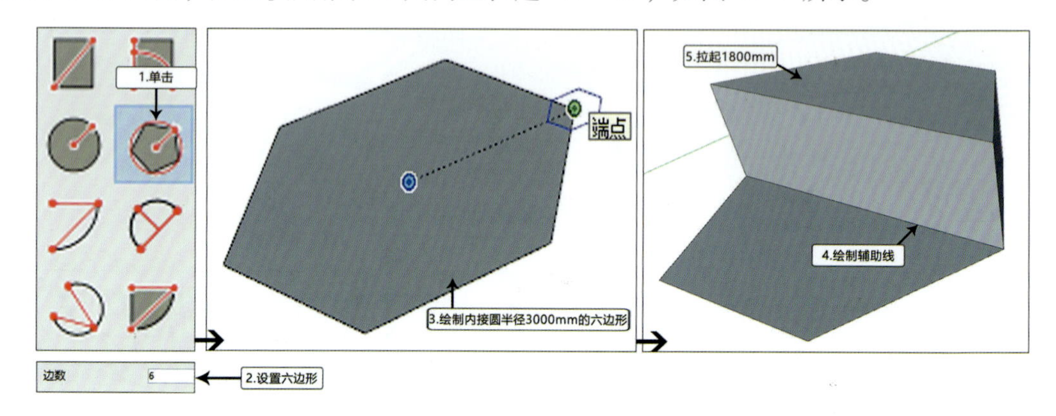

图 11-9 绘制六边形

②首先从中点绘制一条辅助线，将拉起的立面一分为二；再在辅助线旁边绘制一条长 250mm的直线；使用圆弧工具绘制一个圆弧并偏移 110mm；最后删除多余部分，如图 11-10 所示。

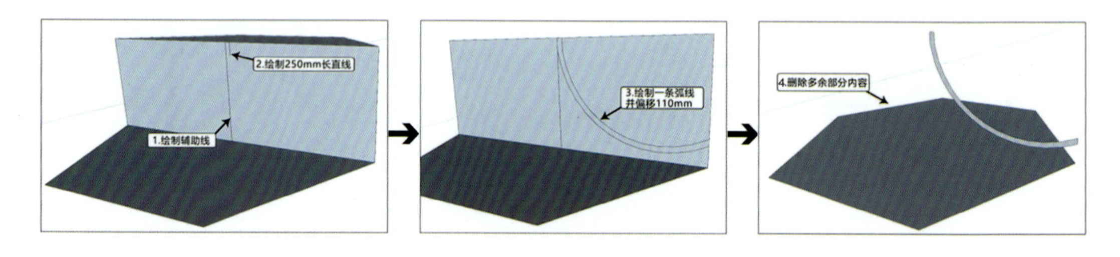

图 11-10 绘制六角亭顶部弧线

③沿绿色轴线复制弧线(绘制六角亭脊时使用)；单击六边形，使用路径跟随工具单击图形，六角亭顶部基本完成，如图 11-11 所示。

④删除多余部分内容；用弧形工具绘制一条曲线，弧度自定；使用推拉工具拉起，全选模型右键单击“模型交错”；删除多余部分并创建群组；使用旋转工具，以六边形中心为参照点，60°旋转复制，如图 11-12 所示。

⑤根据六角亭的大小尺寸绘制六角亭脊的断面；将断面图形移动到前面复制出的六角亭顶部弧线顶端；单击弧线，使用路径跟随工具单击图形，并创建群组；将创建的六角亭脊组件移动至六角亭顶部相应位置；双击组件，再次对组件进行编辑；旋转复制，如图 11-13 所示。

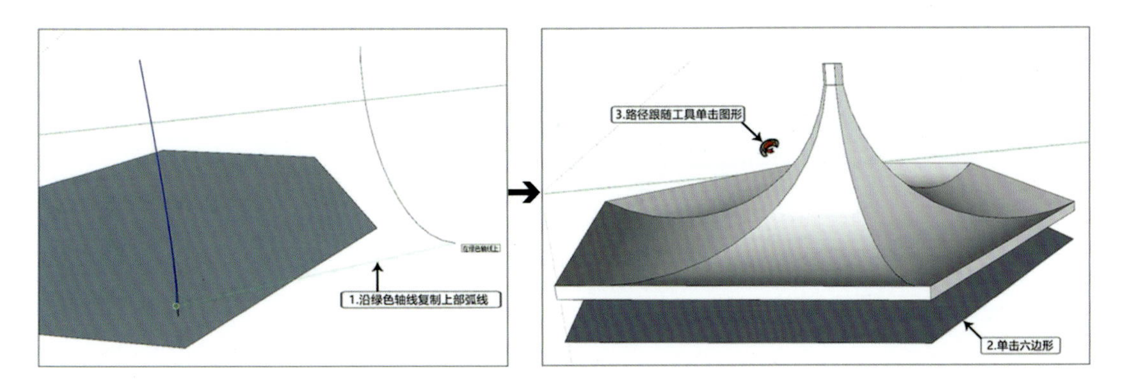

图 11-11　绘制六角亭顶部基本造型

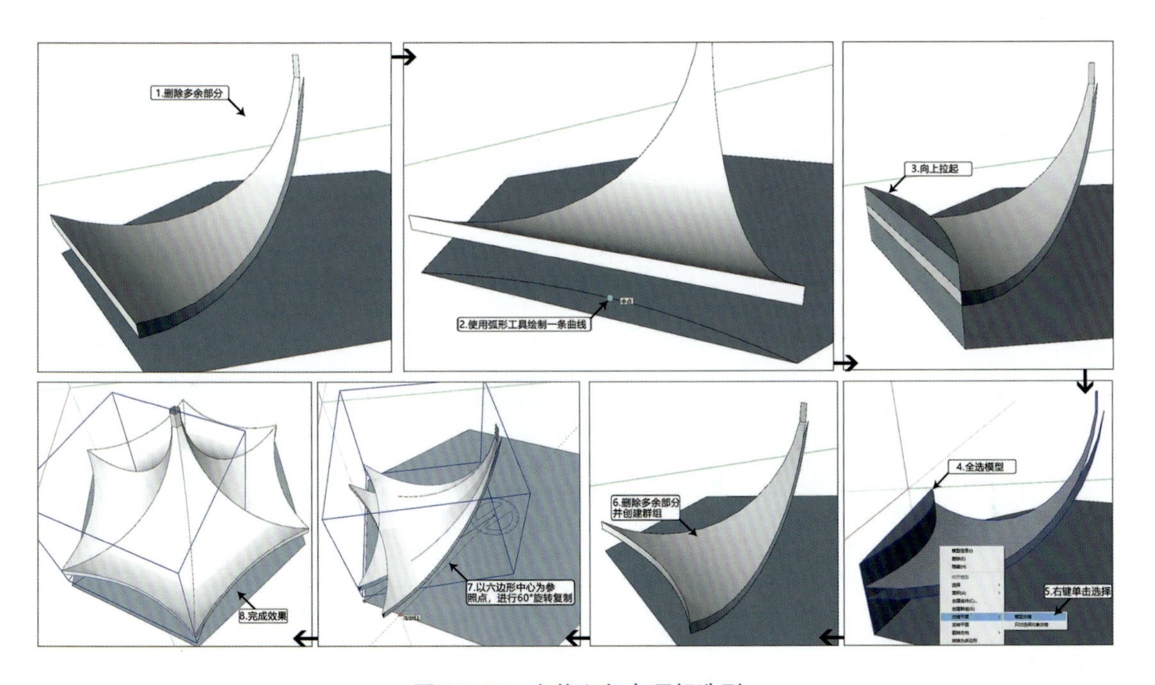

图 11-12　完善六角亭顶部造型

⑥使用圆形工具，在六角亭的顶部绘制一个圆；使用圆弧工具绘制六角亭宝顶断面，将断面移动至六角亭顶部，并使用缩放工具调整断面大小；单击下部圆形，使用路径跟随工具创建六角亭宝顶，并创建群组，如图 11-14 所示。

（2）创建六角亭下部构件

①将六角亭顶部构件向上移动 5000mm；使用推拉工具将底部六边形向上拉起 300mm，制作六角亭底座；使用卷尺工具绘制两条距离六边形边缘 400mm 的辅助线，如图 11-15 所示。

②以辅助线相交处为圆心，绘制一个直径 180mm 的圆，双击选中，创建群组；使用推拉工具将圆拉起至六角亭顶部；以六角形中心为参照，60°旋转复制，如图 11-16 所示。

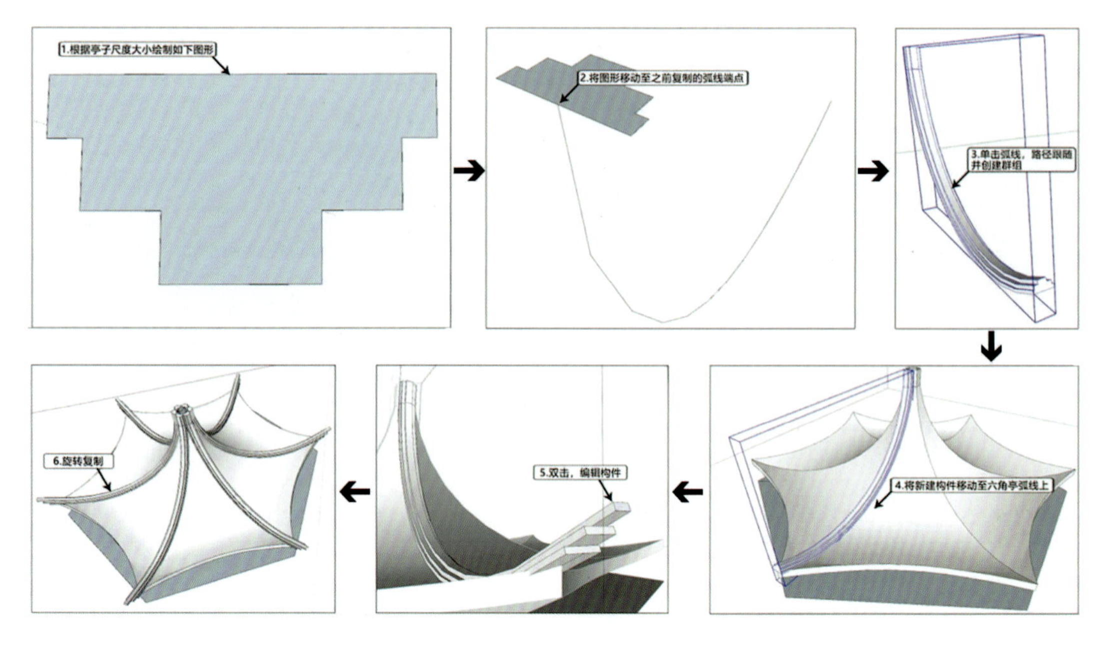

图 11-13　制作六角亭脊

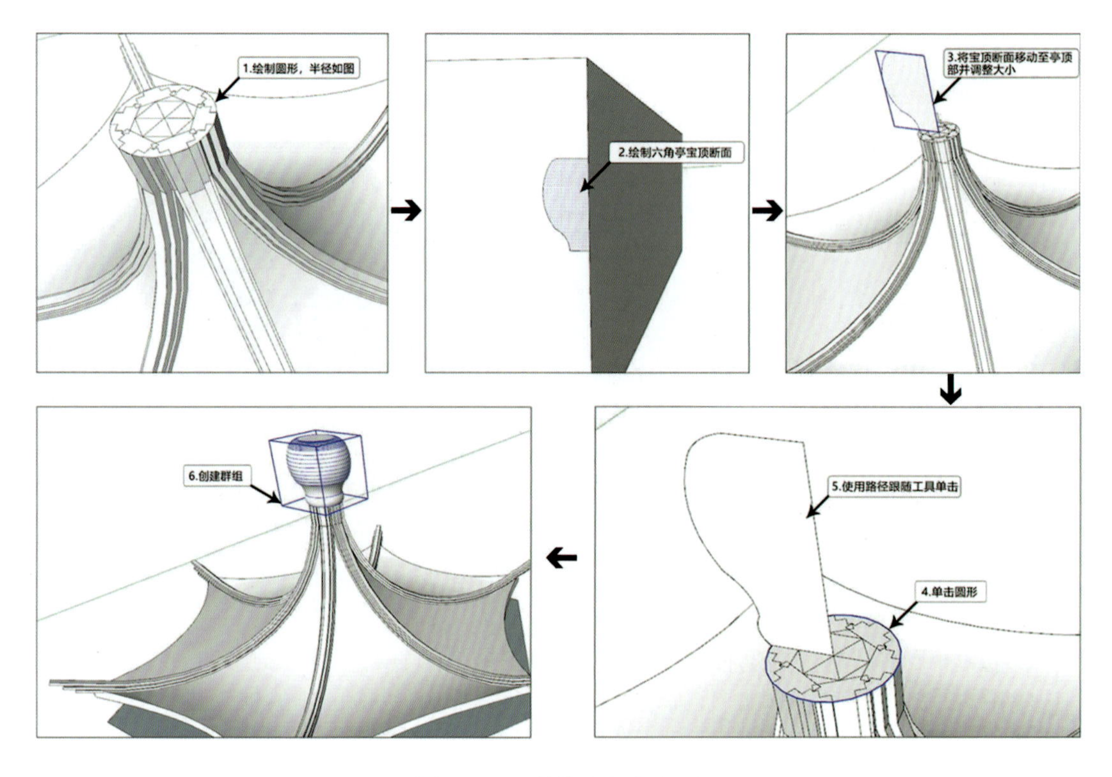

图 11-14　制作六角亭宝顶

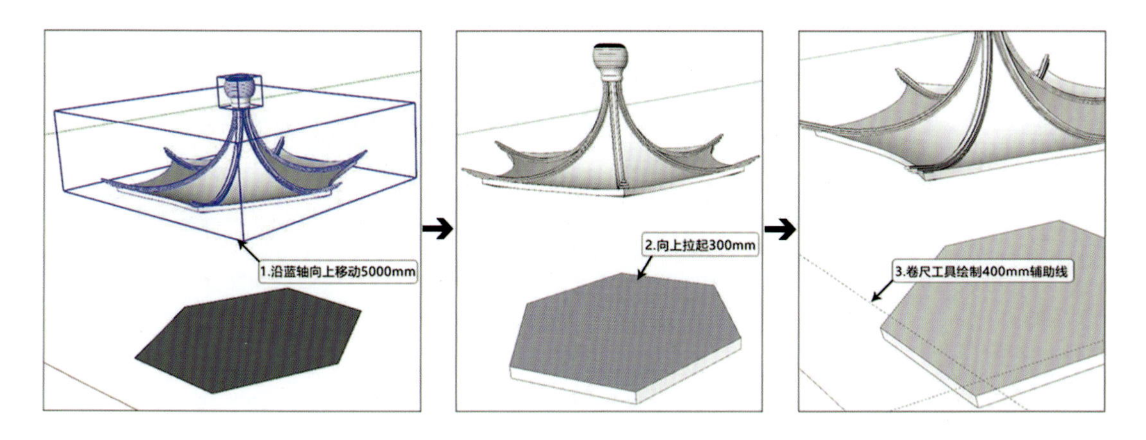

图 11-15　制作六角亭底座

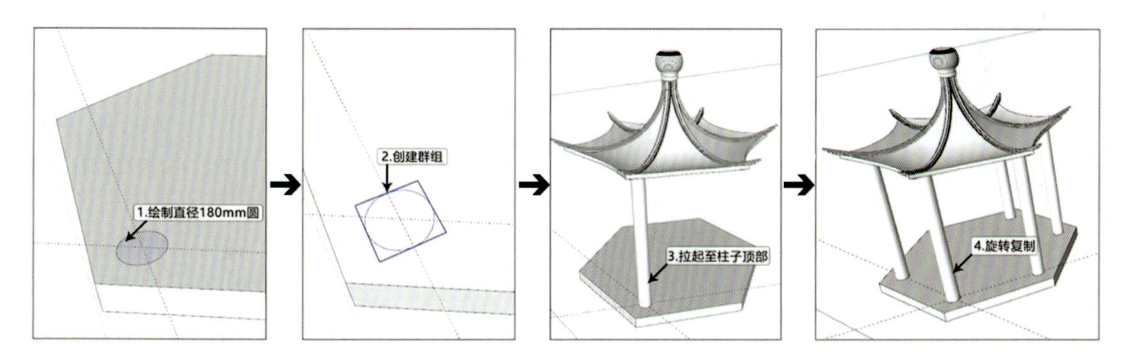

图 11-16　制作六角亭柱子

（3）创建六角亭其他构件

①利用亭子底座创建一个长方体，长度同六边形宽度，厚度根据亭子柱子直径自定，并创建群组；沿蓝轴向上移动 4000mm，再沿绿轴移动至柱子正中，旋转复制，如图11-17 所示。

②绘制六角亭美人靠。美人靠宽度、高度分别设置为 600mm、450mm，如图 11-18 所示。

③绘制美人靠护栏，如图 11-19、图 11-20 所示。

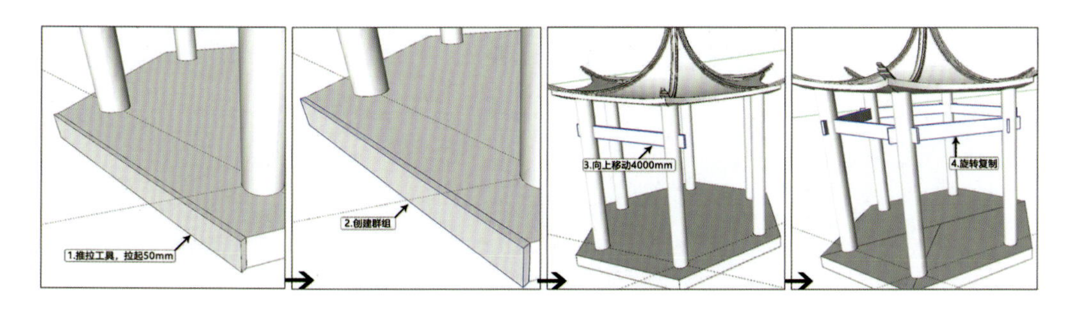

图 11-17　制作六角亭其他装饰构件

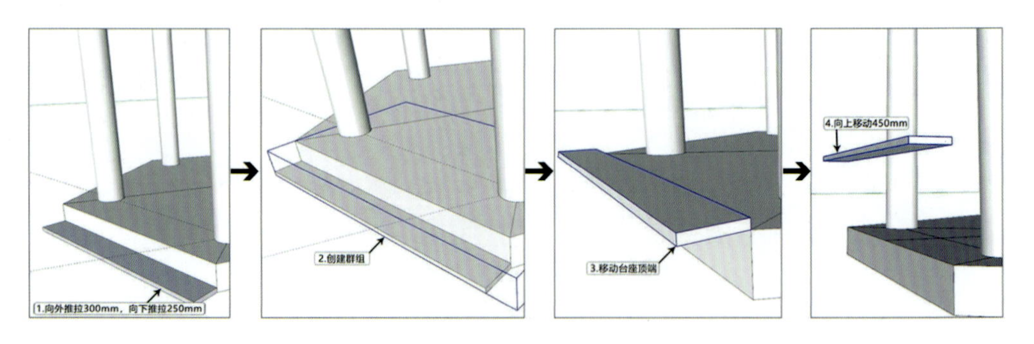

图 11-18 制作美人靠的座

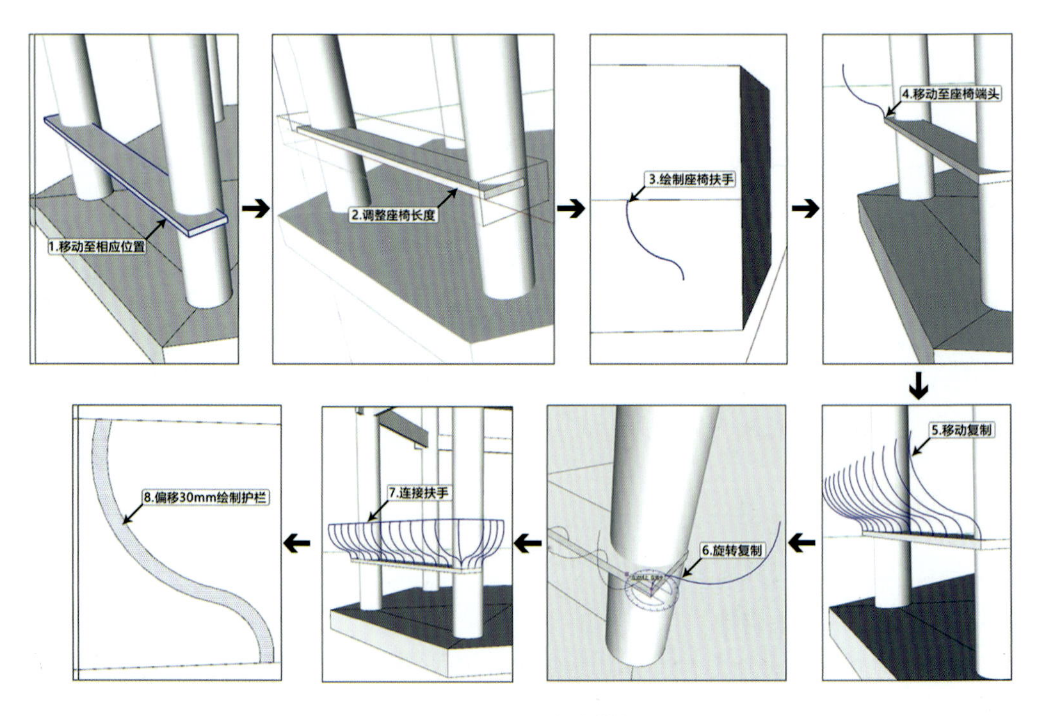

图 11-19 制作美人靠护栏(1)

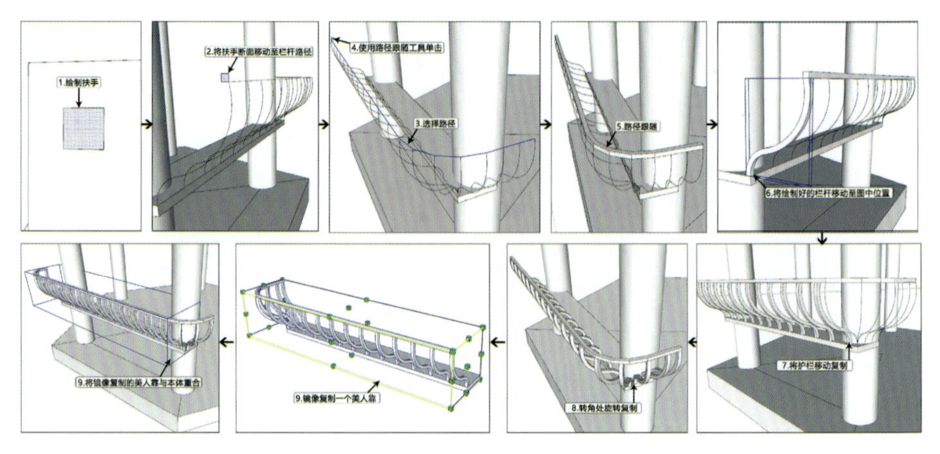

图 11-20 制作美人靠护栏(2)

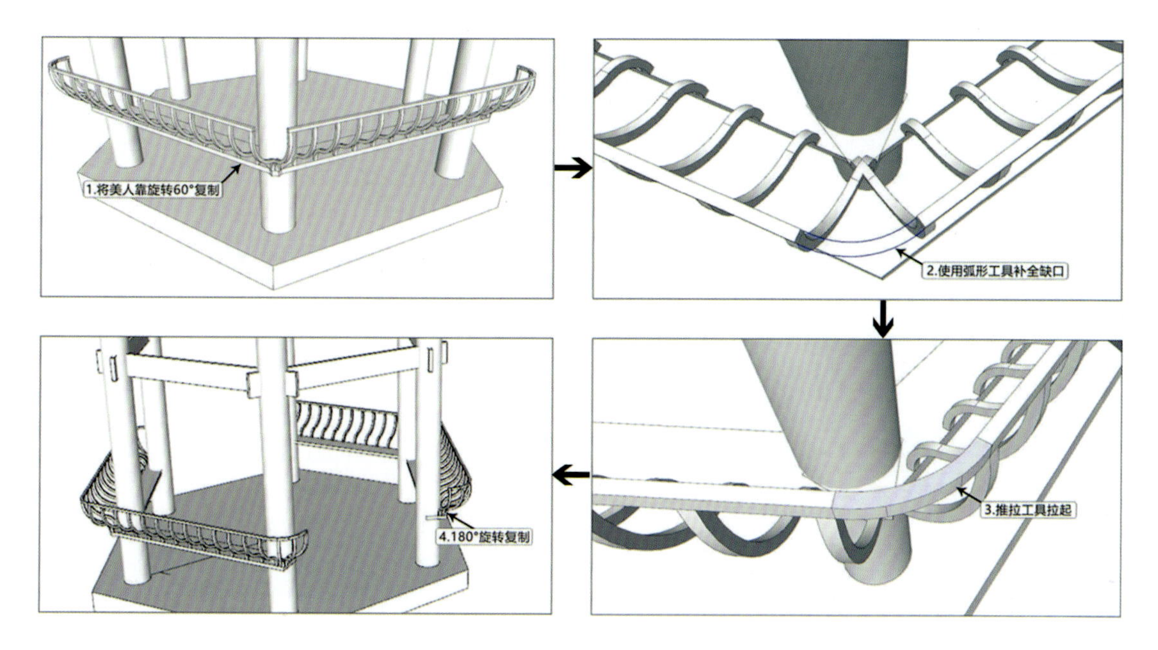

图 11-21 制作美人靠护栏(3)

将镜像复制的美人靠 60°旋转复制；使用弧线工具补齐美人靠之间的缺口，并将美人靠创建群组；180°旋转复制，如图 11-21 所示。

④绘制六角亭台阶，如图 11-22 所示。

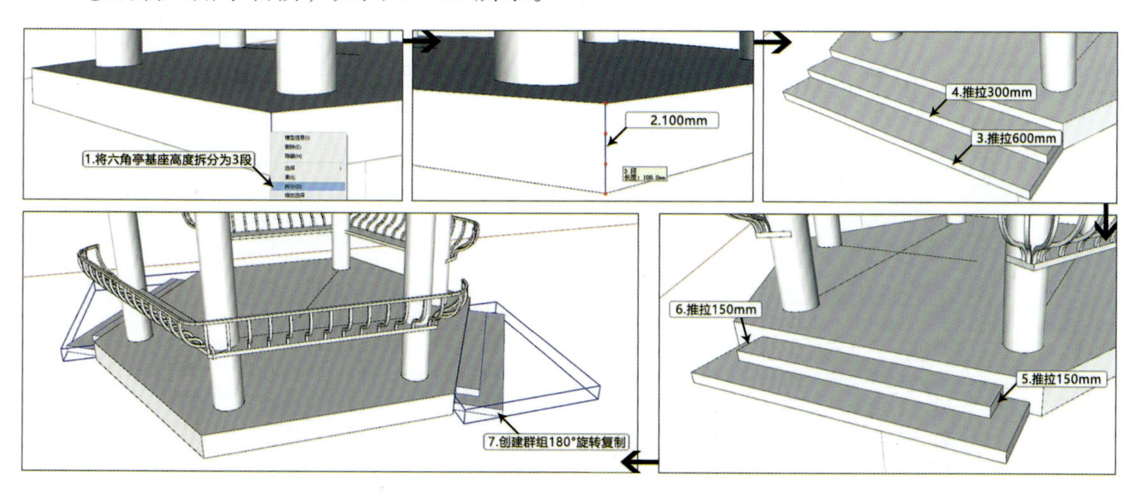

图 11-22 制作六角亭台阶

⑤自定义尺寸绘制六角亭装饰构件，并调整亭子顶部比例大小，使整体更加协调美观，如图 11-23、图 11-24 所示。

(4)给六角亭填充材质

给六角亭各部分组件填充材质，如图 11-25 所示。将六角亭模型移动至“小游园”模型内指定位置。

图 11-23 制作六角亭装饰构件(1)

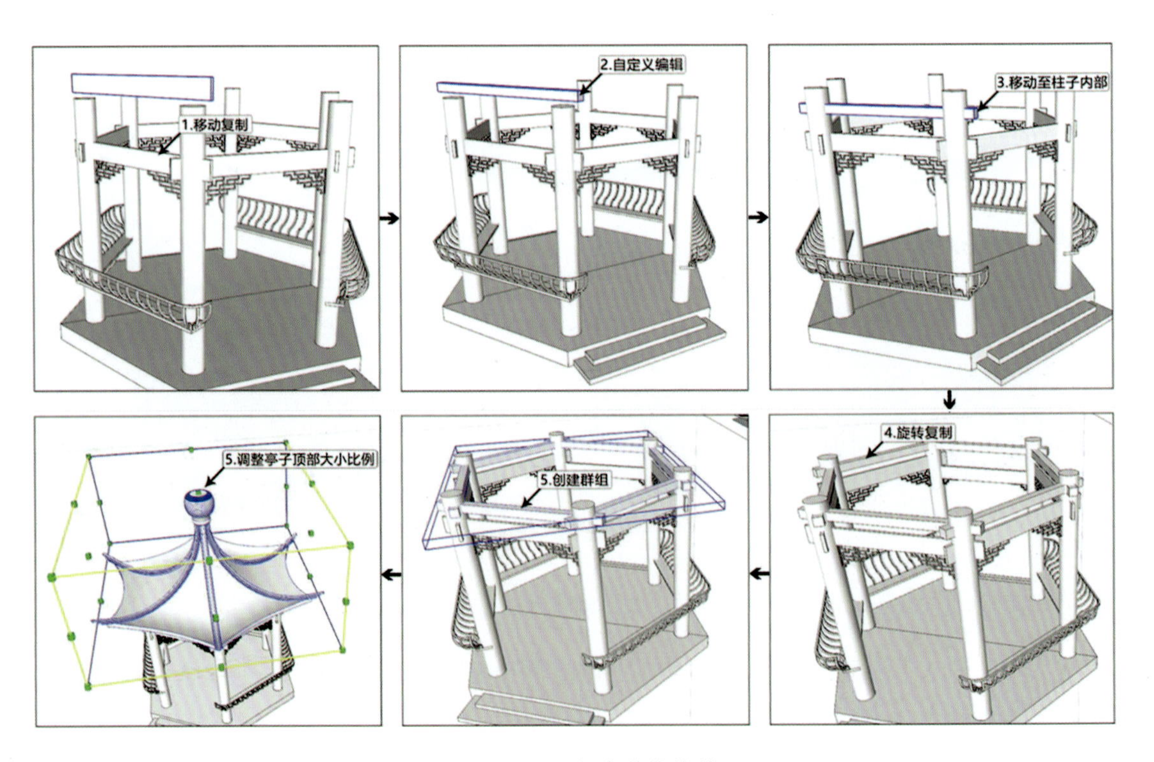

图 11-24 制作六角亭装饰构件(2)

图 11-25　六角亭效果图

任务 11-2　在 SketchUp 中创建景观建筑

【任务描述】

本任务从建筑底部、建筑屋顶和建筑内部细节三大部分出发进行建模构造，最终将建筑整体放入景观场景中，完成模型创建。

【任务实施】

1. 创建建筑底部构造

（1）创建建筑底座与柱子

首先使用矩形工具，绘制一个 24 000mm×14 000mm 的矩形；将绘制的矩形向外偏移 600mm；双击选中创建的矩形，创建群组；以首次绘制的矩形端点为圆心绘制一个半径 300mm 的圆形，并创建组件；双击圆形，使用推拉工具向上拉起 6000mm，如图 11-26 所示。

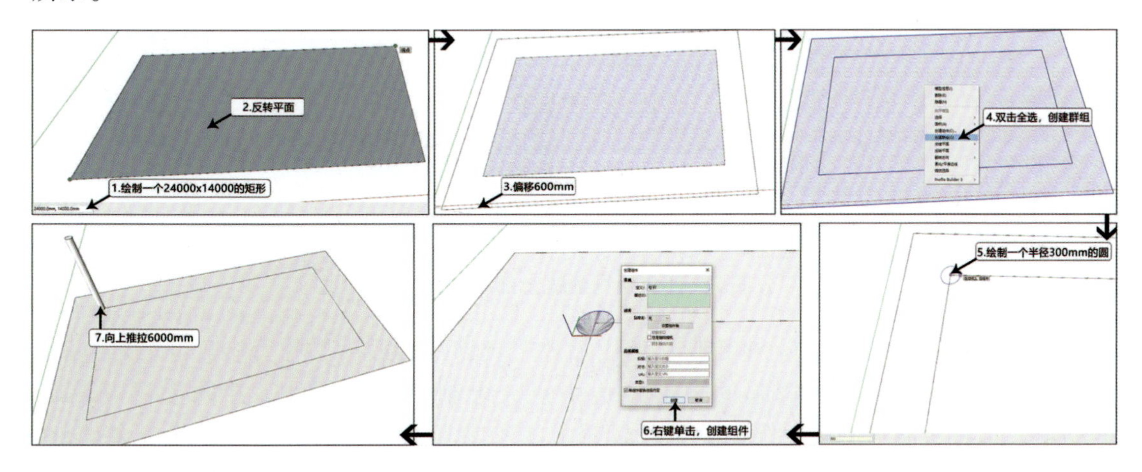

图 11-26　创建建筑底座与柱子

(2)创建建筑柱廊与主体结构

将柱子组件，以柱子底部圆心为参照点，复制到首次绘制矩形的 4 个端点；向外复制偏移柱子组件 2600mm；双击矩形，编辑矩形群组，使用推拉工具拉起 6000mm，如图 11-27所示。

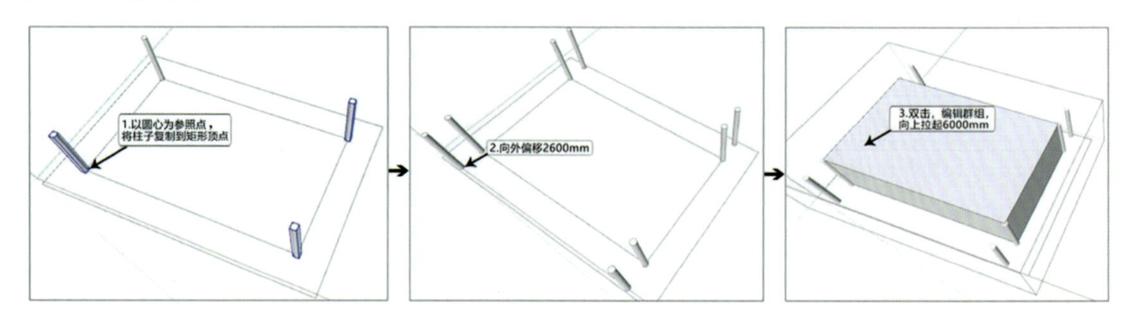

图 11-27　创建建筑柱廊与主体结构

将绘制好的建筑下部结构创建群组，以免编辑顶部结构时互相干扰。

2. 创建建筑的歇山屋顶

①使用矩形工具，沿建筑底座绘制一个等大的矩形；双击选中创建的矩形，使用移动工具移动至与建筑下部结构顶端持平；再次双击选中矩形创建群组并绘制一个矩形，使用推拉工具向上拉起 3000mm，如图 11-28 所示。

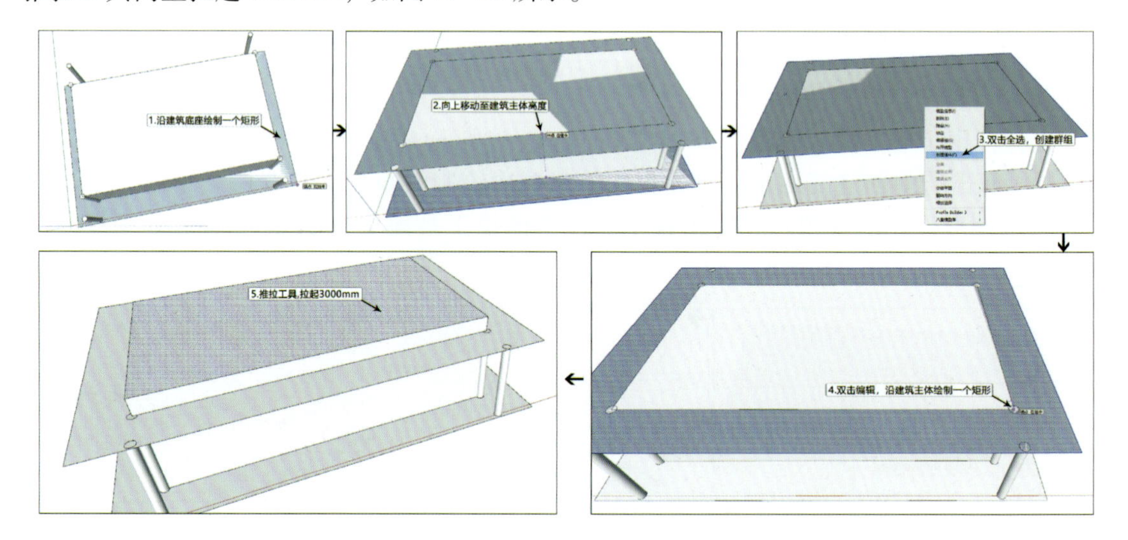

图 11-28　绘制建筑上部结构(1)

②使用矩形工具，绘制一个矩形；使用缩放工具将矩形放大，放大倍数自定(后期可根据需要再次缩放)；在拉起的矩形短边中点，绘制一条辅助线，并向上移动复制 7000mm；通过绘制辅助线，绘制一条经过图上 3 个参照点的圆弧，然后删除多余部分，如图 11-29 所示。

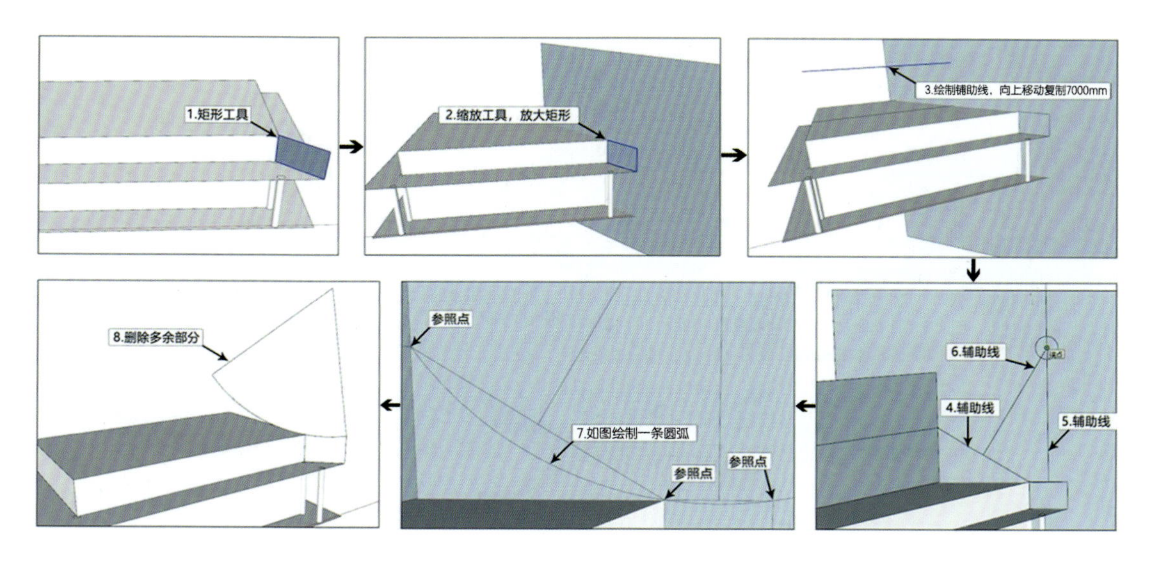

图 11-29　绘制建筑上部结构（2）

③将创建好的顶部构件沿建筑底部构造的长边与短边分别复制偏移 60 000mm 和 40 000mm；在顶部构件的长边上使用矩形工具绘制 2 个矩形，删除多余部分；使用圆弧工具绘制一条弧高 2000mm 的弧线；双击选中弧线，使用路径跟随工具单击建筑上部构件；完成建筑长边屋顶，如图 11-30 所示。

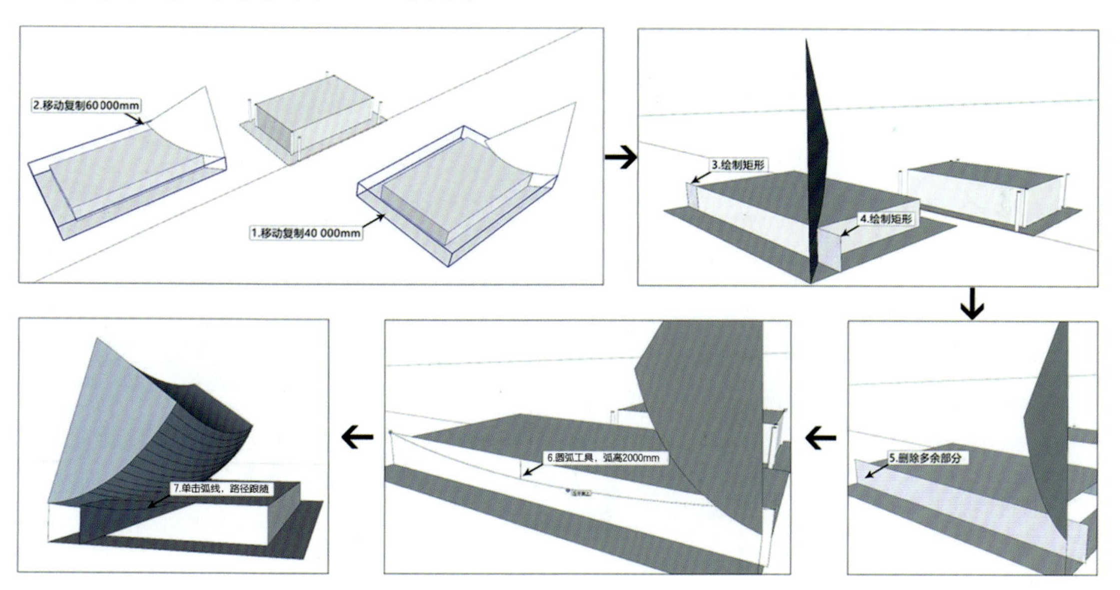

图 11-30　绘制建筑上部结构（3）

④选中图中创建屋顶需要的曲面，创建群组；按照之前移动的距离与方向，反方向移动 40 000mm；使用相同的方法绘制建筑顶部短边曲面并移动至建筑顶部；选中两个曲面，180°旋转复制，完成顶部主体结构创建，如图 11-31 所示。

⑤右键单击顶部构造，使用模型交错命令将多余部分删除；在顶部镂空处绘制一个平面，再次使用模型交错命令，删除多余部分，如图 11-32 所示。

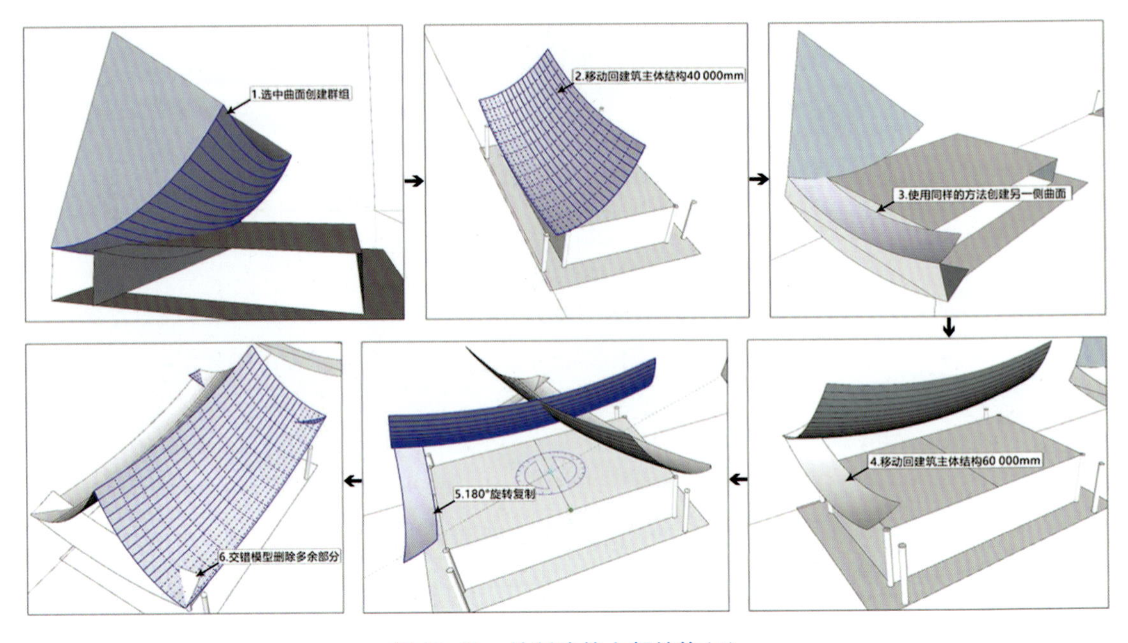

图 11-31　绘制建筑上部结构(4)

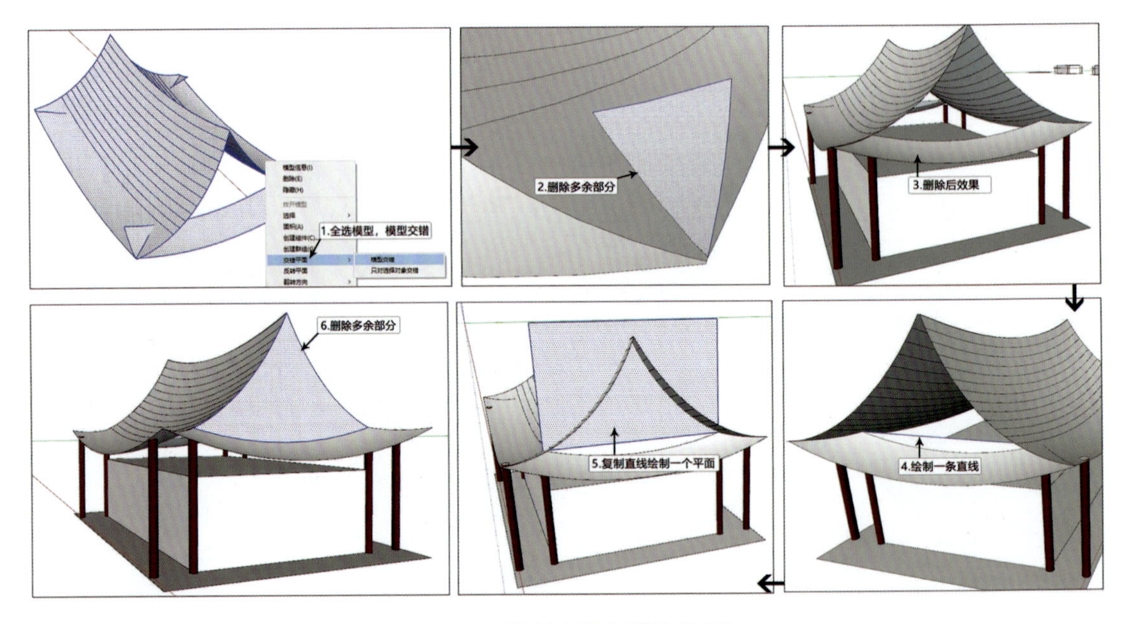

图 11-32　绘制建筑上部结构(5)

⑥绘制建筑屋脊，方法与绘制六角亭的脊相同，如图 11-33 所示。

3. 绘制建筑细节

完善建筑细节，创建建筑门窗等构件，如图 11-34 所示，将创建完成建筑模型移动至“小游园”模型内指定位置。

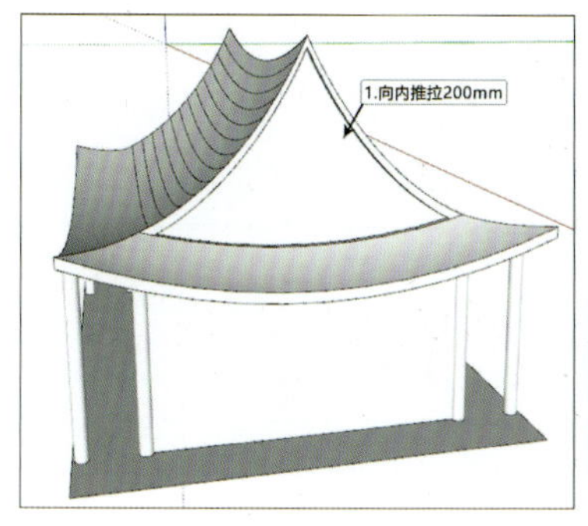

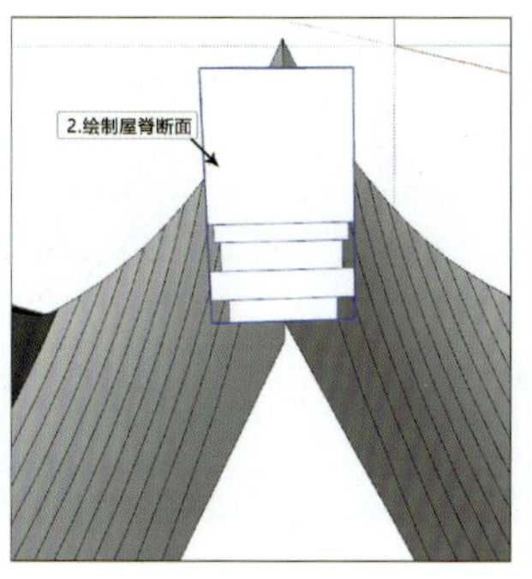

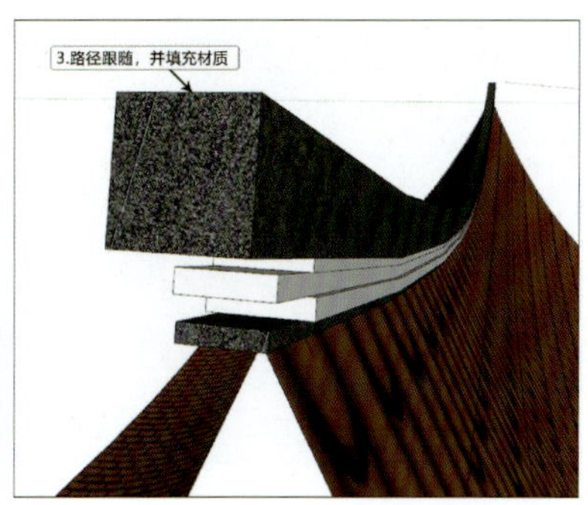

图 11-33　绘制建筑上部结构(6)

图 11-34　建筑效果图

任务 11-3　园林景观场景与动画应用

【任务描述】

本任务将事先创建好的建筑与景观小品及其他组件模型导入总平面完成“小游园”总体模型。

【任务实施】

1. 创建“小游园”景观模型

(1)整理图纸

在 AutoCAD 中整理图纸，删除与建模无关的图纸信息；再另存为“小游园图纸整理.dwg”；对 SketchUp 场景进行优化(详见本教材任务 11-1)，执行“文件”→“导入”→“二维图形”命令，如图 11-35 所示。

(2)创建小游园景观模型

创建小游园景观模型，包括地面、道路、景观小品(详见本教材任务 11-1)、建筑(详见本教材任务 11-2)等，效果如图 11-36 所示。

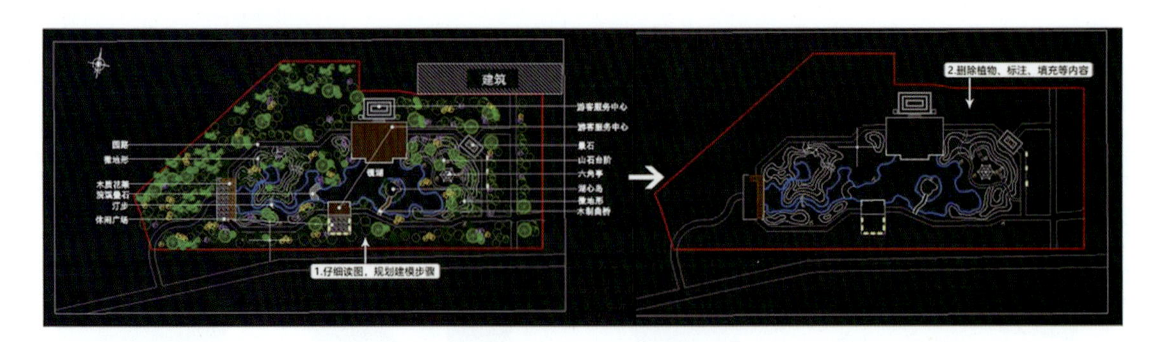

图 11-35　图纸整理

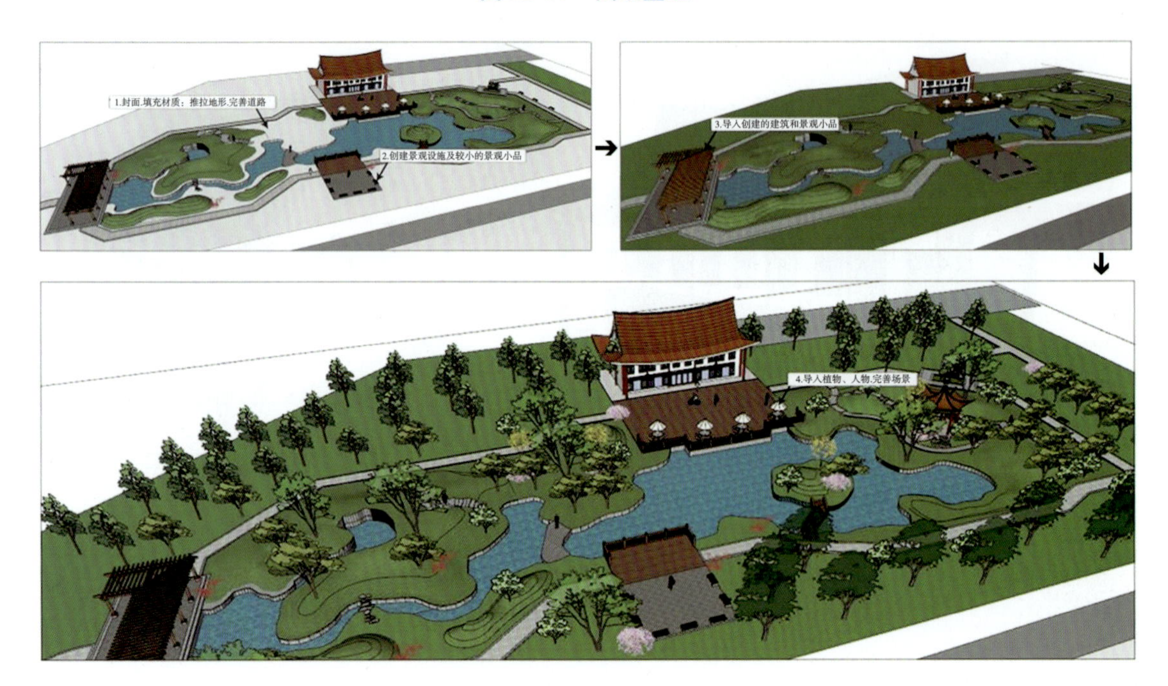

图 11-36　小游园模型效果

2. 管理场景

SketchUp 中场景的功能主要是保存视图和创建动画，场景页面可以存储显示设置、图层设置、阴影和视图等，通过绘图窗口上方的场景标签可以快速切换场景。

执行“窗口”→“默认面板”→“场景”菜单命令，通过“场景”面板可以添加和删除场景，也可以对场景进行属性修改，如图 11-37 所示。

场景面板中各按钮和选项的功能如下。

(1)“删除场景”按钮

单击该按钮将删除选择的场景。或者鼠标右键单击场景标签，在弹出的菜单中执行“删除场景”命令进行删除。

(2)“更新场景”按钮

如果对场景进行改变，需要单击该按钮进行更新。也可以在场景号标签上单击鼠标右键，然后在弹出的菜单中执行“更新场景”命令。

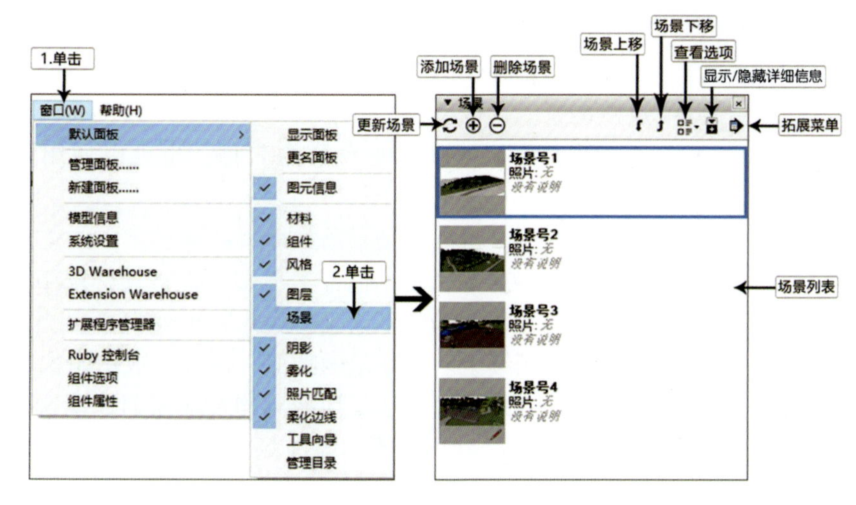

图 11-37 “场景”管理器

（3）“场景下移”按钮/“场景上移”按钮

这两个按钮用于移动场景的前后位置。对应场景号标签右键菜单中的“左移”和“右移”命令。

用户单击绘图窗口左上方的场景号标签，可以快速切换所记录的视图窗口。右击场景号标签也能弹出“场景”管理命令，可对场景进行更新、添加或删除，如图 11-38 所示。

图 11-38 场景号标签

（4）“查看选项”按钮

单击该按钮可以改变场景视图的显示方式，如图 11-39 所示。在缩略图右下角有一个铅笔的场景为当前场景。

从 SketchUp 2013 开始，其“场景”管理器新增了场景缩略图，可以直观显示场景视图，更便于查找场景，也可以右击缩略图进行场景的添加和更新等操作，如图 11-40 所示。

（5）“显示/隐藏详细信息”按钮

每个场景都包含很多属性设置，如图 11-41 所示，单击该按钮即可显示或者隐藏这些属性。

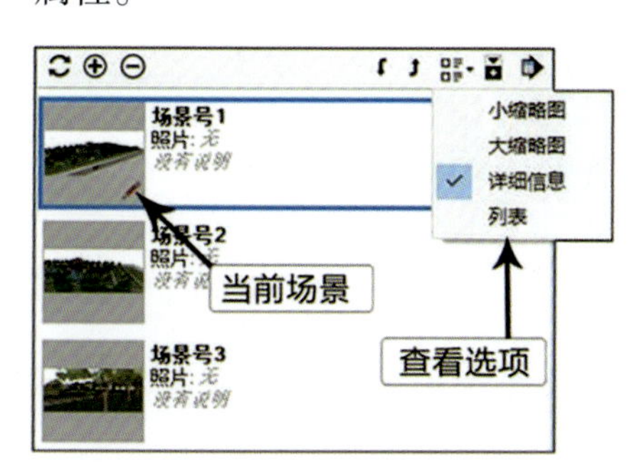

图 11-39 查看选项

图 11-40 场景缩略图

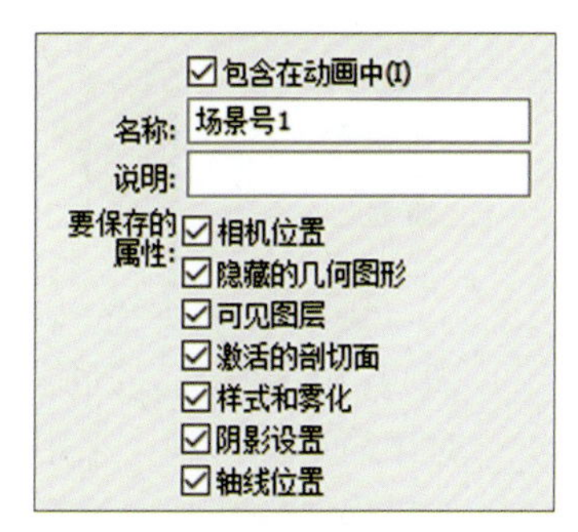

图 11-41 显示/隐藏详细信息

图 11-42 添加场景

①包含在动画中 当动画被激活以后，选中该选项则场景会连续显示在动画中。如果没有勾选，播放动画时则会自动跳过该场景。

②名称 可以改变场景的名称，也可以使用默认的场景名称。

③说明 可以为场景添加简单的描述。

④要保存的属性 包含了很多属性选项，选中则记录相关属性的变化，不选则不记录。在不选的情况下，当前场景的这个属性会延续上一个场景的特征。例如，取消勾选“阴影设置”复选框，当从前一个场景切换到当前场景时，阴影将停留在前一个场景的阴影状态下，当前场景的阴影状态将被自动取消；如果需要恢复，就必须再次勾选“阴影设置”复选框，并重新设置阴影，还需要再次刷新。

“小游园”场景设置如图 11-42 所示。

3. 制作动画

SketchUp 的动画主要通过场景页面来实现，在不同页面场景之间可以平滑地过渡雾化、阴影、背景和天空等效果。

（1）幻灯片演示

对于设置好页面的场景可以用幻灯片的形式进行演示。首先设定一系列不同视角的页面，并尽量使相邻页面之间的视角与视距不要相差太大，数量只需选择能充分表达设计意图的代表性页面即可；执行“视图”→“动画”→“播放”菜单命令，打开“动画”对话框，单击“播放”按钮，即可播放页面展示的动画，单击“停止”按钮可暂停幻灯片播放，如图 11-43 所示。

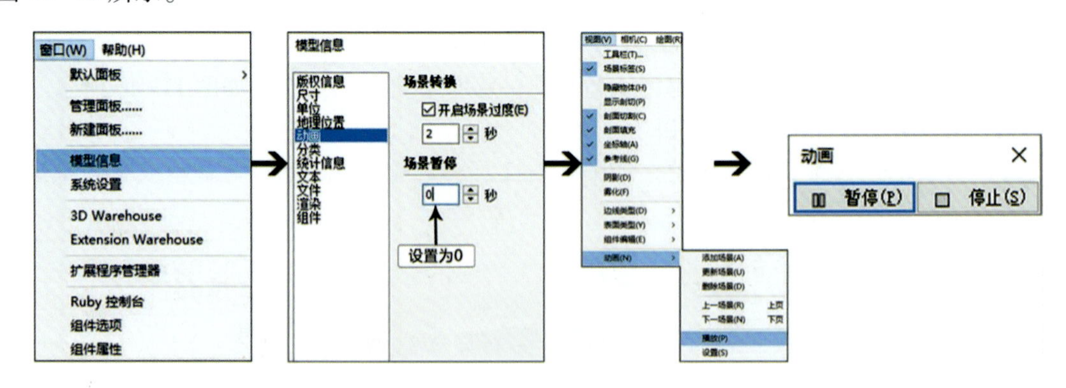

图 11-43 动画播放

（2）导出 AVI 格式动画

对于简单的模型，采用幻灯片播放还能保持平滑动态显示，但在处理复杂模型的时候，如果仍要保持画面流畅就需要导出动画文件。采用幻灯片播放时，每秒显示的帧数取决于计算机的即时运算能力，而导出视频文件，SketchUp 会使用额外的时间来渲染更多的帧，以保证画面的流畅播放。

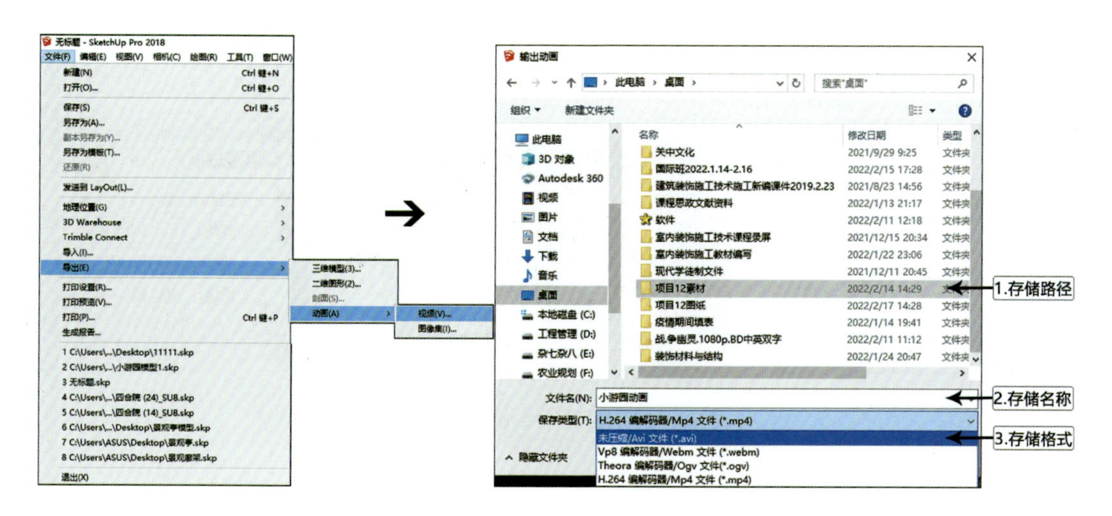

图 11-44　动画导出

①执行“文件”→“导出”→“动画”→“视频”菜单命令；系统弹出“输出动画”对话框，设置保存的路径，并选择导出格式为 AVI，如图 11-44 所示。

②单击“选项”按钮，打开“动画导出选项”对话框，设置帧速率为 10，勾选“循环至开始场景”和“抗锯齿渲染”选项，并单击“确定”按钮，如图 11-45 所示。再返回“输出动画”对话框，单击“导出”按钮。

③动画文件被导出，此时将显示导出进程对话框；导出动画后，即可在保存的路径文件夹中看到该场景动画视频文件，如图 11-46 所示。双击该文件即可使用视频播放器播放该视频。

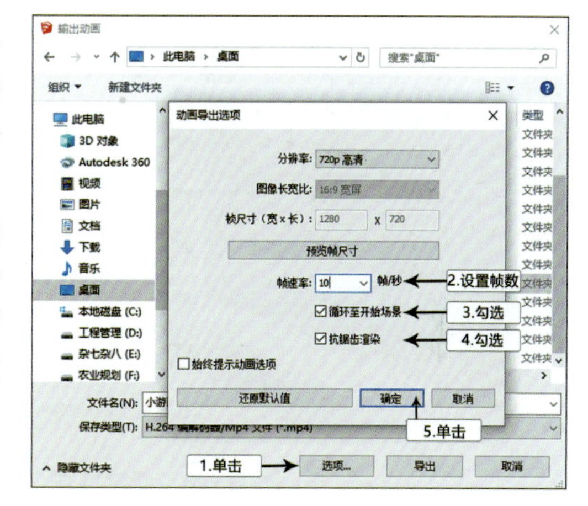

图 11-45　数据设置

(3) 图层动画

图层动画是通过隐藏或显示图层来控制图层上显示的物体，从而创建不同的场景页面。

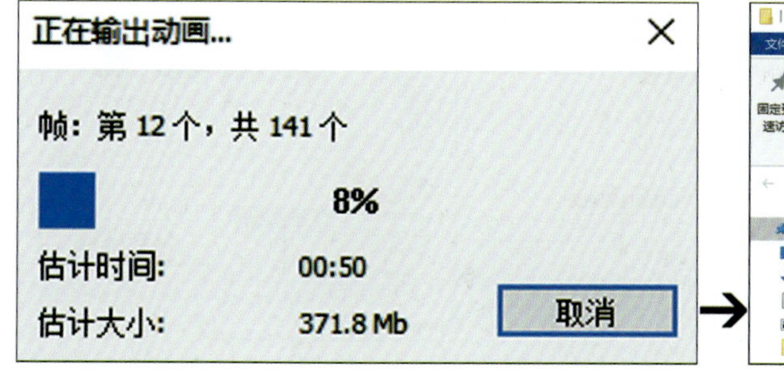

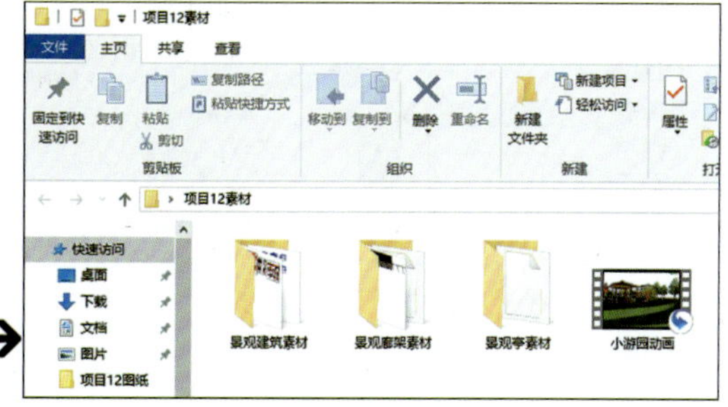

图 11-46　动画输出

①结合移动命令，将汽车模型复制出7份，并按照汽车运行方向，将汽车分别指定到7个新建的图层上，如图11-47所示。

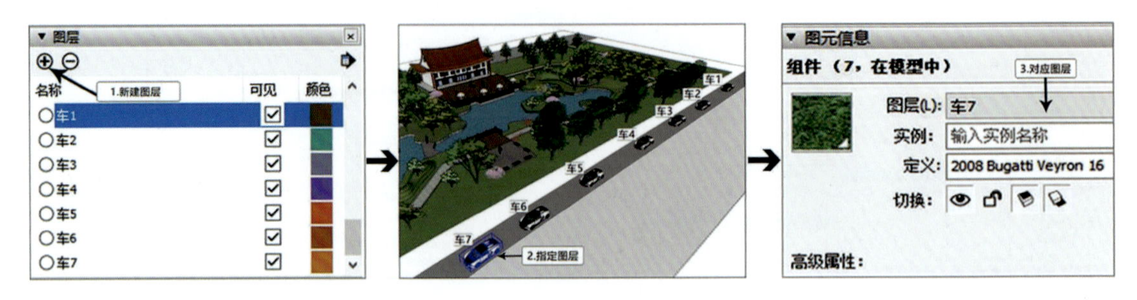

图11-47 给添加车辆指定图层

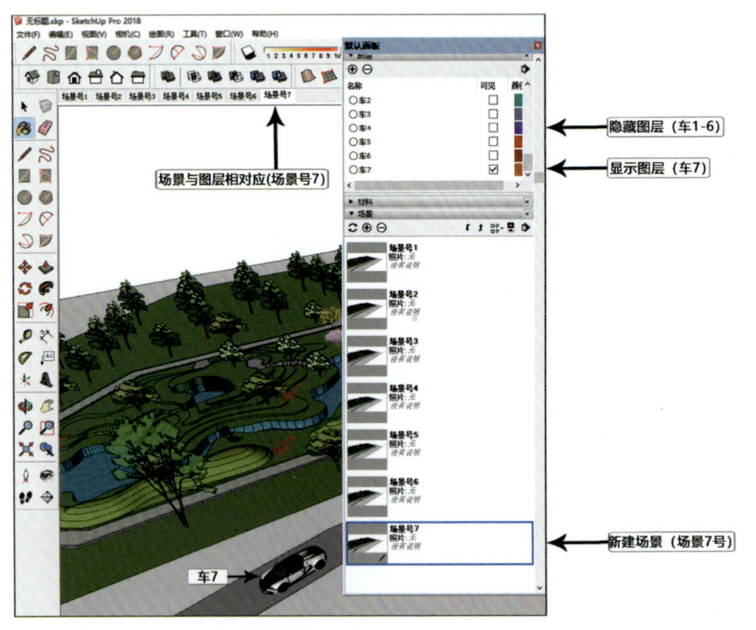

图11-48 新建场景

②显示“小游园”其他图层和图层“车1”，隐藏其他几个车辆图层；然后执行“视图”→“动画”→“添加场景”菜单命令，为当前显示页面添加一个场景，同法隐藏图层“车1”显示图层“车2”，依次类推，如图11-48所示。

③进行播放设置，如图11-49所示，然后查看导出的图层动画。

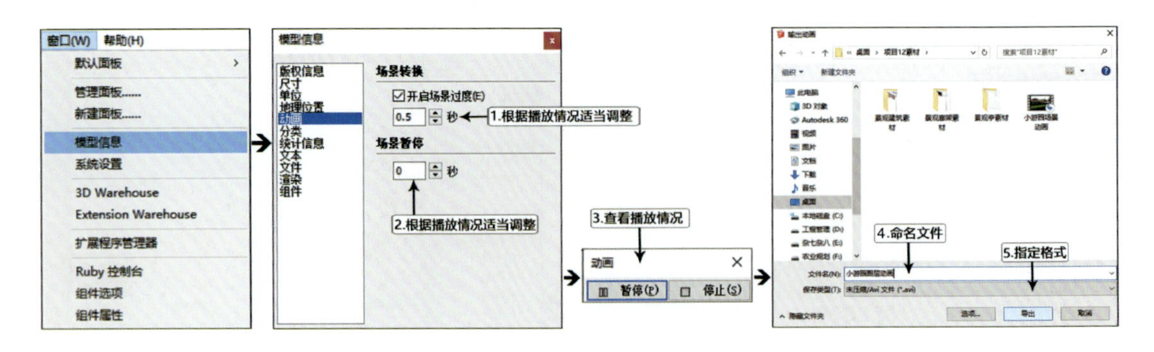

图11-49 导出图层动画

任务 11-4　图纸输出

【任务描述】

本任务学习批量导出页面图像，以及直接输出图像的方法。

【任务实施】

1. 批量导出页面图像

执行“窗口”→“模型信息”菜单命令，在弹出的“模型信息”管理器中切换到“动画”面板，接着设置“场景转换”为 1 秒、“场景暂停”为 0 秒，如图 11-50 所示。

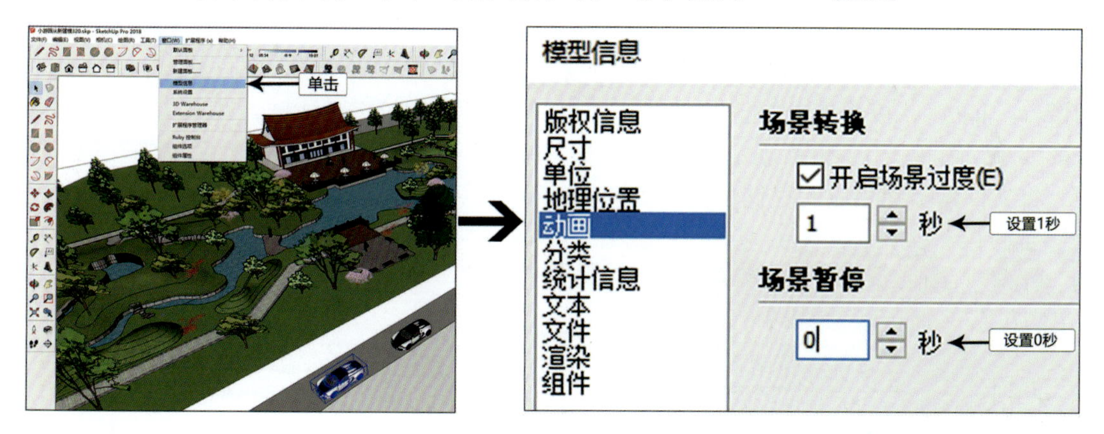

图 11-50　模型信息设置

执行“文件”→“导出”→“动画”→“图像集”菜单命令，在弹出的“输出动画”对话框中设置保存的路径、名称、类型，接着单击“选项”按钮；在弹出的“动画导出选项”对话框中设置相关导出参数，导出时不可勾选“循环至开始场景”复选框，否则会将第一张图导出两次，如图 11-51 所示。

完成设置后单击“导出”按钮开始导出动画，弹出导出进程对话框；导出完成后可在保存路径下查看导出图片，如图 11-52 所示。

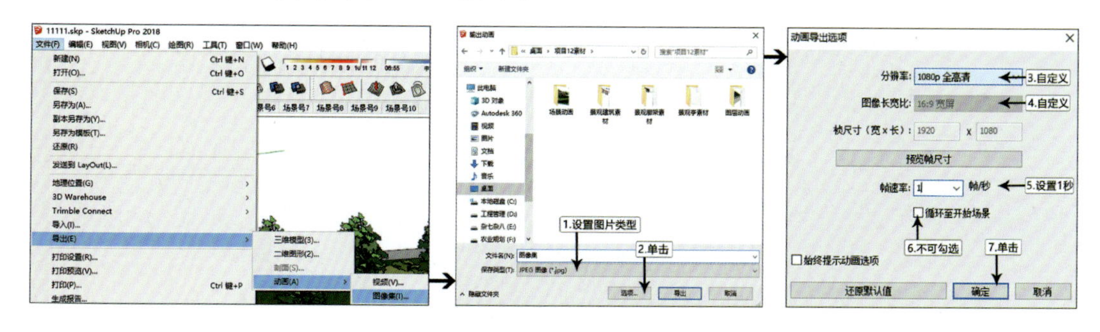

图 11-51　导出图集设置

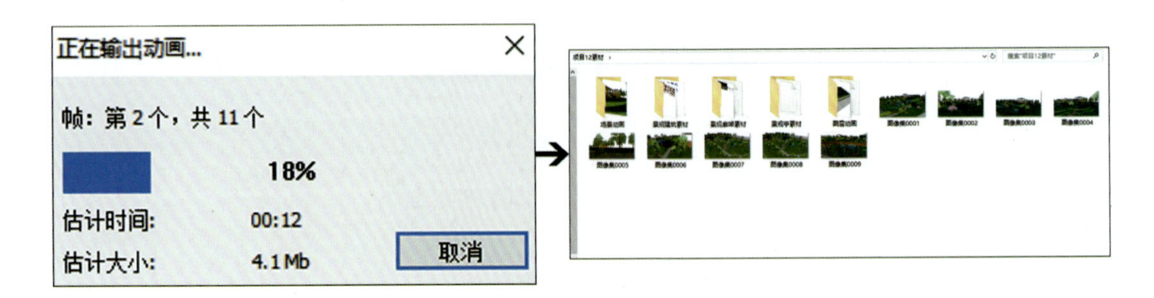

图 11-52　导出图集

2. 直接输出图像

执行“文件”→“导出二维图形”菜单命令。

在弹出的“输出二维图形”对话框中，输入文件名“景观长廊”，文件格式选择“JPEG 图像(＊.jpg)”，接着单击“选项”按钮，弹出“导出 JPG 选项”对话框，在其中输入输出图像的大小，再单击下侧的“确定”按钮，返回“输出二维图形”对话框，然后单击“导出”按钮，将文件输出到相应的存储位置，如图 11-53 所示。

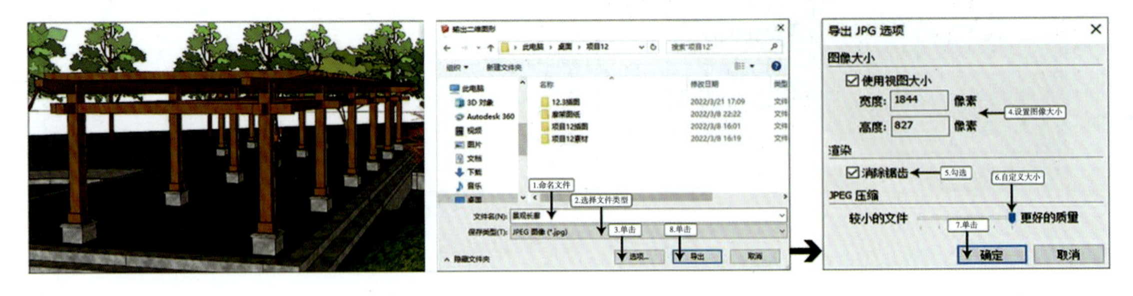

图 11-53　导出二维图像

项目 12
SketchUp 实训案例

【知识目标】

(1)掌握 AutoCAD 图纸优化及导入 SketchUp 的方法。

(2)掌握 SketchUp 的操作方法。

(3)掌握在 SketchUp 中创建模型的方法和技巧。

(4)掌握在 SketchUp 中创建模型的实战能力。

【技能目标】

(1)能将 AutoCAD 图纸导入 SketchUp 中。

(2)能独立分析平面图纸并创建景观模型。

(3)能对景观模型进入深入刻画。

(4)能进行快速高效的建模制图。

【素质目标】

(1)养成良好的作图习惯。

(2)培养认真严谨的工作作风。

任务 12-1　居住区附属绿地模型效果图制作

【任务描述】

本任务是将绘制好的居住区附属绿地 AutoCAD 图纸进行删减和整理，精简平面图纸，并导入 SketchUp，根据图纸对象创建居住区的地形并导入相关场景组件，完成模型创建后，赋予材质，最后设置阴影效果，并将模型输出为图像文件，如图 12-1 所示。

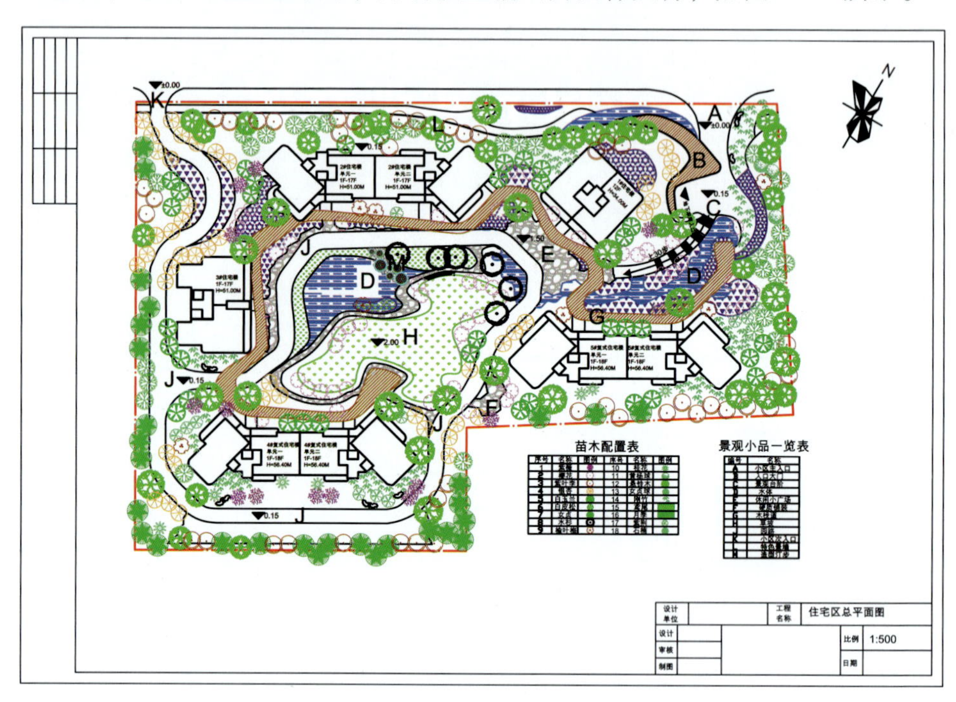

图 12-1　某住宅区平面图

【任务实施】

任务实施过程详见数字资源。

任务 12-2　广场模型效果图制作

【任务描述】

本任务将绘制好的 AutoCAD 图纸进行整理和删减，精简平面图纸，并正确导入 SketchUp，然后根据图纸对象，创建广场的地形，并导入相关场景组件，完成模型创建后，给模型一一赋予对象材质，最后设置阴影效果，将模型输出为图像文件，如图 12-2 所示。

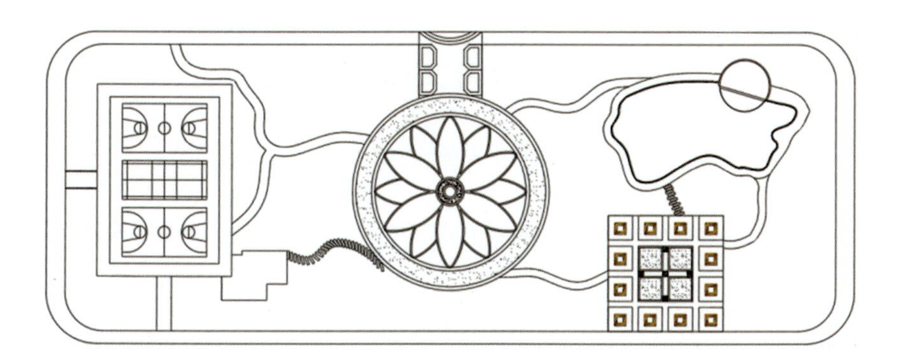

图 12-2　最终平面图纸

【任务实施】

任务实施过程详见数字资源。

参考文献

CAD/CAM/CAE 技术联盟，2020. AutoCAD2020 中文版园林景观设计从入门到精通[M]. 北京：清华大学出版社.

CAD 辅助设计教育研究室，2017. AutoCAD2016 园林设计从入门到精通[M]. 北京：人民邮电出版社.

陈瑜，2006. 园林计算机辅助制图[M]. 北京：高等教育出版社.

黄艾，2015. 计算机园林景观效果图制作[M]. 2 版. 北京：科学出版社.

纪铖，2021. 中文版 AutoCAD 2020 园林景观设计经典课堂[M]. 北京：清华大学出版社.

孔令瑜，2008. 多媒体技术及其应用[M]. 北京：机械工业出版社.

龙马工作室，2009. 新编 Photoshop CS4 中文版[M]. 北京：人民邮电出版社.

马亮，2012. SketchUp 建筑设计实例教程[M]. 北京：人民邮电出版社.

尚存，2010. 园林 Photoshop 辅助设计[M]. 郑州：黄河水利出版社.

王眕，许慧，2016. 建筑草图大师 SketchUp 效果图设计自学经典[M]. 北京：清华大学出版社.

夏蕾，2014. 多媒体信息技术与应用[M]. 成都：四川大学出版社.

张朝阳，贾宁，2009. 3ds max+Photoshop 园林景观效果图表现[M]. 北京：中国农业出版社.

周沁沁，2017. 园林计算机辅助设计[M]. 北京：机械工业出版社.

附　录

附录1　AutoCAD 常用快捷键

快捷指令	命令全称	功　能	快捷指令	命令全称	功　能
L	LINE	直线	S	STRETCH	拉伸
PL	PLINE	多段线	SC	SCALE	缩放
PE	PEDIT	编辑多段线	TR	TRIM	修剪
SPL	SPLINE	样条曲线	LA	LAYER	图层特性管理器
XL	XLINE	构造线	Z	ZOOM	实时缩放
A	ARC	圆弧	P	PAN	实时平移
C	CIRCLE	圆	OS	OSNAP	对象捕捉设置
DO	DONUT	圆环	SN	SNAP	捕捉
EL	ELLIPSE	椭圆	RE	REGEN	重生成
PO	POINT	点	ATT	ATTDEF	图块定义属性
POL	POLYGON	正多边形	EXP	EXPORT	输出
REC	RECTANG	矩形	XR	XREF	外部参照管理器
REG	REGION	面域	DAL	DIMALIGNED	对齐标注
H	BHATCH	图案填充	DAN	DIMANGULAR	角度标注
SO	SOLID	二维填充	DBA	DIMBASELINE	基线标注
ME	MEASURE	定距等分	DCO	DIMCONTINUE	连续标注
DIV	DIVIDE	定数等分	DDI	DIMDIAMETER	直径标注
DT	TEXT	单行文字	DED	DIMEDIT	编辑标注
T	MTEXT	多行文字	DLI	DIMLINEAR	线性标注
ST	STYLE	文字样式	DOR	DIMORDINATE	坐标标注
B	BLOCK	创建块	DRA	DIMRADIUS	半径标注
I	INSERT	插入块	LE	QLEADER	快速引线
W	WBLOCK	“写块”对话框	DCE		圆心标记
AR	ARRAY	阵列	D	DIMSTYLE	标注样式管理器
BR	BREAK	打断	LW	LWEIGHT	线宽设置
CHA	CHAMFER	倒角	LT	LINETYPE	线型管理器
CO	COPY	复制	ADC	ADCENTER	设计中心
E	ERASE	删除	CH	PROPERTIES	特性
EX	EXTEND	延伸	CTRL+N		新建
F	FILLET	圆角	CTRL+O		打开
M	MOVE	移动	CTRL+P		打印
MI	MIRROR	镜像	CTRL+Z		撤消
O	OFFSET	偏移	CTRL+Y		重做
RO	ROTATE	旋转	CTRL+X		剪切

（续）

快捷指令	命令全称	功　能	快捷指令	命令全称	功　能
CTRL+C		复制	F5		等轴测
CTRL+V		粘贴	F6		坐标开关
F1		帮助	F7		栅格开关
F2		文本窗口	F8		正交开关
F3		对象捕捉	F9		捕捉开关
F4		数字化仪	F10		极轴开关

附录 2　Photoshop 常用快捷键

1. 工具箱工具快捷键

快捷键	功　能	快捷键	功　能
V	移动工具	T	文字、文字蒙板工具
M	矩形、椭圆选框工具	U	矩形、圆边矩形、椭圆、多边形、直线工具
L	套索、多边形套索、磁性套索工具	H	抓手工具
W	魔棒工具	Z	缩放工具
C	裁剪工具	D	默认前景色和背景色
B	画笔、铅笔工具	X	切换前景色和背景色
I	吸管、颜色取样器	Q	切换标准模式和快速蒙板模式
J	修复画笔、污点修复画笔工具	F	标准屏幕模式、带有菜单栏的全屏模式、全屏模式
S	仿制图章、图案图章工具		
Y	历史记录画笔工具	Ctrl	临时使用移动工具
E	橡皮擦工具	Alt	临时使用吸色工具
G	渐变、油漆桶工具	空格	临时使用抓手工具
R	模糊、锐化、涂抹工具	[或]	循环选择画笔
O	减淡、加深、海绵工具	Shift+[	选择第一个画笔
P	钢笔、自由钢笔、磁性钢笔	Shift+]	选择最后一个画笔
A	路径选择、直接选取工具		

2. 文件操作快捷键

快捷键	功　能	快捷键	功　能
Ctrl+N	新建图形文件	Ctrl+Shift+S	另存为
Ctrl+Alt+N	用默认设置创建新文件	Ctrl+Alt+Shift+S	存储为网页用图形
Ctrl+O	打开已有的图像	Ctrl+P	打印
Ctrl+Alt+O	打开为	Ctrl+Shift+P	页面设置
Ctrl+W	关闭当前图像	Ctrl+Alt+P	打印预览
Ctrl+S	保存当前图像	Ctrl+Q	退出 Photoshop

3. 视图操作快捷键

快捷键	功 能	快捷键	功 能
Ctrl+~	显示彩色通道	Home	将视图移到左上角
Ctrl+数字	显示单色通道	End	将视图移到右下角
~	显示复合通道	Ctrl+H	显示/隐藏选择区域
Ctrl+Y	以 CMYK 方式预览(开)	Ctrl+Shift+H	显示/隐藏路径
Ctrl+Shift+Y	打开/关闭色域警告	Ctrl+R	显示/隐藏标尺
Ctrl++	放大视图	Ctrl+;	显示/隐藏参考线
Ctrl+-	缩小视图	Ctrl+”	显示/隐藏网格
Ctrl+0	满画布显示	Ctrl+Shift+;	贴紧参考线
Ctrl+Alt+0	实际象素显示	Ctrl+Alt+;	锁定参考线
PageUp	向上卷动一屏	Ctrl+Shift+”	贴紧网格
PageDown	向下卷动一屏	F5	显示/隐藏“画笔”面板
Ctrl+PageUp	向左卷动一屏	F6	显示/隐藏“颜色”面板
Ctrl+PageDown	向右卷动一屏	F7	显示/隐藏“图层”面板
Shift+PageUp	向上卷动 10 个单位	F8	显示/隐藏“信息”面板
Shift+PageDown	向下卷动 10 个单位	F9	显示/隐藏“动作”面板
Shift+Ctrl+PageUp	向左卷动 10 个单位	Tab	显示/隐藏所有命令面板
Shift+Ctrl+PD	向右卷动 10 个单位	Shift+Tab	显示或隐藏工具箱以外的所有调板

4. 编辑图像操作快捷键

快捷键	功 能	快捷键	功 能
Ctrl+Z	还原/重做前一步操作	Alt	从中心或对称点开始变换（在自由变换模式下）
Ctrl+Alt+Z	还原两步以上操作		
Ctrl+Shift+Z	重做两步以上操作	Shift	限制(在自由变换模式下)
Ctrl+X 或 F2	剪切选取的图像或路径	Ctrl	扭曲(在自由变换模式下)
Ctrl+C	复制选取的图像或路径	Esc	取消变形(在自由变换模式下)
Ctrl+Shift+C	合并复制	Ctrl+Shift+T	自由变换复制的像素数据
Ctrl+V 或 F4	将剪贴板的内容粘贴到当前图形中	Ctrl+Shift+Alt+T	再次变换复制的像素数据并建立一个副本
Ctrl+Shift+V	将剪贴板的内容粘贴到选框中		
Ctrl+T	自由变换	Del	删除选框中的图案或选取的路径
Enter	应用自由变换(在自由变换模式下)	Ctrl+BackSpace	用背景色填充所选区域或整个图层

（续）

快捷键	功　能	快捷键	功　能
Ctrl+Del	用背景色填充所选区域或整个图层	Ctrl+D	取消选择
Alt+BackSpace		Ctrl+Shift+D	重新选择
Alt+Del		Ctrl+Alt+D	羽化选择
Shift+BackSpace	弹出“填充”对话框	Ctrl+Shift+I	反向选择
Shift+F5		Ctrl+点击图层、路径、通道面板中的缩略图	载入选区
Ctrl+A	全部选取		

附录 3　SketchUp 常用快捷键

快捷键	功　能	快捷键	功　能
显示/旋转	鼠标中键	Y	工具/设置坐标轴
Shift+中键	显示/平移	S	工具/缩放
Shift+Q	编辑/辅助线/显示	U	工具/推拉
Q	编辑/辅助线/隐藏	Alt+T	工具/文字标注
Ctrl+z	编辑/撤销	Alt+R	工具/旋转
Ctrl+T；Ctrl+D	编辑/放弃选择	Space	工具/选择
Ctrl+Shift+D	文件/导出/DWG/DXF	M	工具/移动
G	编辑/群组	P	绘制/多边形
Shift+G	编辑/炸开/解除群组	R	绘制/矩形
Delete	编辑/删除	F	绘制/徒手画
H	编辑/隐藏	A	绘制/圆弧
Shift+H	编辑/显示/选择物体	C	绘制/圆形
Shift+A	编辑/显示/全部	L	绘制/直线
Alt+G	编辑/制作组建	Ctrl+S	文件/保存
Ctrl+Y	编辑/重复	Ctrl+N	文件/新建
Alt+H	查看/虚显隐藏物体	I	物体内编辑/隐藏剩余模型
Alt+Q	查看/坐标轴	J	物体内编辑/隐藏相似组建
Alt+S	查看/阴影	F8	相机/标准视图/等角透视
Shift+P	窗口/系统属性	F2	相机/标准视图/顶视图
Shift+V	窗口/显示设置	F4	相机/标准视图/前视图
x	工具/材质	F6	相机/标准视图/左视图
Alt+M	工具/测量/辅助线	Shift+Z	相机/充满视图
D	工具/尺寸标注	Z	相机/窗口
Alt+P	工具/量角器/辅助线	Tab	相机/上一次
O	工具/偏移	V	相机/透视显示
Alt+/	工具/剖面	Alt+1	渲染/线框
E	工具/删除	Alt+2	渲染/消影